普通高等教育“十三五”规划教材

高等数学（经、管类）学习指导

郭　军　房少梅　总主编
方　平　叶运华　主　编

科学出版社
北　京

内 容 简 介

本书作为《高等数学（经、管类）》教材配套的学习指导书，每章均由知识结构图与学习要求、内容提要、典型例题解析、自我测试题等部分组成，书后附有一些常用的基本公式及自我测试题的参考答案。

本书取材丰富，理论严谨，重点突出，结构合理，既有系统性，适合全面阅读，又具有可分性，便于选读，灵活实用，深入浅出。本书典型例题突出一题多解、分析归纳、错解分析；自我测试题分为A级和B级，A级自我测试题主要考查学生的基本知识和基本技能，是本科生必须掌握的内容，B级自我测试题主要考查学生的综合分析能力及应用能力，适合学有余力及考研的学生。

本书适合各类高等院校经济管理专业本科生使用，也可供高校教师教学参考。

图书在版编目（CIP）数据

高等数学（经、管类）学习指导 / 方平，叶运华主编. —北京：科学出版社，2018.7

普通高等教育“十三五”规划教材

ISBN 978-7-03-057566-1

Ⅰ. ①高… Ⅱ. ①方… ②叶… Ⅲ. ①高等数学-高等学校-教学参考资料 Ⅳ. ①O13

中国版本图书馆CIP数据核字（2018）第112477号

责任编辑：郭勇斌 邓新平 / 责任校对：王 瑞
责任印制：师艳茹 / 封面设计：蔡美宇

科学出版社 出版
北京东黄城根北街16号
邮政编码：100717
http：//www.sciencep.com

石家庄继文印刷有限公司 印刷
科学出版社发行 各地新华书店经销
*
2018年7月第 一 版 开本：720 × 1000 1/16
2018年7月第一次印刷 印张：18
字数：350 000

定价：45.00元

《高等数学（经、管类）学习指导》编委会

主　　编　方　平　叶运华

副 主 编　刘　丹　王雪琴　赵　峰

编　　者（以姓氏笔画排名）

朱艳科　邱　华　周裕中　赵立新

姜惠敏　袁利国　贾学琴　夏宝飞

徐小红

目　　录

第1章 函数与极限

1.1 知识结构图与学习要求

1.1.1 知识结构图

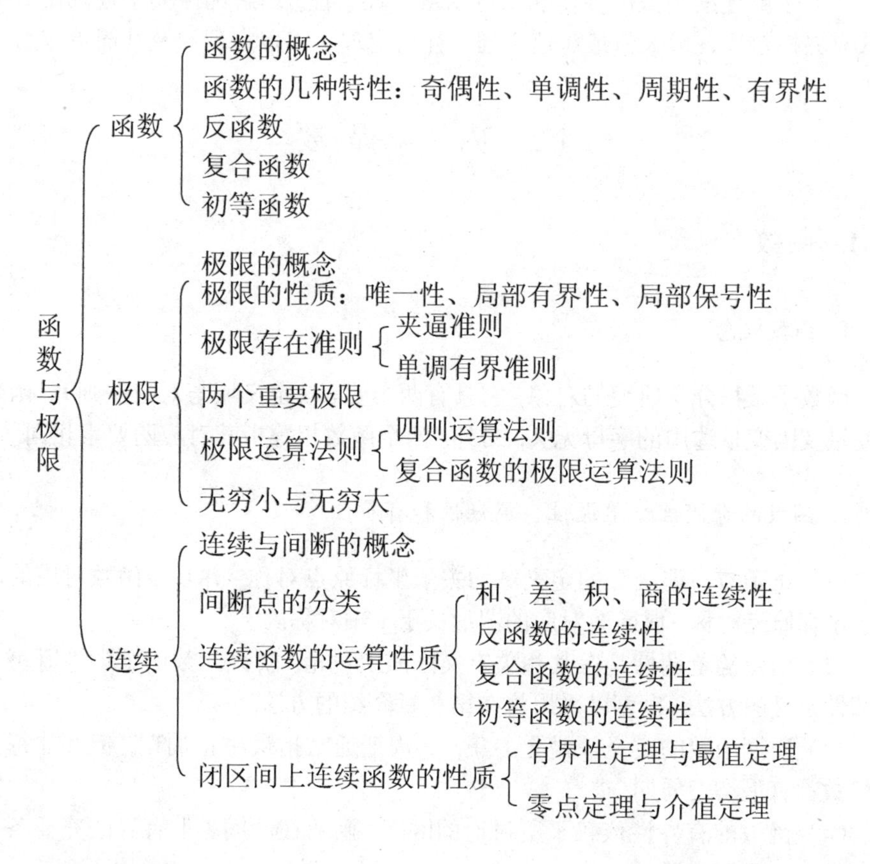

1.1.2 学习要求

（1）理解函数的概念，掌握函数的表示法，并会建立简单应用问题中的函数关系式.

（2）了解函数的奇偶性、单调性、周期性和有界性.

（3）理解复合函数及分段函数的概念，了解反函数及隐函数的概念.

（4）掌握基本初等函数的性质及其图形，了解初等函数的概念.

（5）了解数列极限和函数极限（包括左极限和右极限）的概念.

（6）理解无穷小的概念和基本性质，掌握无穷小的比较方法，了解无穷大的概念及其与无穷小的关系.

（7）了解极限的性质与极限存在的两个准则，掌握极限四则运算法则，会应用两个重要极限.

（8）理解函数连续性的概念（含左连续与右连续），会判别函数间断点的类型.

（9）了解连续函数的性质和初等函数的连续性，理解闭区间上连续函数的性质（有界性定理、最大值最小值定理、介值定理、零点定理）及其简单应用.

1.2 内 容 提 要

1.2.1 函数

1. 函数概念

函数是微积分学研究的对象，它具有两个要素（定义域与对应法则），函数与自变量及因变量选用的字母无关. 另外，两个函数相等指其对应两要素相同.

2. 函数的奇偶性、单调性、周期性和有界性

（1）奇函数与偶函数的定义域均关于坐标原点对称，并且奇函数对应的图形关于坐标原点对称，偶函数对应的图形关于 y 轴对称.

（2）函数的单调性是在其相关定义区间上讨论，研究函数的单调性既可以用单调性定义的方法，也可以采用将在第 3 章介绍的方法.

（3）周期函数的定义域是无界集，其周期通常指最小正周期，但并非每个周期函数都有最小正周期.

（4）函数的有界性依赖于所讨论的区间. 函数在区间 I 上有界的充要条件是其既有上界又有下界.

3. 复合函数

多个函数能否复合成一个函数要满足一定条件，得到的复合函数的定义域可能减小. 另外，复杂的函数则可分解为形式较简单的函数. 复合函数是微积分学研究的主要对象之一，读者应熟练掌握函数的复合与分解的方法.

4. 分段函数

在定义域内的若干部分定义域上分别给出不同表达式的一个函数称为分段函数. 以下为常见分段函数.

（1）分段表示的函数. 如

$$f(x)=\begin{cases}\cos\dfrac{1}{x}, & x\neq 0,\\ 0, & x=0,\end{cases}\quad \operatorname{sgn}x=\begin{cases}1, & x>0,\\ 0, & x=0,\\ -1, & x<0\end{cases}\text{(符号函数)等.}$$

（2）含有绝对值符号的函数, 也是分段函数. 如

$$f(x)=|x|=\begin{cases}x, & x\geqslant 0,\\ -x, & x<0.\end{cases}$$

（3）含参变量的极限式表示的函数. 如

$$f(x)=\lim_{n\to\infty}\frac{x^{2n+1}+1}{x^{2n+1}-x^{n+1}+x},\quad |x|>0$$

等, 此类函数应当通过求极限把函数写成分段表示式： $f(x)=\begin{cases}\dfrac{1}{x}, & 0<|x|<1,\\ 0, & x=-1,\\ 2, & x=1,\\ 1, & |x|>1.\end{cases}$

（4）其他形式的分段函数, 如

$$f(x)=\sqrt{1-\sin 4x},\quad 0\leqslant x\leqslant\frac{\pi}{2};$$

$$g(x)=\min\{2,x^2\},\quad -3\leqslant x\leqslant 2;$$

$$h(x)=\frac{[x]}{x},\quad x>0$$

等. 这些函数实际上也是分段函数, 均可改写成分段表示式：

$$f(x)=\sqrt{(\sin 2x-\cos 2x)^2}=\begin{cases}\cos 2x-\sin 2x, & 0\leqslant x\leqslant\dfrac{\pi}{8},\\ \sin 2x-\cos 2x, & \dfrac{\pi}{8}\leqslant x\leqslant\dfrac{\pi}{2};\end{cases}$$

$$g(x)=\begin{cases}2, & x\in[-3,-\sqrt{2})\cup(\sqrt{2},2],\\ x^2, & x\in[-\sqrt{2},\sqrt{2}];\end{cases}$$

$$h(x)=\begin{cases}0, & 0<x<1,\\ \dfrac{n}{x}, & n\leqslant x<n+1, n\in\mathbf{N}.\end{cases}$$

后面将对分段函数的极限、连续性、导数与微分等问题分别进行讨论.

5. 反函数

在同一坐标系下，函数 $y=f(x)$ 与其反函数 $y=f^{-1}(x)$ 的图形关于直线 $y=x$ 对称；另外，$y=f(x)$ 的定义域为 $y=f^{-1}(x)$ 的值域；$y=f(x)$ 的值域为 $y=f^{-1}(x)$ 的定义域. 利用两者的这一关系，有时可用来求函数的定义域与值域.

6. 隐函数

通过方程式 $F(x,y)=0$ 给出的两个变量 x 和 y 之间的函数关系称为隐函数.

从 $F(x,y)=0$ 中解出 $y=f(x)$ 或 $x=g(y)$ 这一过程称为隐函数的显化. 并非所有的隐函数都可以显化，比如，$xy=\mathrm{e}^{x+y}$ 就不能显化.

7. 基本初等函数和初等函数

（1）基本初等函数共有五类：

幂函数、指数函数、对数函数、三角函数、反三角函数. 读者应熟练掌握基本初等函数的定义域、值域及它们的图形与性质.

（2）初等函数是由常数和基本初等函数经过有限次的四则运算和有限次的函数复合步骤所构成并可用一个式子表示的函数.

1.2.2 极限

1. 极限的定义

（1）$\lim\limits_{n\to\infty}x_n=A\Leftrightarrow\forall\varepsilon>0,\exists N>0$，使得当 $n>N$ 时，有 $|x_n-A|<\varepsilon$.

（2）$\lim\limits_{x\to x_0}f(x)=A\Leftrightarrow\forall\varepsilon>0,\exists\delta>0$，当 $0<|x-x_0|<\delta$ 时，有 $|f(x)-A|<\varepsilon$.

（3）$\lim\limits_{x\to x_0^+}f(x)=A\Leftrightarrow\forall\varepsilon>0,\exists\delta>0$，当 $x_0<x<x_0+\delta$ 时，有 $|f(x)-A|<\varepsilon$.

（4）$\lim\limits_{x\to x_0^-}f(x)=A\Leftrightarrow\forall\varepsilon>0,\exists\delta>0$，当 $x_0-\delta<x<x_0$ 时，有 $|f(x)-A|<\varepsilon$.

（5）$\lim\limits_{x\to\infty}f(x)=A\Leftrightarrow\forall\varepsilon>0,\exists X>0$，当 $|x|>X$ 时，有 $|f(x)-A|<\varepsilon$.

（6）$\lim\limits_{x\to+\infty}f(x)=A\Leftrightarrow\forall\varepsilon>0,\exists X>0$，当 $x>X$ 时，有 $|f(x)-A|<\varepsilon$.

（7）$\lim\limits_{x\to-\infty}f(x)=A\Leftrightarrow\forall\varepsilon>0,\exists X>0$，当 $x<-X$ 时，有 $|f(x)-A|<\varepsilon$.

2. 数列与函数极限的性质

（1）唯一性；　　（2）有界性（或局部有界性）；

（3）保号性（或局部保号性）；　（4）数列极限与函数极限的关系.

3. 函数极限存在的充要条件

（1）$\lim\limits_{x\to x_0} f(x)=A \Leftrightarrow \lim\limits_{x\to x_0^+} f(x)=\lim\limits_{x\to x_0^-} f(x)=A$.

（2）$\lim\limits_{x\to\infty} f(x)=A \Leftrightarrow \lim\limits_{x\to+\infty} f(x)=\lim\limits_{x\to-\infty} f(x)=A$.

4. 两个极限存在准则与两个重要极限

（1）夹逼准则：在自变量 x 的同一变化过程中，若 $g(x)\leqslant f(x)\leqslant h(x)$，且

$$\lim g(x)=\lim h(x)=A,$$

则 $\lim f(x)=A$.

使用该准则时，将函数（或数列）放大与缩小成一个新的函数（或数列），而新的函数（或数列）与原来的函数（或数列）只相差一个无穷小量.

（2）单调有界准则：单调有界数列必有极限.

使用该准则时，通常是用如下两个结论之一：

1）单调递增且有上界则极限存在；

2）单调递减且有下界则极限存在.

有界性的证明通常采用数学归纳法，而证明单调性则用作差或作商的方法. 一般地，利用该准则时，先证明有界性，后证明单调性.

（3）两个重要极限：

$$\lim_{x\to 0}\frac{\sin x}{x}=1;$$

$$\lim_{n\to\infty}\left(1+\frac{1}{n}\right)^n=\mathrm{e} \text{ 或 } \lim_{x\to\infty}\left(1+\frac{1}{x}\right)^x=\mathrm{e}.$$

另外，有以下常用推广形式：设自变量 x 在同一变化趋势下，如果 $\lim f(x)=0$，且 $f(x)\neq 0$，则有

$$\lim\frac{\sin f(x)}{f(x)}=1 \text{ 与 } \lim[1+f(x)]^{\frac{1}{f(x)}}=\mathrm{e}.$$

5. 极限四则运算法则

在自变量 x 的同一变化过程中，如果 $\lim f(x)=A, \lim g(x)=B$，则

（1）$\lim[f(x)\pm g(x)]=\lim f(x)\pm\lim g(x)=A\pm B$；

（2）$\lim[f(x)\cdot g(x)]=\lim f(x)\cdot\lim g(x)=A\cdot B$；

（3）$\lim \dfrac{f(x)}{g(x)} = \dfrac{\lim f(x)}{\lim g(x)} = \dfrac{A}{B}$，其中 $B \neq 0$.

6. 复合函数的极限运算法则

设 $y = f[g(x)]$ 是由 $y = f(u)$ 与 $u = g(x)$ 复合而成，$f[g(x)]$ 在点 x_0 的某空心邻域内有定义. 若 $\lim\limits_{x \to x_0} g(x) = u_0$，$\lim\limits_{u \to u_0} f(u) = A$ 且存在 $\delta_0 > 0$，当 $x \in \mathring{U}(x_0, \delta_0)$ 时，有 $g(x) \neq u_0$，则

$$\lim_{x \to x_0} f[g(x)] = \lim_{u \to u_0} f(u) = A.$$

该命题表明:如果 $f(u)$ 和 $g(x)$ 满足相应的条件, 那么作代换 $u = g(x)$ 可把求 $\lim\limits_{x \to x_0} f[g(x)]$ 化为求 $\lim\limits_{u \to u_0} f(u)$，这里 $u_0 = \lim\limits_{x \to x_0} g(x)$.

7. 幂指函数的极限

在自变量 x 的同一变化过程中，对于极限 $\lim u(x)^{v(x)}$，其中 $u(x) > 0$ 且 $u(x)$ 不恒等于 1, 有以下情形:

（1）当 $\lim u(x) = a$，$\lim v(x) = b$，且 a，b 有限时，则有 $\lim u(x)^{v(x)} = a^b$.

（2）当 $\lim u(x) = 1$，$\lim v(x) = \infty$（或 $-\infty$，或 $+\infty$）时，则有

$$\lim u(x)^{v(x)} = \lim \{1 + [u(x) - 1]\}^{\frac{1}{u(x)-1} \cdot v(x) \cdot [u(x)-1]} = \exp\{\lim v(x) \cdot [u(x) - 1]\},$$

或利用恒等式 $\exp \ln x = x$，则有

$$\lim u(x)^{v(x)} = \lim \exp \ln u(x)^{v(x)} = \exp[\lim v(x) \cdot \ln u(x)].$$

8. 无穷小与无穷大

（1）在自变量的某一变化过程中，如果 $\lim f(x) = 0$，则称 $f(x)$ 为无穷小；如果 $\lim f(x) = \infty$，则称 $f(x)$ 为无穷大.

（2）无穷小与无穷大的讨论必须指出自变量的变化过程. 理解无穷小与很小的数及无穷大与很大的数之间的差别. 无穷小、无穷大不是数. 零是唯一可以作为无穷小的常数.

（3）无穷小与无穷大的关系：在自变量 x 的同一变化过程中，如果 $f(x)$ 为无穷大，则 $\dfrac{1}{f(x)}$ 为无穷小；反之，如果 $f(x)$ 为无穷小且 $f(x) \neq 0$，则 $\dfrac{1}{f(x)}$ 为无穷大.

（4）无穷大与无界的关系：无穷大一定无界；反之，则不一定.

（5）无穷小与函数极限的关系：设在自变量 x 的同一变化过程中，

$$\lim f(x) = A \Leftrightarrow f(x) = A + \alpha,$$

其中 $\lim \alpha = 0$.

（6）无穷小的比较：设在自变量的同一变化过程中，α 和 β 均为无穷小，则

1）若 $\lim \dfrac{\alpha}{\beta} = 0$，称 α 是比 β 高阶的无穷小，记为 $\alpha = o(\beta)$，显然 $\lim \dfrac{o(\beta)}{\beta} = 0$.

2）若 $\lim \dfrac{\alpha}{\beta} = \infty$，称 α 是比 β 低阶的无穷小，从而 β 比 α 高阶.

3）若 $\lim \dfrac{\alpha}{\beta} = c$ 且 $c \neq 0$，则称 α 与 β 是同阶无穷小.

4）若 $\lim \dfrac{\alpha}{\beta^k} = c$ 且 $c \neq 0$，$k > 0$，则称 α 是 β 的 k 阶无穷小.

5）若 $\lim \dfrac{\alpha}{\beta} = 1$，称 α 与 β 是等价无穷小，记为 $\alpha \sim \beta$.

根据如上定义，显然有如下结论成立：

1）若 $\alpha \sim \beta$ 且 $\beta \sim \gamma$，则有 $\alpha \sim \gamma$.

2）$\alpha \sim \beta \Leftrightarrow \beta = \alpha + o(\alpha)$

3）当 $x \to 0$ 时，

$$k \cdot o(x) = o(x), \quad o(x) + ko(x) = o(x), \quad \alpha \cdot o(x) = o(x),$$

其中 $\lim\limits_{x \to 0} \alpha = 0$，$k$ 为常数.

（7）无穷小的运算：在同一极限过程下，有如下常用结论：

1）有限个无穷小的代数和仍为无穷小.

2）有限个无穷小的乘积仍为无穷小.

3）有界量与无穷小的乘积仍为无穷小.

（8）利用等价无穷小的代换求极限.

1）替换定理：在自变量 x 的某一变化过程中，α，α_1，β，β_1 均为无穷小，且 $\alpha \sim \alpha_1$，$\beta \sim \beta_1$，则 $\lim \dfrac{\alpha}{\beta} = \lim \dfrac{\alpha_1}{\beta_1}$.

2）当 $x \to 0$ 时，常用等价无穷小：

$$x \sim \sin x, \quad x \sim \tan x, \quad x \sim \arcsin x,$$

$$x \sim \arctan x, \quad x \sim \mathrm{e}^x - 1, \quad x \sim \ln(1 + x),$$

$$a^x - 1 \sim x \ln a, \quad (1 + x)^\alpha - 1 \sim \alpha x, \quad 1 - \cos x \sim \frac{x^2}{2}.$$

注　上述等价关系中的 x 可换成任一无穷小量.

1.2.3　连续

1. 函数的连续性

（1）函数 $y=f(x)$ 在某点 x_0 处连续有如下几种形式的等价定义：

定义 1.1　设 $y=f(x)$ 在点 x_0 的某一邻域内有定义，如果

$$\lim_{\Delta x\to 0}\Delta y=\lim_{\Delta x\to 0}[f(x_0+\Delta x)-f(x_0)]=0,$$

则称函数 $y=f(x)$ 在点 x_0 处连续.

定义 1.2　设 $y=f(x)$ 在点 x_0 的某一邻域内有定义，如果

$$\lim_{x\to x_0}f(x)=f(x_0),$$

则称函数 $y=f(x)$ 在点 x_0 处连续.

注 1　上述函数 $y=f(x)$ 在某点 x_0 处连续的定义可用“$\varepsilon-\delta$”语言来表述：$y=f(x)$ 在点 x_0 处连续 $\Leftrightarrow$ $\forall\varepsilon>0$，$\exists\delta>0$，当 $|x-x_0|<\delta$ 时，恒有

$$|f(x)-f(x_0)|<\varepsilon.$$

注 2　函数 $y=f(x)$ 在点 x_0 处连续必须具备三个条件：

1）函数 $y=f(x)$ 在点 x_0 的某个邻域内要有定义；

2）极限 $\lim\limits_{x\to x_0}f(x)$ 存在；

3）$\lim\limits_{x\to x_0}f(x)=f(x_0)$.

注 3　当 $y=f(x)$ 在点 x_0 处连续时，不能认为 $y=f(x)$ 在 x_0 的某一邻域内都连续. 例如，函数 $f(x)=\begin{cases}0, & x\in\mathbf{Q},\\ x^2, & x\in\mathbf{R}\setminus\mathbf{Q},\end{cases}$ 仅在点 $x=0$ 处连续，而在其他点尽管有定义，但不连续.

（2）函数 $y=f(x)$ 在某点 x_0 处的单侧连续，有如下几种形式：

1）若 $\lim\limits_{x\to x_0^-}f(x)=f(x_0)$，则称函数 $y=f(x)$ 在点 x_0 处左连续；

2）若 $\lim\limits_{x\to x_0^+}f(x)=f(x_0)$，则称函数 $y=f(x)$ 在点 x_0 处右连续.

单侧连续与函数连续有如下关系：

$y=f(x)$ 在点 x_0 处连续 $\Leftrightarrow$ $f(x)$ 在点 x_0 处既要左连续又要右连续. 即

$$f(x_0^-)=f(x_0^+)=f(x_0).$$

（3）函数 $y=f(x)$ 在区间上的连续性：

如果函数 $y=f(x)$ 在开区间 (a,b) 内的每一点都连续，则称函数 $y=f(x)$ 在开区间 (a,b) 内连续；如果函数 $y=f(x)$ 在闭区间 $[a,b]$ 上有定义，在开区间 (a,b) 内连

续，并且在点 $x=a$ 处右连续，在点 $x=b$ 处左连续，则称函数 $y=f(x)$ 在闭区间 $[a,b]$ 上连续.

2. 函数的间断点

（1）间断点的定义：若函数 $y=f(x)$ 在点 x_0 处不连续，即 $y=f(x)$ 在点 x_0 无定义或者无极限 $\lim\limits_{x\to x_0}f(x)$ 或者 $\lim\limits_{x\to x_0}f(x)\neq f(x_0)$，则称 x_0 为 $y=f(x)$ 的间断点.

（2）间断点的分类：

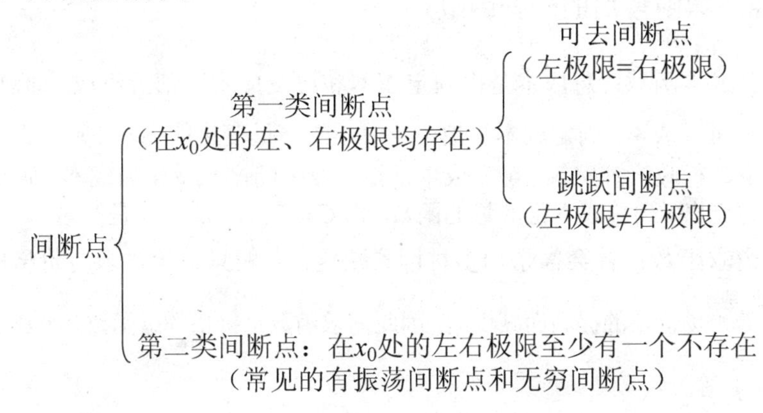

3. 连续函数的运算

（1）设函数 $f(x)$ 和 $g(x)$ 在点 x_0 处连续，则 $f(x)\pm g(x)$，$f(x)\cdot g(x)$，$\dfrac{f(x)}{g(x)}$（当 $g(x_0)\neq 0$ 时）均在点 x_0 处连续.

（2）设函数 $f(u)$ 在点 u_0 处连续，函数 $u=g(x)$ 在点 x_0 处连续且 $u_0=g(x_0)$，则复合函数 $y=f[g(x)]$ 在点 x_0 处连续.

（3）基本初等函数在其定义域内均连续；初等函数在其定义区间（即定义域内的区间）内是连续的.

4. 闭区间上连续函数的性质

定理 1.1（最大与最小值定理）　若函数 $f(x)$ 在闭区间 $[a,b]$ 上连续，则函数 $f(x)$ 在 $[a,b]$ 上一定能取得最大值与最小值.

推论 1.1（有界性定理）　若函数 $f(x)$ 在闭区间 $[a,b]$ 上连续，则函数 $f(x)$ 在 $[a,b]$ 上一定有界.

定理 1.2（介值定理）　设函数 $f(x)$ 在闭区间 $[a,b]$ 上连续，并且 $f(a)=A$，

$f(b)=B$，$A\neq B$，那么对于 A 与 B 之间的任意一个数 C，在开区间 (a,b) 内至少存在一点 ξ，使得 $f(\xi)=C$.

推论 1.2 在闭区间上连续的函数必能取得介于最大值与最小值之间的任何值.

推论 1.3（零点定理） 设函数 $f(x)$ 在闭区间 $[a,b]$ 上连续，并且 $f(a)\cdot f(b)<0$，那么在开区间 (a,b) 上至少存在一点 ξ，使得 $f(\xi)=0$.

1.2.4 经济学中常用的一些函数

（1）总成本函数：总成本是由固定成本和可变成本两部分组成，即总成本 = 固定成本 + 可变成本. 固定成本是指企业中不随产量变化的成本，如厂房、设备折旧费、工资、行政管理费等. 可变成本是指企业中随产量变化的成本，如原材料、燃料、动力支出等. 总成本是产量的函数，即 $C=C(x)$，其中 x 是产量.

（2）需求函数：社会需求由多种因素决定，一般只讨论需求与价格的关系. 需求是随着市场价格的提高而减少的，因此需求函数是价格的减函数，如 $D(p)=\dfrac{1}{p}$，$D(p)=2-p$ 等.

（3）供给函数：供给是由多种因素决定，一般只讨论供给与价格的关系. 考虑市场供给一方，当市场商品价格上升时，当然愿意提供更多商品. 一般地，供给函数是价格的增函数，如 $S(p)=2p-1, S(p)=3\mathrm{e}^{0.5p}$ 等.

（4）收益函数：总收益是生产者销售一定数量产品所得的全部收入，它既是销量的函数，又是价格的函数，即收益是销量与价格的乘积. 如收益函数 $R=x\cdot p$，其中 x 表示销量，p 表示价格. 如果把 p 看成是 x 的函数 $p=p(x)$，则收益 $R=x\cdot p(x)=R(x)$ 也是 x 的函数.

（5）利润函数：利润就是收益与成本之差，即 $P(x)=R(x)-C(x)$. 当生产成本 $C(x)$ 超过销售收益 $R(x)$ 时，则表明这种经营活动是亏本的；反之，当销售收益 $R(x)$ 超过成本 $C(x)$ 时，则产生利润；当利润 $P(x)=0$，亦即收益 = 成本时，则不亏不盈. 通常称利润 $P(x)=0$ 的点为保本点（不亏不盈点）.

1.3 典型例题解析

例 1.1 函数 $f(x)=\begin{cases}2x+1, & x\geqslant 0,\\ x^2+4, & x<0,\end{cases}$ 求函数 $f(1)$，$f(-1)$，$f(\mathrm{e}^x)$，$f(x-1)$.

解 $f(1)=(2x+1)|_{x=1}=3, f(-1)=(x^2+4)|_{x=-1}=5.$

$$f(\mathrm{e}^x)=\begin{cases}2\mathrm{e}^x+1, & \mathrm{e}^x\geqslant 0,\\ \mathrm{e}^{2x}+4, & \mathrm{e}^x<0\end{cases}=2\mathrm{e}^x+1,-\infty<x<\infty.$$

$$f(x-1)=\begin{cases}2(x-1)+1, & x-1\geqslant 0,\\ (x-1)^2+4, & x-1<0\end{cases}=\begin{cases}2x-1, & x\geqslant 1,\\ (x-1)^2+4, & x<1.\end{cases}$$

例 1.2　已知 $f\left(\dfrac{1}{x}\right)=x+\sqrt{1+x^2}, x>0$，求 $f(x)$.

解　令 $\dfrac{1}{x}=t$，则 $x=\dfrac{1}{t}$，$t>0$，$f(t)=\dfrac{1}{t}+\sqrt{1+\dfrac{1}{t^2}}=\dfrac{1+\sqrt{t^2+1}}{t}$，故

$$f(x)=\frac{1+\sqrt{x^2+1}}{x}\quad (x>0).$$

例 1.3　求函数 $y=\dfrac{\sqrt{x^2-1}}{\lg(2-x)}+\arcsin\dfrac{x}{3}$ 的定义域.

解　由

$$\begin{cases}x^2-1\geqslant 0,\\ 2-x>0,\\ \lg(2-x)\neq 0,\\ \dfrac{|x|}{3}\leqslant 1.\end{cases}\Rightarrow\begin{cases}x\leqslant -1\text{或}x\geqslant 1,\\ x<2,\\ x\neq 1,\\ -3\leqslant x\leqslant 3.\end{cases}\Rightarrow -3\leqslant x\leqslant -1\quad\text{或}\quad 1<x<2,$$

所以 $[-3,-1]\cup(1,2)$ 为所求的定义域.

例 1.4　试证函数 $f(x)=\dfrac{(1+x)^2}{1+x^2}$ 在 $(-\infty,+\infty)$ 内为有界函数.

证明　因为对 $x\in(-\infty,+\infty)$，有

$$|f(x)|=\left|\frac{(1+x)^2}{1+x^2}\right|=\left|1+\frac{2x}{1+x^2}\right|\leqslant 1+\left|\frac{2x}{1+x^2}\right|\leqslant 2.$$

所以在 $(-\infty,+\infty)$ 内，函数 $f(x)$ 为有界函数.

例 1.5　已知 $f(x)=\sin x, f[\varphi(x)]=1-x^2$，求 $\varphi(x)$ 的表达式及其定义域.

解　依题意得

$$\sin\varphi(x)=1-x^2,\varphi(x)=\arcsin(1-x^2).$$

由 $-1\leqslant 1-x^2\leqslant 1$ 可知 $-\sqrt{2}\leqslant x\leqslant\sqrt{2}$，故

$$\varphi(x)=\arcsin(1-x^2), x\in[-\sqrt{2},\sqrt{2}].$$

例 1.6　设 $f(x)=\dfrac{x}{x-1}$，

（1）试验证 $f(f\{f[f(x)]\})=x$；

（2）求 $f\left[\dfrac{1}{f(x)}\right](x\neq 0, x\neq 1)$.

解　（1）设 $f_1(x)=f(x)$，则 $f_k(x)=f[f_{k-1}(x)]\,(k=2,3,4)$．因为

$$f_1(x)=\frac{x}{x-1}=\frac{1}{1-\frac{1}{x}},$$

所以 $\frac{1}{f(x)}=\frac{1}{f_1(x)}=1-\frac{1}{x}$．于是，可得

$$f_2(x)=f[f_1(x)]=\frac{1}{1-\frac{1}{f(x)}}=\frac{1}{1-\left(1-\frac{1}{x}\right)}=x,\ f_3(x)=f[f_2(x)]=f(x),$$

$$f_4(x)=f[f_3(x)]=f[f(x)]=f[f_1(x)]=f_2(x)=x.$$

（2）因为 $\frac{1}{f(x)}=1-\frac{1}{x}$，所以

$$f\left[\frac{1}{f(x)}\right]=f\left(1-\frac{1}{x}\right)=\frac{1-\frac{1}{x}}{1-\frac{1}{x}-1}=1-x\quad(x\neq 0,x\neq 1).$$

例 1.7　求下列极限：

（1）$\lim\limits_{x\to a^+}\frac{\sqrt{x}-\sqrt{a}+\sqrt{x-a}}{\sqrt{x^2-a^2}}\,(a>0)$；　　（2）$\lim\limits_{x\to+\infty}\left(\sqrt{x+\sqrt{x+\sqrt{x}}}-\sqrt{x}\right)$；

（3）$\lim\limits_{x\to-8}\frac{\sqrt{1-x}-3}{2+\sqrt[3]{x}}$．

解　（1）原式 $=\lim\limits_{x\to a^+}\frac{\sqrt{x}-\sqrt{a}+\sqrt{x-a}}{\sqrt{(x+a)(x-a)}}$

$$=\frac{1}{\sqrt{2a}}\lim_{x\to a^+}\left(\frac{\sqrt{x}-\sqrt{a}}{\sqrt{x-a}}+1\right)=\frac{1}{\sqrt{2a}}\left(1+\lim_{x\to a^+}\frac{x-a}{\sqrt{x-a}(\sqrt{x}+\sqrt{a})}\right)$$

$$=\frac{1}{\sqrt{2a}}\left(1+\frac{1}{2\sqrt{a}}\lim_{x\to a^+}\sqrt{x-a}\right)=\frac{1}{\sqrt{2a}}(1+0)=\frac{1}{\sqrt{2a}}.$$

（2）原式 $=\lim\limits_{x\to+\infty}\frac{x+\sqrt{x+\sqrt{x}}-x}{\sqrt{x+\sqrt{x+\sqrt{x}}}+\sqrt{x}}=\frac{1}{2}$．

（3）因为

$$\sqrt{1-x}-3=-\frac{x+8}{\sqrt{1-x}+3},\ 2+\sqrt[3]{x}=\frac{x+8}{4-2\sqrt[3]{x}+\sqrt[3]{x^2}},$$

所以原式 $=-\lim\limits_{x\to-8}\frac{4-2\sqrt[3]{x}+\sqrt[3]{x^2}}{\sqrt{1-x}+3}=-2$．

例 1.8　求下列极限：

（1）$\lim\limits_{x\to0}\frac{\sin x}{x}$；　　（2）$\lim\limits_{x\to0}x\cdot\sin\frac{1}{x}$；　　（3）$\lim\limits_{x\to\infty}\frac{\sin x}{x}$；

（4）$\lim\limits_{x\to\infty} x\cdot\sin\dfrac{1}{x}$；　（5）$\lim\limits_{x\to\infty}\dfrac{1}{x}\cdot\sin\dfrac{1}{x}$；　（6）$\lim\limits_{x\to 0}\dfrac{1}{x}\cdot\sin\dfrac{1}{x}$.

解　（1）由重要极限知 $\lim\limits_{x\to 0}\dfrac{\sin x}{x}=1$.

（2）$x\to 0$ 时，$\sin\dfrac{1}{x}$ 为有界量. 故 $\lim\limits_{x\to 0} x\cdot\sin\dfrac{1}{x}=0$.

（3）$x\to\infty$ 时，$\dfrac{1}{x}$ 为无穷小量，$\sin x$ 为有界变量. 故 $\lim\limits_{x\to\infty}\dfrac{\sin x}{x}=0$.

（4）**解法 1**　$x\to\infty$ 时，$\sin\dfrac{1}{x}\sim\dfrac{1}{x}$. 故 $\lim\limits_{x\to\infty} x\cdot\sin\dfrac{1}{x}=1$.

解法 2　令 $x=\dfrac{1}{t}$，则由 $x\to\infty$ 知 $t\to 0$. 故 $\lim\limits_{x\to\infty} x\cdot\sin\dfrac{1}{x}=\lim\limits_{t\to 0}\dfrac{\sin t}{t}=1$.

（5）**解法 1**　$x\to\infty$ 时，$\dfrac{1}{x}\to 0$，$\sin\dfrac{1}{x}$ 为有界量. 故 $\lim\limits_{x\to\infty}\dfrac{1}{x}\cdot\sin\dfrac{1}{x}=0$.

解法 2　$x\to\infty$ 时，$\dfrac{1}{x}\to 0$. $\sin\dfrac{1}{x}\sim\dfrac{1}{x}$. 故 $\lim\limits_{x\to\infty}\dfrac{1}{x}\cdot\sin\dfrac{1}{x}=0$.

（6）$x\to 0$ 时，$\dfrac{1}{x}\to\infty$. $\sin\dfrac{1}{x}$ 不定. 取子列 $x_n=\dfrac{1}{2n\pi}$，则 $n\to\infty$ 时

$$x_n\to 0,\quad \frac{1}{x_n}\cdot\sin\frac{1}{x_n}=0.$$

另取子列 $y_n=\dfrac{1}{2n\pi+\dfrac{\pi}{2}}$，则 $n\to\infty$ 时，$y_n\to 0$，$\dfrac{1}{y_n}\cdot\sin\dfrac{1}{y_n}=2n\pi+\dfrac{\pi}{2}\to\infty$.

故极限 $\lim\limits_{x\to 0}\dfrac{1}{x}\cdot\sin\dfrac{1}{x}$ 不存在.

注　在求极限时，一看自变量的变化过程，二看函数的变化趋势，准确判断极限类型，正确使用重要极限公式，充分利用有界量与无穷小的乘积仍为无穷小这一性质，对解题将大有帮助.

例 1.9　求下列极限：

（1）$\lim\limits_{x\to+\infty}\dfrac{x}{\sqrt{x^2+x+1}\cos\dfrac{1}{x}}$；　（2）$\lim\limits_{x\to+\infty}\dfrac{2x^7-3x^3+5x+7}{5x^7+x^6+4x^5+x}$.

解　（1）原式 $=\lim\limits_{x\to+\infty}\dfrac{x}{\sqrt{x^2+x+1}}=\lim\limits_{x\to+\infty}\dfrac{1}{\sqrt{1+\dfrac{1}{x}+\dfrac{1}{x^2}}}=1$.

（2）原式 $=\lim\limits_{x\to+\infty}\dfrac{2-\dfrac{3}{x^4}+\dfrac{5}{x^6}+\dfrac{7}{x^7}}{5+\dfrac{1}{x}+\dfrac{4}{x^2}+\dfrac{1}{x^6}}=\dfrac{2}{5}$.

例 1.10　求下列极限：

（1）$\lim\limits_{x\to\infty}\dfrac{(x+1)(x^2+1)(x^3+1)\cdots(x^{15}+1)}{(2x^{15}+x^{12}+x+15)^8}$；　　（2）$\lim\limits_{x\to+\infty}\dfrac{\ln(2+e^{3x})}{\ln(3+e^{2x})}$.

解　（1）$(x+1)(x^2+1)(x^3+1)\cdots(x^{15}+1)$ 关于 x 的无穷大的阶数为 $1+2+\cdots+15=120$. 因此，分子分母用 x^{120} 去除可消去“∞”的因式，得

$$原式=\lim_{x\to\infty}\frac{\left(1+\dfrac{1}{x}\right)\left(1+\dfrac{1}{x^2}\right)\cdots\left(1+\dfrac{1}{x^{15}}\right)}{\left(2+\dfrac{1}{x^3}+\dfrac{1}{x^{14}}+\dfrac{1}{x^{15}}\right)^8}=\frac{1}{2^8}.$$

（2）$原式=\lim\limits_{x\to+\infty}\dfrac{\ln[e^{3x}(2e^{-3x}+1)]}{\ln[e^{2x}(3e^{-2x}+1)]}=\lim\limits_{x\to+\infty}\dfrac{3x+\ln(2e^{-3x}+1)}{2x+\ln(3e^{-2x}+1)}=\dfrac{3}{2}$.

注　一般地有

$$\lim_{x\to\infty}\frac{a_0x^n+a_1x^{n-1}+\cdots+a_{n-1}x+a_n}{b_0x^m+b_1x^{m-1}+\cdots+b_{m-1}x+b_m}=\begin{cases}\dfrac{a_0}{b_0}, & n=m,\\ 0, & n<m,\\ \infty, & n>m.\end{cases}$$

例 1.11　求极限 $\lim\limits_{n\to\infty}\left(1-\dfrac{1}{2^2}\right)\left(1-\dfrac{1}{3^2}\right)\cdots\left(1-\dfrac{1}{n^2}\right)$.

解　因为 $1-\dfrac{1}{k^2}=\dfrac{(k-1)(k+1)}{k^2}=\dfrac{k-1}{k}\cdot\dfrac{k+1}{k}$，所以

$$原式=\lim_{n\to\infty}\left(\frac{1}{2}\cdot\frac{3}{2}\right)\left(\frac{2}{3}\cdot\frac{4}{3}\right)\cdots\left(\frac{n-1}{n}\cdot\frac{n+1}{n}\right)=\lim_{n\to\infty}\frac{1}{2}\cdot\frac{n+1}{n}=\frac{1}{2}.$$

例 1.12　求下列极限 $\lim\limits_{n\to\infty}S_n$：

（1）$S_n=\dfrac{1}{n^2-n+1}+\dfrac{4}{n^2-n+2}+\cdots+\dfrac{3n-2}{n^2-n+n}$；

（2）$S_n=\dfrac{1}{\sqrt{n^6+n}}+\dfrac{2^2}{\sqrt{n^6+2n}}+\cdots+\dfrac{n^2}{\sqrt{n^6+n^2}}$.

解　（1）因为 $\dfrac{3j-2}{n^2}\leqslant\dfrac{3j-2}{n^2-n+j}\leqslant\dfrac{3j-2}{n^2-n+1}\ (1\leqslant j\leqslant n)$，所以

$$\sum_{j=1}^{n}\frac{3j-2}{n^2}\leqslant S_n\leqslant\sum_{j=1}^{n}\frac{3j-2}{n^2-n+1}.$$

又因为以 3 为公差，以 1 为首项的等差数列 $\{3j-2\}$ 的前 n 项之和

$$\sum_{j=1}^{n}(3j-2)=\frac{n(3n-1)}{2},$$

而

$$\lim_{n\to\infty}\frac{n(3n-1)}{2n^2}=\lim_{n\to\infty}\frac{n(3n-1)}{2(n^2-n+1)}=\frac{3}{2}.$$

故由两边夹法则，知$\lim\limits_{n\to\infty}S_n=\dfrac{3}{2}$.

（2）令$x_k=\dfrac{k^2}{\sqrt{n^6+kn}}$，故$S_n=\sum\limits_{k=1}^{n}x_k$，$\dfrac{k^2}{(n+1)^3}\leqslant x_k\leqslant\dfrac{k^2}{n^3}$，从而有$\sum\limits_{k=1}^{n}\dfrac{k^2}{(n+1)^3}\leqslant S_n\leqslant\sum\limits_{k=1}^{n}\dfrac{k^2}{n^3}$. 又因为

$$\sum_{k=1}^{n}k^2=\frac{n(n+1)(2n+1)}{6},$$

所以$\lim\limits_{n\to\infty}\sum\limits_{k=1}^{n}\dfrac{k^2}{(n+1)^3}=\lim\limits_{n\to\infty}\sum\limits_{k=1}^{n}\dfrac{k^2}{n^3}=\dfrac{1}{3}$. 于是，根据两边夹法则，知$\lim\limits_{n\to\infty}=\dfrac{1}{3}$.

注 两边夹法则在用于分式形式时，一般应设法固定分母.

例 1.13 设$x_1=10, x_{n+1}=\sqrt{6+x_n}\,(n=1,2,\cdots)$.

（1）试证数列$\{x_n\}$的极限存在；（2）求出此极限.

证明 （1）归纳法. 已知$n=1$时，$x_1=10$；又当$n=2$时，$x_2=\sqrt{6+x_1}=4$；故假设$n=k$时，有$x_k<x_{k-1}$；下面推证：当$n=k+1$时，$x_{k+1}<x_k$；因为

$$x_{k+1}-x_k=\sqrt{6+x_k}-x_k=\frac{6+x_k-x_k^2}{\sqrt{6+x_k}+x_k}=\frac{6+x_k-(\sqrt{6+x_{k-1}})^2}{\sqrt{6+x_k}+x_k}=\frac{x_k-x_{k-1}}{\sqrt{6+x_k}+x_k},$$

又因为$\sqrt{6+x_k}+x_k>0$，所以$x_{k+1}-x_k<0$. 即$x_{k+1}<x_k\ (k=1,2,\cdots,n)$. 由数学归纳法知，数列$\{x_n\}$单调递减. 因为$x_n>0$，即$\{x_n\}$有下界，所以$\{x_n\}$有极限，故根据极限存在准则，知$\lim\limits_{n\to\infty}x_n$存在.

（2）设$\lim\limits_{n\to\infty}x_n=a$，则由$x_{n+1}=\sqrt{6+x_n}$，有$\lim\limits_{n\to\infty}x_{n+1}=\lim\limits_{n\to\infty}\sqrt{6+x_n}$，从而，得

$$a=\sqrt{6+a}\Rightarrow a^2-a-6=0,$$

即知$a=3$及$a=-2$（舍去）. 于是$\lim\limits_{n\to\infty}x_n=3$.

例 1.14 求下列极限：

（1）$\lim\limits_{x\to 0}\dfrac{\sin x+\sin(2x)}{x(\sqrt{1+x\sin x}+\cos x)}$； （2）$\lim\limits_{x\to 0}\dfrac{\sin^2 x}{\sqrt{1+x\sin x}-\sqrt{\cos x}}$.

解 （1）原式$=\lim\limits_{x\to 0}\dfrac{\sin x(1+2\cos x)}{2x}=\dfrac{3}{2}$.

（2）原式$=\lim\limits_{x\to 0}\dfrac{x^2(\sqrt{1+x\sin x}+\sqrt{\cos x})}{1-\cos x+x\sin x}=2\lim\limits_{x\to 0}\dfrac{x^2}{1-\cos x+x\sin x}$

$=2\lim\limits_{x\to 0}\dfrac{1}{\dfrac{1-\cos x}{x^2}+\dfrac{\sin x}{x}}=\dfrac{4}{3}$.

例 1.15　求下列极限：

（1）$\lim\limits_{x\to\infty}\dfrac{x^2+\cos^2 x-1}{(x+\sin x)^2}$；　　（2）$\lim\limits_{x\to 1^-}\sqrt{1-x^2}\cot\sqrt{\dfrac{1-x}{1+x}}$.

解　（1）原式$=\lim\limits_{x\to\infty}\dfrac{x^2-\sin^2 x}{(x+\sin x)^2}=\lim\limits_{x\to\infty}\dfrac{x-\sin x}{x+\sin x}=\lim\limits_{x\to\infty}\dfrac{1-\dfrac{1}{x}\cdot\sin x}{1+\dfrac{1}{x}\cdot\sin x}=1$.

（2）原式$=\lim\limits_{x\to 1^-}\sqrt{1-x^2}\left(\sqrt{\dfrac{1+x}{1-x}}\right)\left(\cos\sqrt{\dfrac{1-x}{1+x}}\right)=\lim\limits_{x\to 1^-}(1+x)=2$.

例 1.16　求下列极限：

（1）$\lim\limits_{x\to 0}\dfrac{x^2+2}{e^x-1}\sin\dfrac{x}{x^2+1}$；　　（2）$\lim\limits_{x\to+\infty}\left[x\ln\left(1+\dfrac{3}{x}\right)\right]$.

解　（1）原式$=\lim\limits_{x\to 0}\dfrac{x^2+2}{x}\cdot\dfrac{x}{x^2+1}=\lim\limits_{x\to 0}\dfrac{x^2+2}{x^2+1}=2$.

（2）原式 $\lim\limits_{x\to+\infty}x\cdot\dfrac{3}{x}=3$.

例 1.17　求下列极限：

（1）$\lim\limits_{x\to 0^+}\dfrac{\ln(1+\sqrt{x\sin x})}{\tan x}$；　　（2）$\lim\limits_{x\to+\infty}\dfrac{\ln\left(1+\dfrac{1}{x}\right)}{\operatorname{arc}\cot x}$；

（3）$\lim\limits_{x\to+\infty}\dfrac{\tan(\tan x)-\sin(\sin x)}{x^3}$；　　（4）$\lim\limits_{x\to 1}\dfrac{x^x-1}{x\ln x}$.

解　（1）当$x\to 0^+$时，$\tan x\sim x, \ln(1+\sqrt{x\sin x})\sim\sqrt{x\sin x}\sim\sqrt{x^2}=x$. 于是

$$\lim_{x\to 0^+}\frac{\ln(1+\sqrt{x\sin x})}{\tan x}=\lim_{x\to 0^+}\frac{x}{x}=1.$$

（2）令$y=\operatorname{arc}\cot x$，则$x=\cot y$，

原式$=\lim\limits_{y\to 0}\dfrac{\ln(1+\tan y)}{y}=\lim\limits_{y\to 0}\dfrac{\tan y}{y}=\lim\limits_{y\to 0}\dfrac{y}{y}=1$

（3）原式$=\lim\limits_{x\to 0}\dfrac{\tan(\tan x)-\tan x}{x^3}+\lim\limits_{x\to 0}\dfrac{\tan x-\sin x}{x^3}+\lim\limits_{x\to 0}\dfrac{\sin x-\sin(\sin x)}{x^3}$，令$\tan x=t$，$\sin x=u$，则

原式 $=\lim\limits_{t\to 0}\dfrac{\tan t-t}{t^3}+\lim\limits_{x\to 0}\dfrac{\tan x-\sin x}{x^3}+\lim\limits_{u\to 0}\dfrac{u-\sin u}{u^3}=\dfrac{1}{3}+\dfrac{1}{2}+\dfrac{1}{6}=1$.

（4）**解法 1**　用洛必达法则. 原式 $\lim\limits_{x\to 1}\dfrac{x^x(\ln x+1)}{\ln x+1}=\lim\limits_{x\to 1}x^x=1$.

解法 2　变量代换. 令 $t=x\ln x$，则 $x^x=\mathrm{e}^t$，

原式 $=\lim\limits_{t\to 0}\dfrac{\mathrm{e}^t-1}{t}=\lim\limits_{t\to 0}\dfrac{t}{t}=1$.

例 1.18　$\lim\limits_{x\to 0}(\cos x)^{\frac{1}{\ln(1+x^2)}}=$__________.

分析　极限属于 1^∞ 的类型，可用求幂指函数的极限的方法.

解法 1　用等价代换.

$$\lim_{x\to 0}(\cos x)^{\frac{1}{\ln(1+x^2)}}=\exp\left[\lim_{x\to 0}\frac{1}{\ln(1+x^2)}\ln(\cos x)\right],$$

而 $\lim\limits_{x\to 0}\dfrac{\ln(\cos x)}{\ln(1+x^2)}=\lim\limits_{x\to 0}\dfrac{\ln(1+\cos x-1)}{x^2}=\lim\limits_{x\to 0}\dfrac{\cos x-1}{x^2}=\lim\limits_{x\to 0}\dfrac{-\frac{x^2}{2}}{x^2}=-\dfrac{1}{2}$，故

$$\lim_{x\to 0}(\cos x)^{\frac{1}{\ln(1+x^2)}}=\frac{1}{\sqrt{\mathrm{e}}}.$$

解法 2　先用等价代换，然后用洛必达法则.

$$\lim_{x\to 0}(\cos x)^{\frac{1}{\ln(1+x^2)}}=\exp\left[\lim_{x\to 0}\frac{1}{\ln(1+x^2)}\ln(\cos x)\right],$$

而 $\lim\limits_{x\to 0}\dfrac{\ln(\cos x)}{\ln(1+x^2)}=\lim\limits_{x\to 0}\dfrac{\ln\cos x}{x^2}=\lim\limits_{x\to 0}\left(-\dfrac{\frac{\sin x}{\cos x}}{2x}\right)=-\dfrac{1}{2}$，故

$$\lim_{x\to 0}(\cos x)^{\frac{1}{\ln(1+x^2)}}=\frac{1}{\sqrt{\mathrm{e}}}.$$

例 1.19　求 $\lim\limits_{x\to 0}\left(\dfrac{2+\mathrm{e}^{\frac{1}{x}}}{1+\mathrm{e}^{\frac{4}{x}}}+\dfrac{\sin x}{|x|}\right)$.

分析　求带有绝对值的函数的极限一定要注意考虑左、右极限.

解　因为

$$\lim_{x\to 0^+}\left(\frac{2+\mathrm{e}^{\frac{1}{x}}}{1+\mathrm{e}^{\frac{4}{x}}}+\frac{\sin x}{|x|}\right)=\lim_{x\to 0^+}\left(\frac{2\mathrm{e}^{-\frac{4}{x}}+\mathrm{e}^{-\frac{3}{x}}}{\mathrm{e}^{-\frac{4}{x}}+1}+\frac{\sin x}{x}\right)=0+1=1,$$

$$\lim_{x\to 0^-}\left(\frac{2+e^{\frac{1}{x}}}{1+e^{\frac{4}{x}}}+\frac{\sin x}{|x|}\right)=\lim_{x\to 0^-}\left(\frac{2+e^{\frac{1}{x}}}{1+e^{\frac{4}{x}}}-\frac{\sin x}{x}\right)=2-1=1,$$

所以$\lim\limits_{x\to 0}\left(\dfrac{2+e^{\frac{1}{x}}}{1+e^{\frac{4}{x}}}+\dfrac{\sin x}{|x|}\right)=1$.

错误解答 因为$\lim\limits_{x\to 0}\dfrac{2+e^{\frac{1}{x}}}{1+e^{\frac{4}{x}}}$和$\lim\limits_{x\to 0}\dfrac{\sin x}{|x|}$均不存在，故原来的极限不存在.

错解分析 如果$\lim\limits_{x\to a}f(x)$和$\lim\limits_{x\to a}g(x)$均不存在，但$\lim\limits_{x\to a}[f(x)+g(x)]$可能存在.用极限的四则运算来求极限时要注意条件，即参与极限四则运算的各部分的极限均要存在.

例 1.20 求下列极限：

（1）$\lim\limits_{x\to 0}(1+xe^x)^{\frac{1}{x}}$； （2）$\lim\limits_{x\to 1}(2-x)^{\tan\left(\frac{\pi}{2}x\right)}$.

解 （1）**解法 1** 原式$=\exp\left[\lim\limits_{x\to 0}\dfrac{1}{x}\ln(1+xe^x)\right]=\exp\left(\lim\limits_{x\to 0}\dfrac{xe^x}{x}\right)=e$.

解法 2 原式$=\lim\limits_{x\to 0}[(1+xe^x)^{\frac{1}{xe^x}}]^{\frac{xe^x}{x}}=e^{\lim\limits_{x\to 0}\frac{xe^x}{x}}=e$.

（2）原式$=\lim\limits_{x\to 1}[1+(1-x)]^{\tan\left(\frac{\pi}{2}x\right)}=\exp\left(\lim\limits_{x\to 1}\left\{\tan\left(\dfrac{\pi}{2}x\right)\ln[1+(1-x)]\right\}\right)$

$$=\exp\left[\lim_{x\to 1}\frac{1-x}{\cos\frac{\pi}{2}x}\cdot\sin\left(\frac{\pi}{2}x\right)\right]=e^{\frac{2}{\pi}}.$$

例 1.21 $\lim\limits_{x\to 0}\dfrac{3\sin x+x^2\cos\frac{1}{x}}{(1+\cos x)\ln(1+x)}=$________.

分析 由于$x\to 0$，该极限属于$\dfrac{0}{0}$型，极限式中含有三角函数及无穷小量$\ln(1+x)$，因此要考虑运用无穷小量的有关知识.

解 因为$x\to 0$时，$\ln(1+x)\sim x$，所以

$$\lim_{x\to 0}\frac{3\sin x+x^2\cos\frac{1}{x}}{(1+\cos x)\ln(1+x)}=\lim_{x\to 0}\frac{1}{(1+\cos x)}\cdot\lim_{x\to 0}\frac{3\sin x+x^2\cos\frac{1}{x}}{x}$$

$$=\frac{1}{2}\lim_{x\to 0}\left(3\cdot\frac{\sin x}{x}+x\cos\frac{1}{x}\right)=\frac{1}{2}(3\cdot 1+0)=\frac{3}{2}.$$

例 1.22　设 $x\to 0$ 时，$(1-\cos x)\ln(1+x^2)$ 是比 $x\sin x^n$ 高阶的无穷小，而 $x\sin x^n$ 是比 $e^{x^2}-1$ 高阶的无穷小，则正整数 n 应为多少？

解　由题设，有

$$\lim_{x\to 0}\frac{(1-\cos x)\ln(1+x^2)}{x\sin x^n}=\lim_{x\to 0}\frac{\frac{x^2}{2}\cdot x^2}{x^{n+1}}=0. \tag{1-1}$$

$$\lim_{x\to 0}\frac{x\sin x^n}{e^{x^2}-1}=\lim_{x\to 0}\frac{x^{n+1}}{x^2}=0. \tag{1-2}$$

从而，由式（1-1）知 $n+1<4$，即 $n<3$；又由式（1-2），应有 $n+1>2$，即 $n>1$. 所以，$1<n<3$，故 $n=2$.

例 1.23　$\lim\limits_{x\to 2}f(x)$ 存在，且 $f(x)=2x^3+3\lim\limits_{x\to 2}f(x)$，求 $\lim\limits_{x\to 2}f(x)$ 及 $f(x)$.

解　设 $\lim\limits_{x\to 2}f(x)=A$，则 $f(x)=2x^3+3A$. 从而，有 $\lim\limits_{x\to 2}f(x)=\lim\limits_{x\to 2}(2x^3+3A)$，即 $A=16+3A$，亦有 $A=-8$. 故 $\lim\limits_{x\to 2}f(x)=-8, f(x)=2x^3-24$.

例 1.24　设 $\lim\limits_{x\to 0}\frac{f(3x)}{x}=2$，求 $\lim\limits_{x\to 0}\frac{f(2x)}{x}$.

解　令 $u=\frac{2}{3}x$，即 $x=\frac{3}{2}u$，则

$$\lim_{x\to 0}\frac{f(2x)}{x}=\lim_{u\to 0}\frac{f\left(2\cdot\frac{3u}{2}\right)}{\frac{3u}{2}}=\frac{2}{3}\lim_{u\to 0}\frac{f(3u)}{u}=\frac{2}{3}\times 2=\frac{4}{3}.$$

注　一般地，设 $\lim\limits_{x\to 0}\frac{f(ax)}{x}=A$，令 $bx=au, x=\frac{au}{b}$，则

$$\lim_{x\to 0}\frac{f(bx)}{x}=\lim_{u\to 0}\frac{f\left(b\cdot\frac{au}{b}\right)}{\frac{au}{b}}=\frac{b}{a}\lim_{u\to 0}\frac{f(au)}{u}=\frac{b}{a}A.$$

例 1.25　设 $\lim\limits_{x\to 2}\frac{x^3+ax^2+b}{x-2}=8$，试确定 a,b 之值.

解　因为 $x\to 2$ 时，$\lim\limits_{x\to 2}(x-2)=0$，所以 $\lim\limits_{x\to 2}(x^3+ax^2+b)=0$，故

$$\lim_{x\to 2}\frac{x^3+ax^2+b}{x-2}=\lim_{x\to 2}(3x^2+2ax)=12+4a=8,$$

即知 $a=-1$. 从而，有 $\lim\limits_{x\to 2}(x^3+ax^2+b)=8-4+b=0$，即有 $b=-4$.

例 1.26　讨论函数 $f(x)=\lim\limits_{n\to\infty}\frac{x^{n+2}-x^{-n}}{x^n+x^{-n}}$ 的连续性.

分析　该函数为含有参数的极限式，应该先求出极限得 $f(x)$，再讨论其连续性.

解　显然当 $x=0$ 时 $f(x)$ 无意义. 故当 $x\neq 0$ 时

$$f(x)=\begin{cases}-1, & 0<|x|<1,\\ 0, & |x|=1,\\ x^2, & |x|>1.\end{cases}$$

而 $f(x)$ 在区间 $(-\infty,-1)$，$(-1,0)$，$(0,1)$，$(1,+\infty)$ 上是初等函数，故 $f(x)$ 在这些区间上连续. 又

$$\lim_{x\to 1^+} f(x)=1,\quad \lim_{x\to 1^-} f(x)=-1,$$

$$\lim_{x\to 0} f(x)=-1,\quad \lim_{x\to -1^+} f(x)=-1,\quad \lim_{x\to -1^-} f(x)=1,$$

所以 $x=\pm 1$ 及 $x=0$ 为 $f(x)$ 的第一类间断点，其中 $x=0$ 为 $f(x)$ 的可去间断点，$x=\pm 1$ 为 $f(x)$ 的跳跃间断点.

例 1.27　求函数 $f(x)=\begin{cases}1-x, & x\leqslant -1,\\ \cos\dfrac{\pi x}{2}, & -1<x\leqslant 1,\\ x-1, & x>1\end{cases}$ 的连续区间.

解　显然函数 $f(x)$ 在 $(-\infty,-1),(-1,1)$ 及 $(1,+\infty)$ 内连续，当 $x=-1$ 时，因为

$$f(-1^-)=\lim_{x\to -1^-}(1-x)=2,\ f(-1^+)=\lim_{x\to -1^+}\cos\frac{\pi x}{2}=0,$$

所以 $f(-1^-)\neq f(-1^+)$，故 $f(x)$ 在 $x=-1$ 不连续.

当 $x=1$ 时，因为

$$f(1^-)=\lim_{x\to 1^-}\cos\frac{\pi x}{2}=0,\ f(1^+)=\lim_{x\to 1^+}(x-1)=0,$$

所以 $f(1^-)=f(1^+)$，故 $f(x)$ 在 $x=1$ 连续. 故 $f(x)$ 的连续区间为

$$(-\infty,-1)\cup(-1,+\infty).$$

例 1.28　求下列函数的不连续（间断）点，并判定其类型.

（1）$f(x)=\dfrac{x^2-x}{|x|(x^2-1)}$；　　　（2）$f(x)=\dfrac{x}{\tan x}$.

解　（1）该函数 $f(x)$ 共有三个间断点 $x=-1,0,1$.

对于 $x=1$，因为

$$\lim_{x\to 1} f(x)=\lim_{x\to 1}\frac{x(x-1)}{x(x-1)(x+1)}=\lim_{x\to 1}\frac{1}{x+1}=\frac{1}{2},$$

所以 $x=1$ 为 $f(x)$ 的第一类间断点中的可去间断点.

对于 $x=0$，因有

$$\lim_{x\to 0^-} f(x)=\lim_{x\to 0^-}\frac{x(x-1)}{-x(x-1)(x+1)}=-1,$$

$$\lim_{x\to 0^+} f(x)=\lim_{x\to 0^+}\frac{x(x-1)}{x(x-1)(x+1)}=1.$$

即 $f(x)$ 在 $x=0$ 的左右极限都存在而不相等，所以 $x=0$ 是 $f(x)$ 的第一类间断点中的跳跃间断点.

对于 $x=-1$，因为

$$\lim_{x\to -1} f(x)=\lim_{x\to -1}\frac{x(x-1)}{-x(x-1)(x+1)}=\lim_{x\to 1}\frac{-1}{x+1}=\infty,$$

所以 $x=-1$ 为 $f(x)$ 的第二类间断点中的无穷间断点.

（2）因为 $x=k\pi(k=0,\pm1,\pm2,\cdots)$ 使得 $f(x)=\dfrac{x}{\tan x}$ 的分母 $\tan x=0$，以及 $x=k\pi+\dfrac{\pi}{2}(k=0,\pm1,\pm2,\cdots)$ 使得 $\tan x$ 无意义，所以它们皆为间断点.

因为 $\lim\limits_{x\to 0}\dfrac{x}{\tan x}=1$ 及 $\lim\limits_{x\to k\pi+\frac{\pi}{2}}\dfrac{x}{\tan x}=0(k=0,\pm1,\pm2,\cdots)$，故 $x=0$ 及 $x=k\pi+\dfrac{\pi}{2}(k=0,\pm1,\pm2,\cdots)$ 均为第一类间断点中的可去间断点.

又因为 $\lim\limits_{x\to k\pi}\dfrac{x}{\tan x}=\infty\ (k=0,\pm1,\pm2,\cdots)$，故 $x=k\pi(k=0,\pm1,\pm2,\cdots)$ 均为第二类间断点中的无穷间断点.

例 1.29　求 a，使 $f(x)=\begin{cases} e^x, & x<0, \\ a+x, & x\geqslant 0 \end{cases}$ 在 $(-\infty,+\infty)$ 内连续.

解　$f(x)$ 在 $x=0$ 处连续的充要条件是 $\lim\limits_{x\to 0^-} f(x)=\lim\limits_{x\to 0^+} f(x)=f(0)$. 由于

$$\lim_{x\to 0^-} f(x)=\lim_{x\to 0^-} e^x=1,\quad \lim_{x\to 0^+} f(x)=\lim_{x\to 0^+}(a+x)=a=f(0),$$

故 $a=1$ 时 $f(x)$ 在 $x=0$ 处连续. 而 $x<0$，$f(x)=e^x$ 连续，$x>0$，$f(x)=1+x$ 连续，所以 $a=1$ 时 $f(x)$ 在 $(-\infty,+\infty)$ 内连续.

例 1.30　证明方程 $x=a\sin x+b\,(a>0,b>0)$ 至少有一个不超过 $a+b$ 的正根.

证明　令 $f(x)=x-a\sin x-b$，则

$$f(x)\in[0,a+b],\quad f(0)=-b<0,\quad f(a+b)=a[1-\sin(a+b)]\geqslant 0.$$

（1）若 $f(a+b)=0$，则 $x=a+b$ 为其一个零点.

（2）若 $f(a+b)>0$，则 $f(0)f(a+b)<0$. 故由零点定理可知在 $(0,a+b)$ 内至少存在一个 ξ 使 $f(\xi)=0$.

综上所述，结论成立.

例 1.31 如果函数 $f(x)$ 在 $[a,b]$ 上连续，$a<x_1<x_2<\cdots<x_n<b$，则在 $[x_1,x_n]$ 上必有 ξ，使 $f(\xi)=\frac{1}{n}[f(x_1)+f(x_2)+\cdots+f(x_n)]$.

证明 因 $f(x)$ 在 $[x_1,x_n]$ 上连续，故它在该区间上必有最大值和最小值. 设

$$M=\max\{f(x)\},\quad m=\min\{f(x)\},\quad x\in[x_1,x_n],$$

则 $m\leqslant f(x_i)\leqslant M(i=1,2,\cdots,n)$. 从而，有

$$nm\leqslant f(x_1)+f(x_2)+\cdots+f(x_n)\leqslant nM,$$

即

$$m\leqslant\frac{1}{n}[f(x_1)+f(x_2)+\cdots+f(x_n)]\leqslant M.$$

由介值定理可知，在 $[x_1,x_n]$ 上必有 ξ，使得 $f(\xi)=\frac{1}{n}[f(x_1)+f(x_2)+\cdots+f(x_n)]$.

例 1.32 设 $f(x)$ 在闭区间 $[a,b]$ 上连续，且 $f(a)=f(b)$. 证明存在 $\xi\in[a,b]$，使 $f(\xi)=f\left(\xi+\frac{b-a}{2}\right)$.

证明 令 $F(x)=f(x)-f\left(x+\frac{b-a}{2}\right)\left(x\in\left[a,\frac{a+b}{2}\right]\right)$，则 $F(x)$ 在 $\left[a,\frac{a+b}{2}\right]$ 上连续，且有

$$F(a)=f(a)-f\left(\frac{a+b}{2}\right),\quad F\left(\frac{a+b}{2}\right)=f\left(\frac{a+b}{2}\right)-f(b)=f\left(\frac{a+b}{2}\right)-f(a),$$

从而，有

$$F(a)F\left(\frac{a+b}{2}\right)=-\left[f(a)-f\left(\frac{a+b}{2}\right)\right]^2\leqslant 0.$$

若等号成立，则 $\xi=a$，命题得证；若 $f(a)\neq f\left(\frac{a+b}{2}\right)$，则 $F(a)$ 与 $F\left(\frac{a+b}{2}\right)$ 异号.

由零点定理知，存在 $\xi\in\left(a,\frac{a+b}{2}\right)\subset(a,b)$，使 $F(\xi)=0$，即

$$f(\xi)=f\left(\xi+\frac{b-a}{2}\right).$$

例 1.33 设 $f(x)$ 在闭区间 $[0,1]$ 上连续，且 $f(0)=f(1)$，试证：存在 $\xi\in(0,1)$，使 $f(\xi)=f\left(\xi+\frac{1}{4}\right)$.

证明　令 $\varphi(x)=f(x)-f\left(x+\frac{1}{4}\right)$，则 $\varphi(x)$ 在 $\left[0,\frac{3}{4}\right]$ 上连续，从而存在最大值 M 及最小值 m，使

$$m\leqslant\varphi(0)\leqslant M,\quad m\leqslant\varphi\left(\frac{1}{4}\right)\leqslant M,\quad m\leqslant\varphi\left(\frac{2}{4}\right)\leqslant M,\quad m\leqslant\varphi\left(\frac{3}{4}\right)\leqslant M.$$

于是

$$m\leqslant\frac{\varphi(0)+\varphi\left(\frac{1}{4}\right)+\varphi\left(\frac{2}{4}\right)+\varphi\left(\frac{3}{4}\right)}{4}\leqslant M.$$

因此由介值定理可知存在 $\xi\in\left[0,\frac{3}{4}\right]$，使

$$\varphi(\xi)=\frac{\varphi(0)+\varphi\left(\frac{1}{4}\right)+\varphi\left(\frac{2}{4}\right)+\varphi\left(\frac{3}{4}\right)}{4}.$$

另一方面，

$$\begin{aligned}\varphi(0)+\varphi\left(\frac{1}{4}\right)+\varphi\left(\frac{2}{4}\right)+\varphi\left(\frac{3}{4}\right)&=f(0)-f\left(\frac{1}{4}\right)+f\left(\frac{1}{4}\right)-f\left(\frac{2}{4}\right)+f\left(\frac{2}{4}\right)\\&\quad-f\left(\frac{3}{4}\right)+f\left(\frac{3}{4}\right)-f(1)\\&=f(0)-f(1)=0.\end{aligned}$$

即存在 $\xi\in\left[0,\frac{3}{4}\right]\subset[0,1]$，使 $\varphi(\xi)=0$，亦即 $f(\xi)=f\left(\xi+\frac{1}{4}\right)$.

例 1.34　某公司每天要支付一笔固定费用 300 元（用于房租与薪水等），它所出售的食品的生产费用为 1 元/kg，而销售价格 2 元/kg，试问它们的保本点为多少？即每天应当销售多少 kg 食品才能使公司的收支平衡.

解　依题意，成本函数 $C(x)=1\cdot x+300$（元），收益函数 $R(x)=2\cdot x$（元），则，利润函数 $P(x)=R(x)-C(x)=2x-(x+300)$．令 $P(x)=0, 2x=x+300,$ 则 $x=300$．即每天必须销售 300 kg 食品才能保本（不亏不盈）.

例 1.35　从大气（或水）中清除其中部分的污染成分所需要的费用相对来说是不太贵的. 然而，若要进一步去清除那些剩余的污染物，则会使费用大增. 设清除污染物成分的 $x\%$ 与清除费用 C 之间的函数关系是用下式来确定的（费用 C：用元计）：

$$C(x)=\frac{7300x}{100-x}.$$

试求：（1）$C(x)$ 的定义域；　　（2）$C(0)$；　　（3）$C(45)$；

（4）$C(90)$；　　（5）$C(99)$；　　（6）$C(99.6)$.

解　（1）$C(x)$ 的定义域是 $\{x \mid 0 \leqslant x < 100\}$；

（2）$C(0)=0$；

（3）$C(45)=\dfrac{7300\times 45}{100-45}=5972.73$（元）；

（4）$C(90)=\dfrac{7300\times 90}{100-90}=65700$（元）；

（5）$C(99)=\dfrac{7300\times 99}{100-99}=722700$（元）；

（6）$C(99.6)=\dfrac{7300\times 99.6}{100-99.6}=1817700$（元）.

这个结果表明：在清除全部污染成分 45%的基础上再翻一倍的话（即清除污染成分 90%），其费用却增加了十倍以上. 当清除污染成分在 90%的基础上再提高 9 个百分点时，费用却还要增加 657 000 元.

1.4　自我测试题

A 级自我测试题

一、选择题（每小题 4 分，共 24 分）

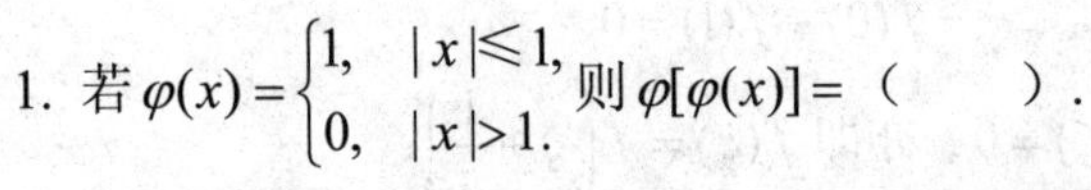

1. 若 $\varphi(x)=\begin{cases}1, & |x|\leqslant 1,\\ 0, & |x|>1.\end{cases}$ 则 $\varphi[\varphi(x)]=$（　　）.

A. $\varphi(x), x\in(-\infty,+\infty)$　　B. $1, x\in(-\infty,+\infty)$

C. $0, x\in(-\infty,+\infty)$　　D. 不存在

2. 设 $f(x)$ 在 $(-\infty,+\infty)$ 内有定义，下列函数中不一定为偶函数的是（　　）.

A. $y=|f(x)|$　　B. $y=f(x^2)$

C. $y=f(x)+f(-x)$　　D. $y=C$

3. 数列 x_n 与 y_n 的极限分别为 A 与 B，且 $A\neq B$，则数列 $x_1,y_1,x_2,y_2,x_3,y_3\cdots$ 的极限为（　　）.

A. A　　B. B　　C. $A\neq B$　　D. 不存在

4. 若 $\lim\limits_{x\to a}f(x)=\infty, \lim\limits_{x\to a}g(x)=\infty$，则必有（　　）.

A. $\lim\limits_{x\to a}[f(x)+g(x)]=\infty$　　B. $\lim\limits_{x\to a}[f(x)-g(x)]=\infty$

C. $\lim\limits_{x\to a}\dfrac{1}{f(x)+g(x)}=0$　　D. $\lim\limits_{x\to a}kf(x)=\infty$，$k\neq 0$

5. 当 $x\to 0^+$ 时,（　　）与 x 是等价无穷小量.

A. $\dfrac{\sin x}{\sqrt{x}}$　　B. $\ln(1+x)$

C. $\sqrt{1+x}+\sqrt{1-x}$　　D. $x^2(x+1)$

6. 若函数 $f(x)=\begin{cases} a+bx^2, & x\leqslant 0, \\ \dfrac{\sin bx}{x}, & x>0 \end{cases}$ 在 $(-\infty,+\infty)$ 内连续, 则 a 和 b 的关系是(　　).

A. $a=b$　　B. $a>b$　　C. $a<b$　　D. 不能确定

二、填空题（每小题 4 分, 共 24 分）

1. 函数 $y=\dfrac{\arccos\frac{2x-1}{7}}{\sqrt{x^2-x-6}}$ 的定义域是________.

2. $\lim\limits_{x\to 1}\dfrac{\sin(x^2-1)}{x-1}=$________.

3. 若 $\lim\limits_{x\to 3}\dfrac{x^2-2x+k}{x-3}=4$, 则 $k=$________.

4. 当 $x\to\infty$ 时, 若 $\dfrac{1}{ax^2+bx+c}$ 与 $\dfrac{1}{x+1}$ 为等价无穷小, 则 $a=$________, $b=$________, $c=$________.

5. $\lim\limits_{x\to 0^+}(1-x)^{\sqrt{x}}=$________.

6. 补充定义 $f(0)=$________, 能使 $f(x)=\ln(1+kx)^{\frac{m}{x}}$ 在 $x=0$ 处连续.

三、计算题（每小题 5 分, 共 25 分）

1. 求极限 $\lim\limits_{x\to+\infty}(\sqrt{(x+p)(x+q)}-x)$.

2. 求极限 $\lim\limits_{x\to 0}\dfrac{\ln(1+2x)}{\sin 3x}$.

3. 若 $\lim\limits_{x\to\infty}\left(\dfrac{x^2+1}{x+1}-ax-b\right)=0$, 求 a,b 的值.

4. 求极限 $\lim\limits_{x\to 0^+}\dfrac{e^{x^3}-1}{1-\cos\sqrt{x(1-\cos x)}}$.

5. 求极限 $\lim\limits_{x\to 0}\dfrac{x-\sin x}{x+\sin x}$.

四、（8 分） 设 $f(x)=\begin{cases}\dfrac{1}{x}\sin x, & x<0.\\ k, & x=0,\\ x\sin\dfrac{1}{x}+1, & x>0.\end{cases}$ 问当 k 为何值时 $f(x)$在其定义域内连续.

五、（7 分） 指出 $f(x)=\lim\limits_{n\to\infty}x\cdot\dfrac{x^{2n}-1}{x^{2n}+1}$ 的连续区间及间断点类型.

六、证明题（每小题 6 分，共 12 分）

1. 设 $x_0=1, x_n=\dfrac{1}{1+x_{n-1}}$. 证明数列 $\{x_n\}$ 收敛.

2. 设 $f(x)=\mathrm{e}^x-2$，求证在区间 $(0,2)$ 上至少有一点 x_0，使 $\mathrm{e}^{x_0}-2=x_0$.

B 级自我测试题

一、选择题（每小题 3 分，共 18 分）

1. 函数 $f(x)=\lg(x+\sqrt{1+x^2})$ 为（　　）.

A. 奇函数　　B. 偶函数　　C. 两者都不是

2. 下列极限不存在的是（　　）.

A. $\lim\limits_{x\to+\infty}2^{\frac{1}{x}}$　　B. $\lim\limits_{x\to0}x\sin\dfrac{1}{x}$

C. $\lim\limits_{x\to\infty}\dfrac{\sqrt{x^2-3x+1}}{x}$　　D. $\lim\limits_{x\to0^+}\arctan\dfrac{1}{x}$

3. 设函数 $f(x)=x\cdot\tan x\cdot\mathrm{e}^{\sin x}$，则 $f(x)$ 是（　　）.

A. 偶函数　　B. 无界函数　　C. 周期函数　　D. 单调函数

4. 已知 $\lim\limits_{x\to+\infty}(\sqrt{x^2-x+1}-ax+b)=0$，则 a，b 的值分别为（　　）.

A. $a=1,b=-\dfrac{1}{2}$　　B. $a=-\dfrac{1}{2},b=1$

C. $a=0,b=-\dfrac{1}{2}$　　D. $a=-\dfrac{1}{2},b=-\dfrac{1}{2}$

5. 当 $x\to1^+$ 时，$\sqrt{3x^2-2x-1}\cdot\ln x$ 是 $x-1$ 的（　　）无穷小.

A. 2 阶　　B. 3 阶　　C. 4 阶　　D. $\dfrac{3}{2}$ 阶

6. 若函数 $f(x)=\dfrac{e^x-b}{(x-a)(x-1)}$ 有无穷间断点 $x=0$ 与可去间断点 $x=1$，则 a,b 的值为（　　）.

A. $a=1,b=1$　B. $a=0,b=1$　C. $a=e,b=e$　D. $a=0,b=e$

二、填空题（每小题3分，共15分）

1. 极限 $\lim\limits_{x\to\infty}x\cdot\sin\dfrac{2x}{x^2+1}=$________.

2. $\lim\limits_{x\to0}[1+\ln(1+x)]^{\frac{2}{x}}=$________.

3. 设 a 为不等于 $\dfrac{1}{2}$ 的常数，则 $\lim\limits_{n\to\infty}\ln\left[\dfrac{n-2an+1}{n(1-2a)}\right]^n=$________.

4. 设 $f(x)=\dfrac{\ln|x|}{x^2-3x+2}$，则 $f(x)$ 的间断点为________.

5. 设 $f(x)=\begin{cases}(1+kx)^{\frac{m}{x}}, & x\neq0,\\ a, & x=0\end{cases}$ 在点 $x=0$ 处连续，则 $a=$________.

三、计算题（每小题7分，共49分）

1. 求极限 $\lim\limits_{x\to-\infty}\dfrac{\sqrt{4x^2+x-1}+x+1}{\sqrt{x^2+\sin x}}$.

2. 计算 $\lim\limits_{n\to\infty}(1+2^n+3^n)^{\frac{1}{n}}$.

3. 计算 $\lim\limits_{x\to+\infty}\sqrt{x}(\sqrt{x+2}-2\sqrt{x+1}+\sqrt{x})$.

4. 计算 $\lim\limits_{x\to\infty}\left(\sin\dfrac{1}{x}+\cos\dfrac{1}{x}\right)^x$.

5. 设 $f(x)$ 在 $x=0$ 处连续，已知 $\lim\limits_{x\to0}\left[1+\dfrac{f(x)}{x}\right]^{\frac{1}{\sin x}}=e^2$. 求 $\lim\limits_{x\to0}\dfrac{f(x)}{x^2}$.

6. 计算 $\lim\limits_{x\to0}\dfrac{e^{\frac{1}{x}}+1}{e^{\frac{1}{x}}-1}\cdot\arctan\dfrac{1}{x}$.

7. 求极限 $\lim\limits_{x\to0}\dfrac{\arcsin\dfrac{2x}{\sqrt{1-x^2}}}{\sin x+\cos x-1}$.

四、（8 分） 设 $f(x)=\begin{cases} x, & x<1, \\ a, & x\geqslant 1, \end{cases}$ $g(x)=\begin{cases} b, & x<0, \\ x+2, & x\geqslant 0, \end{cases}$ 确定 a,b 的值，使得 $F(x)=f(x)+g(x)$ 在 $(-\infty,+\infty)$ 内连续.

五、证明题（每小题 5 分，共 10 分）

1. 设 $x_0=7, x_1=3, 3x_n=2x_{n-1}+x_{n-2}(n\geqslant 2)$. 证明数列 $\{x_n\}$ 收敛并求极限 $\lim\limits_{n\to\infty}x_n$.

2. 设 $a<b<c$，试证方程 $\dfrac{1}{x-a}+\dfrac{1}{x-b}+\dfrac{1}{x-c}=0$ 在区间 (a,b) 与 (b,c) 内各至少有一实根.

第 2 章　导数与微分

2.1　知识结构图与学习要求

2.1.1　知识结构图

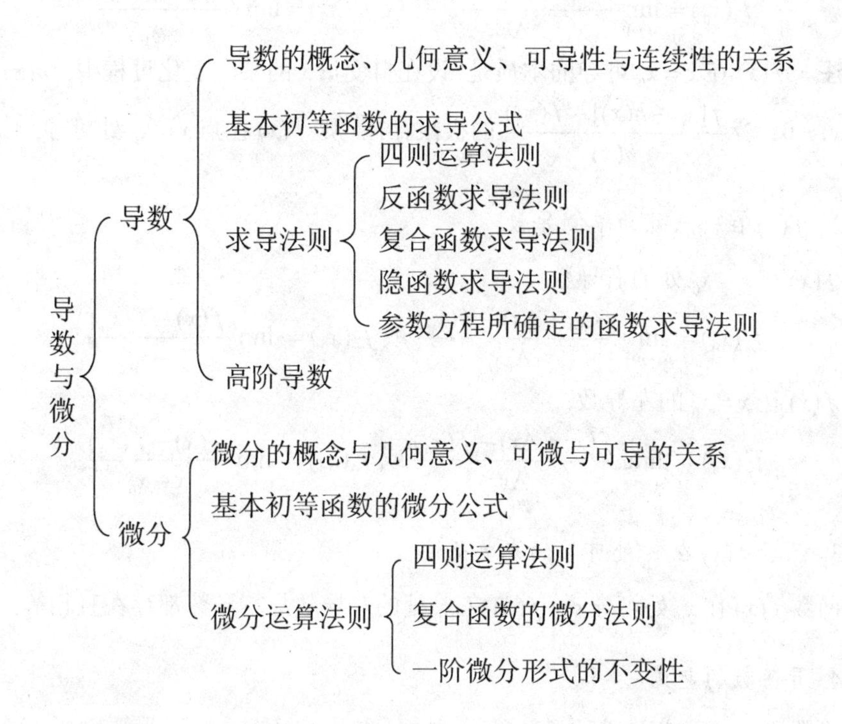

2.1.2　学习要求

（1）理解导数的概念及可导性与连续性之间的关系, 了解导数的几何意义.

（2）掌握基本初等函数的导数公式、导数的四则运算法则及复合函数的求导法则, 会求分段函数的导数, 会求反函数与隐函数的导数.

（3）了解高阶导数的概念, 会求简单函数的 n 阶导数.

（4）理解微分的概念、导数与微分之间的关系及一阶微分的形式不变性, 会求函数的微分.

2.2 内容提要

2.2.1 导数的概念

1. 导数的定义

函数 $f(x)$ 在点 $x=x_0$ 处的导数为

$$f'(x_0)=\lim_{\Delta x\to 0}\frac{f(x_0+\Delta x)-f(x_0)}{\Delta x} \text{ 或 } f'(x_0)=\lim_{x\to x_0}\frac{f(x)-f(x_0)}{x-x_0}.$$

注 $f(x)$ 在 $x=x_0$ 可导的本质是：设在自变量 x 的某一变化过程中，$h(x)\to 0$ 但 $h(x)\neq 0$，若 $\frac{f[x_0+h(x)]-f(x_0)}{h(x)}$ 的极限存在，则 $f(x)$ 在点 $x=x_0$ 处可导.

2. $f(x)$ 在一点处的单侧导数

$f(x)$ 在 $x=x_0$ 处的右导数

$$f'_+(x_0)=\lim_{\Delta x\to 0^+}\frac{f(x_0+\Delta x)-f(x_0)}{\Delta x} \text{ 或 } f'_+(x_0)=\lim_{x\to x_0^+}\frac{f(x)-f(x_0)}{x-x_0};$$

$f(x)$ 在 $x=x_0$ 的左导数

$$f'_-(x_0)=\lim_{\Delta x\to 0^-}\frac{f(x_0+\Delta x)-f(x_0)}{\Delta x} \text{ 或 } f'_-(x_0)=\lim_{x\to x_0^-}\frac{f(x)-f(x_0)}{x-x_0}.$$

3. 函数 $f(x)$ 在 x_0 处可导的充要条件

函数 $f(x)$ 在 x_0 处可导 $\Leftrightarrow$ $f(x)$ 在 x_0 处的左导数与右导数都存在且相等.

4. 导函数的定义

函数 $f(x)$ 在区间 I 内的导函数

$$f'(x)=\lim_{\Delta x\to 0}\frac{f(x+\Delta x)-f(x)}{\Delta x} \text{ 或 } f'(x)=\lim_{t\to x}\frac{f(t)-f(x)}{t-x}.$$

5. 导数的几何意义

函数 $y=f(x)$ 在点 x_0 处的导数表示曲线 $y=f(x)$ 在点 $(x_0,f(x_0))$ 处切线的斜率. 如果 $y=f(x)$ 在点 x_0 处可导，则曲线 $y=f(x)$ 在点 $(x_0,f(x_0))$ 处的切线方程为

$$y-f(x_0)=f'(x_0)(x-x_0);$$

法线方程为

$$y-f(x_0)=-\frac{1}{f'(x_0)}(x-x_0),\ f'(x_0)\neq 0.$$

注　函数可导与函数表示的曲线处处有切线是有区别的：由前者可得到后者，但由后者却不能得到前者. 这是由于当曲线有垂直于 x 轴的切线时，函数在相应的点不可导.

6. 可导与连续及极限存在的关系

（1）若 $f(x)$ 在 $x=x_0$ 处可导，则 $f(x)$ 在 $x=x_0$ 处连续；反之，则不一定成立.

（2）若 $f(x)$ 在 $x=x_0$ 处可导，则 $\lim\limits_{x\to x_0}f(x)$ 存在；反之，则不一定成立.

（3）若 $f(x)$ 在 $x=x_0$ 处连续，则 $\lim\limits_{x\to x_0}f(x)$ 存在；反之，则不一定成立.

2.2.2　计算函数导数的方法

1. 利用导数定义求导数

先求函数增量 Δy；然后求比值 $\dfrac{\Delta y}{\Delta x}$；最后求极限 $\lim\limits_{\Delta x\to 0}\dfrac{\Delta y}{\Delta x}$.

2. 基本导数公式

（1）$(c)'=0$（c 为常数）；　（2）$(x^{\mu})'=\mu x^{\mu-1}$（μ 为实数）；

（3）$(\sin x)'=\cos x$；　（4）$(\cos x)'=-\sin x$；

（5）$(\tan x)'=\sec^2 x$；　（6）$(\cot x)'=-\csc^2 x$；

（7）$(\sec x)'=\sec x\tan x$；　（8）$(\csc x)'=-\csc x\cot x$；

（9）$(\arcsin x)'=\dfrac{1}{\sqrt{1-x^2}}$；　（10）$(\arccos x)'=-\dfrac{1}{\sqrt{1-x^2}}$；

（11）$(\arctan x)'=\dfrac{1}{1+x^2}$；　（12）$(\mathrm{arccot}x)'=-\dfrac{1}{1+x^2}$；

（13）$(a^x)'=a^x\cdot\ln a$；　（14）$(\mathrm{e}^x)'=\mathrm{e}^x$；

（15）$(\log_a x)'=\dfrac{1}{x\ln a}$；　（16）$(\ln|x|)'=\dfrac{1}{x}$.

3. 和、差、积、商的求导法则

设 $u=u(x)$ 与 $v=v(x)$ 均可导，则

（1）$(u\pm v)'=u'\pm v'$；　（2）$(c\cdot u)'=c\cdot u'$（c 为常数）；

（3）$(u\cdot v)'=u'\cdot v+u\cdot v'$；　（4）$\left(\dfrac{u}{v}\right)'=\dfrac{u'\cdot v-u\cdot v'}{v^2}(v\neq 0)$.

4. 复合函数的求导法则

设 $y=f(u)$, $u=\varphi(x)$，并且 $y=f(u)$ 与 $u=\varphi(x)$ 都可导，则复合函数 $y=f[\varphi(x)]$ 的导数为 $\dfrac{\mathrm{d}y}{\mathrm{d}x}=\dfrac{\mathrm{d}y}{\mathrm{d}u}\cdot\dfrac{\mathrm{d}u}{\mathrm{d}x}=f'[\varphi(x)]\cdot\varphi'(x)$，其中 $f'[\varphi(x)]$ 表示将 $\varphi(x)$ 作为中间变量 u 时，函数 f 对 u 的导数. 此法则对于多个中间变量的情形也成立.

5. 反函数的求导法则

设 $x=\varphi(y)$ 为 $y=f(x)$ 的反函数且 $f'(x)\neq 0$，则 $y=f(x)$ 的反函数的导数存在，且 $\dfrac{\mathrm{d}x}{\mathrm{d}y}=\dfrac{1}{\dfrac{\mathrm{d}y}{\mathrm{d}x}}=\dfrac{1}{y'}$. 反函数的二阶导数（若存在）为

$$\frac{\mathrm{d}^2x}{\mathrm{d}y^2}=\frac{\mathrm{d}}{\mathrm{d}y}\left(\frac{1}{y'}\right)=\frac{\mathrm{d}}{\mathrm{d}x}\left(\frac{1}{y'}\right)\cdot\frac{\mathrm{d}x}{\mathrm{d}y}=-\frac{y''}{(y')^3}.$$

6. 由参数方程所确定的函数的导数

设 $x=\varphi(t)$ 与 $y=\phi(t)$ 均可导且 $\varphi'(t)\neq 0$，则 $\begin{cases}x=\varphi(t),\\ y=\phi(t)\end{cases}$ 所确定的函数 $y=y(x)$ 可导，且

$$\frac{\mathrm{d}y}{\mathrm{d}x}=\frac{\dfrac{\mathrm{d}y}{\mathrm{d}t}}{\dfrac{\mathrm{d}x}{\mathrm{d}t}}=\frac{\phi'(t)}{\varphi'(t)}\text{(称}\frac{\mathrm{d}y}{\mathrm{d}t}\text{与}\frac{\mathrm{d}x}{\mathrm{d}t}\text{为相关变化率)},$$

$$\frac{\mathrm{d}^2x}{\mathrm{d}y^2}=\frac{\mathrm{d}}{\mathrm{d}x}\left[\frac{\phi'(t)}{\varphi'(t)}\right]=\frac{\phi''(t)\cdot\varphi'(t)-\phi'(t)\cdot\varphi''(t)}{[\varphi'(t)]^3}.$$

7. 由方程所确定的隐函数的导数

设函数 $y=y(x)$ 由方程 $F(x,y)=0$ 所确定，只需将方程中的 y 看作中间变量，将方程 $F(x,y)=0$ 两边关于 x 求导，然后将 y' 解出即可；或者利用微分形式不变性，方程两边对变量求微分，解出 $\mathrm{d}y$，则 $\mathrm{d}x$ 前的函数即为所求.

8. 分段函数的导数

分段函数在其分段点处，需用左、右导数的定义来考察函数是否可导.

9. 可导的幂指函数 $u(x)^{v(x)}$ 的导数

对于可导的幂指函数 $u(x)^{v(x)}$ 的导数，常常将其化为指数函数 $\mathrm{e}^{v(x)\cdot\ln u(x)}$，然

后利用复合函数法则求导，或者利用对数求导法. 可得公式：

$$[u(x)^{v(x)}]'=u(x)^{v(x)}[v(x)\ln u(x)]'.$$

2.2.3　高阶导数

1. 在一点的高阶导数的定义

设 $f'(x)$ 在 x_0 的某邻域内可导. 若极限 $\lim\limits_{x\to x_0}\dfrac{f'(x)-f'(x_0)}{x-x_0}$ 存在，则称其为 $f(x)$ 在 x_0 处的二阶导数，记为 $f''(x_0)$. 类似地，可以定义 $f(x)$ 在 x_0 处的 n 阶导数.

2. 高阶导数的定义

如果函数 $y=f(x)$ 在某个区间内可导，若其导函数 $f'(x)$ 还可导，则称 $[f'(x)]'$ 为 $f(x)$ 的二阶导数，记作 $f''(x)$，或 y''，或 $\dfrac{\mathrm{d}^2y}{\mathrm{d}x^2}$，或 $\dfrac{\mathrm{d}^2f(x)}{\mathrm{d}x^2}$. 二阶及二阶以上的导数称为高阶导数.

一般地，$f^{(n)}(x)=[f^{(n-1)}(x)]'$，即

$$f^{(n)}(x)=\lim_{\Delta x\to 0}\frac{f^{(n-1)}(x+\Delta x)-f^{(n-1)}(x)}{\Delta x}.$$

3. 高阶导数的计算方法

（1）利用逐阶求导，根据递推规律，由数学归纳法写出一般的表达式.

（2）作适当的恒等变换，然后利用一些常用函数的高阶导数公式，用间接法来求.

4. 一些常用的高阶导数公式

（1）$(a^x)^{(n)}=a^x\cdot(\ln a)^n$（$a>0$）；　（2）$(\mathrm{e}^x)^{(n)}=\mathrm{e}^x$；

（3）$(\sin kx)^{(n)}=k^n\cdot\sin\left(kx+\dfrac{n}{2}\pi\right)$；　（4）$(\cos kx)^{(n)}=k^n\cdot\cos\left(kx+\dfrac{n}{2}\pi\right)$；

（5）$(x^\alpha)^{(n)}=\alpha\cdot(\alpha-1)\cdots(\alpha-n+1)\cdot x^{\alpha-n}$；　（6）$\left(\dfrac{1}{x}\right)^{(n)}=(-1)^n\cdot\dfrac{n!}{x^{n+1}}$；

（7）$(\ln x)^{(n)}=(-1)^{n-1}\cdot\dfrac{(n-1)!}{x^n}$；　（8）$\left(\dfrac{1}{ax+b}\right)^{(n)}=\dfrac{(-1)^n n!a^n}{(ax+b)^{n+1}}$；

（9）$(u\pm v)^{(n)}=u^{(n)}\pm v^{(n)}$；　（10）$(cu)^{(n)}=cu^{(n)}$；

（11）$(u\cdot v)^{(n)}=C_n^0u^{(n)}v^{(0)}+C_n^1u^{(n-1)}v^{(1)}+\cdots+C_n^{n-1}u^{(1)}v^{(n-1)}+C_n^nu^{(0)}v^{(n)}=\sum_{k=0}^{n}C_n^k\cdot u^{(n)}\cdot v^{(n-k)}$.

最后一式称为莱布尼茨公式, 其中 $u^{(0)}=u$, $C_n^k=\dfrac{n!}{k!(n-k)!}$.

2.2.4　函数的微分

1. 定义

设函数 $y=f(x)$ 在某区间内有定义, x_0 及 $x_0+\Delta x$ 在这区间内, 如果函数的增量 $\Delta y=f(x_0+\Delta x)-f(x_0)$ 可以表示为 $\Delta y=A\cdot\Delta x+o(\Delta x)$, 其中 A 与 Δx 无关, $o(\Delta x)$ 表示当 $\Delta x\to 0$ 时比 Δx 高阶的无穷小, 则称 $f(x)$ 在 x_0 可微, 并称 $A\cdot\Delta x$ 为函数 $f(x)$ 在点 x_0 相应于增量 Δx 的微分, 记为 $\mathrm{d}y=A\cdot\Delta x$, 并称 $\mathrm{d}y$ 为 Δy 的线性主部.

2. 可微的充要条件

函数 $y=f(x)$ 在点 $x=x_0$ 处可微的充要条件是 $y=f(x)$ 在点 $x=x_0$ 处可导且 $\mathrm{d}y=f'(x_0)\cdot\Delta x$. 函数 $y=f(x)$ 的微分 $\mathrm{d}y=f'(x_0)\cdot\Delta x$, 当自变量的增量 Δx 记为 $\mathrm{d}x$ 时, 则 $\mathrm{d}y=f'(x_0)\mathrm{d}x$.

3. 计算函数微分的方法

（1）利用函数的微分的表达式 $\mathrm{d}y=f'(x)\mathrm{d}x$, 先求 $f'(x)$, 再乘 $\mathrm{d}x$.

（2）利用基本初等函数的微分公式, 函数和、差、积、商的微分法则及其复合运算微分法则.

（3）一阶微分的形式不变性: 无论可导函数 $y=f(u)$ 中的变量 u 是否为自变量, 都有 $\mathrm{d}y=f'(u)\mathrm{d}u$.

4. 微分的几何意义

对于可微函数 $y=f(x)$, 当 Δy 是曲线 $y=f(x)$ 上点的纵坐标的增量时, $\mathrm{d}y$ 就是曲线在该点处的切线上点的纵坐标的相应增量.

5. 可微与可导的区别及联系

（1）区别包括:

1）概念上有本质的不同;

2）当函数 $y=f(x)$ 给定后, 导数 $f'(x)$ 的大小仅与 x 有关, 而微分 $\mathrm{d}y=f'(x)\cdot\Delta x$ 一般说来不仅与 x 有关, 而且还与 Δx 有关;

3）当给定 x 时，$f'(x)$ 为一个常数，而 $dy=f'(x_0)\cdot\Delta x$ 在 Δx 趋于零的过程中是一个变量，且为 Δx 趋于零时的无穷小；

4）一阶微分具有形式不变性，而导数不具有这个特性，因此求导数时应指明对哪一个变量求导，而求微分则无需指明是对哪一个变量求微分；

5）几何意义不同.

（2）联系：函数 $y=f(x)$ 在点 x 处可导与可微是等价的，即 $\dfrac{dy}{dx}=f'(x)\Leftrightarrow dy=f'(x)dx$.

2.3　典型例题解析

例 2.1　设 $f(x)$ 在 x_0 处可导，求 $\lim\limits_{h\to 0}\dfrac{f(x_0+h)-f(x_0-3h)}{h}$.

分析　所求极限与 $f'(x_0)$ 的定义式子很相似，按 $f'(x_0)$ 的定义求解.

解　原式 $=\lim\limits_{h\to 0}\dfrac{[f(x_0+h)-f(x_0)]+[f(x_0)-f(x_0-3h)]}{h}$

$$=\lim_{h\to 0}\frac{f(x_0+h)-f(x_0)}{h}+3\cdot\lim_{h\to 0}\frac{f(x_0-3h)-f(x_0)}{-3h}=f'(x_0)+3f'(x_0)$$

$$=4f'(x_0).$$

错误解答　令 $x_0-3h=t$，则 $x_0=3h+t$，

$$原式=\lim_{h\to 0}\frac{f(t+4h)-f(t)}{h}=4\cdot\lim_{h\to 0}f'(t)\tag{2-1}$$

$$=4\cdot\lim_{h\to 0}f'(x_0-3h)=4f'(x_0).\tag{2-2}$$

错解分析　式（2-1）在 $f'(t)$ 存在时成立；式（2-2）在 $f'(x)$ 在点 x_0 连续时成立. 但是题设只有 $f(x)$ 在点 x_0 处可导的条件，而 $f(x)$ 在 x_0 的邻域内是否可导及 $f'(x)$ 在 x_0 处是否连续都未知. 所以上述做法中的式（2-1）与式（2-2）有可能不成立.

例 2.2　设 $f(x)=ax^2+bx+c$，其中 a, b, c 为常数. 按定义求 $f'(x)$.

解　由导数的定义可知

$$f'(x)=\lim_{h\to 0}\frac{f(x+h)-f(x)}{h}=\lim_{h\to 0}\frac{a(x+h)^2+b(x+h)+c-(ax^2+bx+c)}{h}$$

$$=\lim_{h\to 0}\frac{2axh+h^2+bh}{h}=2ax+b.$$

例 2.3　设 $f(x)=\begin{cases}\ln(x+1), & -1<x\leqslant 0,\\ \sqrt{1+x}-\sqrt{1-x}, & 0<x<1,\end{cases}$ 讨论 $f(x)$ 在 $x=0$ 处的可导性.

分析 讨论分段函数在分段点的可导性时，必须用导数的定义.

解 因为

$$f'_-(0)=\lim_{x\to 0^-}\frac{f(x)-f(0)}{x-0}=\lim_{x\to 0^-}\frac{\ln(1+x)-0}{x-0}=1,$$

$$f'_+(0)=\lim_{x\to 0^+}\frac{f(x)-f(0)}{x-0}=\lim_{x\to 0^+}\frac{\sqrt{1+x}-\sqrt{1-x}-0}{x-0}=\lim_{x\to 0^+}\frac{\sqrt{1+x}-\sqrt{1-x}-0}{x-0}$$

$$=\lim_{x\to 0^+}\frac{(\sqrt{1+x}-\sqrt{1-x})(\sqrt{1+x}+\sqrt{1-x})}{x(\sqrt{1+x}+\sqrt{1-x})}=\lim_{x\to 0^+}\frac{2x}{x(\sqrt{1+x}+\sqrt{1-x})}=1.$$

可知 $f'_-(0)=f'_+(0)$，所以 $f(x)$ 在 $x=0$ 处可导，且 $f'(0)=1$.

注 求分段函数在分段点处的导数时，必须用导数的定义分别求出该点处的左、右导数，然后确定导数是否存在.

例 2.4 讨论函数 $f(x)=x|x(x-2)|$ 在 $x=0$ 和 $x=2$ 点处的可导性.

分析 由于函数表达式中含有绝对值符号，必须先通过讨论，去绝对值，将函数 $f(x)$ 表示成分段函数，再讨论其可导性.

解法 1 由 $x(x-2)\geqslant 0$ 可得 $x\geqslant 2$ 或 $x\leqslant 0$. 由 $x(x-2)<0$ 得 $0<x<2$. 于是

$$f(x)=\begin{cases}x^2(x-2), & x\leqslant 0\text{或}x\geqslant 2,\\ x^2(2-x), & 0<x<2.\end{cases}$$

因为 $f'_+(0)=\lim\limits_{x\to 0^+}\dfrac{f(x)-f(0)}{x-0}=\lim\limits_{x\to 0^+}\dfrac{x^2(2-x)}{x}=0$，

$$f'_-(0)=\lim_{x\to 0^-}\frac{f(x)-f(0)}{x-0}=\lim_{x\to 0^-}\frac{x^2(x-2)}{x}=0,$$

所以 $f'(0)=0$，即 $f(x)$ 在 $x=0$ 处可导. 而

$$f'_+(2)=\lim_{x\to 2^+}\frac{f(x)-f(2)}{x-2}=\lim_{x\to 2^+}\frac{x^2(x-2)}{x-2}=4,$$

$$f'_-(2)=\lim_{x\to 2^-}\frac{f(x)-f(2)}{x-2}=\lim_{x\to 2^-}\frac{x^2(2-x)}{x-2}=-4,$$

显然，$f'_+(2)\neq f'_-(2)$，所以 $f(x)$ 在 $x=2$ 处不可导.

解法 2 依题意，$f(x)=x\cdot\sqrt{x^2}\cdot\sqrt{(x-2)^2}$ 是初等函数，

（1）$x=0$ 时，由于 $\lim\limits_{x\to 0}\dfrac{x\cdot|x|\cdot|x-2|}{x-0}=0$，故 $f'(0)=0$.

（2）$x=2$ 时，由于 $\lim\limits_{x\to 2}\dfrac{x\cdot|x|\cdot|x-2|}{x-2}=4\lim\limits_{x\to 2}\dfrac{|x-2|}{x-2}$ 不存在，故 $f(x)$ 在 $x=2$ 处不可导.

例 2.5 设 $f(x)=\lim\limits_{t\to+\infty}\dfrac{x}{2+x^2-e^{tx}}$. 讨论 $f(x)$ 的可导性.

分析 先应求出 $f(x)$ 的表达式，本质上 $f(x)$ 为分段函数.

解　由于 $\lim\limits_{t\to+\infty}\mathrm{e}^{tx}=\begin{cases}+\infty, & x>0,\\ 1, & x=0,\\ 0, & x<0,\end{cases}$ 所以 $f(x)=\begin{cases}0, & x\geqslant 0.\\ \dfrac{x}{2+x^2}, & x<0.\end{cases}$

显然当 $x>0$ 或 $x<0$ 时，函数 $f(x)$ 可导.

下面讨论 $x=0$ 时 $f(x)$ 的可导性. 由于

$$f_+'(0)=\lim_{x\to0^+}\frac{f(x)-f(0)}{x-0}=\lim_{x\to0^+}\frac{0-0}{x}=0,$$

$$f_-'(0)=\lim_{x\to0^-}\frac{f(x)-f(0)}{x-0}=\lim_{x\to0^-}\frac{\dfrac{x}{2+x^2}-0}{x}=\frac{1}{2},$$

于是 $f_+'(0)\neq f_-'(0)$，从而可知 $f(x)$ 仅在 $x=0$ 处不可导.

例 2.6　设函数 $f(x)=(x-a)\cdot\varphi(x)$，其中 $\varphi(x)$ 在 $x=a$ 处连续. 求 $f'(a)$.

分析　求函数在某一点的一阶导数可以用导数的定义来求；也可先求出一阶导函数，然后求一阶导函数在该点的函数值，但在本题中函数 $\varphi(x)$ 的可导性未知，故只能用定义来求.

解　$f'(a)=\lim\limits_{x\to a}\dfrac{f(x)-f(a)}{x-a}=\lim\limits_{x\to a}\dfrac{(x-a)\cdot\varphi(x)+(a-a)\cdot\varphi(a)}{x-a}=\lim\limits_{x\to a}\varphi(x)=\varphi(a)$.

所以 $f'(a)=\varphi(a)$.

错误解答　$f'(x)=(x-a)\varphi'(x)+\varphi(x)$，所以 $f'(a)=\varphi(a)$.

错解分析　此解法错误的根源在于 $\varphi(x)$ 的一阶导函数是否存在是未知的情况下使用了求导法则.

例 2.7　设函数 $f(x)=\begin{cases}x^3, & x\geqslant 0,\\ -x^3, & x<0,\end{cases}$ 求 $f'(x)$.

解　当 $x>0$ 时，$f(x)=x^3$ 是初等函数，所以 $f'(x)=3x^2$；同理，当 $x<0$ 时，$f'(x)=-3x^2$；

当 $x=0$ 时，$f_-'(0)=\lim\limits_{x\to0^-}\dfrac{-x^3-0}{x}=0$，$f_+'(0)=\lim\limits_{x\to0^+}\dfrac{x^3-0}{x}=0$，故 $f'(0)=0$.

综合以上可得：$f'(x)=\begin{cases}-3x^2, & x<0,\\ 0, & x=0,\\ 3x^2, & x>0,\end{cases}$ 或 $f'(x)=\begin{cases}-3x^2, & x\leqslant 0,\\ 3x^2, & x>0.\end{cases}$

例 2.8　设 $f(x)$ 在 $x=0$ 处可导，在什么情况下，$|f(x)|$ 在 $x=0$ 处也可导？

解　(1) 当 $f(0)\neq0$ 时，不妨设 $f(0)>0$，则在 $x=0$ 的某一邻域中有 $f(x)>0$，故 $|f(x)|=f(x)$，所以 $|f(x)|$ 在 $x=0$ 处也可导.

(2) 当 $f(0)=0$ 时，由于

$$\frac{|f(x)|-|f(0)|}{x-0}=\left|\frac{f(x)-f(0)}{x-0}\right|\operatorname{sgn}x，其中\operatorname{sgn}x=\begin{cases}1, & x>0,\\ 0, & x=0,\\ -1, & x<0.\end{cases}$$

分别在 $x=0$ 处计算左、右极限，得到 $|f(x)|$ 在 $x=0$ 处的左导数为 $-|f'(0)|$，右导数为 $|f'(0)|$，所以 $|f(x)|$ 在 $x=0$ 处可导的充要条件是 $f'(0)=0$.

例 2.9　设函数 $f(x)$ 满足 $f(0)=0$. 证明 $f(x)$ 在 $x=0$ 处可导的充要条件是：存在 $x=0$ 处连续的函数 $g(x)$，使得 $f(x)=xg(x)$，且此时 $f'(0)=g(0)$ 成立.

证明　充分性

由 $f(x)=xg(x)$ 可知 $\lim\limits_{x\to 0}\dfrac{f(x)-f(0)}{x}=\lim\limits_{x\to 0}g(x)=g(0)$，故 $f(x)$ 在 $x=0$ 处可导，且 $f'(0)=g(0)$ 成立.

必要性

令 $g(x)=\begin{cases}\dfrac{f(x)}{x}, & x\neq 0,\\ f'(0), & x=0,\end{cases}$ 则 $f(x)=xg(x)$，且

$$\lim_{x\to 0}g(x)=\lim_{x\to 0}\frac{f(x)-f(0)}{x}=f'(0)=g(0),$$

即 $g(x)$ 在 $x=0$ 处连续.

例 2.10　（1）求曲线 $y=x^2$ 在点 $(1, 1)$ 处的切线方程和法线方程；

（2）求曲线 $y=x^2$ 过点 $(2, 3)$ 的切线方程.

解　（1）曲线 $y=x^2$ 在其上点 $(1, 1)$ 处的切线的斜率 $k=y'(1)=2x|_{x=1}=2$，则所求切线方程为 $y-1=2(x-1)$，即 $y=2x-1$. 所求法线方程为 $y-1=-\dfrac{1}{2}(x-1)$，即 $x+2y-3=0$.

（2）设曲线 $y=x^2$ 上的切点坐标为 (t, t^2)，则所求切线的斜率为 $k=2t$，因切线过点 $(2, 3)$，则有 $k=\dfrac{t^2-3}{t-2}=2t$，即 $t^2-4t+3=0$，解得 $t=1$ 或 $t=3$，所求切点的坐标为 $(1, 1)$ 或 $(3, 9)$，对应的切线方程分别为

$$y-3=2(x-2)\text{ 或 }y-3=6(x-2),$$

即 $2x-y-1=0$ 或 $6x-y-9=0$

例 2.11　求常数 a 的值，使曲线 $y=\ln x$ 和曲线 $y=ax^2$ 相切.

分析　命题中隐含了两曲线有公共的切点，且在切点处的切线有相同的斜率.

解　设切点为 (x_0, y_0)，则 $\begin{cases}\ln x_0=a{x_0}^2,\\ \dfrac{1}{x_0}=2ax_0,\end{cases}$ 解得 $x_0=\sqrt{\mathrm{e}}$，$a=\dfrac{1}{2\mathrm{e}}$，

故 $a=\dfrac{1}{2\mathrm{e}}$ 为所求.

例 2.12　求下列函数的导数.

（1）$y=\dfrac{1+x-x^2}{1-x+x^2}$；　　（2）$y=\dfrac{\sin x-x\cos x}{\cos x+x\sin x}$.

解　（1）
$$y'=\frac{(1+x-x^2)'(1-x+x^2)-(1+x-x^2)(1-x+x^2)'}{(1-x+x^2)^2}$$
$$=\frac{(1-2x)(1-x+x^2)-(1+x-x^2)(-1+2x)}{(1-x+x^2)^2}=\frac{2(1-2x)}{1-x+x^2}.$$

（2）
$$y'=\frac{(\sin x-x\cos x)'(\cos x+x\sin x)-(\sin x-x\cos x)(\cos x+x\sin x)'}{(\cos x+x\sin x)^2}$$
$$=\frac{(\cos x-\cos x+x\sin x)(\cos x+x\sin x)-(\sin x-x\cos x)(-\sin x+\sin x+x\cos x)}{(\cos x+x\sin x)^2}$$
$$=\frac{x\sin x(\cos x+x\sin x)-(\sin x-x\cos x)x\cos x}{(\cos x+x\sin x)^2}=\frac{x^2}{(\cos x+x\sin x)^2}.$$

例 2.13　设 $f(x)=\sin x$，$\varphi(x)=x^2$．求 $f[\varphi'(x)]$，$f'[\varphi(x)]$，$\{f[\varphi(x)]\}'$.

分析　三个函数中都有导数记号，其中 $f[\varphi'(x)]$ 表示函数 $\varphi(x)$ 对 x 求导，求得 $\varphi'(x)$ 后再与 f 复合；$f'[\varphi(x)]$ 表示函数 f 对 $\varphi(x)$ 求导，即 $f(u)$ 对 u 求导，而 $u=\varphi(x)$；$\{f[\varphi(x)]\}'$ 表示复合函数 $f[\varphi(x)]$ 关于自变量 x 求导.

解　$f'(x)=\cos x$，$\varphi'(x)=2x$．则

$$f[\varphi'(x)]=f(2x)=\sin 2x,$$
$$f'[\varphi(x)]=\cos[\varphi(x)]=\cos x^2,$$
$$\{f[\varphi(x)]\}'=f'[\varphi(x)]\cdot\varphi'(x)=2x\cos x^2.$$

例 2.14　设 $y=\ln(a-x^2)$．求 $\dfrac{\mathrm{d}y}{\mathrm{d}x}$.

分析　本题既可直接由复合函数求导法则也可利用一阶微分的形式不变性先求出 $\mathrm{d}y$.

解法 1　直接由复合函数求导法则，令 $y=\ln u$，$u=a-x^2$，则
$$\frac{\mathrm{d}y}{\mathrm{d}x}=\frac{1}{a-x^2}\cdot(a-x^2)'=\frac{1}{a-x^2}\cdot(-2x)=-\frac{2x}{a-x^2}=\frac{2x}{x^2-a}.$$

解法 2　利用一阶微分的形式不变性
$$\mathrm{d}y=\mathrm{d}\ln(a-x^2)=\frac{1}{a-x^2}\mathrm{d}(a-x^2)=\frac{-2x}{a-x^2}\mathrm{d}x,$$
故 $\dfrac{\mathrm{d}y}{\mathrm{d}x}=-\dfrac{2x}{a-x^2}=\dfrac{2x}{x^2-a}$.

例 2.15　求下列函数的导数：

（1）$y=\ln(\mathrm{e}^x+\sqrt{1+\mathrm{e}^{2x}})$；　　（2）$y=\arctan\sqrt{x^2-1}-\dfrac{\ln x}{\sqrt{x^2-1}}$；

（3）$y=\dfrac{1}{2}(x\sqrt{x^2-a^2}-a^2\ln(x+\sqrt{x^2-a^2}))$；　　（4）$y=\dfrac{1}{2}\left(x\sqrt{a^2-x^2}+a^2\arcsin\dfrac{x}{a}\right)$.

解　（1）$y'=\dfrac{1}{\mathrm{e}^x+\sqrt{1+\mathrm{e}^{2x}}}\cdot\left(\mathrm{e}^x+\dfrac{1}{2\sqrt{1+\mathrm{e}^{2x}}}\cdot\mathrm{e}^{2x}\cdot 2\right)=\dfrac{\mathrm{e}^x}{\sqrt{1+\mathrm{e}^{2x}}}$.

（2）
$$y'=\frac{1}{1+(x^2-1)}\cdot\frac{1}{2\sqrt{x^2-1}}\cdot 2x-\frac{1}{x\sqrt{x^2-1}}-\left(-\frac{1}{2}\right)(x^2-1)^{-\frac{3}{2}}\cdot 2x\cdot\ln x$$
$$=\frac{x\ln x}{\sqrt{(x^2-1)^3}}.$$

（3）
$$y'=\frac{1}{2}\left[x'\sqrt{x^2-a^2}+x(\sqrt{x^2-a^2})'-a^2\frac{(x+\sqrt{x^2-a^2})'}{x+\sqrt{x^2-a^2}}\right]$$
$$=\frac{1}{2}\left[\sqrt{x^2-a^2}+x\left(\frac{x}{\sqrt{x^2-a^2}}\right)-a^2\cdot\frac{1+\dfrac{x}{\sqrt{x^2-a^2}}}{x+\sqrt{x^2-a^2}}\right]=\sqrt{x^2-a^2}.$$

（4）
$$y'=\frac{1}{2}\left[x'\sqrt{a^2-x^2}+x(\sqrt{a^2-x^2})'+a^2\left(\arcsin\frac{x}{a}\right)'\right]$$
$$=\frac{1}{2}\left[\sqrt{a^2-x^2}+x\cdot\frac{1}{2}\cdot\frac{(-2x)}{\sqrt{a^2-x^2}}+a^2\frac{\dfrac{1}{a}}{\sqrt{1-\left(\dfrac{x}{a}\right)^2}}\right]$$
$$=\begin{cases}\sqrt{a^2-x^2}, & a>0,\\ -\dfrac{x^2}{\sqrt{a^2-x^2}}, & a<0.\end{cases}$$

注　求函数导数的一般思路可概括如下：首先，从左至右观察函数结构，弄清它是由哪些简单函数经过四则运算和复合运算构成的；其次，运用相应的四则运算求导法则或复合函数求导法则进行演算；最后，对结果进行化简.

例 2.16　设 $f(x)$ 可导，求下列函数的导数：

（1）$y=\sin[f(\sin x)]$；　　（2）$f\left[\dfrac{1}{f(x)}\right]$.

分析　考查抽象复合函数的导数.

解　（1）$y' = \{\sin[f(\sin x)]\}' = \cos[f(\sin x)][f(\sin x)]'$

$$= \cos[f(\sin x)]f'(\sin x)(\sin x)' = \cos[f(\sin x)]f'(\sin x)\cos x .$$

（2）$y' = \left\{f\left[\dfrac{1}{f(x)}\right]\right\}' = f'\left[\dfrac{1}{f(x)}\right]\left[\dfrac{1}{f(x)}\right]' = -\dfrac{f'(x)}{f^2(x)}f'\left[\dfrac{1}{f(x)}\right].$

例 2.17　设 $x=\psi(y)$ 是单调连续函数 $y=\varphi(x)$ 的反函数，且 $\varphi(1)=2$，$\varphi'(1)=-\dfrac{\sqrt{3}}{3}$. 求 $\psi'(2)$.

分析　这是一道考查反函数导数的题目，只要知道 $\dfrac{\mathrm{d}x}{\mathrm{d}y}=\dfrac{1}{\varphi'(x)}$，该题便可迎刃而解.

解　$x'=\psi'(y)$，$y'=\varphi'(x)$，由 $x'=\dfrac{1}{y'}$ 即 $\psi'(y)=\dfrac{1}{\varphi'(x)}$ 及 $x=1$ 时 $y=\varphi(1)=2$，得到

$$\psi'(2)=\frac{1}{\varphi'(1)}=-\frac{3}{\sqrt{3}}=-\sqrt{3}.$$

例 2.18　求下列函数的二阶导数：

（1）$y=x\sqrt{x^2+1}$；　　（2）$y=x\mathrm{e}^{-x^2}$.

解　（1）先求一阶导数，再求二阶导数

$$y'=\sqrt{1+x^2}+\frac{x^2}{\sqrt{1+x^2}}=\frac{1+2x^2}{\sqrt{1+x^2}},$$

$$y''=\frac{4x\sqrt{1+x^2}-\dfrac{x(1+2x^2)}{\sqrt{1+x^2}}}{1+x^2}=\frac{x(3+2x^2)}{\sqrt{(1+x^2)^3}};$$

（2）先求一阶导数，再求二阶导数

$$y'=\mathrm{e}^{-x^2}-2x^2\mathrm{e}^{-x^2}=(1-2x^2)\mathrm{e}^{-x^2},$$

$$y''=-4x\mathrm{e}^{-x^2}+(1-2x^2)(-2x)\mathrm{e}^{-x^2}=(4x^3-6x)\mathrm{e}^{-x^2}.$$

例 2.19　设 $y=\dfrac{1}{x}f(x^2)$，且 $f(u)$ 有二阶导数. 求 $\dfrac{\mathrm{d}^2y}{\mathrm{d}x^2}$.

解　$\dfrac{\mathrm{d}y}{\mathrm{d}x}=-\dfrac{1}{x^2}f(x^2)+\dfrac{1}{x}f'(x^2)\cdot 2x=-\dfrac{1}{x^2}f(x^2)+2f'(x^2)$，

$$\frac{\mathrm{d}^2y}{\mathrm{d}x^2}=\frac{2}{x^3}f(x^2)-\frac{1}{x^2}f'(x^2)\cdot 2x+2f''(x^2)\cdot 2x$$

$$=\frac{2}{x^3}f(x^2)-\frac{2}{x}f'(x^2)+4xf''(x^2).$$

例 2.20　设 $x=\ln(y+\sqrt{y^2-1})$，求 $\dfrac{\mathrm{d}^2y}{\mathrm{d}x^2}$.

分析　考查反函数的二阶导数，利用复合函数求导法则可以求解.

解 $\dfrac{dx}{dy}=\dfrac{1}{y+\sqrt{y^2-1}}\left(1+\dfrac{y}{\sqrt{y^2-1}}\right)=\dfrac{1}{\sqrt{y^2-1}}\ (y\neq\pm1)$,

故

$$\frac{dy}{dx}=\frac{1}{\frac{dx}{dy}}=\sqrt{y^2-1},$$

即

$$y'=\sqrt{y^2-1},$$

因而

$$\begin{aligned}\frac{d^2y}{dx^2}&=\frac{d}{dx}\left(\frac{dy}{dx}\right)=\frac{dy'}{dx}=\frac{dy'}{dy}\cdot\frac{dy}{dx}\\&=\frac{d}{dy}(\sqrt{y^2-1})\cdot\frac{dy}{dx}=\frac{y}{\sqrt{y^2-1}}\cdot\sqrt{y^2-1}=y.\end{aligned}$$

例 2.21　设函数 $f(x)=\dfrac{1-x}{1+x}$，求 $f^{(n)}(x)$.

分析　此类有理函数, 可以先求出其一阶、二阶、三阶导数…, 再利用归纳法得出其高阶导数的表达式, 也可将其分解为部分分式之和, 再使用已有的公式得出高阶导数表达式.

解法 1　因为 $f(x)=2(1+x)^{-1}-1$，所以

$$f'(x)=2(-1)(1+x)^{-2},$$

$$f''(x)=2(-1)(-2)(1+x)^{-3},\cdots,$$

$$f^{(n)}(x)=2(-1)(-2)\cdots(-n)(1+x)^{-1-n}=\frac{2(-1)^n n!}{(1+x)^{1+n}}.$$

解法 2　因 $f(x)=\dfrac{1-x}{1+x}=\dfrac{2}{1+x}-1$,

由 n 阶导数公式 $\left(\dfrac{1}{ax+b}\right)^{(n)}=\dfrac{(-1)^n n!a^n}{(ax+b)^{n+1}}$ 得

$$f^{(n)}(x)=(-1)^n\cdot\frac{2\cdot n!}{(1+x)^{1+n}}.$$

例 2.22　设 $y=\sin^2 x$. 求 $y^{(100)}(0)$.

分析　求函数的高阶导数一般先求一阶导数, 再求二阶, 三阶…, 找出 n 阶导数的规律, 然后用数学归纳法加以证明. 也可以通过恒等变形或变量代换, 将要求高阶导数的函数转换成一些高阶导数公式已知的函数或是一些容易求高阶导数的形式. 用这种方法要求记住内容提要中所给出的一些常见函数的高阶导数公式.

解法 1　$y=\sin^2 x=\dfrac{1}{2}-\dfrac{1}{2}\cos 2x$. 则

$$y'=\sin 2x,\quad y''=2\cos 2x,\quad y^{(3)}=-2^2\cdot\sin 2x,$$
$$y^{(4)}=-2^3\cdot\cos 2x,\quad y^{(5)}=2^4\cdot\sin 2x,\cdots,$$
$$y^{(100)}=-2^{99}\cdot\cos 2x,$$

故 $y^{(100)}(0)=-2^{99}$.

解法 2　利用公式 $(\sin kx)^{(n)}=k^n\cdot\sin\left(kx+\dfrac{n\pi}{2}\right)$ 求解.

由 $y'=2\sin x\cos x=\sin 2x$ 得

$$y^{(100)}(x)=2^{99}\cdot\sin\left(2x+\frac{99\pi}{2}\right),$$

故 $y^{(100)}(0)=-2^{99}$.

例 2.23　设 $y=x^3\mathrm{e}^x$，求 $y^{(5)}(0)$.

分析　利用莱布尼茨公式求两函数乘积的高阶导数.

解　注意到 $(x^3)'''=6$，$(x^3)^{(4)}=0$，$(x^3)^{(5)}=0$，运用莱布尼茨公式得到

$$\begin{aligned}y^{(5)}&=(\mathrm{e}^x)^{(5)}x^3+5(\mathrm{e}^x)^{(4)}(x^3)'+C_5^2(\mathrm{e}^x)'''(x^3)''+C_5^3(\mathrm{e}^x)''(x^3)'''\\&=\mathrm{e}^x x^3+5\mathrm{e}^x\cdot 3x^2+10\mathrm{e}^x\cdot 6x+10\mathrm{e}^x\cdot 6=(x^3+15x^2+60x+60)\mathrm{e}^x,\end{aligned}$$

所以 $y^{(5)}(0)=60$.

例 2.24　设 $f(x)=3x^3+x^2|x|$，则使 $f^{(n)}(0)$ 存在的最高阶数 n 为（　　）.

A. 0　　B. 1　　C. 2　　D. 3

解　逐阶计算导数来验证，记 $f_1(x)=3x^3$，显见 $f_1^{(n)}(0)$ 都存在，再记 $f_2(x)=x^2|x|$，则由求导公式和定义，有

$$f_2(x)=\begin{cases}x^3, & x\geqslant 0,\\ -x^3, & x<0,\end{cases}\quad f_2'(x)=\begin{cases}3x^2, & x\geqslant 0,\\ -3x^2, & x<0,\end{cases}\quad f_2''(x)=\begin{cases}6x, & x\geqslant 0,\\ -6x, & x<0,\end{cases}$$

即 $f_2''(x)=6|x|$，则有 $f_2'(0)=f_2''(0)=0$.

由 $|x|$ 在 $x=0$ 不可导，知 $f_2^{(3)}(0)$ 不再存在，即 $n=2$，选 C.

例 2.25　利用数学归纳法证明：$\left(x^{n-1}\mathrm{e}^{\frac{1}{x}}\right)^{(n)}=\dfrac{(-1)^n}{x^{n+1}}\mathrm{e}^{\frac{1}{x}}$.

证明　当 $n=1$ 时，$(x^{n-1}\mathrm{e}^{\frac{1}{x}})^{(n)}=(\mathrm{e}^{\frac{1}{x}})'=\mathrm{e}^{\frac{1}{x}}\left(\dfrac{1}{x}\right)'=\dfrac{-1}{x^2}\mathrm{e}^{\frac{1}{x}}$，命题成立.

假设 $n\leqslant k$ 时命题都成立，则当 $n=k+1$ 时，

$$(x^{n-1}\mathrm{e}^{\frac{1}{x}})^{(n)}=\left[(x^k\mathrm{e}^{\frac{1}{x}})'\right]^{(k)}=\left[kx^{k-1}\mathrm{e}^{\frac{1}{x}}+x^k\mathrm{e}^{\frac{1}{x}}\left(\frac{1}{x}\right)'\right]^{(k)}$$

$$=k\left(x^{k-1}\mathrm{e}^{\frac{1}{x}}\right)^{(k)}-\left[(x^{k-2}\mathrm{e}^{\frac{1}{x}})^{(k-1)}\right]'=k\frac{(-1)^k}{x^{k+1}}\mathrm{e}^{\frac{1}{x}}-\left[\frac{(-1)^{k-1}}{x^k}\mathrm{e}^{\frac{1}{x}}\right]'$$

$$=k\frac{(-1)^k}{x^{k+1}}\mathrm{e}^{\frac{1}{x}}-\left[k\frac{(-1)^k}{x^{k+1}}\mathrm{e}^{\frac{1}{x}}+\frac{(-1)^{k-1}}{x^k}\mathrm{e}^{\frac{1}{x}}\left(-\frac{1}{x^2}\right)\right]=\frac{(-1)^{k+1}}{x^{k+2}}\mathrm{e}^{\frac{1}{x}},$$

命题也成立. 由数学归纳法, 可知本命题对所有正整数都成立.

例 2.26　设方程 $\mathrm{e}^{xy}+y^2=\cos x$ 确定 y 为 x 的函数, 求 $\dfrac{\mathrm{d}y}{\mathrm{d}x}$.

分析　由方程 $F(x,y)=0$ 确定的隐函数的求导通常有两种方法, 一是只需将方程中的 y 看作中间变量, 在 $F(x,y)=0$ 两边同时关于 x 求导, 然后将 y' 解出即可；二是利用微分形式不变性, 方程两边对变量求微分, 解出 $\mathrm{d}y$, 则 $\mathrm{d}x$ 前的函数即为所求.

解法 1　将 y 视为 x 的函数, 在方程两边同时对 x 求导, 得到

$$\mathrm{e}^{xy}(xy)'+2yy'=-\sin x,\quad \text{即}\ \mathrm{e}^{xy}(y+xy')+2yy'=-\sin x,$$

解出 y' 得到 $\dfrac{\mathrm{d}y}{\mathrm{d}x}=-\dfrac{y\mathrm{e}^{xy}+\sin x}{x\mathrm{e}^{xy}+2y}$ （$x\mathrm{e}^{xy}+2y\neq 0$）.

解法 2　在所给方程 $\mathrm{e}^{xy}+y^2=\cos x$ 两边求微分, 得到

$$\mathrm{d}(\mathrm{e}^{xy}+y^2)=\mathrm{d}\cos x,\quad \mathrm{d}\mathrm{e}^{xy}+\mathrm{d}y^2=\mathrm{d}\cos x.$$

即 $\mathrm{e}^{xy}(y\mathrm{d}x+x\mathrm{d}y)+2y\mathrm{d}y=-\sin x\mathrm{d}x$, 从而 $(y\mathrm{e}^{xy}+\sin x)\mathrm{d}x=-(x\mathrm{e}^{xy}+2y)\mathrm{d}y$, 故

$$\frac{\mathrm{d}y}{\mathrm{d}x}=-\frac{y\mathrm{e}^{xy}+\sin x}{x\mathrm{e}^{xy}+2y}.$$

例 2.27　设 $y=y(x)$ 由方程 $y-x\mathrm{e}^y=1$ 所确定的隐函数. 求 $y''|_{x=0}$.

分析　由隐函数求导法则, 先求一阶导数, 再求二阶导数, 由原方程和 $\dfrac{\mathrm{d}y}{\mathrm{d}x}$ 的表达式确定出 $y(0)$ 和 $y'(0)$, 代入 y'' 的表达式得 $y''(0)$ 的值.

解法 1　因为 $y-x\mathrm{e}^y=1$, 对方程两边关于 x 求导, 得到

$$y'-\mathrm{e}^y-x\mathrm{e}^y y'=0,$$

从而 $y'=\dfrac{\mathrm{e}^y}{1-x\mathrm{e}^y}$, 由商的求导法则, 得

$$y''=\frac{\mathrm{e}^y y'(1-x\mathrm{e}^y)+\mathrm{e}^y(x\mathrm{e}^y y'+\mathrm{e}^y)}{(1-x\mathrm{e}^y)^2}=\frac{(y'+\mathrm{e}^y)\mathrm{e}^y}{(1-x\mathrm{e}^y)^2},$$

因 $y(0)=1$, $y'|_{x=0}=\mathrm{e}$, 故 $y''|_{x=0}=2\mathrm{e}^2$.

解法 2　在方程的两边关于 x 求导数，得

$$y'-\mathrm{e}^{y}-x\mathrm{e}^{y}y'=0, \tag{2-3}$$

再在式（2-3）两边关于 x 求导数，得

$$y''-\mathrm{e}^{y}y'-(\mathrm{e}^{y}y'+x\mathrm{e}^{y}y'^{2}+x\mathrm{e}^{y}y'')=0, \tag{2-4}$$

将 $x=0$ 代入原方程，得 $y=1$，将 $x=0$ 与 $y=1$ 代入式(2-3)，得 $y'|_{x=0}=\mathrm{e}$；将 $x=0$，$y=1$ 与 $y'|_{x=0}=\mathrm{e}$ 代入式（2-4），得 $y''|_{x=0}=2\mathrm{e}^{2}$.

注　求隐函数在某点的高阶导数时，如果先求出 y', y'' 的表达式，再计算 $y'|_{x=0}$, $y''|_{x=0}$，则比较繁琐，而像例 2.27 中的解法 2 来解题，则较为简单.

例 2.28　设函数 $y=f(x)$ 是由方程 $x\cdot\mathrm{e}^{f(y)}=\mathrm{e}^{y}$ 所确定，且 $f'(x)\neq1$. 求 $\dfrac{\mathrm{d}^{2}y}{\mathrm{d}x^{2}}$.

解法 1　将方程 $x\cdot\mathrm{e}^{f(y)}=\mathrm{e}^{y}$ 两边关于 x 求导，得

$$\mathrm{e}^{f(y)}+x\cdot\mathrm{e}^{f(y)}\cdot f'(y)\cdot y'=\mathrm{e}^{y}\cdot y',$$

即

$$y'=\frac{\mathrm{e}^{f(y)}}{\mathrm{e}^{y}-x\mathrm{e}^{f(y)}\cdot f'(y)}=\frac{\frac{1}{x}\cdot\mathrm{e}^{y}}{\mathrm{e}^{y}-\mathrm{e}^{y}\cdot f'(y)}=\frac{1}{x[1-f'(y)]},$$

将上式两端再对 x 求导得

$$y''=-\frac{1}{x^{2}[1-f'(y)]^{2}}\cdot\{1-f'(y)+x[-f''(y)\cdot y']\}=\frac{f''(y)-[1-f'(y)]^{2}}{x^{2}[1-f'(y)]^{3}}.$$

解法 2　方程 $x\cdot\mathrm{e}^{f(y)}=\mathrm{e}^{y}$ 两端取对数得 $\ln x+f(y)=y$，对其两端关于 x 求导则有 $\dfrac{1}{x}+f'(y)\cdot y'=y'$，解得 $y'=\dfrac{1}{x[1-f'(y)]}$.

以下同解法 1.

例 2.29　求曲线 $xy+\ln y=1$ 在点 $M(1,1)$ 处的切线和法线方程.

分析　关键是求出 $y'(1)$，由隐函数求导法则即可.

解　在原方程两端同时关于 x 求导，得 $y+xy'+\dfrac{y'}{y}=0$，即 $y'=-\dfrac{y^{2}}{1+xy}$，故

$$y'|_{(1,\,1)}=-\frac{1}{2}.$$

故切线方程为

$$y-1=-\frac{1}{2}(x-1),\quad 即\ x+2y-3=0;$$

法线方程为

$$y-1=2(x-1),\quad 即\ 2x-y-1=0.$$

例 2.30　设函数 $y=y(x)$ 是由参数方程 $\begin{cases} x=\sqrt{1+t}, \\ y=\sqrt{1-t} \end{cases}$ 所确定，求 $\frac{\mathrm{d}y}{\mathrm{d}x}$ 及 $\frac{\mathrm{d}^2y}{\mathrm{d}x^2}$.

分析　这是求由参数方程确定函数的二阶导数，必须先求出一阶导数.

解　$$\frac{\mathrm{d}y}{\mathrm{d}x}=\frac{\frac{\mathrm{d}y}{\mathrm{d}t}}{\frac{\mathrm{d}x}{\mathrm{d}t}}=\frac{(\sqrt{1-t})'}{(\sqrt{1+t})'}=\frac{\frac{-1}{2\sqrt{1-t}}}{\frac{1}{2\sqrt{1+t}}}=-\frac{\sqrt{1+t}}{\sqrt{1-t}},$$

$$\frac{\mathrm{d}^2y}{\mathrm{d}x^2}=\frac{\mathrm{d}}{\mathrm{d}x}\left(\frac{\mathrm{d}y}{\mathrm{d}x}\right)=\frac{\mathrm{d}}{\mathrm{d}t}\left(-\frac{\sqrt{1+t}}{\sqrt{1-t}}\right)\cdot\frac{\mathrm{d}t}{\mathrm{d}x}=\frac{\frac{\mathrm{d}}{\mathrm{d}t}\left(-\frac{\sqrt{1+t}}{\sqrt{1-t}}\right)}{\frac{\mathrm{d}x}{\mathrm{d}t}}$$

$$=\frac{-\frac{(\sqrt{1+t})'\sqrt{1-t}-\sqrt{1+t}(\sqrt{1-t})'}{1-t}}{\frac{1}{2\sqrt{1+t}}}=-\frac{2}{(1-t)\sqrt{1-t}}=-\frac{2}{y^3}.$$

错误解答　$$\frac{\mathrm{d}y}{\mathrm{d}x}=\frac{\frac{\mathrm{d}y}{\mathrm{d}t}}{\frac{\mathrm{d}x}{\mathrm{d}t}}=\frac{(\sqrt{1-t})'}{(\sqrt{1+t})'}=\frac{\frac{-1}{2\sqrt{1-t}}}{\frac{1}{2\sqrt{1+t}}}=-\frac{\sqrt{1+t}}{\sqrt{1-t}},$$

$$\frac{\mathrm{d}^2y}{\mathrm{d}x^2}=\frac{\mathrm{d}}{\mathrm{d}x}\left(\frac{\mathrm{d}y}{\mathrm{d}x}\right)=\frac{\mathrm{d}}{\mathrm{d}x}\left(-\frac{\sqrt{1+t}}{\sqrt{1-t}}\right)$$

$$=-\frac{(\sqrt{1+t})'\sqrt{1-t}-\sqrt{1+t}(\sqrt{1-t})'}{1-t}=-\frac{1}{(1-t)\sqrt{1-t^2}}.$$

错解分析　出错的原因在于忽视了 $\frac{\mathrm{d}y}{\mathrm{d}x}=-\frac{\sqrt{1+t}}{\sqrt{1-t}}$ 是 t 的函数，t 为参数且是中间变量，而题目的要求是求 $\frac{\mathrm{d}}{\mathrm{d}x}\left(\frac{\mathrm{d}y}{\mathrm{d}x}\right)$. 因此，在求这类函数的二阶或三阶导数时要注意避免这类错误发生.

例 2.31　设 $y=y(x)$ 是由参数方程 $\begin{cases} x=f'(t), \\ y=tf'(t)-f(t) \end{cases}$ 所确定，$f''(t)$ 存在且不为零，求 $\frac{\mathrm{d}y}{\mathrm{d}x}, \frac{\mathrm{d}^2y}{\mathrm{d}x^2}$.

解

$$\frac{\mathrm{d}y}{\mathrm{d}x}=\frac{\frac{\mathrm{d}y}{\mathrm{d}t}}{\frac{\mathrm{d}x}{\mathrm{d}t}}=\frac{f'(t)+tf''(t)-f'(t)}{f''(t)}=t,$$

$$\frac{d^2y}{dx^2}=\frac{\frac{d}{dt}\left(\frac{dy}{dx}\right)}{\frac{dx}{dt}}=\frac{1}{f''(t)}.$$

例 2.32　设 $y=y(x)$ 是由 $\begin{cases}x=3t^2+2t+3,\\ e^y\sin t-y+1=0\end{cases}$ 所确定. 求 $\frac{d^2y}{dx^2}\Big|_{t=0}$.

分析　此题为隐函数求导与由参数方程所确定函数的求导的综合问题.

解法 1　由 $x=3t^2+2t+3$ 得 $\frac{dx}{dt}=6t+2$. 由 $e^y\sin t-y+1=0$ 得 $y|_{t=0}=1$, 并对方程两边关于 t 求导得 $\frac{dy}{dt}=\frac{e^y\cos t}{1-e^y\sin t}=\frac{e^y\cos t}{2-y}$. 则有

$$\left.\frac{dy}{dt}\right|_{t=0}=e,\quad \frac{dy}{dx}=\frac{\frac{dy}{dt}}{\frac{dx}{dt}}=\frac{e^y\cos t}{(2-y)(6t+2)}.$$

故

$$\frac{d^2y}{dx^2}=\frac{d}{dt}\left(\frac{dy}{dx}\right)\cdot\frac{dt}{dx}$$

$$=\frac{\left(\frac{dy}{dt}\cdot e^y\cos t-e^y\sin t\right)(2-y)(6t+2)-e^y\cos t\left[6(2-y)-\frac{dy}{dt}\cdot(6t+2)\right]}{(2-y)^2(6t+2)^3},$$

所以 $\left.\frac{d^2y}{dx^2}\right|_{t=0}=\frac{2e^2-3e}{4}$.

解法 2　由 $t=0$ 得 $x=3, y=1$. 又 $\frac{dx}{dt}=6t+2, \frac{dy}{dt}=\frac{e^y\cos t}{1-e^y\sin t}=\frac{e^y\cos t}{2-y}$, 故

$$\frac{dy}{dx}=\frac{\frac{dy}{dt}}{\frac{dx}{dt}}=\frac{e^y\cos t}{(2-y)(6t+2)},\quad \left.\frac{dy}{dx}\right|_{t=0}=\frac{e}{2},$$

$$\frac{d^2y}{dx^2}=\frac{d}{dx}\left(\frac{e^y}{2-y}\cdot\frac{\cos t}{6t+2}\right)=\frac{\cos t}{6t+2}\cdot\frac{d}{dx}\left(\frac{e^y}{2-y}\right)+\frac{e^y}{2-y}\cdot\frac{d}{dt}\left(\frac{\cos t}{6t+2}\right)\cdot\frac{dt}{dx}$$

$$=\frac{\cos t}{6t+2}\cdot\frac{(2-y)e^y+e^y}{(2-y)^2}\cdot\frac{dy}{dx}+\frac{e^y}{2-y}\cdot\frac{-(6t+2)\sin t-6\cos t}{(6t+2)^3},$$

所以 $\left.\frac{d^2y}{dx^2}\right|_{t=0}=\frac{2e^2-3e}{4}$.

解法 3　用公式 $\dfrac{d^2y}{dx^2}=\dfrac{\dfrac{d^2y}{dt^2}\cdot\dfrac{dx}{dt}-\dfrac{dy}{dt}\cdot\dfrac{d^2x}{dt^2}}{\left(\dfrac{dx}{dt}\right)^3}$.

由题可知

$$\frac{dx}{dt}\Big|_{t=0}=(6t+2)\Big|_{t=0}=2,\quad \frac{d^2x}{dt^2}=6,\quad y\Big|_{t=0}=1.$$

对 $e^y\sin t-y+1=0$ 两边分别关于 t 求一阶导数得

$$\frac{dy}{dt}\cdot e^y\sin t-\frac{dy}{dt}+e^y\cos t=0,$$

可得 $\dfrac{dy}{dt}\Big|_{t=0}=e$，对 $\dfrac{dy}{dt}\cdot e^y\sin t-\dfrac{dy}{dt}+e^y\cos t=0$ 两边分别关于 t 求一阶导数，得

$$\frac{d^2y}{dt^2}\cdot e^y\sin t+\left(\frac{dy}{dt}\right)^2\cdot e^y\sin t+2\frac{dy}{dt}\cdot e^y\cos t-\frac{d^2y}{dt^2}-e^y\sin t=0,$$

由此可得

$$\frac{d^2y}{dt^2}\Big|_{t=0}=2e^2.$$

将 $\dfrac{dx}{dt}\Big|_{t=0}=2$，$\dfrac{d^2x}{dt^2}=6$，$\dfrac{dy}{dt}\Big|_{t=0}=e$，$\dfrac{d^2y}{dt^2}\Big|_{t=0}=2e^2$ 代入公式

$$\frac{d^2y}{dx^2}=\frac{\dfrac{d^2y}{dt^2}\cdot\dfrac{dx}{dt}-\dfrac{dy}{dt}\cdot\dfrac{d^2x}{dt^2}}{\left(\dfrac{dx}{dt}\right)^3},$$

可得 $\dfrac{d^2y}{dx^2}\Big|_{t=0}=\dfrac{2e^2-3e}{4}$.

例 2.33　证明曲线 $\begin{cases}x=a(\cos t+t\sin t),\\ y=a(\sin t-t\cos t)\end{cases}$ 上任一点的法线到原点的距离等于 $|a|$.

分析　考查导数的几何意义和隐函数求导的综合题.

证明　利用参数方程所确定的函数的求导公式求得

$$\frac{dy}{dx}=\frac{a(\cos t-\cos t+t\sin t)}{a(-\sin t+\sin t+t\cos t)}=\tan t,$$

所以曲线在对应于参数 t 的点处的法线方程为

$$y-a(\sin t-t\cos t)=-\cot t[x-a(\cos t+t\sin t)],$$

化简得 $\cos t\cdot x+\sin t\cdot y-a=0$，于是法线到原点的距离为

$$d=\left|\frac{a}{\cos^2 t+\sin^2 t}\right|=|a|.$$

例 2.34 求函数 $y=\left(\dfrac{x}{4+x}\right)^{x}$ $(x>0)$ 的导数 $\dfrac{\mathrm{d}y}{\mathrm{d}x}$.

分析 所给函数为幂指函数, 无求导公式可套用. 求导方法一般有两种: 对数求导法和利用恒等式 $x=\mathrm{e}^{\ln x}$ ($x>0$), 将幂指函数化为指数函数的复合函数.

解法 1 用对数求导法求解. 对等式 $y=\left(\dfrac{x}{4+x}\right)^{x}$ 两边取自然对数得

$$\ln y=x[\ln x-\ln(4+x)],$$

此时 y 是由其确定的隐函数并对其用隐函数求导法, 得

$$\frac{1}{y}\cdot y'=[\ln x-\ln(4+x)]+x\left(\frac{1}{x}-\frac{1}{4+x}\right),$$

解得

$$y'=\left(\frac{x}{4+x}\right)^{x}\cdot\left(\ln\frac{x}{4+x}+\frac{4}{4+x}\right).$$

解法 2 利用恒等式 $x=\mathrm{e}^{\ln x}$ ($x>0$) 求解. 因为

$$y=\left(\frac{x}{4+x}\right)^{x}=\mathrm{e}^{\ln\left(\frac{x}{4+x}\right)^{x}}=\mathrm{e}^{x\cdot[\ln x-\ln(4+x)]},$$

所以

$$y'=\mathrm{e}^{x\cdot[\ln x-\ln(4+x)]}\cdot\{x\cdot[\ln x-\ln(4+x)]\}'=\left(\frac{x}{4+x}\right)^{x}\cdot\left(\ln\frac{x}{4+x}+\frac{4}{4+x}\right).$$

注 对一般的可导幂指函数 $y=u(x)^{v(x)}$ 均可采用上述两种方法来求导.

例 2.35 设 $y=\sqrt{\mathrm{e}^{x}\sqrt{x\sqrt{\sin x}}}$, 求 y'.

分析 本函数以乘积、开方运算为主, 可以考虑采用对数求导法.

解 等式两边取对数, 得

$$\ln y=\frac{1}{2}x+\frac{1}{4}\ln x+\frac{1}{8}\ln\sin x,$$

将上式两边关于 x 求导得

$$\frac{y'}{y}=\frac{1}{2}+\frac{1}{4x}+\frac{\cos x}{8\sin x}.$$

所以 $y'=\left(\dfrac{1}{2}+\dfrac{1}{4x}+\dfrac{\cos x}{8\sin x}\right)\sqrt{\mathrm{e}^{x}\sqrt{x\sqrt{\sin x}}}$.

例 2.36 设函数 $y=y(x)$ 是隐函数 $xy=\mathrm{e}^{x+y}$ 所确定, 求 $\mathrm{d}y$.

分析 可利用隐函数求导法则先求出 y', 再求 $\mathrm{d}y$, 也可以利用一阶微分形式不变性求解.

解法 1 对方程两端关于 x 求导, 得

$$y + xy' = e^{x+y}(1 + y'),$$

解得 $y' = \dfrac{y - e^{x+y}}{e^{x+y} - x}$，所以

$$dy = \frac{y - e^{x+y}}{e^{x+y} - x}dx.$$

解法 2　将方程两端同时求微分，得 $d(xy) = de^{x+y}$，即

$$ydx + xdy = e^{x+y}(dx + dy),$$

整理得

$$(x - e^{x+y})dy = (e^{x+y} - y)dx,$$

所以 $dy = \dfrac{y - e^{x+y}}{e^{x+y} - x}dx$.

例 2.37　扩音器插头为圆柱形截面半径 r 为 0.15 cm，长度 l 为 4 cm，为了提高它的导电性能，要在圆柱的侧面镀一层厚度为 0.001 cm 的铜，问每个插头需要用多少克纯铜？（铜的密度为 8.9 g/cm^3）

解　因为圆柱体的体积为 $V = \pi r^2 l$，所以 $\Delta V \approx dV = 2\pi r l \Delta r$.

以 $r = 0.15\text{cm}$，$l = 4\text{cm}$，$\Delta r = 0.001\text{cm}$ 代入得

$$\Delta V \approx 8\pi \times 0.15 \times 0.001 \approx 0.0037699\text{cm}^3,$$

又铜的密度为 8.9 g/cm^3，故每个插头所需要铜的质量约为

$$m = \rho \Delta V = 0.03355\text{g}.$$

例 2.38　计算 $\sqrt[3]{996}$ 的近似值.

解　取 $x_0 = 1000$，则 $x_0 = 1000$ 和 $x = 996$ 比较接近，再利用近似公式 $\sqrt[n]{1+x} \approx 1 + \dfrac{1}{n}x$ 计算，

$$\sqrt[3]{996} = \sqrt[3]{1000 - 4} = \sqrt[3]{10^3\left(1 - \frac{4}{1000}\right)} = 10\sqrt[3]{1 - \frac{4}{1000}}$$

$$\approx 10\left(1 - \frac{0.004}{3}\right) \approx 10(1 - 0.0013) \approx 9.9867.$$

2.4　自我测试题

A 级自我测试题

一、选择题（每小题 3 分，共 15 分）

1. 函数 $y = f(x)$ 在 x_0 处连续是它在 x_0 处可导的（　　）.

A. 充分条件　　　　B. 充要条件

C. 必要条件　　　　D. 既非充分条件也非必要条件

2. 设 $y=\mathrm{e}^{\frac{1}{x}}$ 可微，则 $\mathrm{d}y$ 等于（　　）.

A. $\mathrm{e}^{\frac{1}{x}}\mathrm{d}x$　　B. $\mathrm{e}^{-\frac{1}{x^2}}\mathrm{d}x$　　C. $\dfrac{1}{x^2}\mathrm{e}^{-\frac{1}{x^2}}\mathrm{d}x$　　D. $-\dfrac{1}{x^2}\mathrm{e}^{\frac{1}{x}}\mathrm{d}x$

3. 设 $f(x)=a_0x^n+a_1x^{n-1}+\cdots+a_n$. 则 $f^{(n)}(0)=$（　　）.

A. a_n　　B. a_0　　C. $n!a_0$　　D. 0

4. 曲线 $y=x^3-3x$ 在点（　　）处的切线平行于 x 轴.

A. (0, 0)　　B. (1, 2)

C. (−1, 2)　　D. (−1, 2) 和 (1, −2)

5. 已知 $y=x\ln y$，则 $\dfrac{\mathrm{d}y}{\mathrm{d}x}$ 等于（　　）.

A. $\dfrac{x}{y}$　　B. $\ln y$　　C. $\dfrac{y\ln y}{y-x}$　　D. $\ln y+\dfrac{x}{y}$

二、填空题（每小题 3 分，共 15 分）

1. 已知 $f'(3)=2$，则 $\lim\limits_{x\to 0}\dfrac{f(3-h)-f(3)}{2h}=$__________.

2. 若 $f(x)=x(x+1)(x+2)$，则 $f'(0)=$__________.

3. 已知 $y=\mathrm{e}^{f(x)}$，且 $f(x)$ 二阶可导，则 $y''=$__________.

4. 曲线 $y=\arctan x$ 在点 $\left(1,\ \dfrac{\pi}{4}\right)$ 处的法线方程是__________.

5. 设 $y=x^{\tan x}\ (x>0)$，则 $\dfrac{\mathrm{d}y}{\mathrm{d}x}=$__________.

三、计算题（每小题 6 分，共 30 分）

1. 求函数 $y=\arctan \mathrm{e}^{\sqrt{x}}$ 的一阶导数.

2. 设 $y=\ln\sqrt{\dfrac{1-x}{1+x}}$. 求 $y'|_{x=0}$ 和 $\mathrm{d}y$.

3. 设 $y=x^2\cos x$，求 $y^{(5)}$.

4. 设函数 $y=y(x)$ 是由参数方程 $\begin{cases}x=3t^2,\\ y=3t-t^3\end{cases}$ 所确定，求 $\left.\dfrac{\mathrm{d}y}{\mathrm{d}x}\right|_{t=1}$.

5. 设函数 $y=y(x)$ 由方程 $2^{x+y}=x+y$ 所确定，求 $\mathrm{d}y$.

四、（8 分）　求常数 a, b 的值，使函数 $f(x)=\begin{cases}ax+b, & x>1,\\ x^2, & x\leqslant 1\end{cases}$ 在 $x=1$ 处可导.

五、（8 分）　设函数 $y=f(ax^2+b)$，f 具有二阶导数，求 $\dfrac{\mathrm{d}^2y}{\mathrm{d}x^2}$.

六、（8 分） 求由方程 $xy+\mathrm{e}^y-x=0$ 所确定的隐函数 $y(x)$ 的一阶导数 $\dfrac{\mathrm{d}y}{\mathrm{d}x}$ 与二阶导数 $\dfrac{\mathrm{d}^2y}{\mathrm{d}x^2}$.

七、（8 分） 设函数 $y(x)=(x-a)^2g(x)$，其中 $g(x)$ 的一阶导数有界，求 $f''(a)$.

八、（8 分） 已知函数 $y=y(x)$ 二阶可导，且满足方程 $(1-x^2)\dfrac{\mathrm{d}^2y}{\mathrm{d}x^2}-x\dfrac{\mathrm{d}y}{\mathrm{d}x}+a^2y=0.$ 求证：若令 $x=\sin t$，则此方程可以变换为 $\dfrac{\mathrm{d}^2y}{\mathrm{d}t^2}+a^2y=0$.

B 级自我测试题

一、选择题（每小题 3 分，共 15 分）

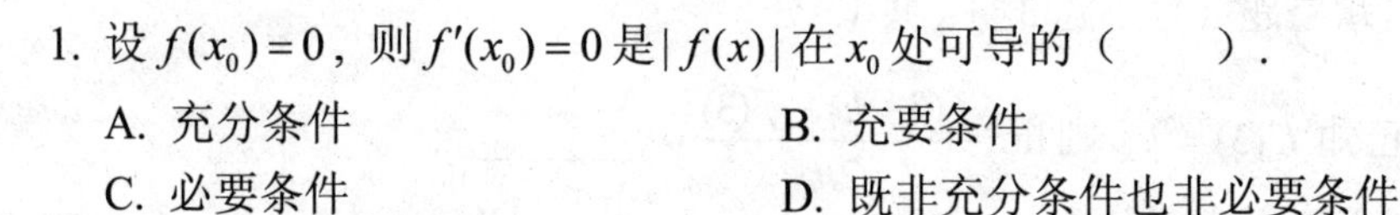

1. 设 $f(x_0)=0$，则 $f'(x_0)=0$ 是 $|f(x)|$ 在 x_0 处可导的（　　）.

A. 充分条件　　　　B. 充要条件

C. 必要条件　　　　D. 既非充分条件也非必要条件

2. 函数 $f(x)=\begin{cases}(1-\mathrm{e}^{-x^2})\cos\dfrac{1}{x}, & x\neq 0,\\ 0, & x=0\end{cases}$ 在 $x=0$ 处（　　）.

A. 极限不存在　　　　B. 极限存在，但不连续

C. 连续，但不可导　　　　D. 可导

3. 设函数 $f(x)$ 二阶可导，$y=f(\ln x)$，则 $\dfrac{\mathrm{d}^2y}{\mathrm{d}x^2}$ 等于（　　）.

A. $\dfrac{1}{x}f'(\ln x)$　　　　B. $\dfrac{1}{x^2}[xf''(\ln x)-f'(\ln x)]$

C. $\dfrac{1}{x^2}[f''(\ln x)-f'(\ln x)]$　　　　D. $\dfrac{1}{x^2}f'(\ln x)$

4. 设周期函数 $f(x)$ 在 $(-\infty,+\infty)$ 内可导，周期为 4，且 $\lim\limits_{x\to 0}\dfrac{f(1)-f(1-x)}{2x}=-1$，则曲线 $y=f(x)$ 在点 $(5, f(5))$ 处的切线斜率为（　　）.

A. $\dfrac{1}{2}$　　　　B. 0　　　　C. -1　　　　D. -2

5. 设 $f(x)$ 在 $x=0$ 的某个邻域内连续，$f(0)=0$，且 $\lim\limits_{x\to 0}\dfrac{f(x)}{\sin 3x}=-1$，则 $f(x)$ 在点 $x=0$ 处的导数 $f'(0)$ 等于（　　）.

A. 0　　　　B. 1　　　　C. $\dfrac{1}{3}$　　　　D. -3

二、填空题（每小题 3 分，共 15 分）

1. 设 $y=f\left(\frac{3x-2}{3x+2}\right)$，$f'(x)=\arctan x^2$，则 $\left.\frac{\mathrm{d}y}{\mathrm{d}x}\right|_{x=0}=$______.

2. 已知 $f'(x_0)=1$，则 $\lim\limits_{x\to 0}\frac{2x}{f(x_0-2x)-f(x_0-x)}=$______.

3. 设 $y=\cos(x^2)\sin^2\frac{1}{x}$，则 $y'=$______.

4. 曲线 $\begin{cases}x=1+t^2,\\ y=t^3\end{cases}$ 在 $t=2$ 处的切线方程为______.

5. 设方程 $\mathrm{e}^{x+y}+y^2=\cos x+1$ 确定 y 为 x 的函数，则 $\frac{\mathrm{d}y}{\mathrm{d}x}=$______.

三、解答题（每小题 6 分，共 30 分）

1. 设 $y=\ln\sqrt{\frac{\mathrm{e}^{4x}}{\mathrm{e}^{4x}+1}}$，求 $y'|_{x=0}$.

2. 设 $y=\log_x(\ln x)$，求 $\mathrm{d}y|_{x=\mathrm{e}}$.

3. 设函数 $y=y(x)$ 由参数方程 $\begin{cases}x=t-\ln(1+t),\\ y=t^3+t^2\end{cases}$ 所确定，求 $\frac{\mathrm{d}^2y}{\mathrm{d}x^2}$.

4. 设 $y=\frac{1}{x^2-5x+4}$. 求 $y^{(100)}$.

5. 设 $\arcsin x\cdot\ln y-\mathrm{e}^{2x}+\tan y=0$. 求 $\left.\frac{\mathrm{d}y}{\mathrm{d}x}\right|_{\left(0,\ \frac{\pi}{4}\right)}$.

四、（8 分）　设 $f(x)=\begin{cases}\mathrm{e}^{ax}, & x\leqslant 0,\\ \sin 2x+b, & x>0\end{cases}$ 在 $(-\infty,\ +\infty)$ 内可导，求 a 和 b，并求出 $f'(x)$.

五、（8 分）　设函数 $y=y(x)$ 是由 $\begin{cases}x=\arctan t,\\ 2y-ty^2+\mathrm{e}^t=5\end{cases}$ 所确定. 求 $\frac{\mathrm{d}y}{\mathrm{d}x}$.

六、（8 分）　设 $T=\cos n\theta$，$\theta=\arccos x$. 求 $\lim\limits_{x\to 1^-}\frac{\mathrm{d}T}{\mathrm{d}x}$.

七、（8 分）　求曲线 $y=x^2$ 与 $y=\frac{1}{x}$ 的公切线方程.

八、（8 分）　设对非零的 x 和 y，恒有 $f(xy)=f(x)+f(y)$，且 $f'(1)=a$. 求证：当 $x\neq 0$ 时，有 $f'(x)=\frac{a}{x}$.

第 3 章　微分中值定理及其应用

3.1　知识结构图与学习要求

3.1.1　知识结构图

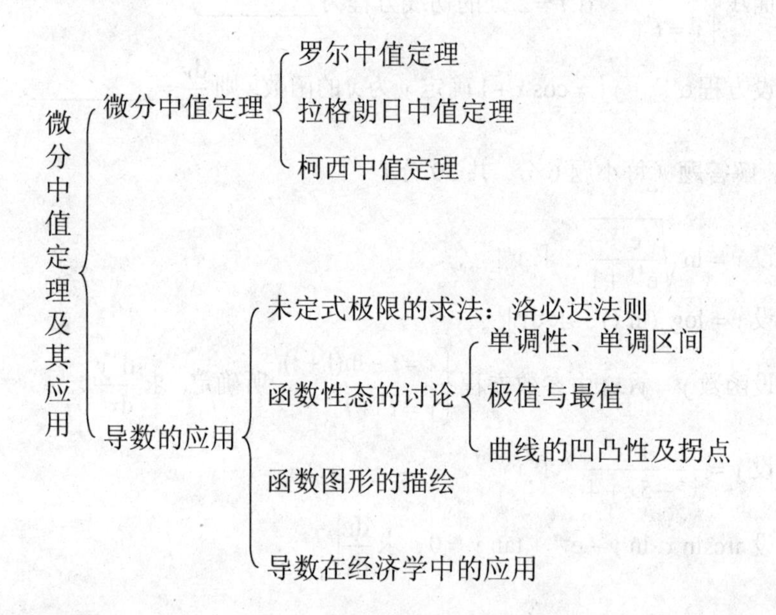

3.1.2　学习要求

（1）理解罗尔（Rolle）中值定理、拉格朗日（Lagrange）中值定理, 掌握这两个定理的简单应用.

（2）会用洛必达（L'Hospital）法则求极限.

（3）掌握函数单调性的判断方法及其应用, 掌握函数极值、最值的求法及简单应用.

（4）会用导数判断函数图形的凹凸性, 会求函数图形的拐点及水平、铅直和斜渐近线, 会描绘函数的图形.

（5）导数在经济中的应用.

3.2 内容提要

3.2.1 微分中值定理

1. 罗尔中值定理

如果函数 $f(x)$ 满足:

（1）在闭区间 $[a,b]$ 上连续;

（2）在开区间 (a,b) 内可导;

（3）在区间端点处的函数值相等, 即 $f(a)=f(b)$;

那么在 (a,b) 内至少有一点 ξ, 使得 $f'(\xi)=0$.

2. 拉格朗日中值定理

如果函数 $f(x)$ 满足:

（1）在闭区间 $[a,b]$ 上连续;

（2）在开区间 (a,b) 内可导;

那么在 (a,b) 内至少有一点 ξ, 使等式

$$f(b)-f(a)=f'(\xi)(b-a)$$

成立.

拉格朗日中值定理的其他形式:

$f(b)-f(a)=f'[a+\theta(b-a)](b-a)$, $0<\theta<1$;

$f(x)=f(x_0)+f'(\xi)(x-x_0)$, ξ 在 x_0 与 x 之间;

$f(x)=f(x_0)+f'[x_0+\theta(x-x_0)](x-x_0)$, $0<\theta<1$;

$f(x_0+h)=f(x_0)+f'(\xi)h$, ξ 在 x_0 与 x_0+h 之间.

3. 柯西（Cauchy）中值定理

如果函数 $f(x)$ 及 $F(x)$ 满足:

（1）在闭区间 $[a,b]$ 上连续;

（2）在开区间 (a,b) 内可导;

（3）对任一 $x\in(a,b)$, $F'(x)\neq 0$;

那么在 (a,b) 内至少有一点 ξ, 使等式

$$\frac{f(b)-f(a)}{F(b)-F(a)}=\frac{f'(\xi)}{F'(\xi)}$$

成立.

注　（1）微分中值定理中罗尔中值定理是最基本的, 因为其他两个中值定理均能用它导出, 而拉格朗日中值定理是最常用的;

（2）罗尔中值定理、拉格朗日中值定理和柯西中值定理的条件都是充分不必要条件.

3.2.2　洛必达法则

定义 3.1　如果当 $x \to x_0$（或 $x \to \infty$）时，两个函数 $f(x)$ 与 $F(x)$ 都趋于零或都趋于无穷大，那么极限 $\lim\limits_{x \to x_0} \dfrac{f(x)}{F(x)}$（或 $\lim\limits_{x \to \infty} \dfrac{f(x)}{F(x)}$）称为 $\dfrac{0}{0}$ 或 $\dfrac{\infty}{\infty}$ 型未定式.

定理 3.1（洛必达法则）　设

（1）$\lim\limits_{x \to x_0} f(x) = \lim\limits_{x \to x_0} F(x) = 0$；

（2）在点 x_0 的某空心邻域内，$f'(x)$ 及 $F'(x)$ 都存在且 $F'(x) \neq 0$；

（3）$\lim\limits_{x \to x_0} \dfrac{f'(x)}{F'(x)}$ 存在（或为无穷大），

那么

$$\lim_{x \to x_0} \frac{f(x)}{F(x)} = \lim_{x \to x_0} \frac{f'(x)}{F'(x)}.$$

注　对于 $x \to \infty$ 时的未定式 $\dfrac{0}{0}$，以及对于 $x \to x_0$ 或 $x \to \infty$ 时的未定式 $\dfrac{\infty}{\infty}$，也有相应的洛必达法则. 例如，对于 $x \to x_0$ 时的未定式 $\dfrac{\infty}{\infty}$，有以下定理.

定理 3.2（洛必达法则）　设

（1）$\lim\limits_{x \to x_0} f(x) = \lim\limits_{x \to x_0} F(x) = \infty$；

（2）在点 x_0 的某空心邻域内，$f'(x)$ 及 $F'(x)$ 都存在且 $F'(x) \neq 0$；

（3）$\lim\limits_{x \to x_0} \dfrac{f'(x)}{F'(x)}$ 存在（或为无穷大），

那么

$$\lim_{x \to x_0} \frac{f(x)}{F(x)} = \lim_{x \to x_0} \frac{f'(x)}{F'(x)}.$$

3.2.3　函数的单调性

定理 3.3　设函数 $f(x)$ 在 $[a,b]$ 上连续，在 (a,b) 内可导. 若 $f'(x) \geqslant 0 (f'(x) \leqslant 0)$，$x \in (a,b)$，则 $f(x)$ 在 $[a,b]$ 上单调增加（减少）.

注　将定理 3.3 中的闭区间换成其他各种区间（包括无穷区间），那么结论也成立.

3.2.4　函数的极值

1. 定义

设函数 $f(x)$ 在点 x_0 的某邻域 $U(x_0)$ 内有定义，如果对邻域 $U(x_0)$ 内的任一 x，有 $f(x) \leqslant f(x_0)$（或 $f(x) \geqslant f(x_0)$），那么就称 $f(x_0)$ 是函数 $f(x)$ 的一个极大值（或极小值）.

2. 判定条件

（1）必要条件：若函数 $f(x)$ 在 x_0 处可导且在 x_0 处取极值，则 $f'(x_0)=0$.

注　可导函数 $f(x)$ 的极值点必定是驻点. 但反过来，函数的驻点却不一定是极值点.

（2）第一充分条件：设 $f(x)$ 在 x_0 处连续，且在 x_0 的某空心邻域 $\mathring{U}(x_0,\delta)$ 内可导.

1）若 $x \in (x_0-\delta, x_0)$ 时，$f'(x) \geqslant 0$，而 $x \in (x_0, x_0+\delta)$ 时，$f'(x) \leqslant 0$，则 $f(x)$ 在 x_0 处取得极大值；

2）若 $x \in (x_0-\delta, x_0)$ 时，$f'(x) \leqslant 0$，而 $x \in (x_0, x_0+\delta)$ 时，$f'(x) \geqslant 0$，则 $f(x)$ 在 x_0 处取得极小值；

3）若 $x \in \mathring{U}(x_0,\delta)$ 时，$f'(x)$ 符号保持不变，则 $f(x)$ 在 x_0 处无极值.

注　由第一充分条件知，函数的驻点、不可导点是可能的极值点.

（3）第二充分条件：设 $f(x)$ 在 x_0 处具有二阶导数且 $f'(x_0)=0$，$f''(x_0) \neq 0$，那么

1）当 $f''(x_0)<0$ 时，函数 $f(x)$ 在 x_0 处取得极大值；

2）当 $f''(x_0)>0$ 时，函数 $f(x)$ 在 x_0 处取得极小值.

注　第二充分条件只适用于 $f''(x_0) \neq 0$ 且 $f'(x_0)=0$ 的情形，当 $f''(x_0)=0$ 或者 $f'(x_0)$ 不存在时用第一充分条件来判定.

3.2.5　函数的最值

（1）设函数 $f(x)$ 在 $[a,b]$ 上连续，在 (a,b) 内除有限个点外可导，并且至多有有限个驻点，则求 $f(x)$ 在 $[a,b]$ 上的最大值和最小值的方法如下：

1）求出 $f(x)$ 在 (a,b) 内的驻点 $x_1, x_2, \cdots, x_m$ 及不可导点 $x_1', x_2', \cdots, x_n'$；

2）计算 $f(x_i)(i=1,2,\cdots,m)$，$f(x_i')(i=1,2,\cdots,n)$ 及 $f(a)$，$f(b)$；

3）比较 2）中各个值的大小，其中最大的便是 $f(x)$ 在 $[a,b]$ 上的最大值，最小的便是 $f(x)$ 在 $[a,b]$ 上的最小值.

（2）实际问题的最值的求法：

1）建立目标函数；

2）求最值.

注 若目标函数 $f(x)$ 在其定义区间 I 上处处可导，并且在其定义区间 I 内部只有唯一的驻点 x_0，由问题的实际意义能够判定所求最值存在且必在 I 内取到，则可立即断言 $f(x_0)$ 就是所求的最值.

3.2.6 曲线的凹凸性及拐点

1. 定义

设函数 $f(x)$ 在区间 I 内连续，如果对 I 上任意两点 x_1, x_2

$$f\left(\frac{x_1+x_2}{2}\right) < \frac{f(x_1)+f(x_2)}{2} \quad \left(f\left(\frac{x_1+x_2}{2}\right) > \frac{f(x_1)+f(x_2)}{2}\right),$$

则称函数 $f(x)$ 在区间 I 的图形是凹（凸）的，此时称 $f(x)$ 在区间 I 上为凹（凸）函数，区间 I 称为凹（凸）区间. 拐点是连续曲线上凹凸性的分界点.

2. 判定定理

定理 3.4 设 $f(x)$ 在 $[a,b]$ 上连续，在 (a,b) 内具有一阶和二阶导数. 若在 (a,b) 内

（1）$f''(x) \geqslant 0$，则 $f(x)$ 在 $[a,b]$ 上是凹的；

（2）$f''(x) \leqslant 0$，则 $f(x)$ 在 $[a,b]$ 上是凸的.

定理 3.5 设函数 $y=f(x)$ 在点 x_0 的某邻域内连续，在点 x_0 的某空心邻域内二阶导数存在，若在 x_0 的左右两侧邻近的二阶导数 $f''(x)$ 异号，则点 $M(x_0, f(x_0))$ 是曲线 $y=f(x)$ 的拐点.

3.2.7 渐近线

（1）若 $\lim\limits_{x\to\infty} f(x)=A$ 或 $\lim\limits_{x\to+\infty} f(x)=A$ 或 $\lim\limits_{x\to-\infty} f(x)=A$，则 $y=A$ 是 $y=f(x)$ 的图形的水平渐近线；

（2）若 $\lim\limits_{x\to x_0} f(x)=\infty$ 或 $\lim\limits_{x\to x_0^+} f(x)=\infty$ 或 $\lim\limits_{x\to x_0^-} f(x)=\infty$，则 $x=x_0$ 是 $y=f(x)$ 的图形的铅直渐近线；

（3）若 $\lim\limits_{x\to\infty}\dfrac{f(x)}{x}=k$ 及 $\lim\limits_{x\to\infty}[f(x)-kx]=b$，则 $y=kx+b$ 是 $y=f(x)$ 的斜渐近线.

3.2.8 导数在经济学中的应用

1. 边际分析

一般地，若函数 $y=f(x)$ 可导，则导函数 $f'(x)$ 也称为边际函数. 称 $C'(Q)$，$R'(Q)$，$L'(Q)$ 分别为边际成本，边际收益，边际利润，而 $C'(Q_0)$ 称为当产量为 Q_0 时的边际成本，其经济意义是当产量达到 Q_0 时，再生产一个产品所增加的成本.

2. 最大利润

由 $L(Q)=R(Q)-C(Q)$，然后利用求函数最大值的方法来求最大利润.

由 $L'(Q)=R'(Q)-C'(Q)$，令 $L'(Q)=0$，得 $R'(Q)=C'(Q)$，即 $L(Q)$ 取到最大值的必要条件是：边际收益等于边际成本.

3. 弹性分析

（1）弹性的概念：函数的相对改变量 $\dfrac{\Delta y}{y_0}=\dfrac{f(x_0+\Delta x)-f(x_0)}{y_0}$ 与自变量的相对改变量 $\dfrac{\Delta x}{x_0}$ 之比 $\dfrac{\frac{\Delta y}{y_0}}{\frac{\Delta x}{x_0}}$ 称为函数 $f(x)$ 从 $x=x_0$ 到 $x=x_0+\Delta x$ 两点间的相对变化率或称两点间的弹性.

若 $f'(x_0)$ 存在，则极限值

$$\lim_{\Delta x\to 0}\frac{\frac{\Delta y}{y_0}}{\frac{\Delta x}{x_0}}=\lim_{\Delta x\to 0}\frac{x_0}{y_0}\cdot\frac{\Delta y}{\Delta x}=f'(x_0)\cdot\frac{x_0}{y_0}$$

称为 $f(x)$ 在点 x_0 处的相对变化率，也称为相对导数或弹性，记作

$$\left.\frac{Ey}{Ex}\right|_{x=x_0} \text{ 或 } \frac{E}{Ex}f(x_0),$$

即

$$\left.\frac{Ey}{Ex}\right|_{x=x_0}=\frac{E}{Ex}f(x_0)=f'(x_0)\frac{x_0}{y_0}.$$

若 $f'(x)$ 存在，则

$$\frac{Ey}{Ex}=\frac{E}{Ex}f(x)=\lim_{\Delta x\to 0}\frac{\dfrac{\Delta y}{y}}{\dfrac{\Delta y}{y}}=\lim_{\Delta x\to 0}\frac{x}{y}\cdot\frac{\Delta y}{\Delta x}=f'(x)\frac{x}{y},$$

称为 $f(x)$ 的弹性函数.

函数 $f(x)$ 在点 x 的弹性 $\frac{E}{Ex}f(x)$ 反映随 x 变化的幅度引起函数 $f(x)$ 幅度变化的大小，也就是 $f(x)$ 对 x 变化反应强烈程度或灵敏度.

（2）需求弹性：设某商品的需求函数为 $Q=f(P)$，则称

$$\eta(P_0, P_0+\Delta P)=-\frac{\Delta Q}{\Delta P}\cdot\frac{P_0}{Q_0}$$

为该商品 $f(P)$ 从 $P=P_0$ 到 $P=P_0+\Delta P$ 两点间的需求弹性，若 $f'(P_0)$ 存在，则称

$$\eta_d(P_0)=-f'(P_0)\frac{P_0}{f(P_0)}$$

为该商品在 $P=P_0$ 处的需求弹性.

（3）供给弹性：设某商品供给函数为 $Q=\phi(P)$，则称

$$\overline{\varepsilon}(P_0, P_0+\Delta P)=\frac{\Delta Q}{\Delta P}\cdot\frac{P_0}{Q_0}$$

为该商品在 $P=P_0$ 与 $P=P_0+\Delta P$ 两点间的供给弹性，若 $\phi'(P_0)$ 存在，则称

$$\eta_\sigma(P_0)=\phi'(P_0)\frac{P_0}{\phi(P_0)}$$

为该商品在 $P=P_0$ 处的供给弹性.

（4）用需求弹性分析总收益：由 $R=P\cdot Q$，$Q=f(P)$，有 $R=P\cdot f(P)$，故

$$R'=f(P)+P\cdot f'(P)=f(P)\left[1+f'(P)\frac{P}{f(P)}\right]=f(P)(1-\eta).$$

3.3 典型例题解析

例 3.1 验证函数 $f(x)=\ln\sin x$ 在 $\left[\frac{\pi}{6}, \frac{5\pi}{6}\right]$ 上满足罗尔中值定理的条件.

解 因 $f(x)$ 是在 $\left[\frac{\pi}{6}, \frac{5\pi}{6}\right]$ 上有定义的初等函数，所以 $f(x)$ 在 $\left[\frac{\pi}{6}, \frac{5\pi}{6}\right]$ 上连

续；$f'(x)=\dfrac{\cos x}{\sin x}=\cot x$ 在 $\left(\dfrac{\pi}{6},\ \dfrac{5\pi}{6}\right)$ 内存在；$f\left(\dfrac{\pi}{6}\right)=f\left(\dfrac{5\pi}{6}\right)=-\ln 2$．故 $f(x)$ 在 $\left[\dfrac{\pi}{6},\ \dfrac{5\pi}{6}\right]$ 上满足罗尔中值定理的条件, 由罗尔中值定理知至少存在一点 $\xi\in\left(\dfrac{\pi}{6},\ \dfrac{5\pi}{6}\right)$ 使 $f'(\xi)=0$．即 $\cot\xi=0$，于是解得 $\xi=\dfrac{\pi}{2}\in\left(\dfrac{\pi}{6},\ \dfrac{5\pi}{6}\right)$.

注　凡是验证罗尔中值定理正确与否的命题, 一定要验证两点：①定理的条件是否满足；②若条件满足, 求出定理结论中的 ξ 值.

例 3.2　已知函数 $f(x)$ 在 $[0,1]$ 上连续, 在 $(0,1)$ 内可导, 且 $f(1)=0$，求证在 $(0,1)$ 内至少存在一点 ξ 使等式 $\xi^2 f'(\xi)+2\xi f(\xi)=0$ 成立.

分析　要证 $\xi^2 f'(\xi)+2f(\xi)=0$，即 $[x^2 f(x)]'_{x=\xi}=0$, 作辅助函数 $F(x)=x^2 f(x)$, 对 $F(x)$ 在区间 $[0,1]$ 上应用罗尔中值定理.

证明　设 $F(x)=x^2 f(x)$，则它在 $[0,1]$ 上连续, 在 $(0,1)$ 内可导, 且 $F(0)=F(1)=0$．由罗尔中值定理知至少存在一点 $\xi\in(0,1)$，使得 $F'(\xi)=0$，即 $\xi^2 f'(\xi)+2\xi f(\xi)=0$．证毕.

例 3.3　设函数 $f(x)$ 在 $[1,\ 2]$ 上连续, 在 $(1,\ 2)$ 内可导, 且 $f(2)=0$，求证在 $(1,2)$ 内至少存在一点 ξ 使等式 $\xi f'(\xi)\ln\xi+f(\xi)=0$．

分析　只需证明存在 $\xi\in(1,2)$，使 $f'(\xi)\ln\xi+\dfrac{f(\xi)}{\xi}=0$，即 $f'(\xi)\ln\xi+(\ln\xi)'f(\xi)=0$ 将上式中的 ξ 改为 x，则 $f'(x)\ln x+(\ln x)'f(x)=0$，即 $[f(x)\ln x]'=0$，从而可以令

$$F(x)=f(x)\ln x,$$

只要验证 $F(x)$ 满足罗尔中值定理条件即可证明命题.

证明　令 $F(x)=f(x)\ln x$，显然 $F(x)$ 在 $[1,\ 2]$ 上连续, 在 $(1,2)$ 内可导, 且

$$F(1)=f(1)\ln 1=0,\quad F(2)=f(2)\ln 2=0.$$

由罗尔中值定理知至少存在一点 $\xi\in(1,2)$，使 $F'(\xi)=0$，即 $f'(\xi)\ln\xi+\dfrac{f(\xi)}{\xi}=0$，亦即

$$\xi f'(\xi)\ln\xi+f(\xi)=0.$$

注　证明至少存在一点满足抽象函数一阶或二阶导数的关系式, 且题中没有给出函数关系式的命题时, 用罗尔中值定理证明的方法和步骤：

（1）把要证的中值等式改写成右端为零的等式, 改写后常见的等式有

$$f(\xi)+\xi f'(\xi)=0,\qquad f'(\xi)g(\xi)+f(\xi)g'(\xi)=0,$$

$$\xi f'(\xi)-f(\xi)=0,\qquad \xi f'(\xi)-kf(\xi)=0,$$

$$f'(\xi)g(\xi)-f(\xi)g'(\xi)=0,\quad f''(\xi)g(\xi)-f(\xi)g''(\xi)=0,$$

$$f'(\xi)\pm\lambda f(\xi)=0,\quad f'(\xi)\pm f(\xi)g'(\xi)=0,\quad \text{等等.}$$

（2）作辅助函数$F(x)$，使$F'(\xi)$等于上述等式的左端. 对于（1）中所述等式，分别对应辅助函数$F(x)$为

$$F(x)=xf(x),\qquad F(x)=f(x)g(x),$$

$$F(x)=\frac{f(x)}{x},\qquad F(x)=\frac{f(x)}{x^k},$$

$$F(x)=\frac{f(x)}{g(x)},\qquad F(x)=f'(x)g(x)-f(x)g'(x),$$

$$F(x)=\mathrm{e}^{\pm\lambda x}f(x),\quad F(x)=\mathrm{e}^{\pm g(x)}f(x).$$

（3）在指定区间上对$F(x)$应用罗尔中值定理证明.

例 3.4 设函数$f(x)$在$[a, b]$ $(a>0)$具有二阶导数，且$f(a)=f(b)=f(c)$，其中$a<c<b$，证明至少存在一点$\xi\in(a, b)$，使得$f''(\xi)=0$.

证明 显然$f(x)$在$[a, c]$和$[c, b]$上满足罗尔中值定理的条件，因此有$\xi_1\in(a, c)$，$\xi_2\in(c, b)$，使得$f'(\xi_1)=0$，$f'(\xi_2)=0$，从而$f'(x)$在$[\xi_1, \xi_2]$上满足罗尔中值定理，故存在$\xi\in(\xi_1, \xi_2)\subset(a,b)$，使得$f''(\xi)=0$.

例 3.5 设$f(x)$在$[0,1]$上有二阶导数，且$f(0)=f(1)=0$，设$F(x)=x^2f(x)$，则在$(0,1)$内至少存在一点ξ，使得$F''(\xi)=0$.

分析 要证$F''(\xi)=0$，只要证在$F'(x)$区间$[0,1]$上满足罗尔中值定理，关键是找到两个使$F'(x)$相等的点.

证明 因为$F(x)=x^2f(x)$，则$F'(x)=2xf(x)+x^2f'(x)$.

因为$f(0)=f(1)=0$，所以$F(0)=F(1)=0$. $F(x)$在$[0,1]$上满足罗尔中值定理的条件，则至少存在一点$\xi_1\in(0,1)$，使得$F'(\xi_1)=0$，而$F'(0)=0$，即$F'(0)=F'(\xi_1)=0$. 对$F'(x)$在$[0, \xi_1]$上用罗尔中值定理，则至少存在一点$\xi\in(0, \xi_1)$，使得$F''(\xi)=0$，而$\xi\in(0, \xi_1)\subset(0,1)$，即在$(0, 1)$内至少存在一点$\xi$，使得$F''(\xi)=0$.

例 3.6 验证拉格朗日中值定理对于函数$f(x)=\ln x$在区间$[1, \mathrm{e}]$上的正确性.

解 因$f(x)$是在$[1, \mathrm{e}]$上有定义的初等函数，所以$f(x)$在$[1, \mathrm{e}]$上连续；$f'(x)=\frac{1}{x}$在$(1, \mathrm{e})$内存在. 故$f(x)$在$[1, \mathrm{e}]$上满足拉格朗日中值定理的条件，故至少存在一点$\xi\in(1, \mathrm{e})$使

$$f'(\xi)=\frac{f(\mathrm{e})-f(1)}{\mathrm{e}-1}=\frac{1}{\mathrm{e}-1}.$$

即

$$\frac{1}{\xi}=\frac{1}{\mathrm{e}-1},$$

于是解得

$$\xi = \mathrm{e} - 1 \in (1,\ \mathrm{e}).$$

例 3.7　证明不等式$|\sin x - \sin y| \leqslant |x - y|$.

证明　设$f(t) = \sin t$，则$f'(t) = \cos t$，$|f'(t)| \leqslant 1$，因$f(t)$在区间$[y,\ x]$（不妨设$y < x$）上满足拉格朗日中值定理的条件，故有

$$f(x) - f(y) = \sin x - \sin y = (x - y)\cos\xi \quad (y < \xi < x),$$

从而

$$|\sin x - \sin y| = |\cos\xi||x - y| \leqslant |x - y|,$$

即

$$|\sin x - \sin y| \leqslant |x - y|.$$

例 3.8　已知$f(x)$在$[a,\ b]$ $(a > 0)$上连续，在(a, b)内可导，证明至少存在一点$\xi \in (a,\ b)$，使

$$\frac{bf(b) - af(a)}{b - a} = \xi f'(\xi) + f(\xi).$$

分析　要证的等式关于固定点a, b及中值ξ的关系式，等式左端式函数$F(x) = xf(x)$在$[a,\ b]$上的改变量与自变量改变量之商，与拉格朗日中值公式左端$\dfrac{F(b) - F(a)}{b - a}$的形式一致. 因此，考虑对$F(x) = xf(x)$在$[a,\ b]$上应用拉格朗日中值定理. 另外该命题还可以采用罗尔中值定理证明.

证法 1　令$F(x) = xf(x)$. 易知$F(x)$在区间$[a,\ b]$上连续，在(a, b)内可导，利用拉格朗日中值定理，存在$\xi \in (a,\ b)$，使得

$$\frac{F(b) - F(a)}{b - a} = F'(\xi),$$

即

$$\frac{bf(b) - af(a)}{b - a} = \xi f'(\xi) + f(\xi).$$

证法 2　将结论改写成

$$\{[bf(b) - af(a)]x - (b - a)xf(x)\}'|_{x=\xi} = 0.$$

令$F(x) = [bf(b) - af(a)]x - (b - a)xf(x)$，显然$F(x)$在区间$[a,\ b]$上连续，在$(a, b)$内可导，且$F(b) = F(a) = ab[f(b) - f(a)]$，对$F(x)$在$[a,\ b]$应用罗尔中值定理即可证明.

例 3.9　设$f(x)$在$[0,\ 1]$上可微，证明：存在$\xi \in (0,\ 1)$，使得

$$f'(\xi) = 2\xi[f(1) - f(0)].$$

分析　考虑将要证明的等式可变为$\dfrac{f(1) - f(0)}{1^2 - 0^2} = \dfrac{f'(\xi)}{2\xi}$，则用柯西中值定理证明；也可将要证明的等式变形为$\{f(x) - x^2[f(1) - f(0)]\}'|_{x=\xi} = 0$，则可用罗尔中值定理来证明.

证法 1 等价于证明 $\dfrac{f(1)-f(0)}{1^2-0^2}=\dfrac{f'(\xi)}{2\xi}$，易知 $f(x)$ 和 $g(x)=x^2$ 在 $[0,1]$ 上满足柯西中值定理的条件，故存在 $\xi\in(0,1)$，使

$$\frac{f(1)-f(0)}{1^2-0^2}=\frac{f'(\xi)}{2\xi},$$

即

$$f'(\xi)=2\xi[f(1)-f(0)].$$

证法 2 等价于证明 $\{f(x)-x^2[f(1)-f(0)]\}'|_{x=\xi}=0$．令

$$F(x)=f(x)-x^2[f(1)-f(0)],$$

$F(x)$ 在 $[0,1]$ 可导，且 $F(0)=f(0)=F(1)$，由罗尔中值定理知，至少存在一点 $\xi\in(0,1)$，使得 $F'(\xi)=0$，即

$$f'(\xi)=2\xi[f(1)-f(0)].$$

错误解答 要证的结论可改写成 $\dfrac{f(1)-f(0)}{1^2-0^2}=\dfrac{f'(\xi)}{2\xi}$．对函数 $f(x)$ 和 $g(x)=x^2$ 在区间 $[0,1]$ 上分别使用拉格朗日中值定理，存在 $\xi\in(0,1)$，使

$$f(1)-f(0)=f'(\xi)(1-0)，1^2-0^2=2\xi(1-0),$$

于是

$$\frac{f(1)-f(0)}{1^2-0^2}=\frac{f'(\xi)}{2\xi},$$

即

$$f'(\xi)=2\xi[f(1)-f(0)].$$

错解分析 以上证法错在认为 $f(x)$ 和 $g(x)=x^2$，分别使用拉格朗日中值定理所得的 ξ 是同一值，实际上这两个 ξ 不一定相同.

例 3.10 已知函数 $f(x)$ 在 $[0,1]$ 上连续，在 $(0,1)$ 内可导，且 $f(0)=0$，$f(1)=1$. 证明：

（1）存在 $\xi\in(0,1)$，使得 $f(\xi)=1-\xi$；

（2）存在两个不同的点 η，$\zeta\in(0,1)$，使得 $f'(\eta)f'(\zeta)=1$．

证明（1）令 $g(x)=f(x)+x-1$，则 $g(x)$ 在 $[0,1]$ 上连续，且 $g(0)=-1<0$，

$g(1)=1>0$，故由零点定理知存在 $\xi\in(0,1)$，使得 $g(\xi)=f(\xi)+\xi-1=0$，即 $f(\xi)=1-\xi$.

（2）由已知并根据拉格朗日中值定理知，存在 $\eta\in(0,\xi)$，$\zeta\in(\xi,1)$，使得

$$f'(\eta)=\frac{f(\xi)-f(0)}{\xi-0}=\frac{1-\xi}{\xi}，f'(\zeta)=\frac{f(1)-f(\xi)}{1-\xi}=\frac{1-(1-\xi)}{1-\xi}=\frac{\xi}{1-\xi},$$

从而

$$f'(\eta)f'(\zeta)=\frac{1-\xi}{\xi}\cdot\frac{\xi}{1-\xi}=1.$$

证毕.

注　要证在 (a,b) 内存在 ξ，η，使某种关系式成立的命题，常利用两次拉格朗日中值定理或两次柯西中值定理，或者柯西中值定理与拉格朗日中值定理并用.

例 3.11　求极限 $\lim\limits_{x\to 0}\dfrac{e^{x^2}-1}{1-\cos 3x}$.

分析　该极限属于 $\dfrac{0}{0}$ 型，可以用洛必达法则，也可以采用等价无穷小替换定理.

解法 1（用洛必达法则）　原式 $=\lim\limits_{x\to 0}\dfrac{2xe^{x^2}}{3\sin 3x}=\dfrac{2}{9}\lim\limits_{x\to 0}\dfrac{3x}{\sin 3x}\cdot e^{x^2}=\dfrac{2}{9}$.

解法 2（用等价无穷小替换定理）　原式 $=\lim\limits_{x\to 0}\dfrac{x^2}{\dfrac{1}{2}\cdot(3x)^2}=\dfrac{2}{9}$.

例 3.12　极限 $\lim\limits_{x\to 0}\dfrac{\tan^2 x-x^2}{x^4}$.

分析　该极限属于 $\dfrac{0}{0}$ 型，但由于 $(\tan^2 x)'$ 比较复杂，故不能急于应用洛必达法则，而是先分离极限为非零的因子.

解
$$\begin{aligned}\lim_{x\to 0}\frac{\tan^2 x-x^2}{x^4}&=\lim_{x\to 0}\frac{\tan x-x}{x^3}\cdot\frac{\tan x+x}{x}=2\lim_{x\to 0}\frac{\tan x-x}{x^3}\\&=2\lim_{x\to 0}\frac{(\tan x-x)'}{(x^3)'}=2\lim_{x\to 0}\frac{\sec^2 x-1}{3x^2}=\frac{2}{3}\lim_{x\to 0}\frac{\tan^2 x}{x^2}=\frac{2}{3}.\end{aligned}$$

例 3.13　求极限 $\lim\limits_{x\to 0}\dfrac{e^x-e^{\sin x}}{x-\sin x}$.

分析　该极限属于 $\dfrac{0}{0}$ 型，可用洛必达法则，根据题目的特点可用拉格朗日中值定理，可用导数的定义，也可以将指数差化成乘积后用等价代换.

解法 1　用洛必达法则.

$$\begin{aligned}\lim_{x\to 0}\frac{e^x-e^{\sin x}}{x-\sin x}&=\lim_{x\to 0}\frac{e^x-\cos xe^{\sin x}}{1-\cos x}=\lim_{x\to 0}\frac{e^x+\sin xe^{\sin x}-\cos^2 xe^{\sin x}}{\sin x}\\&=\lim_{x\to 0}\frac{e^x+\cos xe^{\sin x}+\sin x\cos xe^{\sin x}+2\cos x\sin xe^{\sin x}-\cos^3 xe^{\sin x}}{\cos x}=1.\end{aligned}$$

解法 2　对函数 $f(x)=e^x$ 在区间 $[\sin x,x]$（或 $[x,\sin x]$）上使用拉格朗日中值定理，得到 $\dfrac{e^x-e^{\sin x}}{x-\sin x}=e^{\xi}$，其中 $\sin x<\xi<x$. 当 $x\to 0$ 时，$\xi\to 0$，故

$$\lim_{x\to 0}\frac{e^x-e^{\sin x}}{x-\sin x}=\lim_{\xi\to 0}e^{\xi}=1.$$

解法 3　用导数的定义.

$$\lim_{x\to 0}\frac{e^x g^{\sin x}}{x-\sin x}=\lim_{x\to 0}e^{\sin x}\frac{e^{x-\sin x}-e^0}{x-\sin x-0}=\lim_{x\to 0}\frac{e^{x-\sin x}-e^0}{x-\sin x-0}=\lim_{u\to 0}\frac{e^u-e^0}{u-0}=(e^u)'|_{u=0}=1.$$

解法 4　利用等价无穷小替换定理.

$$\frac{e^x-e^{\sin x}}{x-\sin x}=e^{\sin x}\frac{e^{x-\sin x}-1}{x-\sin x}，当 x\to 0 时，e^{x-\sin x}-1\sim x-\sin x,$$

故

$$\lim_{x\to 0}\frac{e^x-e^{\sin x}}{x-\sin x}=\lim_{x\to 0}e^{\sin x}\frac{e^{x-\sin x}-1}{x-\sin x}=\lim_{x\to 0}\frac{x-\sin x}{x-\sin x}=1.$$

例 3.14　求极限 $\lim\limits_{x\to\infty}\dfrac{x^2-\dfrac{2}{\pi}x\arctan x}{x^2}$.

分析　该极限属于 $\dfrac{\infty}{\infty}$ 型，可以用洛必达法则.

解法 1　$\lim\limits_{x\to\infty}\dfrac{x^2-\dfrac{2}{\pi}x\arctan x}{x^2}=\lim\limits_{x\to\infty}\dfrac{x-\dfrac{1}{\pi}\left(\arctan x+\dfrac{x}{1+x^2}\right)}{x}=\lim\limits_{x\to\infty}\dfrac{1-\dfrac{1}{\pi}\left(\dfrac{\arctan x}{x}+\dfrac{1}{1+x^2}\right)}{1}=1.$

解法 2　$\lim\limits_{x\to\infty}\dfrac{x^2-\dfrac{2}{\pi}x\arctan x}{x^2}=\lim\limits_{x\to\infty}\left(\dfrac{x^2}{x^2}-\dfrac{\dfrac{2}{\pi}x\arctan x}{x^2}\right)=1-\lim\limits_{x\to\infty}\dfrac{\dfrac{2}{\pi}\arctan x}{x}=1.$

例 3.15　求极限 $\lim\limits_{x\to\infty}\left[x-x^2\ln\left(1+\dfrac{1}{x}\right)\right]$.

分析　该极限属于 $\infty-\infty$ 型. 应通分变为 $\dfrac{0}{0}$ 或 $\dfrac{\infty}{\infty}$，然后再用洛必达法则.

解　$\lim\limits_{x\to\infty}\left[x-x^2\ln\left(1+\dfrac{1}{x}\right)\right]=\lim\limits_{u\to 0}\left[\dfrac{1}{u}-\dfrac{1}{u^2}\ln(1+u)\right]\quad\left(令 u=\dfrac{1}{x}\right)$

$$=\lim_{u\to 0}\frac{u-\ln(1+u)}{u^2}=\lim_{u\to 0}\frac{1-\dfrac{1}{1+u}}{2u}=\lim_{u\to 0}\frac{1}{2(1+u)}=\frac{1}{2}.$$

例 3.16　求极限 $\lim\limits_{x\to -1}\left[\dfrac{1}{x+1}-\dfrac{1}{\ln(x+2)}\right]$.

解　$\lim\limits_{x\to -1}\left[\dfrac{1}{x+1}-\dfrac{1}{\ln(x+2)}\right]=\lim\limits_{x\to -1}\dfrac{\ln(x+2)-(x+1)}{(x+1)\ln(x+2)}$

$$=\lim_{x\to -1}\frac{\dfrac{1}{x+2}-1}{\ln(x+2)+\dfrac{x+1}{x+2}}=\lim_{x\to -1}\frac{-(x+1)}{(x+2)\ln(x+2)+(x+1)}$$

$$=\lim_{x\to -1}\frac{-1}{\ln(x+2)+2}=-\frac{1}{2}.$$

例 3.17　求极限 $\lim\limits_{x\to\infty}xe^{-x^2}$.

分析　该极限属于 $0\cdot\infty$ 型, 应当先变形为 $\dfrac{\infty}{\infty}$ 或 $\dfrac{0}{0}$ 型, 再用洛必达法则, 究竟变形为何种类型, 要根据实际情况确定, 不过当有对数函数出现时, 应当把对数函数放在分子上.

解　原式 $=\lim\limits_{x\to\infty}\dfrac{e^{-x^2}}{\dfrac{1}{x}}=\lim\limits_{x\to\infty}\dfrac{2xe^{-x^2}}{\dfrac{1}{x^2}}=\lim\limits_{x\to\infty}\dfrac{2e^{-x^2}}{\dfrac{1}{x^3}}=\cdots$, 如此下去越来越麻烦.

若将它化为 $\dfrac{\infty}{\infty}$ 型, 则简单得多. 原式 $=\lim\limits_{x\to\infty}\dfrac{x}{e^{x^2}}=\lim\limits_{x\to\infty}\dfrac{1}{2xe^{x^2}}=0$.

例 3.18　求极限 $\lim\limits_{x\to 0^+}x^x$.

分析　该极限属于 0^0 型, 先化为 $\dfrac{\infty}{\infty}$ 型, 再用洛必达法则.

解　$\lim\limits_{x\to 0^+}x^x=\lim\limits_{x\to 0^+}e^{x\ln x}=\lim\limits_{x\to 0^+}\exp\left(\dfrac{\ln x}{\dfrac{1}{x}}\right)$, 而 $\lim\limits_{x\to 0^+}\dfrac{\ln x}{\dfrac{1}{x}}=\lim\limits_{x\to 0^+}\dfrac{\dfrac{1}{x}}{\dfrac{-1}{x^2}}=-\lim\limits_{x\to 0^+}\dfrac{x^2}{x}=0$.

故

$$\lim_{x\to 0^+}x^x=e^0=1.$$

例 3.19　求极限 $\lim\limits_{x\to +\infty}(x+e^x)^{\frac{1}{x}}$.

分析　该极限属于 ∞^0 型, 先取对数（或者用恒等式 $e^{\ln x}=x, x>0$）将其转化为 $0\cdot\infty$ 型, 然后将其转化为 $\dfrac{0}{0}$ 或 $\dfrac{\infty}{\infty}$ 型, 再用洛必达法则.

解法 1　设 $y=(x+e^x)^{\frac{1}{x}}$, $\ln y=\dfrac{1}{x}\ln(x+e^x)$,

$$\lim_{x\to +\infty}\ln y=\lim_{x\to +\infty}\frac{\ln(x+e^x)}{x}=\lim_{x\to +\infty}\frac{1+e^x}{x+e^x}=\lim_{x\to +\infty}\frac{e^x}{1+e^x}=\lim_{x\to +\infty}\frac{1}{1+e^{-x}}=1,$$

故

$$原式=e^{\lim\limits_{x\to +\infty}\ln y}=e^1=e.$$

解法 2　原式 $= \lim\limits_{x\to+\infty}\exp\left[\ln(x+e^x)^{\frac{1}{x}}\right] = \exp\left[\lim\limits_{x\to+\infty}\frac{1}{x}\ln(x+e^x)\right] = \exp\left(\lim\limits_{x\to+\infty}\frac{\frac{1+e^x}{x+e^x}}{1}\right)$

$$= \exp\left(\lim_{x\to+\infty}\frac{e^x}{1+e^x}\right) = e.$$

例 3.20　求极限 $\lim\limits_{n\to\infty}\left(\dfrac{2+n}{n}\right)^{2n}$.

分析　该极限属于 1^∞ 型，可把 1^∞ 型变为 $e^{\infty\cdot\ln 1}$ 型. 于是，问题归结于求 $\infty\cdot\ln 1$ 型即 $0\cdot\infty$ 型的极限；也可以用重要极限 $\lim\limits_{x\to 0}(1+x)^{\frac{1}{x}} = 1$.

解法 1　原式 $= \lim\limits_{n\to\infty}\left[1+\dfrac{2}{n}\right]^n = e^{\lim\limits_{n\to\infty} n\ln\left(1+\frac{2}{n}\right)}$（令 $u = \dfrac{2}{n}$，$\ln(1+u)\sim u$），

$$= e^{\lim\limits_{u\to 0^+}\frac{2u}{u}} = e^2.$$

解法 2　原式 $= \lim\limits_{n\to\infty}\left[1+\dfrac{2}{n}\right]^n = \lim\limits_{n\to\infty}\left[1+\dfrac{2}{n}\right]^{\frac{n}{2}\cdot 2} = e^2.$

注　(1) 对于 $\dfrac{0}{0}$ 或 $\dfrac{\infty}{\infty}$ 型可直接利用洛必达法则，对于 0^0 型，1^∞ 型，∞^0 型，可以利用对数的性质将 0^0 型转化为 $e^{0\cdot\ln 0}$ 型，将 ∞^0 化 $e^{0\cdot\ln\infty}$ 型，将 1^∞ 化为 $e^{\infty\cdot\ln 1}$ 型，于是问题就转化为求 $0\cdot\infty$ 型，然后将其化为 $\dfrac{0}{0}$ 或 $\dfrac{\infty}{\infty}$ 型，再用洛必达法则.

注　(2) 用洛必达法则求极限时应当考虑与前面所讲的其他方法（例如：等价无穷小替换定理，重要极限等）综合使用，这样将会简化计算.

例 3.21　极限 $\lim\limits_{x\to\infty}\dfrac{2x+\cos x}{3x-\sin x}$.

解　由于当 $x\to\infty$ 时，$\dfrac{\cos x}{x} = \dfrac{1}{x}\cos x \to 0$，$\dfrac{\sin x}{x}\to 0$，故

$$\text{原式} = \lim_{x\to\infty}\frac{2+\frac{\cos x}{x}}{3-\frac{\sin x}{x}} = \frac{2}{3}.$$

错误解答　由洛必达法则得 $\lim\limits_{x\to\infty}\dfrac{2x+\cos x}{3x-\sin x} = \lim\limits_{x\to\infty}\dfrac{2-\sin x}{3-\cos x}$，由于极限 $\lim\limits_{x\to\infty}\dfrac{2-\sin x}{3-\cos x}$ 不存在，故原极限不存在.

错解分析　上述解法错在将极限 $\lim\dfrac{f'(x)}{g'(x)}$ 存在这一条件当成了极限 $\lim\dfrac{f(x)}{g(x)}$ 存在的必要条件. 事实上这只是一个充分条件，所以此时不能用洛必达法则.

例 3.22 求函数 $y = x - \ln(1+x)$ 的单调区间和极值.

解 $y'(x) = 1 - \dfrac{1}{1+x} = \dfrac{x}{1+x}$ 有零点 $x=0$，函数在 $x=-1$ 不可导，根据一阶导数的符号，可知函数在 $[0,+\infty)$ 单调增加，在 $(-1,0]$ 单调减少，所以 $x=0$ 是极小值点.

例 3.23 求函数 $y = \dfrac{x}{1+x^2}$ 的极值.

解 $y' = \dfrac{1-x^2}{(1+x^2)^2}$，令 $y'=0$，得驻点：$x=1, x=-1$，且

$$y'' = \frac{2x(x^2-3)}{(1+x^2)^3},\ y''\big|_{x=-1} = \frac{1}{2} > 0,\ y''\big|_{x=1} = -\frac{1}{2} < 0,$$

因此函数在 $x=-1$ 处有极小值 $-\dfrac{1}{2}$，在 $x=1$ 处有极大值 $\dfrac{1}{2}$.

例 3.24 求函数 $y = |x^2-5x+4| + x$ 在区间 $[-5,6]$ 上的单调区间、极值和最值.

分析 该问题实质是求分段函数在某区间上的单调区间、极值和最值.

解 由 $x^2-5x+4=(x-4)(x-1)$ 可知，当 $-5<x<1$ 及 $4<x<6$ 时，

$x^2-5x+4>0$，$|x^2-5x+4| = x^2-5x+4$.

当 $1<x<4$ 时，$x^2-5x+4=(x-4)\quad(x-1)<0$，

故

$$|x^2-5x+4| = -(x^2-5x+4) = -x^2+5x-4.$$

因而有

$$y=\begin{cases} x^2-4x+4, & x\in[-5,1]\cup[4,6], \\ -x^2+6x-4, & x\in(1,4). \end{cases}$$

则

$$y'=\begin{cases} 2x-4, & x\in(-5,1)\cup(4,6), \\ -2x+6, & x\in(1,4). \end{cases}$$

于是当 $-5<x<1$ 时，$y'(x)<0$，故 $y(x)$ 在 $[-5,1]$ 上单调减少；当 $1<x<3$ 时，$y'(x)>0$，故 $y(x)$ 在 $[1,3]$ 上单调增加；当 $3<x<4$ 时，$y'(x)<0$，故 $y(x)$ 在 $[3,4]$ 上单调减少；当 $4<x<6$ 时，$y'(x)>0$，故 $y(x)$ 在 $[4,6]$ 上单调增加. 因而，$[1,3]$，$[3,4]$，$[4,6]$ 均为 y 在 $[-5, 6]$ 上的单调区间，其分界点 $x=1$，$x=3$，$x=4$ 为 y 的极值点. $y(x)$ 的单调区间及在各区间端点取值如表 3-1 所示.

表 3-1

x	-5	$(-5,1)$	1	$(1,3)$	3	$(3,4)$	4	$(4,6)$	6
$y'(x)$		$-$		$+$		$-$		$+$	
$y(x)$	49	单调减少	1	单调增加	5	单调减少	4	单调增加	16

由表 3-1 可知，y 在 $[-5,\ 6]$ 上的极小值为 $y(1)=1,\ y(4)=4$，极大值为 $y(3)=5$. 比较区间端点值 $y(-5)=49,\ y(6)=16$ 知 $y(x)$ 在 $[-5,\ 6]$ 上的最大值为 $y(-5)=49$，最小值为 $y(1)=1$.

例 3.25 要做一个容积为 V 的有盖的圆柱形容器，上下两个底面的材料价格为每单位面积 a 元，侧面的材料价格为每单位面积 b 元，问直径与高的比例为多少时造价最省？

解 设圆柱形容器的底面直径为 D，高为 H. 则容积 $V=\frac{1}{4}\pi D^2 H$，造价为

$$P=\frac{2}{4}\pi D^2 a+\pi DHb=\frac{1}{2}\pi D^2 a+\frac{4Vb}{D}.$$

令 $\frac{\mathrm{d}P}{\mathrm{d}D}=\pi Da-\frac{4Vb}{D^2}=0$，解得

$$D=\sqrt[3]{\frac{4Vb}{\pi a}},\quad H=\frac{4V}{\pi D^2}.$$

这时

$$\frac{D}{H}=\frac{\pi D^3}{4V}=\frac{b}{a},$$

所以，当直径与高的比例为 $\frac{b}{a}$ 时造价最省.

例 3.26 讨论方程 $\ln x=ax(a>0)$ 在 $(0,+\infty)$ 内有几个实根？

分析 如果把函数 $f(x)$ 的单调性、极值、最值等问题讨论清楚了，则其零点也就弄明白了，讨论方程 $\ln x=ax(a>0)$ 在 $(0,+\infty)$ 内有几个实根等价于讨论 $f(x)=\ln x-ax$ 在 $(0,+\infty)$ 内有几个零点.

解 设 $f(x)=\ln x-ax$，则只需讨论函数 $f(x)=\ln x-ax$ 零点的个数. 由 $f'(x)=\frac{1}{x}-a=0$，解得 $x=\frac{1}{a}$. 如表 3-2 所示.

表 3-2

x	$\left(0,\frac{1}{a}\right)$	$\frac{1}{a}$	$\left(\frac{1}{a},+\infty\right)$
$f'(x)$	+	0	−
$f(x)$	单调增加	$\ln\left(\frac{1}{a}\right)-1$	单调减少

由此可知 $f(x)$ 在 $\left[0,\frac{1}{a}\right]$ 上单调增加，在 $\left[\frac{1}{a},+\infty\right)$ 上单调减少，且 $f\left(\frac{1}{a}\right)=$

$-(\ln a+1)$ 是函数的最大值，由 $\lim\limits_{x\to 0^+} f(x)=\lim\limits_{x\to 0^+}(\ln x-ax)=-\infty$，$\lim\limits_{x\to+\infty} f(x)=\lim\limits_{x\to+\infty}\left[x\left(\dfrac{\ln x}{x}-a\right)\right]=-\infty$，可得

（1）当 $f\left(\dfrac{1}{a}\right)<0$，即 $a>\dfrac{1}{\mathrm{e}}$ 时，$f(x)<f\left(\dfrac{1}{a}\right)<0$，函数 $f(x)$ 没有零点，故方程没有实根.

（2）当 $f\left(\dfrac{1}{a}\right)=0$，即 $a=\dfrac{1}{\mathrm{e}}$ 时，函数 $f(x)$ 仅有一个零点，故方程 $\ln x=ax$ 只有唯一实根 $x=\dfrac{1}{a}=\mathrm{e}$.

（3）当 $f\left(\dfrac{1}{a}\right)>0$，即 $0<a<\dfrac{1}{\mathrm{e}}$ 时，由 $f\left(\dfrac{1}{a}\right)>0$，$\lim\limits_{x\to 0^+} f(x)=-\infty$，知 $f(x)$ 在 $\left(0,\dfrac{1}{a}\right)$ 内至少有一个零点. 又 $f(x)$ 在 $\left(0,\dfrac{1}{a}\right)$ 内单调增加，所以 $f(x)$ 在 $\left(0,\dfrac{1}{a}\right)$ 内仅有一个零点，即方程 $\ln x=ax$ 在 $\left(0,\dfrac{1}{a}\right)$ 内只有一个实根. 同理方程 $\ln x=ax$ 在 $\left(\dfrac{1}{a},+\infty\right)$ 内也只有一个实根. 故当 $0<a<\dfrac{1}{\mathrm{e}}$ 时，方程 $\ln x=ax$ 恰有两个实根.

例 3.27　证明不等式 $x<\sin\dfrac{\pi}{2}x$，$x\in(0,1)$.

分析　证明不等式可以用拉格朗日中值定理、函数的单调性和最值及凹凸性等.

证法 1　利用函数的单调性进行证明.

令 $f(x)=\dfrac{\sin\frac{\pi}{2}x}{x}$，则

$$f'(x)=\frac{x\frac{\pi}{2}\cos\frac{\pi}{2}x-\sin\frac{\pi}{2}x}{x^2}=\frac{\cos\frac{\pi}{2}x}{x^2}\left(\frac{\pi}{2}x-\tan\frac{\pi}{2}x\right).$$

令 $\varphi(x)=\dfrac{\pi}{2}x-\tan\dfrac{\pi}{2}x$，则

$$\varphi'(x)=-\frac{\pi}{2}\tan^2\frac{\pi}{2}x.$$

所以在 $(0,1)$ 内，$\varphi'(x)<0$，而 $\varphi(0)=0$，所以 $\varphi(x)<0$，从而可知 $f'(x)<0$，故 $f(x)$ 单调减少，由此知当 $x<1$ 时有 $f(x)>f(1)$，即 $x<\sin\dfrac{\pi}{2}x$.

证法 2　利用函数的凹凸性来进行证明.

设 $g(x)=x-\sin\frac{\pi}{2}x$，则

$$g'(x)=1-\frac{\pi}{2}\cos\frac{\pi}{2}x,\ g''(x)=\left(\frac{\pi}{2}\right)^2\sin\frac{\pi}{2}x>0.$$

所以 $g(x)$ 的图形是凹的. 又 $g(0)=g(1)=0$，根据凹函数曲线在弦上方的性质可知，当 $x\in(0,1)$ 时，有 $g(x)<0$，即

$$x<\sin\frac{\pi}{2}x.$$

证法 3　用函数的最值来进行证明.

设 $F(x)=x-\sin\frac{\pi}{2}x$，则由闭区间上连续函数的性质知 $F(x)$ 在 $[0,1]$ 可取到最大最小值.

$F'(x)=1-\frac{\pi}{2}\cos\frac{\pi}{2}x$，令 $F'(x)=0$，得 $F(x)$ 在 $(0,1)$ 内的唯一驻点 $x_0=\frac{2}{\pi}\arccos\frac{2}{\pi}$，又因为 $F''(x)=\left(\frac{\pi}{2}\right)^2\sin\frac{\pi}{2}x$，当 $0<x<1$ 时，有 $F''(x)>0$. 所以 $F(x)$ 在点 $x_0=\frac{2}{\pi}\arccos\frac{2}{\pi}$ 处取得极小值. 又由于 $F(x)$ 在 $[0, 1]$ 上连续，在 $(0, 1)$ 内可导，且 $x_0=\frac{2}{\pi}\arccos\frac{2}{\pi}$ 是 $F(x)$ 在 $(0, 1)$ 唯一的驻点，从而 x_0 也是 $F(x)$ 的最小值点，并且 $F(0)=F(1)=0$ 必是 $F(x)$ 在 $[0,1]$ 上的最大值，因此，在 $[0,1]$ 上有 $F(x)\leqslant F(0)=0$，则当 $x\in(0,1)$，有 $F(x)<0$，即 $x<\sin\frac{\pi}{2}x$.

例 3.28　设 $b>a>\mathrm{e}$，试证 $a^b>b^a$.

证明　设 $f(x)=x\ln a-a\ln x$，显然 $f(a)=0$，且当 $x>a$ 时有 $f'(x)=\ln a-\frac{a}{x}$，由于

$$a>\mathrm{e},\ \ln a>1,\ a<x,\ \frac{a}{x}<1,$$

故当 $x>a$ 时 $f'(x)>0$. 函数 $f(x)$ 单调增加. 从而当 $b>a$ 时，有

$$f(b)=b\ln a-a\ln b>f(a)=0,$$

即

$$\ln a^b>\ln b^a,$$

因此有

$$a^b>b^a.$$

例 3.29　已知函数 $y=\dfrac{2x^2}{(1-x)^2}$，试求其单调区间、极值点、凹凸区间、拐点和渐近线.

解　函数 $y=\dfrac{2x^2}{(1-x)^2}$ 的定义域 $\{x|x\in\mathbf{R},x\neq 1\}$，值域为 $[0,+\infty)$，其一阶二阶导数分别为

$$y'=\frac{4x}{(1-x)^3},\ y''=\frac{8x+4}{(1-x)^4}.$$

令 $y'=0$，得 $x=0$，令 $y''=0$，得 $x=-\dfrac{1}{2}$，列表分析如表 3-3 所示.

表 3-3

x	$\left(-\infty,-\frac{1}{2}\right)$	$-\frac{1}{2}$	$\left(-\frac{1}{2},0\right)$	0	$(0,1)$	1	$(1,+\infty)$
y'	–	–	–	0	+		–
y''	–	0	+	+	+		+
y	单调减少；凸的	拐点 $\left(-\frac{1}{2},\frac{2}{9}\right)$	单调减少；凹的	极小值点	单调增加；凹的		单调减少；凹的

由表 3-3 可知，函数 $f(x)$ 的单调增加区间为 $[0,1]$，单调减少区间为 $(-\infty,0]$ 及 $[1,+\infty)$，在 $x=0$ 处取极小值 $f(0)=0$，函数的图形在 $\left(-\infty,-\dfrac{1}{2}\right]$ 是凸的，在 $\left[-\dfrac{1}{2},1\right]$ 及 $[1,+\infty)$ 是凹的，$\left(-\dfrac{1}{2},\dfrac{2}{9}\right)$ 为曲线的拐点.

由 $\lim\limits_{x\to\infty}\dfrac{2x^2}{(1-x)^2}=2$ 知，$y=2$ 为图形的水平渐近线，又 $\lim\limits_{x\to 1}\dfrac{2x^2}{(1-x)^2}=\infty$，故 $x=1$ 为图形的铅直渐近线，没有斜渐近线.

例 3.30　描绘函数 $y=\dfrac{x^3}{x^2-1}$ 的图像.

解　函数的定义域为 $(-\infty,-1)\cup(-1,1)\cup(1,+\infty)$，又

$$y'=\frac{x^2(x^2-3)}{(x^2-1)^2},\ y''=\frac{2x(x^2+3)}{(x^2-1)^3}.$$

令 $y'=0$，得驻点 $x_1=-\sqrt{3},x_2=0,x_3=\sqrt{3}$；令 $y''=0$，得 $x=0$.

由于此函数为奇函数，故只考虑 x 轴正半轴的图形，如表 3-4 所示.

表 3-4

x	0	$(0,1)$	1	$(1,\sqrt{3})$	$\sqrt{3}$	$(\sqrt{3},+\infty)$
y'	0	−		−	0	+
y''	0	−	无定义	+	+	+
y	拐点 $(0,0)$	单调减少；凸的		单调减少；凹的	极小值 $\frac{3}{2}\sqrt{3}$	单调增加；凹的

由于函数在 $x=\pm 1$ 处无定义，且有

$$\lim_{x\to -1^-}\frac{x^3}{x^2-1}=-\infty,\ \lim_{x\to -1^+}\frac{x^3}{x^2-1}=+\infty,$$

$$\lim_{x\to 1^-}\frac{x^3}{x^2-1}=-\infty,\ \lim_{x\to 1^+}\frac{x^3}{x^2-1}=+\infty$$

所以 $x=\pm 1$ 是曲线的铅直渐近线. 又

$$\lim_{x\to\infty}\frac{x^3}{x(x^2-1)}=1,\ \lim_{x\to\infty}\left(\frac{x^3}{x^2-1}-x\right)=\lim_{x\to\infty}\frac{x}{x^2-1}=0$$

故 $y=x$ 为曲线的斜渐近线.

根据以上的讨论，作函数图像如图 3-1 所示.

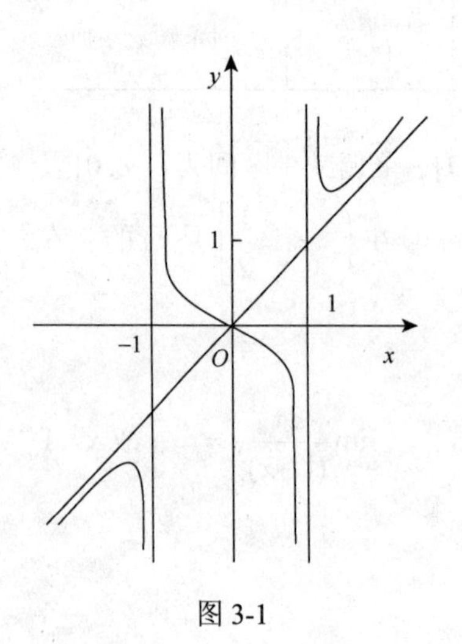

图 3-1

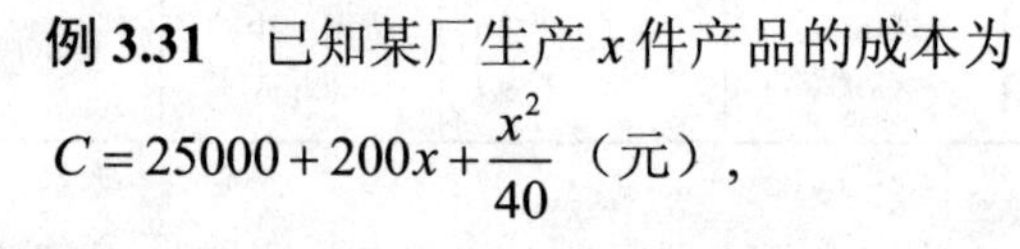

例 3.31　已知某厂生产 x 件产品的成本为

$$C=25000+200x+\frac{x^2}{40}\ （元）,$$

问：

（1）要使平均成本最小，应生产多少件产品？

（2）若产品以每件 500 元出售，要使利润最大，应生产多少件产品？

分析　只要了解平均成本 = 总成本 ÷ 产品数，利润 = 总收益−总成本，写出正确的表达式然后求极值即可.

解（1）设平均成本为 y，则 $y=\frac{25000}{x}+200+\frac{x}{40}$，由 $y'=-\frac{25000}{x^2}+\frac{1}{40}=0$ 得 $x_1=1000$，$x_2=-1000$（舍去）.

因为 $y''|_{x=1000}=5\times 10^{-5}>0$，所以当 $x=1000$ 时，y 取得极小值，即最小值. 因此要使平均成本最小，应生产 1000 件产品.

（2）利润函数为 $L=500x-\left(25000+200x+\frac{x^2}{40}\right)=-\frac{x^2}{40}+300x-25000$，

令$L' = 300 - \dfrac{x}{20} = 0$，得$x = 6000$，因为$L''(6000) = -\dfrac{1}{20}$，所以当$x = 6000$时，$L$取极大值，即最大值. 因此要使利润最大，应生产6000件产品.

例 3.32　某商品的需求量Q与价格P的函数关系为$Q = aP^b$，其中a，b为常数，且$a \neq 0$，则需求量Q对价格P的弹性等于_________.

解　由定义，所求需求量对价格P的弹性为

$$\eta = \frac{EQ}{EP} = \frac{P}{Q}\frac{\mathrm{d}Q}{\mathrm{d}p} = \frac{P}{aP^b}abP^{b-1} = b.$$

例 3.33　已知某企业的总收入函数为$R = 26x - 2x^2 - 4x^3$，总成本函数为$C = 8x + x^2$，其中x表示产品的产量. 求利润函数，边际收入函数，边际成本函数，以及企业获最大利润时的产量和最大利润.

解（1）利润函数$L = R - C = 18x - 3x^2 - 4x^3$.

（2）边际收入函数为$\dfrac{\mathrm{d}R}{\mathrm{d}x} = 26 - 4x - 12x^2$.

（3）边际成本函数为$\dfrac{\mathrm{d}C}{\mathrm{d}x} = 8 + 2x$.

（4）由$\dfrac{\mathrm{d}L}{\mathrm{d}x} = 18 - 6x - 12x^2 = 0$得到$x = 1$，$x = -1.5$（舍去）.

又$\dfrac{\mathrm{d}^2L}{\mathrm{d}x^2}\Big|_{x=1} = (-6 - 24x)\big|_{x=1} = -30 < 0$，故$x = 1$时$L$取极大值，其极大值为

$$L\big|_{x=1} = (18 - 3x^2 - 4x^3)\big|_{x=1} = 11.$$

因为$x > 0$时，$L(x)$只有一个驻点，故此极大值即为最大值，于是当产量为1个单位时利润最大，最大利润为11.

例 3.34　某商品需求函数为$Q = f(P) = 12 - \dfrac{P}{2}$.

（1）求需求的弹性函数；

（2）求$P = 6$时的需求弹性.

（3）在$P = 6$时，若价格上涨1%，总收益是增加还是减少？将变化百分之几？

解（1）需求的弹性函数为

$$\eta(P) = -f'(P)\frac{P}{f(P)} = \frac{1}{2}\cdot\frac{P}{12 - \dfrac{P}{2}} = \frac{P}{24 - P}.$$

（2）当$P = 6$，$\eta(6) = \dfrac{6}{24 - 6} = \dfrac{1}{3}$.

（3）因$\eta(6) = \dfrac{1}{3} > 0$，所以价格上涨1%，总收益将增加，下面求$R$增长的百分比，即求$R$的弹性.

$$R' = f(P)(1-\eta)\text{, } R'(6) = f(6)(1-\frac{1}{3}) = 9\times\frac{2}{3} = 6\text{,}$$

$$R = PQ = P\left(12-\frac{P}{2}\right)\text{, } R(6) = 54\text{,}$$

$$\frac{ER}{EP}\bigg|_{P=6} = R'(6)\frac{6}{R(6)} = 6\times\frac{6}{54} = \frac{2}{3}\approx 0.67\text{,}$$

所以当 $P=6$ 时, 价格上涨 1%, 总收益约增加 0.67%.

3.4 自我测试题

A 级自我测试题

一、填空题（每小题 3 分, 共 15 分）

1. 设 $y=5x^2-x+2$ 在 $[0,1]$ 上满足拉格朗日中值定理, 其中 $\xi=$_________.

2. $\lim\limits_{x\to\frac{\pi}{2}}\dfrac{e^{\cos x}-1}{x-\frac{\pi}{2}}=$_________.

3. 曲线 $y=\arctan x+\dfrac{1}{x}$ 的单调减少区间是_________.

4. 函数 $y=x^2-\dfrac{1}{x^2}$ 在区间 $[-3, -1]$ 上的最大值为__________, 最小值为_________.

5. 曲线 $y=1+\sqrt[3]{1+x}$ 的拐点坐标为_________.

二、选择题（每小题 3 分, 共 15 分）

1. 下列函数在给定区间上满足罗尔中值定理条件是（　　）.

A. $y=x^2-5x+6,\ x\in[2,\ 3]$　　B. $y=\dfrac{1}{\sqrt[3]{(x-1)^2}},\quad x\in[0,\ 2]$

C. $y=xe^{-x},\ x\in[0, 1]$　　D. $y=\begin{cases}x+1, & x<5,\\ 1, & x\geqslant 5,\end{cases}\ x\in[0, 5]$

2. 函数 $y=x^3+12x+1$ 在定义域内（　　）.

A. 单调增加　B. 单调减少　C. 图形是凸的　D. 图形是凹的

3. $f''(x_0)=0$ 是 $(x_0, f(x_0))$ 为曲线 $y=f(x)$ 的拐点的（　　）.

A. 必要条件　　B. 充分条件

C. 充要条件　　D. 既非充分亦非必要条件

4. 曲线 $f(x)=\dfrac{2x-1}{(x-1)^2}$ 有（　　）.

A. 水平渐近线　　B. 铅直渐近线

C. 既有水平渐近线又有铅直渐近线

D. 无渐近线

5. 下列函数的弹性函数为常数（即不变弹性函数）的是（　　）.

A. $y=ax+b$　B. $y=a^x$　C. $y=\dfrac{a}{x}$　D. $y=x^a$

三、计算题（每小题 6 分，共 30 分）

1. 计算 $\lim\limits_{x\to 0}\left(\dfrac{1}{x}-\dfrac{1}{\mathrm{e}^{\sin x}-1}\right)$.

2. 计算 $\lim\limits_{x\to 0}\dfrac{\tan x-\sin x}{x^2\sin x}$.

3. 计算 $\lim\limits_{x\to 0^+}(\cos\sqrt{x})^{\frac{\pi}{x}}$.

4. 求函数 $f(x)=(x-5)x^{\frac{2}{3}}$ 的增减区间和极值.

5. 求函数 $f(x)=x\mathrm{e}^{-x}$ 的凹凸区间、拐点及其最值.

四、（8 分）　试证方程 $x^5+x-1=0$ 只有一个正根.

五、（8 分）　设 $f(x)$ 在 $[0,2]$ 上连续，在 $(0,2)$ 内可导，且 $f(0)=f(2)=0$，$f(1)=2$，试证至少存在一点 $\xi\in(0,2)$，使 $f'(\xi)=1$.

六、（8 分）　证明不等式 $|\arctan a-\arctan b|\leqslant|a-b|$.

七、（8 分）　某窗的形状为半圆置于矩形之上，若此窗的周长为一定值 l，试确定半圆的半径 r 和矩形的高 h，使所能通过窗户的光线最为充足.

八、（8 分）　设某产品的总成本函数为 $C(x)=400+3x+\dfrac{x^2}{2}$，而需求函数为 $P=\dfrac{100}{\sqrt{x}}$，其中 x 为产量（假定等于需求量，P 为价格），试求：

（1）边际成本；

（2）边际效益；

（3）边际利润；

（4）收益的价格弹性.

B 级自我测试题

一、填空题（每小题 3 分，共 15 分）

1. $\lim\limits_{x\to1}\dfrac{\ln\cos(x-1)}{1-\sin\left(\dfrac{\pi}{2}x\right)}=$__________.

2. $\lim\limits_{x\to0}[1+\ln(1+x)]^{\frac{2}{x}}=$__________.

3. 设 $f(x)=xe^x$，则 $f^{(n)}(x)$ 在点 $x=$__________处取得极小值__________.

4. 曲线 $y=e^{-x^2}$ 的上凸区间是__________.

5. 某商品的需求量 Q 与价格 P 的函数关系为 $Q=aP^{b^2}$，其中 a,b 为常数，且 $a\neq0$，则需求量 Q 对价格 P 的弹性是__________.

二、选择题（每小题 3 分，共 15 分）

1. 设函数 $f(x)$ 在区间 $[a,b]$ 上有定义，在区间 (a,b) 内可导，其中 a,b 为常数，则（　　）.

A. 当 $f(a)\cdot f(b)<0$ 时，存在 $\xi\in(a,b)$，使得 $f(\xi)=0$

B. 对任何 $\xi\in(a,b)$，有 $\lim\limits_{x\to\xi}[f(x)-f(\xi)]=0$

C. 当 $f(a)=f(b)$ 时，存在 $\xi\in(a,b)$，使得 $f'(\xi)=0$

D. 存在 $\xi\in(a,b)$，使得 $f(b)-f(a)=f'(\xi)(b-a)$

2. 设 $f''(x)$ 连续，且 $f'(0)=0$，$\lim\limits_{x\to0}f''(x)=1$，则 $f(0)$（　　）.

A. 是 $f(x)$ 的极小值　　B. 是 $f(x)$ 的极大值

C. 不是 $f(x)$ 的极值　　D. 可能是 $f(x)$ 的极值

3. 已知 $f(x)$ 在 $x=0$ 的某个邻域内连续，且 $f(0)=0$，$\lim\limits_{x\to0}\dfrac{f(x)}{1-\cos x}=2$，则在点 $x=0$ 处 $f(x)$（　　）.

A. 不可导　　B. 可导，且 $f'(0)\neq0$

C. 取得极大值　　D. 取得极小值

4. 曲线 $y=e^{\frac{1}{x^2}}\dfrac{x^2+x-1}{(x+1)(x-2)}$ 的渐近线有（　　）.

A. 1 条　　B. 2 条　　C. 3 条　　D. 4 条

5. 设生产函数 $Q=AL^{\alpha}K^{\beta}$，其中 Q 为产出量，L 为劳动投入量，K 为资本投入量，而 A,α,β 为大于零的常数，则当 $Q=1$ 时，K 关于 L 的弹性为（　　）.

A. $-\dfrac{\alpha}{\beta}$　　B. $-\dfrac{\beta}{\alpha}$　　C. $-\alpha\beta$　　D. $-A\alpha\beta$

三、计算题（每小题 6 分，共 30 分）

1. 求极限 $\lim\limits_{x\to\infty}\dfrac{\ln\left(1+\dfrac{1}{x}\right)}{\operatorname{arccot}x}$.

2. 计算 $\lim\limits_{x\to 0^+}\dfrac{\sqrt{1+\tan x}-\sqrt{1+\sin x}}{\sqrt{1-\cos x}\arcsin(x^2)}$.

3. 求函数 $y=\dfrac{x^3}{(x-1)^2}$ 的单调区间，凹凸区间，极值，拐点和渐近线.

4. 已知函数 $f(x)$ 三次可微，且 $f(0)=0$，$f'''(0)=6$，$f''(0)=0$，$f'(0)=1$，求 $\lim\limits_{x\to 0}\dfrac{f(x)-x}{x^3}$.

5. 设 $a>1$，$f(t)=a^t-at$ 在 $(-\infty,+\infty)$ 内的驻点为 $t(a)$，问 a 为何值时，$t(a)$ 最小？并求出最小值.

四、（8 分）　已知 $f(x)$ 在 $(-\infty,+\infty)$ 内可导，$\lim\limits_{x\to\infty}f'(x)=\mathrm{e}$，$\lim\limits_{x\to\infty}\left(\dfrac{x+c}{x-c}\right)^x=\lim\limits_{x\to\infty}[f(x)-f(x-1)]$，求 c 的值.

五、（8 分）　证明：$x>0$ 时，$(x^2-1)\ln x\geqslant(x-1)^2$.

六、（8 分）　设 $f(x)$ 在 $[0,1]$ 上连续，在 $(0,1)$ 内可导，且 $f(0)=f(1)=0$，$f\left(\dfrac{1}{2}\right)=1$，试证：

（1）存在 $\eta\in\left(\dfrac{1}{2},1\right)$，使 $f(\eta)=\eta$；

（2）对任意的实数 λ，存在 $\xi\in(0,\eta)$，使 $f'(\xi)-\lambda[f(\xi)-\xi]=1$.

七、（8 分）　作半径为 r 的球的外切正圆锥，问此圆锥的高为何值时，其体积 V 最小，并求出该最小值.

八、（8 分）　某商品需求量 Q 是价格 P 单调减少函数 $Q=Q(P)$，其需求弹性 $\eta=\dfrac{2P^2}{192-P^2}>0$，

（1）设 R 为总收益函数，证明 $\dfrac{\mathrm{d}R}{\mathrm{d}P}=Q(1-\eta)$；

（2）求 $P=6$ 时总收益 R 对价格 P 的弹性，并说明经济意义.

第4章 不定积分

4.1 知识结构图与学习要求

4.1.1 知识结构图

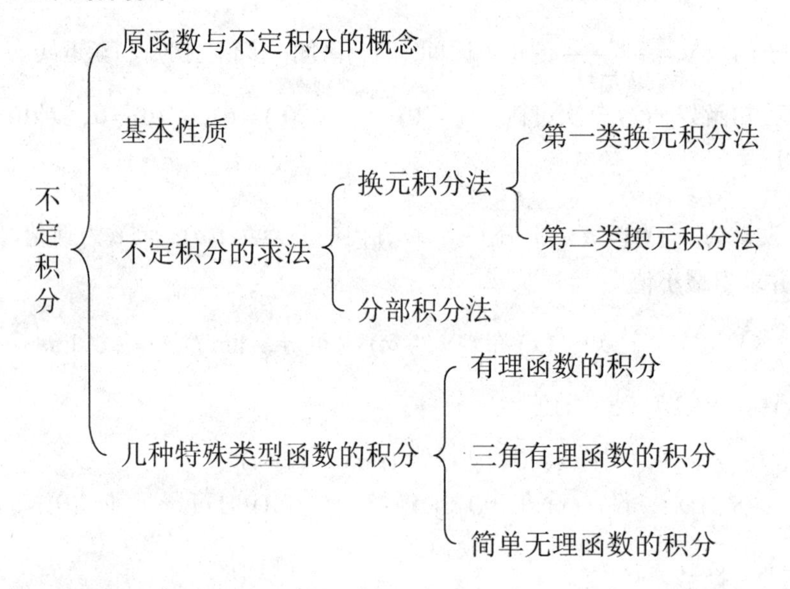

4.1.2 学习要求

(1) 理解原函数与不定积分的概念.

(2) 掌握原函数与不定积分的基本性质.

(3) 熟记基本积分公式和凑微分公式.

(4) 熟练掌握计算不定积分的换元积分法和分部积分法.

4.2 内容提要

4.2.1 基本概念与性质

1. *原函数的定义*

如果在区间 I 上，可导函数 $F(x)$ 的导函数为 $f(x)$，即对任一 $x\in I$，都有

$F'(x)=f(x)$，那么函数$F(x)$就称为$f(x)$在区间I上的原函数.

2. 原函数的性质

（1）原函数的存在性：连续函数一定存在原函数.

（2）原函数是某个区间上的连续且可微的函数.

（3）若$F(x)$是$f(x)$在某个区间上的一个原函数, 则$F(x)+C$也是$f(x)$的原函数.

（4）若$F(x)$和$G(x)$均是$f(x)$在同一区间上的原函数, 则$F(x)$和$G(x)$仅相差一个常数.

约定 在本章出现的C如果未加说明均指任意常数.

注 如果$f(x)$在区间I上连续, 则$f(x)$在区间I上存在原函数. 反之, 若$f(x)$在区间I内有原函数, $f(x)$在区间I内却不一定连续. 例如,

$$F(x)=\begin{cases}x^2\sin\dfrac{1}{x}, & x\neq 0,\\ 0, & x=0,\end{cases}$$

在$(-\infty,+\infty)$内处处有导数, 即

$$F'(x)=f(x)=\begin{cases}2x\sin\dfrac{1}{x}-\cos\dfrac{1}{x}, & x\neq 0,\\ 0, & x=0.\end{cases}$$

故$f(x)$在$(-\infty,+\infty)$内有原函数$F(x)$，但$f(x)$显然在$x=0$处不连续. 容易看出, 这个间断点是第二类间断点. 所以, 函数$f(x)$连续仅是存在原函数的充分条件而不是必要条件.

3. 不定积分的定义

在区间I上, 函数$f(x)$的带有任意常数项的原函数称为$f(x)$在区间I上的不定积分, 记作$\int f(x)\mathrm{d}x$. 如果$F(x)$是$f(x)$在区间I上的一个原函数, 则

$$\int f(x)\mathrm{d}x=F(x)+C,$$

或者称$f(x)$的原函数的全体为$f(x)$的不定积分.

4. 积分与微分的关系

（1）$\dfrac{\mathrm{d}}{\mathrm{d}x}\left[\int f(x)\mathrm{d}x\right]=f(x)$或$\mathrm{d}\left[\int f(x)\mathrm{d}x\right]=f(x)\mathrm{d}x$（先积后微, 作用抵消）.

（2）$\int f'(x)\mathrm{d}x=f(x)+C$或$\int \mathrm{d}f(x)=f(x)+C$（先微后积, 相差一个常数）.

5. 不定积分的性质

性质 4.1 设函数$f(x)$及$g(x)$的原函数存在, 则

$$\int [f(x) \pm g(x)]\mathrm{d}x = \int f(x)\mathrm{d}x \pm \int g(x)\mathrm{d}x .$$

这个性质可推广到有限个函数和差的情形.

性质 4.2 设函数 $f(x)$ 的原函数存在，k 为非零常数，则

$$\int kf(x)\mathrm{d}x = k\int f(x)\mathrm{d}x .$$

4.2.2 不定积分的积分方法

1. 利用如下积分公式表

（1）$\int k\mathrm{d}x = kx + C$（$k$ 是常数）；

（2）$\int x^{\mu}\mathrm{d}x = \dfrac{x^{\mu+1}}{\mu+1} + C$（$\mu \neq -1$）；

（3）$\int \dfrac{\mathrm{d}x}{x} = \ln|x| + C$；

（4）$\int \dfrac{\mathrm{d}x}{1+x^2} = \arctan x + C$；

（5）$\int \dfrac{\mathrm{d}x}{\sqrt{1-x^2}} = \arcsin x + C$；

（6）$\int \cos x\mathrm{d}x = \sin x + C$；

（7）$\int \sin x\mathrm{d}x = -\cos x + C$；

（8）$\int \dfrac{\mathrm{d}x}{\cos^2 x} = \int \sec^2 x\mathrm{d}x = \tan x + C$；

（9）$\int \dfrac{\mathrm{d}x}{\sin^2 x} = \int \csc^2 x\mathrm{d}x = -\cot x + C$；

（10）$\int \sec x\tan x\mathrm{d}x = \sec x + C$；

（11）$\int \csc x\cot x\mathrm{d}x = -\csc x + C$；

（12）$\int \mathrm{e}^x\mathrm{d}x = \mathrm{e}^x + C$；

（13）$\int a^x\mathrm{d}x = \dfrac{a^x}{\ln a} + C$；

（14）$\int \mathrm{sh}x\mathrm{d}x = \mathrm{ch}x + C$；

（15）$\int \mathrm{ch}x\mathrm{d}x = \mathrm{sh}x + C$；

（16）$\int \tan x\mathrm{d}x = -\ln|\cos x| + C$；

（17）$\int \cot x\mathrm{d}x = \ln|\sin x| + C$；

（18）$\int \sec x\mathrm{d}x = \ln|\sec x + \tan x| + C$；

（19）$\int \csc x\mathrm{d}x = \ln|\csc x - \cot x| + C$；

（20）$\int \dfrac{\mathrm{d}x}{a^2+x^2} = \dfrac{1}{a}\arctan\dfrac{x}{a} + C$；

（21）$\int \dfrac{\mathrm{d}x}{x^2-a^2} = \dfrac{1}{2a}\ln\left|\dfrac{x-a}{x+a}\right| + C$；

（22）$\int \dfrac{\mathrm{d}x}{\sqrt{a^2-x^2}} = \arcsin\dfrac{x}{a} + C$；

（23）$\int \dfrac{\mathrm{d}x}{\sqrt{x^2+a^2}} = \ln(x + \sqrt{x^2+a^2}) + C$；

（24）$\int \dfrac{\mathrm{d}x}{\sqrt{x^2-a^2}} = \ln|x + \sqrt{x^2-a^2}| + C$.

2. 第一类换元积分法

设 $f(u)$ 具有原函数，$u = \varphi(x)$ 可导，则有换元公式

$$\int f[\varphi(x)]\varphi'(x)\mathrm{d}x=\left[\int f(u)\mathrm{d}u\right]_{u=\varphi(x)}.$$

这种方法又称为凑微分法，例如，求积分 $\int g(x)\mathrm{d}x$，则要将 $g(x)$ 凑成 $f[\varphi(x)]\varphi'(x)$ 的形式，而 $\int f(u)\mathrm{d}u$ 容易积分.

3. 第二类换元积分法

设 $x=\psi(t)$ 是单调可导函数，并且 $\psi'(t)\neq 0$. 又设 $f[\psi(t)]\psi'(t)$ 具有原函数，则有换元公式

$$\int f(x)\mathrm{d}x=\left\{\int f[\psi(t)]\psi'(t)\mathrm{d}t\right\}_{t=\psi^{-1}(x)}.$$

这种方法是作新的代换，将 $\int f(x)\mathrm{d}x$ 化成更容易积分的形式，常用的第二类换元积分法有三角代换、倒代换等.

4. 分部积分法

若 $u(x)$ 与 $v(x)$ 具有连续导数，且不定积分 $\int u'(x)v(x)\mathrm{d}x$ 存在，则不定积分 $\int u(x)v'(x)\mathrm{d}x$ 也存在，并有

$$\int u(x)v'(x)\mathrm{d}x=u(x)v(x)-\int u'(x)v(x)\mathrm{d}x.$$

当被积函数是反三角函数、对数函数、幂函数、指数函数、三角函数（简称反、对、幂、指、三）中的某两类函数的乘积时，通常用分部积分法.

5. 有理函数的积分

（1）一般有理函数的积分：用待定系数法或赋值法将有理真分式化为部分分式之和，那么有理函数的积分就可转化为较简单的部分分式积分之和.

（2）三角有理函数的积分：用万能公式将 $\int R(\sin x,\cos x)\mathrm{d}x$ 化为有理函数的积分.

（3）其他简单无理函数的积分：通过适当变量代换使其转化为有理函数的积分.

4.3　典型例题解析

例 4.1　如果在区间 (a,b) 有 $f'(x)=g'(x)$，则在 (a,b) 内一定有（　　）成立.

（1）$f(x)=g(x)$；　　（2）$f(x)=cg(x)$；

（3）$f(x)=g(x)+C$；　　（4）$\int \mathrm{d}f(x)=\int \mathrm{d}g(x)$；

（5）$\int f(x)\mathrm{d}x=\int g(x)\mathrm{d}x$；　　（6）$\left[\int f(x)\mathrm{d}x\right]'=\left[\int g(x)\mathrm{d}x\right]'$.

解　由题设可知，$f(x)$ 和 $g(x)$ 为某一函数的原函数，由原函数的性质可得 $f(x)$ 和 $g(x)$ 只相差一个常数，即（3）成立；因为由 $f'(x)=g'(x)$ 可得 $\int f'(x)\mathrm{d}x=\int g'(x)\mathrm{d}x$，即（4）成立.

取 $f(x)=x$，$g(x)=x+1$，由此可知（1）、（2）、（5）不成立；由积分与微分的互逆关系知道 $\left[\int f(x)\mathrm{d}x\right]'=f(x)$，$\left[\int g(x)\mathrm{d}x\right]'=g(x)$，由（1）知（6）不成立.

例 4.2　如果 $\int \mathrm{d}f(x)=\int \mathrm{d}g(x)$，则一定有（　　）成立.

（1）$f(x)=g(x)$；　　（2）$f'(x)=g'(x)$；

（3）$\mathrm{d}f(x)=\mathrm{d}g(x)$；　　（4）$\mathrm{d}\int f'(x)\mathrm{d}x=\mathrm{d}\int g'(x)\mathrm{d}x$.

解　根据积分与微分的互逆关系，由题设 $\int \mathrm{d}f(x)=\int \mathrm{d}g(x)$ 可得 $f(x)=g(x)+C$ 成立，从而可知（2）、（3）、（4）成立；而（1）不成立.

例 4.3　设 x^2 是 $f(x)$ 的一个原函数，求 $\int xf(1-x^2)\mathrm{d}x$.

分析　由原函数的定义知 $f(x)=(x^2)'=2x$，代入 $\int xf(1-x^2)\mathrm{d}x$，然后积分即可.

解　因为 $f(x)=(x^2)'=2x$，所以 $f(1-x^2)=2(1-x^2)$，则

$$\int xf(1-x^2)\mathrm{d}x=\int 2x(1-x^2)\mathrm{d}x=-\int (1-x^2)\mathrm{d}(1-x^2)=-\frac{1}{2}(1-x^2)^2+C.$$

例 4.4　已知 $\int f(x)\mathrm{d}x=2x^2\sin(2x^2+5)+C$，求 $f(x)$.

解　在 $\int f(x)\mathrm{d}x=2x^2\sin(2x^2+5)+C$ 两边对 x 求导，则有

$$f(x)=4x\sin(2x^2+5)+8x^3\cos(2x^2+5).$$

例 4.5　设 $f'(\ln x)=1+x$，求 $f(x)$.

解　令 $\ln x=t$，则 $x=\mathrm{e}^t$，从而有 $f'(t)=1+\mathrm{e}^t$，两边积分可得 $f(t)=\int f'(t)\mathrm{d}t=t+\mathrm{e}^t+C$，即 $f(x)=x+\mathrm{e}^x+C$.

例 4.6　设 $f(x)=\begin{cases}\mathrm{e}^x, & x\geqslant 0,\\ 1+x, & x<0,\end{cases}$ 求 $\int f(x-1)\mathrm{d}x$.

分析　$f(x)$ 是一个分段连续函数，一定存在原函数，当然它的原函数必定为连续函数，可先分别求出各区间段上的不定积分，再由原函数的连续性确定各积分常数之间的关系.

解　由题设可得

$$f(x-1)=\begin{cases}\mathrm{e}^{x-1}, & x-1\geqslant 0,\\ 1+(x-1), & x-1<0,\end{cases}$$

即 $f(x-1)=\begin{cases} e^{x-1}, & x\geqslant 1, \\ x, & x<1, \end{cases}$ 则

当 $x\geqslant 1$ 时，$\int f(x-1)dx=\int e^{x-1}dx=e^{x-1}+C_1$；

当 $x<1$ 时，$\int f(x-1)dx=\int xdx=\frac{1}{2}x^2+C_2$；

当 $x=1$ 时，$f(x)$ 的原函数 $F(x)$ 必定连续，即 $F(1^+)=F(1^-)=F(1)$，而

$F(1^-)=\lim\limits_{x\to 1^-}F(x)=\frac{1}{2}+C_2$，$F(1^+)=\lim\limits_{x\to 1^+}F(x)=1+C_1$，

故 $\frac{1}{2}+C_2=1+C_1$，即 $C_2=\frac{1}{2}+C_1$，因而

$\int f(x-1)dx=\begin{cases} e^{x-1}+C_1, & x\geqslant 1, \\ \frac{x^2}{2}+\frac{1}{2}+C_1, & x<1, \end{cases}$ 其中 C_1 为任意常数.

例 4.7 求 $\int \min\{x^2,1\}dx$.

分析 被积函数 $\min\{x^2,1\}$ 实际上是一个分段连续函数，它的原函数 $F(x)$ 必定为连续函数，可先分别求出各区间段上的不定积分，再由原函数的连续性确定各积分常数之间的关系.

解 由于 $f(x)=\min\{x^2,1\}=\begin{cases} 1\ , & |x|>1, \\ x^2, & |x|\leqslant 1, \end{cases}$ 设 $F(x)$ 为 $f(x)$ 的原函数，则

$$F(x)=\begin{cases} x+C_1, & x<-1, \\ \frac{1}{3}x^3+C_2, & |x|\leqslant 1, \\ x+C_3, & x>1, \end{cases}$$

其中 C_1，C_2，C_3 均为常数，由于 $F(x)$ 连续，所以

$$F(-1^-)=-1+C_1=F(-1^+)=C_2-\frac{1}{3},\ F(1^-)=C_2+\frac{1}{3}=F(1^+)=1+C_3,$$

于是有 $C_1=\frac{2}{3}+C_2$，$C_3=-\frac{2}{3}+C_2$，记 $C_2=C$，则

$$\int \min\{x^2,1\}dx=\begin{cases} x+\frac{2}{3}+C, & x<-1, \\ \frac{1}{3}x^3+C, & |x|\leqslant 1, \\ x-\frac{2}{3}+C, & x>1. \end{cases}$$

注　对于一些被积函数中含有绝对值符号的不定积分问题，也可以仿照上述方法处理.

例 4.8　求$\int e^{-|x|}dx$.

解　当$x \geqslant 0$时，$\int e^{-|x|}dx = \int e^{-x}dx = -e^{-x} + C_1$. 当$x < 0$时，$\int e^{-|x|}dx = \int e^{x}dx = e^{x} + C_2$. 因为函数$e^{-|x|}$的原函数在$(-\infty,+\infty)$上每一点都连续，所以$\lim\limits_{x\to 0^+}(-e^{-x} + C_1) = \lim\limits_{x\to 0^-}(e^{x} + C_2)$，即$-1 + C_1 = 1 + C_2$，$C_1 = 2 + C_2$，记$C_2 = C$，则$\int e^{-|x|}dx = \begin{cases} -e^{-x} + 2 + C, & x \geqslant 0, \\ e^{x} + C, & x < 0. \end{cases}$

错误解答　当$x \geqslant 0$时，$\int e^{-|x|}dx = \int e^{-x}dx = -e^{-x} + C_1$.

当$x < 0$时，$\int e^{-|x|}dx = \int e^{x}dx = e^{x} + C_2$. 故$\int e^{-|x|}dx = \begin{cases} -e^{-x} + C_1, & x \geqslant 0, \\ e^{x} + C_2, & x < 0. \end{cases}$

错解分析　函数的不定积分中只能含有一个任意常数，这里出现了两个，所以是错误的. 事实上，被积函数$e^{-|x|}$在$(-\infty,+\infty)$上连续，故在$(-\infty,+\infty)$上有原函数，且原函数在$(-\infty,+\infty)$上每一点可导，从而连续. 可据此求出任意常数C_1与C_2的关系，使$e^{-|x|}$的不定积分中只含有一个任意常数.

注　分段函数的原函数的求法：

第一步，判断分段函数是否有原函数. 如果分段函数的分界点是函数的第一类间断点，那么在包含该点的区间内，原函数不存在. 如果分界点是函数的连续点，那么在包含该点的区间内原函数存在.

第二步，若分段函数有原函数，先求出函数在各分段相应区间内的原函数，再根据原函数连续的要求，确定各段上的积分常数，以及各段上积分常数之间的关系.

例 4.9　设曲线通过点$(1,2)$，且其上任意一点处的切线斜率等于这点横坐标的两倍，求此曲线方程.

解　设所求曲线为$y = f(x)$，依题意则有

$$y' = f'(x) = 2x,\ y = \int f'(x)dx = x^2 + C,$$

又因为$f(1) = 2$，所以$2 = 1 + C$，即$C = 1$，从而$f(x) = x^2 + 1$为所求.

例 4.10　已知一质点作直线运动，在时刻t的速度$v(t) = 3t - 2$，且当$t = 0$时，位移$s = 5$. 求此质点的运动方程.

解　由物理学知识可知$\dfrac{ds}{dt} = v(t)$，则$s(t) = \int v(t)dt$，即$s(t) = \int (3t - 2)dt =$

$\frac{3}{2}t^2-2t+C$，由题设知 $s(0)=5$，即 $s(0)=0+C=5$，即 $C=5$，从而 $s(t)=\frac{3}{2}t^2-2t+5$ 为所求.

例 4.11 已知一质点作直线运动，在时刻 t 的加速度 $a(t)=t^2+1$，且当 $t=0$ 时，速度 $v=1$，位移 $s=0$．求此质点的运动方程.

解 由物理学知识可知 $\frac{\mathrm{d}s}{\mathrm{d}t}=v(t)$，$\frac{\mathrm{d}v}{\mathrm{d}t}=a(t)$，则 $v(t)=\int a(t)\mathrm{d}t$，$s(t)=\int v(t)\mathrm{d}t$，

即 $v(t)=\int (t^2+1)\mathrm{d}t=\frac{1}{3}t^3+t+C_1$，$s(t)=\int (\frac{1}{3}t^3+t+C_1)\mathrm{d}t=\frac{1}{12}t^4+\frac{1}{2}t^2+C_1t+C_2$，

由题设知 $v(0)=1$，$s(0)=0$，所以 $C_1=1$，$C_2=0$，从而 $s(t)=\frac{1}{12}t^4+\frac{1}{2}t^2+t$ 为所求.

例 4.12 设某商品的需求量 Q（单位：件）是价格 P（单位：元）的函数，该商品的最大需求量为1000件（即 $P=0$ 时，$Q=1000$），已知需求量的变化率（边际需求）为 $Q'(P)=-1000\cdot\ln 3\cdot\frac{1}{3^P}$，求需求量 Q 与价格 P 的函数关系.

解 $Q(P)=\int Q'(P)\mathrm{d}P=-\int 1000\cdot\ln 3\cdot\frac{1}{3^P}\mathrm{d}P=1000\cdot 3^{-P}+C$，由 $Q(0)=1000$ 得 $C=0$，故所求需求量 Q 与价格 P 的函数关系为 $Q(P)=1000\cdot 3^{-P}$.

例 4.13 设生产某产品 x 件的总成本 C 是 x 的函数 $C(x)$，固定成本（即 $C(0)$）为20元，边际成本函数为 $C'(x)=2x+10$，求总成本函数 $C(x)$.

解 $C(x)=\int C'(x)\mathrm{d}x=\int (2x+10)\mathrm{d}x=x^2+10x+C$，而 $C(0)=20$，则 $C=20$，所以求总成本函数为 $C(x)=x^2+10x+20$.

例 4.14 求下列不定积分.

（1）$\int x^2\cdot\sqrt[3]{x}\mathrm{d}x$；（2）$\int\frac{\mathrm{d}x}{x^2\sqrt{x}}$；（3）$\int (x-2)^2\mathrm{d}x$；

（4）$\int (\sqrt{x}+1)(\sqrt{x^3}-1)\mathrm{d}x$；（5）$\int\frac{(1-x)^2}{\sqrt{x}}\mathrm{d}x$；（6）$\int (1-\frac{1}{x^2})\cdot\sqrt{x\cdot\sqrt{x}}\mathrm{d}x$.

分析 利用幂函数的积分公式 $\int x^n\mathrm{d}x=\frac{1}{n+1}x^{n+1}+C\ (n\neq -1)$ 求积分时，应当先将被积函数中幂函数写成负指数幂或分数指数幂的形式.

解 （1）$\int x^2\cdot\sqrt[3]{x}\mathrm{d}x=\int x^{\frac{7}{3}}\mathrm{d}x=\frac{3}{10}x^{\frac{10}{3}}+C$.

（2）$\int\frac{\mathrm{d}x}{x^2\sqrt{x}}=\int x^{-\frac{5}{2}}\mathrm{d}x=\frac{1}{1+(-\frac{5}{2})}x^{-\frac{5}{2}+1}+C=-\frac{2}{3}x^{-\frac{3}{2}}+C$.

（3）$\int (x-2)^2\mathrm{d}x=\int (x^2-4x+4)\mathrm{d}x=\frac{1}{3}x^3-2x^2+4x+C$.

（4）$\int (\sqrt{x}+1)(\sqrt{x^3}-1)\mathrm{d}x=\int (x^2+x^{\frac{3}{2}}-x^{\frac{1}{2}}-1)\mathrm{d}x=\frac{1}{3}x^3+\frac{2}{5}x^{\frac{5}{2}}-\frac{2}{3}x^{\frac{3}{2}}-x+C$.

（5）$\int \frac{(1-x)^2}{\sqrt{x}}\mathrm{d}x=\int\left(\frac{1}{\sqrt{x}}-\frac{2x}{\sqrt{x}}+\frac{x^2}{\sqrt{x}}\right)\mathrm{d}x=\int\left(x^{-\frac{1}{2}}-2x^{\frac{1}{2}}+x^{\frac{3}{2}}\right)\mathrm{d}x$

$$=2x^{\frac{1}{2}}-\frac{4}{3}x^{\frac{3}{2}}+\frac{2}{5}x^{\frac{5}{2}}+C.$$

（6）$\int\left(1-\frac{1}{x^2}\right)\cdot\sqrt{x\cdot\sqrt{x}}\mathrm{d}x=\int (1-x^{-2})\cdot x^{\frac{3}{4}}\mathrm{d}x=\int\left(x^{\frac{3}{4}}-x^{-\frac{5}{4}}\right)\mathrm{d}x=\frac{4}{7}x^{\frac{7}{4}}+4x^{-\frac{1}{4}}+C$.

例 4.15　求下列不定积分.

（1）$\int \frac{3x^4+3x^2+1}{x^2+1}\mathrm{d}x$；（2）$\int \mathrm{e}^x(1-\frac{\mathrm{e}^{-x}}{\sqrt{x}})\mathrm{d}x$；（3）$\int 4^x\cdot \mathrm{e}^x\mathrm{d}x$；（4）$\int \frac{2\cdot \mathrm{e}^x-5\cdot 2^x}{3^x}\mathrm{d}x$.

分析（1）分子分母都含有偶数次幂，将其化成一个多项式和一个真分式的和，然后即可用公式；（2）将被积函数拆开，用不定积分的性质和基本积分公式即可；（3）将被积函数写成$(4\mathrm{e})^x$，用指数函数的积分公式；（4）将被积函数拆开，用指数函数的积分公式.

解　（1）$\int \frac{3x^4+3x^2+1}{x^2+1}\mathrm{d}x=\int 3x^2\mathrm{d}x+\int \frac{1}{1+x^2}\mathrm{d}x=x^3+\arctan x+C$.

（2）$\int \mathrm{e}^x\left(1-\frac{\mathrm{e}^{-x}}{\sqrt{x}}\right)\mathrm{d}x=\int\left(\mathrm{e}^x-\frac{1}{\sqrt{x}}\right)\mathrm{d}x=\int \mathrm{e}^x\mathrm{d}x-\int x^{-\frac{1}{2}}\mathrm{d}x=\mathrm{e}^x-2x^{\frac{1}{2}}+C$.

（3）$\int 4^x\cdot \mathrm{e}^x\mathrm{d}x=\int (4\mathrm{e})^x\mathrm{d}x=\frac{(4\mathrm{e})^x}{\ln 4+1}+C$.

（4）$\int \frac{2\cdot \mathrm{e}^x-5\cdot 2^x}{3^x}\mathrm{d}x=2\int\left(\frac{\mathrm{e}}{3}\right)^x\mathrm{d}x-5\int\left(\frac{2}{3}\right)^x\mathrm{d}x=\frac{2\cdot\left(\frac{\mathrm{e}}{3}\right)^x}{1-\ln 3}-\frac{5\cdot\left(\frac{2}{3}\right)^x}{\ln 2-\ln 3}+C$.

例 4.16　求下列不定积分.

（1）$\int \cos^2\frac{x}{2}\mathrm{d}x$；　（2）$\int \frac{1}{1+\cos 2x}\mathrm{d}x$；　（3）$\int \frac{\cos 2x}{\cos x-\sin x}\mathrm{d}x$；

（4）$\int \frac{\cos 2x}{\sin^2 x\cos^2 x}\mathrm{d}x$；　（5）$\int \frac{1}{\sin^2 x\cos^2 x}\mathrm{d}x$；　（6）$\int \cot^2 x\mathrm{d}x$.

分析　当被积函数是三角函数时，常利用一些三角恒等式，将其向基本积分公式表中有的形式转化，这就要求读者要牢记基本积分公式表.

解（1）$\int \cos^2\frac{x}{2}\mathrm{d}x=\int \frac{\cos x+1}{2}\mathrm{d}x=\frac{1}{2}\int \cos x\mathrm{d}x+\frac{1}{2}\int \mathrm{d}x=\frac{\sin x+x}{2}+C$.

（2）$\int \frac{1}{1+\cos 2x}dx = \int \frac{1}{2\cos^2 x}dx = \frac{1}{2}\tan x + C$.

（3）$\int \frac{\cos 2x}{\cos x - \sin x}dx = \int \frac{\cos^2 x - \sin^2 x}{\cos x - \sin x}dx = \int (\cos x + \sin x)dx = \sin x - \cos x + C$.

（4）$\int \frac{\cos 2x}{\sin^2 x\cos^2 x}dx = \int \frac{\cos^2 x - \sin^2 x}{\sin^2 x\cos^2 x}dx = \int \frac{1}{\sin^2 x}dx - \int \frac{1}{\cos^2 x}dx$

$$= \int \csc^2 x dx - \int \sec^2 x dx = -\cot x - \tan x + C.$$

（5）$\int \frac{1}{\sin^2 x\cos^2 x}dx = \int \frac{\sin^2 x + \cos^2 x}{\sin^2 x\cos^2 x}dx = \int \frac{1}{\cos^2 x}dx + \int \frac{1}{\sin^2 x}dx$

$$= \int \sec^2 x dx + \int \csc^2 x dx = \tan x - \cot x + C.$$

（6）$\int \cot^2 x dx = \int (\csc^2 x - 1)dx = -\cot x - x + C$.

例 4.17 求下列不定积分.

（1）$\int (2-3x)^{100}dx$；（2）$\int f'(ax+b)dx(a \neq 0)$；（3）$\int \frac{x^2}{(\sin x^3)^2}dx$；

（4）$\int \frac{1}{\sqrt{x}(1+x)}dx$；（5）$\int \frac{1}{x}\cos(\ln x)dx$；（6）$\int \frac{1}{x^2}\sin\left(\frac{1}{x}\right)dx$；

（7）$\int \frac{\sin x dx}{\cos^2 x - 6\cos x + 12}$；（8）$\int \frac{1}{\cos^2 x\sqrt{1-\tan^2 x}}dx$；

（9）$\int \frac{1+\sqrt{\cot x}}{\sin^2 x}dx$；（10）$\int \frac{\arcsin^2 x}{\sqrt{1-x^2}}dx$；

（11）$\int \frac{x+\sqrt{\arctan x}}{1+x^2}dx$；（12）$\int \frac{dx}{x \cdot \ln x \cdot \ln\ln x}$.

分析 这些积分都没有现成的公式可套用，需要用第一类换元积分法.

解（1）$\int (2-3x)^{100}dx = -\frac{1}{3}\int (2-3x)^{100}d(2-3x) = -\frac{1}{303}(2-3x)^{101} + C$.

（2）$\int f'(ax+b)dx = \frac{1}{a}\int f'(ax+b)d(ax+b) = \frac{1}{a}\int df(ax+b) = \frac{1}{a}f(ax+b) + C$.

（3）$\int \frac{x^2}{(\sin x^3)^2}dx = \frac{1}{3}\int \frac{dx^3}{(\sin x^3)^2} = -\frac{1}{3}\cot x^3 + C$.

（4）$\int \frac{1}{\sqrt{x}(1+x)}dx = 2\int \frac{d\sqrt{x}}{1+(\sqrt{x})^2} = 2\arctan\sqrt{x} + C$.

（5）$\int \frac{1}{x}\cos(\ln x)dx = \int \cos(\ln x)d(\ln x) = \sin(\ln x) + C$.

（6）$\int\frac{1}{x^2}\sin\left(\frac{1}{x}\right)\mathrm{d}x=-\int\sin\frac{1}{x}\mathrm{d}\left(\frac{1}{x}\right)=\cos\frac{1}{x}+C$.

（7）$\int\frac{\sin x\mathrm{d}x}{\cos^2 x-6\cos x+12}=-\int\frac{\mathrm{d}(\cos x-3)}{(\cos x-3)^2+3}=-\frac{1}{\sqrt{3}}\arctan\frac{\cos x-3}{\sqrt{3}}+C$.

（8）$\int\frac{1}{\cos^2 x\sqrt{1-\tan^2 x}}\mathrm{d}x=\int\frac{1}{\sqrt{1-\tan^2 x}}\mathrm{d}(\tan x)=\arcsin(\tan x)+C$.

（9）$\int\frac{1+\sqrt{\cot x}}{\sin^2 x}\mathrm{d}x=-\int[1+(\cot x)^{\frac{1}{2}}]\mathrm{d}(\cot x)=-\int\mathrm{d}(\cot x)-\int(\cot x)^{\frac{1}{2}}\mathrm{d}(\cot x)$

$$=-\cot x-\frac{2}{3}(\cot x)^{\frac{3}{2}}+C.$$

（10）$\int\frac{\arcsin^2 x}{\sqrt{1-x^2}}\mathrm{d}x=\int\arcsin^2 x\mathrm{d}(\arcsin x)=\frac{1}{3}(\arcsin x)^3+C$.

（11）$\int\frac{x+\sqrt{\arctan x}}{1+x^2}\mathrm{d}x=\int\frac{x}{1+x^2}\mathrm{d}x+\int\frac{\sqrt{\arctan x}}{1+x^2}\mathrm{d}x$

$$=\frac{1}{2}\int\frac{\mathrm{d}(1+x^2)}{1+x^2}+\int(\arctan x)^{\frac{1}{2}}\mathrm{d}(\arctan x)$$

$$=\frac{1}{2}\ln(1+x^2)+\frac{2}{3}(\arctan x)^{\frac{3}{2}}+C.$$

（12）$\int\frac{1}{x\cdot\ln x\cdot\ln\ln x}\mathrm{d}x=\int\frac{1}{\ln x\cdot\ln\ln x}\mathrm{d}(\ln x)=\int\frac{1}{\ln\ln x}\mathrm{d}(\ln\ln x)=\ln|\ln\ln x|+C$.

注 用第一类换元积分法（凑微分法）求不定积分，一般并无规律可循，主要依靠经验的积累，而任何一个微分运算公式都可以作为凑微分的运算途径. 因此需要牢记基本积分公式，这样凑微分才会有目标. 下面给出常见的 12 种凑微分的积分类型.

（1）$\int f(ax^n+b)x^{n-1}\mathrm{d}x=\frac{1}{na}\int f(ax^n+b)\mathrm{d}(ax^n+b)\ (a\neq 0)$；

（2）$\int f(a^x)a^x\mathrm{d}x=\frac{1}{\ln a}\int f(a^x)\mathrm{d}(a^x)$；

（3）$\int f(\sin x)\cos x\mathrm{d}x=\int f(\sin x)\mathrm{d}(\sin x)$；

适用于求形如 $\int\sin^m x\cos^{2n+1}x\mathrm{d}x$ 的积分（m,n 是自然数）.

（4）$\int f(\cos x)\sin x\mathrm{d}x=-\int f(\cos x)\mathrm{d}(\cos x)$；

适用于求形如 $\int\sin^{2m-1}x\cos^n x\mathrm{d}x$ 的积分（m,n 是自然数）.

（5）$\int f(\tan x)\sec^2 x\mathrm{d}x=\int f(\tan x)\mathrm{d}(\tan x)$；

适用于求形如$\int \tan^m x\sec^{2n} x\mathrm{d}x$的积分（$m,n$是自然数）.

（6）$\int f(\cot x)\csc^2 x\mathrm{d}x = -\int f(\cot x)\mathrm{d}(\cot x)$；

适用于求形如$\int \cot^m x\csc^{2n} x\mathrm{d}x$的积分（$m,n$是自然数）.

（7）$\int f(\ln x)\frac{1}{x}\mathrm{d}x = \int f(\ln x)\mathrm{d}(\ln x)$；

（8）$\int f(\arcsin x)\frac{1}{\sqrt{1-x^2}}\mathrm{d}x = \int f(\arcsin x)\mathrm{d}(\arcsin x)$；

（9）$\int f(\arccos x)\frac{1}{\sqrt{1-x^2}}\mathrm{d}x = -\int f(\arccos x)\mathrm{d}(\arccos x)$；

（10）$\int \frac{f(\arctan x)}{1+x^2}\mathrm{d}x = \int f(\arctan x)\mathrm{d}(\arctan x)$；

（11）$\int \frac{f(\mathrm{arc}\cot x)}{1+x^2}\mathrm{d}x = -\int f(\mathrm{arc}\cot x)\mathrm{d}(\mathrm{arc}\cot x)$；

（12）$\int \frac{f'(x)}{f(x)}\mathrm{d}x = \int \frac{1}{f(x)}\mathrm{d}f(x)$.

例 4.18 求下列函数的不定积分：

（1）$\int \sin^3 x\mathrm{d}x$；（2）$\int \cos^2 x\mathrm{d}x$；（3）$\int \sin x\sin 2x\sin 3x\mathrm{d}x$；

（4）$\int \csc^6 x\mathrm{d}x$；（5）$\int \sin^3 x\cos^4 x\mathrm{d}x$；（6）$\int \sec^3 x\tan^5 x\mathrm{d}x$.

分析 在运用第一类换元积分法求以三角函数为被积函数的积分时，主要思路就是利用三角恒等式把被积函数化为熟知的积分，通常会用到同角的三角恒等式、倍角、半角公式、积化和差公式等.

解 （1）被积函数是奇次幂，从被积函数中分离出$\sin x$，并与$\mathrm{d}x$凑成微分$-\mathrm{d}(\cos x)$，再利用三角恒等式$\sin^2 x+\cos^2 x=1$，然后即可积分.

$$\int \sin^3 x\mathrm{d}x = -\int \sin^2 x\mathrm{d}(\cos x) = -\int (1-\cos^2 x)\mathrm{d}(\cos x) = \int \cos^2 x\mathrm{d}(\cos x) - \int \mathrm{d}(\cos x)$$
$$= \frac{1}{3}\cos^3 x - \cos x + C.$$

（2）被积函数是偶次幂，基本方法是利用三角恒等式$\cos^2 x = \frac{\cos 2x+1}{2}$，降低被积函数的幂次.

$$\int \cos^2 x\mathrm{d}x = \int \frac{\cos 2x+1}{2}\mathrm{d}x = \frac{1}{2}\int \mathrm{d}x + \frac{1}{4}\int \cos 2x\mathrm{d}(2x) = \frac{x}{2} + \frac{\sin 2x}{4} + C.$$

（3）利用积化和差公式将被积函数化为代数和的形式.

因为 $\sin x\sin 2x\sin 3x=-\frac{1}{2}(\cos 3x-\cos x)\sin 3x=-\frac{1}{2}(\sin 3x\cos 3x-\cos x\sin 3x)$

$$=-\frac{1}{2}\left(\frac{1}{2}\sin 6x-\frac{1}{2}\sin 4x-\frac{1}{2}\sin 2x\right)$$

$$=-\frac{1}{4}(\sin 6x-\sin 4x-\sin 2x),$$

所以 $\int\sin x\sin 2x\sin 3x\mathrm{d}x=-\frac{1}{4}\int(\sin 6x-\sin 4x-\sin 2x)\mathrm{d}x$

$$=\frac{1}{24}\cos 6x-\frac{1}{16}\cos 4x-\frac{1}{8}\cos 2x+C.$$

（4）利用三角恒等式 $\csc^2 x=1+\cot^2 x$ 及 $\csc^2 x\mathrm{d}x=-\mathrm{d}(\cot x)$.

$$\int\csc^6 x\mathrm{d}x=\int(\csc^2 x)^2\csc^2 x\mathrm{d}x=-\int(1+\cot^2 x)^2\mathrm{d}(\cot x)$$

$$=-\int(1+2\cot^2 x+\cot^4 x)\mathrm{d}(\cot x)=-\cot x-\frac{2}{3}\cot^3 x-\frac{1}{5}\cot^5 x+C.$$

（5）因为 $\sin^3 x\mathrm{d}x=\sin^2 x(\sin x\mathrm{d}x)=-\sin^2 x\mathrm{d}(\cos x)$，所以

$$\int\sin^3 x\cos^4 x\mathrm{d}x=-\int\sin^2 x\cos^4 x\mathrm{d}(\cos x)=-\int(1-\cos^2 x)\cos^4 x\mathrm{d}(\cos x)$$

$$=-\int\cos^4 x\mathrm{d}(\cos x)+\int\cos^6 x\mathrm{d}(\cos x)=-\frac{1}{5}\cos^5 x+\frac{1}{7}\cos^7 x+C.$$

（6）由于 $\sec x\tan x\mathrm{d}x=\mathrm{d}(\sec x)$，所以

$$\int\sec^3 x\tan^5 x\mathrm{d}x=\int\sec^2 x\tan^4 x\mathrm{d}(\sec x)=\int\sec^2 x(\sec^2 x-1)^2\mathrm{d}(\sec x)$$

$$=\int(\sec^6 x-2\sec^4 x+\sec^2 x)\mathrm{d}(\sec x)=\frac{1}{7}\sec^7 x-\frac{2}{5}\sec^5 x+\frac{1}{3}\sec^3 x+C.$$

例 4.19 求下列不定积分：

（1）$\int\frac{\mathrm{e}^x}{1+\mathrm{e}^x}\mathrm{d}x$； （2）$\int\frac{\mathrm{d}x}{\mathrm{e}^x+\mathrm{e}^{-x}}$； （3）$\int\frac{\mathrm{d}x}{\mathrm{e}^x-\mathrm{e}^{-x}}$；

（4）$\int\frac{1}{1+\mathrm{e}^x}\mathrm{d}x$； （5）$\int\frac{1}{(1+\mathrm{e}^x)^2}\mathrm{d}x$.

分析 可充分利用凑微分公式：$\mathrm{e}^x\mathrm{d}x=\mathrm{d}(\mathrm{e}^x)$；或者换元，令 $u=\mathrm{e}^x$.

解 （1）$\int\frac{\mathrm{e}^x}{1+\mathrm{e}^x}\mathrm{d}x=\int\frac{1}{1+\mathrm{e}^x}\mathrm{d}(\mathrm{e}^x+1)=\ln(\mathrm{e}^x+1)+C$.

（2）$\int\frac{\mathrm{d}x}{\mathrm{e}^x+\mathrm{e}^{-x}}=\int\frac{\mathrm{e}^x\mathrm{d}x}{(\mathrm{e}^x)^2+1}=\int\frac{1}{(\mathrm{e}^x)^2+1}\mathrm{d}(\mathrm{e}^x)=\arctan\mathrm{e}^x+C$.

（3）$\int\frac{\mathrm{d}x}{\mathrm{e}^x-\mathrm{e}^{-x}}=\int\frac{1}{(\mathrm{e}^x)^2-1}\mathrm{d}(\mathrm{e}^x)=\frac{1}{2}\int\left(\frac{1}{\mathrm{e}^x-1}-\frac{1}{\mathrm{e}^x+1}\right)\mathrm{d}(\mathrm{e}^x)$

$$=\frac{1}{2}\left[\int\frac{d(e^x-1)}{e^x-1}-\int\frac{d(e^x+1)}{e^x+1}\right]=\frac{1}{2}\ln\left|\frac{e^x-1}{e^x+1}\right|+C.$$

（4）**解法 1** $\int\frac{1}{1+e^x}dx=\int\frac{1+e^x-e^x}{1+e^x}dx=\int\left(1-\frac{e^x}{1+e^x}\right)dx$

$$=\int dx-\int\frac{1}{1+e^x}d(1+e^x)=x-\ln(1+e^x)+C.$$

解法 2 $\int\frac{1}{1+e^x}dx=\int\frac{e^{-x}}{e^{-x}+1}dx=-\int\frac{d(e^{-x}+1)}{e^{-x}+1}=-\ln(e^{-x}+1)+C.$

解法 3 令$u=e^x$，$du=e^x dx$，则有

$$\int\frac{1}{1+e^x}dx=\int\frac{1}{1+u}\cdot\frac{1}{u}du=\int\left(\frac{1}{u}-\frac{1}{1+u}\right)du=\ln\frac{u}{1+u}+C=\ln\frac{e^x}{1+e^x}+C=-\ln(e^{-x}+1)+C.$$

（5）$\int\frac{1}{(1+e^x)^2}dx=\int\frac{1+e^x-e^x}{(1+e^x)^2}dx=\int\frac{1}{1+e^x}dx-\int\frac{e^x}{(1+e^x)^2}dx$，

$$\int\frac{e^x}{(1+e^x)^2}dx=\int\frac{1}{(1+e^x)^2}d(1+e^x)=-\frac{1}{1+e^x}+C,$$

由（4）知$\int\frac{1}{1+e^x}dx=x-\ln(1+e^x)+C$. 故$\int\frac{1}{(1+e^x)^2}dx=x-\ln(1+e^x)+\frac{1}{1+e^x}+C$.

注 在计算不定积分时，用不同的方法计算的结果形式可能不一样，验证积分结果是否正确，只要对积分的结果求导数，若其导数等于被积函数则积分的结果是正确的.

例 4.20 求下列不定积分：

（1）$\int\frac{\ln\tan x}{\sin x\cos x}dx$；（2）$\int\frac{\arctan\sqrt{x}}{\sqrt{x}(1+x)}dx$；（3）$\int\frac{\arctan\frac{1}{x}}{1+x^2}dx$.

分析 在这类复杂的不定积分的求解过程中需要逐步凑微分.

解（1）$\int\frac{\ln\tan x}{\sin x\cos x}dx=\int\frac{\ln\tan x}{\tan x\cos^2 x}dx$

$$=\int\frac{\ln\tan x}{\tan x}d(\tan x)=\int\ln\tan x\,d(\ln\tan x)=\frac{1}{2}\ln^2(\tan x)+C.$$

（2）$\int\frac{\arctan\sqrt{x}}{\sqrt{x}(1+x)}dx=2\int\frac{\arctan\sqrt{x}}{1+(\sqrt{x})^2}d(\sqrt{x})=2\int\arctan\sqrt{x}\,d(\arctan\sqrt{x})$

$$=(\arctan\sqrt{x})^2+C.$$

（3）$\int\frac{\arctan\frac{1}{x}}{1+x^2}dx=\int\frac{\arctan\frac{1}{x}}{1+\left(\frac{1}{x}\right)^2}\cdot\frac{1}{x^2}dx=-\int\frac{\arctan\frac{1}{x}}{1+\left(\frac{1}{x}\right)^2}d\left(\frac{1}{x}\right)$

$$=-\int \arctan\frac{1}{x}\mathrm{d}\left(\arctan\frac{1}{x}\right)=-\frac{1}{2}\left(\arctan\frac{1}{x}\right)^2+C.$$

例 4.21　已知 $f'(\mathrm{e}^x)=x\mathrm{e}^{-x}$，且 $f(1)=0$，则 $f(x)=$__________.

分析　先求 $f'(x)$，再求 $f(x)$.

解　令 $\mathrm{e}^x=t$，即 $x=\ln t$，从而 $f'(t)=\frac{\ln t}{t}$. 故

$$f(x)=\int\frac{\ln x}{x}\mathrm{d}x=\int \ln x\mathrm{d}(\ln x)=\frac{1}{2}\ln^2 x+C,$$

由 $f(1)=0$，得 $C=0$，所以 $f(x)=\frac{1}{2}\ln^2 x$.

例 4.22　求下列不定积分：

（1）$\int x^2\sqrt{a^2-x^2}\mathrm{d}x$；（2）$\int\frac{\sqrt{x^2-a^2}}{x}\mathrm{d}x\ (a\neq 0)$；（3）$\int\frac{1}{(a^2+x^2)^2}\mathrm{d}x\ (a\neq 0)$.

分析　（1）被积函数中含有根式 $\sqrt{a^2-x^2}$，可用三角代换 $x=a\sin t$ 消去根式.（2）被积函数中含有二次根式 $\sqrt{x^2-a^2}$，但不能用凑微分法，故作代换 $x=a\sec t$，将被积函数化成三角有理式.（3）虽然被积函数中没有根式，但不能分解因式，而且分母中含有平方和，因此可以考虑利用三角代换，将原积分转换为三角函数的积分.

解（1）设 $x=a\sin t\ \left(0<t<\frac{\pi}{2}\right)$，$\mathrm{d}x=a\cos t\mathrm{d}t$，则

$$\begin{aligned}\int x^2\sqrt{a^2-x^2}\mathrm{d}x&=\int a^2\sin^2 t\cdot a\cos t\cdot a\cos t\mathrm{d}t=\frac{1}{4}a^4\int\sin^2 2t\cdot\mathrm{d}t\\&=\frac{1}{8}a^4\int(1-\cos 4t)\mathrm{d}t=\frac{1}{8}a^4t-\frac{1}{32}a^4\sin 4t+C\\&=\frac{1}{8}a^4t-\frac{1}{8}a^4\sin t\cos t(1-2\sin^2 t)+C\\&=\frac{1}{8}a^4\arcsin\frac{x}{a}-\frac{1}{8}x\sqrt{a^2-x^2}(a-2x^2)+C.\end{aligned}$$

（2）令 $x=a\sec t$，$\mathrm{d}x=a\sec t\cdot\tan t\mathrm{d}t$，则

$$\begin{aligned}\int\frac{\sqrt{x^2-a^2}}{x}\mathrm{d}x&=\int\frac{a\tan t}{a\sec t}\cdot a\sec t\cdot\tan t\mathrm{d}t=a\int\tan^2 t\mathrm{d}t=a\int(\sec^2 t-1)\mathrm{d}t\\&=a(\tan t-t)+C=a\left(\frac{\sqrt{x^2-a^2}}{a}-\arccos\frac{a}{x}\right)+C.\end{aligned}$$

（3）设 $x=a\tan t$，$\mathrm{d}x=a\sec^2 t\mathrm{d}t$，$(a^2+x^2)^2=a^4\sec^4 t$，则

$$\int\frac{1}{(a^2+x^2)^2}\mathrm{d}x=\int\frac{a\sec^2 t}{a^4\sec^4 t}\mathrm{d}t=\frac{1}{a^3}\int\cos^2 t\mathrm{d}t$$

$$=\frac{1}{2a^3}\int(1+\cos 2t)\mathrm{d}t=\frac{1}{2a^3}t+\frac{1}{4a^3}\sin 2t+C$$

$$=\frac{1}{2a^3}\arctan\frac{x}{a}+\frac{x}{2a^2(a^2+x^2)}+C.$$

注（1）对于三角代换，在结果化为原积分变量的函数时，常常借助于直角三角形.

（2）在不定积分计算中，为了简便起见，一般遇到平方根时总取算术根，而省略负平方根情况的讨论. 对三角代换，只要把角限制在 0 到 $\frac{\pi}{2}$，则不论什么三角函数都取正值，避免了正负号的讨论.

例 4.23 求下列不定积分：

（1）$\int\frac{\mathrm{d}x}{1+\sqrt{x+1}}$；（2）$\int\frac{\mathrm{d}x}{\sqrt[3]{5-x}+\sqrt{5-x}}$；（3）$\int\frac{\mathrm{d}x}{\sqrt{\mathrm{e}^x+1}}$.

分析（1）被积函数含有根式，一般先设法去掉根号，这是第二类换元积分法最常用的手段之一.（2）被积函数中有开不同次的根式，为了同时去掉根号，选取根指数的最小公倍数.

解（1）设 $\sqrt{x+1}=t$，即 $x=t^2-1$，$\mathrm{d}x=2t\mathrm{d}t$，则

$$\int\frac{\mathrm{d}x}{1+\sqrt{x+1}}=\int\frac{2t}{1+t}\mathrm{d}t=2\int\left(1-\frac{1}{1+t}\right)\mathrm{d}t=2t-2\ln|1+t|+C$$

$$=2\sqrt{x+1}-2\ln(1+\sqrt{x+1})+C.$$

（2）令 $\sqrt[6]{5-x}=t$，$\mathrm{d}x=-6t^5\mathrm{d}t$，则

$$\int\frac{\mathrm{d}x}{\sqrt[3]{5-x}+\sqrt{5-x}}=\int\frac{-6t^5}{t^3+t^2}\mathrm{d}t=\int\frac{-6t^3}{1+t}\mathrm{d}t=-6\int\frac{t^3+1-1}{1+t}\mathrm{d}t=-6\int\left(t^2-t+1-\frac{1}{1+t}\right)\mathrm{d}t$$

$$=-6\left[\frac{1}{3}t^3-\frac{1}{2}t^2+t-\ln(1+t)\right]+C=-2t^3+3t^2-6t+6\ln(1+t)+C$$

$$=-2\sqrt{5-x}+3\sqrt[3]{5-x}-6\sqrt[6]{5-x}+6\ln(1+\sqrt[6]{5-x})+C.$$

（3）令 $\sqrt{\mathrm{e}^x+1}=t$，则 $x=\ln(t^2-1)$，$\mathrm{d}x=\frac{2t}{t^2-1}\mathrm{d}t$，于是

$$\int\frac{\mathrm{d}x}{\sqrt{\mathrm{e}^x+1}}=\int\frac{1}{t}\cdot\frac{2t}{t^2-1}\mathrm{d}t=\int\left(\frac{1}{t-1}-\frac{1}{t+1}\right)\mathrm{d}t=\ln\left|\frac{t-1}{t+1}\right|+C=\ln\frac{\sqrt{\mathrm{e}^x+1}-1}{\sqrt{\mathrm{e}^x+1}+1}+C.$$

例 4.24 求 $\int\frac{\mathrm{d}x}{\sin 2x+2\sin x}$.

分析 被积函数为三角函数，可考虑用三角恒等式，也可利用万能公式代换.

解法 1　$\int\frac{dx}{\sin 2x+2\sin x}=\int\frac{dx}{2\sin x(\cos x+1)}=\frac{1}{4}\int\frac{d\left(\frac{x}{2}\right)}{\sin\frac{x}{2}\cos^3\frac{x}{2}}=\frac{1}{4}\int\frac{d\left(\tan\frac{x}{2}\right)}{\tan\frac{x}{2}\cos^2\frac{x}{2}}$

$$=\frac{1}{4}\int\frac{1+\tan^2\frac{x}{2}}{\tan\frac{x}{2}}d\left(\tan\frac{x}{2}\right)=\frac{1}{8}\tan^2\frac{x}{2}+\frac{1}{4}\ln\left|\tan\frac{x}{2}\right|+C.$$

解法 2　令 $t=\cos x$，则

$$\int\frac{dx}{\sin 2x+2\sin x}=\int\frac{dx}{2\sin x(\cos x+1)}=\int\frac{\sin x dx}{2\sin^2 x(1+\cos x)}$$

$$=-\frac{1}{2}\int\frac{dt}{(1-t)(1+t)^2}=-\frac{1}{8}\int\left(\frac{1}{1-t}+\frac{1}{1+t}+\frac{2}{(1+t)^2}\right)dt$$

$$=\frac{1}{8}\left(\ln|1-t|-\ln|1+t|+\frac{2}{1+t}\right)+C$$

$$=\frac{1}{8}\ln(1-\cos x)-\frac{1}{8}\ln(1+\cos x)+\frac{1}{4(1+\cos x)}+C.$$

解法 3　令 $t=\tan\frac{x}{2}$，则 $\sin x=\frac{2t}{1+t^2}$，$\cos x=\frac{1-t^2}{1+t^2}$，$dx=\frac{2}{1+t^2}dt$，则

$$\int\frac{dx}{\sin 2x+2\sin x}=\frac{1}{4}\int\left(t+\frac{1}{t}\right)dt=\frac{1}{8}t^2+\frac{1}{4}\ln|t|+C=\frac{1}{8}\tan^2\frac{x}{2}+\frac{1}{4}\ln|\tan\frac{x}{2}|+C.$$

例 4.25　求下列不定积分：

（1）$\int\frac{1}{x^4(x^2+1)}dx$；　　　（2）$\int\frac{\sqrt{a^2-x^2}}{x^4}dx$.

分析　（1）当有理函数的分母中的多项式的次数大于分子多项式的次数时，可尝试用倒代换.（2）无理函数的不定积分当分母次数较高时，也可尝试采用倒代换.

解　（1）令 $x=\frac{1}{t}$，$dx=-\frac{1}{t^2}dt$，于是

$$\int\frac{1}{x^4(x^2+1)}dx=\int\frac{-t^4}{t^2+1}dt=-\int\frac{t^4-1+1}{t^2+1}dt=-\int(t^2-1)dt-\int\frac{1}{t^2+1}dt$$

$$=t-\frac{1}{3}t^3-\arctan t+C$$

$$=\frac{1}{x}-\frac{1}{3x^3}-\arctan\frac{1}{x}+C.$$

（2）设 $x=\frac{1}{t}$，$dx=-\frac{dt}{t^2}$，则

$$\int \frac{\sqrt{a^2-x^2}}{x^4}\mathrm{d}x=\int \frac{\sqrt{a^2-\frac{1}{t^2}}\cdot(-\frac{\mathrm{d}t}{t^2})}{\frac{1}{t^4}}=-\int (a^2t^2-1)^{\frac{1}{2}}|t|\mathrm{d}t .$$

当 $x>0$ 时，$\int\frac{\sqrt{a^2-x^2}}{x^4}\mathrm{d}x=-\frac{1}{2a^2}\int(a^2t^2-1)^{\frac{1}{2}}\mathrm{d}(a^2t^2-1)=-\frac{(a^2t^2-1)^{\frac{3}{2}}}{3a^2}+C=$ $-\frac{(a^2-x^2)^{\frac{3}{2}}}{3a^2x^3}+C$.

当 $x<0$ 时，有相同的结果. 故

$$\int\frac{\sqrt{a^2-x^2}}{x^4}\mathrm{d}x=-\frac{(a^2-x^2)^{\frac{3}{2}}}{3a^2x^3}+C .$$

注 1 第二类换元积分法是通过恰当的变换，将原积分化为关于新变量的函数的积分，从而达到化难为易的效果，与第一类换元积分法的区别在于视新变量为自变量，而不是中间变量. 使用第二类换元积分法的关键是根据被积函数的特点寻找一个适当的变量代换.

注 2 用第二类换元积分法求不定积分，应注意三个问题：

（1）用于代换的表达式在对应的区间内单调可导，且导数不为零.

（2）换元后的被积函数的原函数存在.

（3）求出原函数后一定要将变量回代.

注 3 常用的代换有：根式代换、三角代换与倒代换. 根式代换和三角代换常用于消去被积函数中的根号，使其有理化，这种代换使用广泛. 而倒代换的目的是消去或降低被积函数分母中的因子的幂.

注 4 常用第二类换元积分法积分的类型：

（1）$\int f(x,\sqrt[n]{ax+b})\mathrm{d}x$，令 $t=\sqrt[n]{ax+b}$.

（2）$\int f\left(x,\sqrt[n]{\frac{ax+b}{cx+d}}\right)\mathrm{d}x$，令 $t=\sqrt[n]{\frac{ax+b}{cx+d}}$.

（3）$\int f(x,\sqrt{a^2-b^2x^2})\mathrm{d}x$，可令 $x=\frac{a}{b}\sin t$ 或 $x=\frac{a}{b}\cos t$.

（4）$\int f(x,\sqrt{a^2+b^2x^2})\mathrm{d}x$，可令 $x=\frac{a}{b}\tan t$ 或 $x=\frac{a}{b}\mathrm{sh}t$.

（5）$\int f(x,\sqrt{b^2x^2-a^2})\mathrm{d}x$，可令 $x=\frac{a}{b}\sec t$ 或 $x=\frac{a}{b}\mathrm{ch}t$.

（6）当被积函数含有 $\sqrt{px^2+qx+r}$ $(q^2-4pr<0)$ 时，利用配方与代换可化为以上（3），（4），（5）三种情形之一.

（7）当被积函数分母中含有 x 的高次幂时，可用倒代换 $x=\frac{1}{t}$.

例 4.26 求下列不定积分：

（1）$\int xe^{3x}dx$； （2）$\int x^2\sin 2xdx$； （3）$\int x^2\ln xdx$；

（4）$\int \arcsin xdx$； （5）$\int x\arctan xdx$.

分析 上述积分中的被积函数是反三角函数、对数函数、幂函数、指数函数、三角函数中的某两类函数的乘积，适合用分部积分法.

解 （1）$\int xe^{3x}dx=\frac{1}{3}\int xd(e^{3x})=\frac{x}{3}e^{3x}-\frac{1}{3}\int e^{3x}dx=\frac{x}{3}e^{3x}-\frac{1}{9}e^{3x}+C$

$$=\frac{1}{9}e^{3x}(3x-1)+C.$$

（2）
$$\begin{aligned}\int x^2\sin 2xdx&=-\frac{1}{2}\int x^2d(\cos 2x)=-\frac{x^2}{2}\cos 2x+\int x\cos 2xdx\\&=-\frac{x^2}{2}\cos 2x+\frac{1}{2}\int xd(\sin 2x)\\&=-\frac{x^2}{2}\cos 2x+\frac{1}{2}x\sin 2x-\frac{1}{2}\int\sin 2xdx\\&=-\frac{x^2}{2}\cos 2x+\frac{1}{2}x\sin 2x+\frac{1}{4}\cos 2x+C.\end{aligned}$$

（3）$\int x^2\ln xdx=\frac{1}{3}\int\ln xd(x^3)=\frac{x^3}{3}\ln x-\frac{1}{3}\int x^2dx=\frac{x^3}{3}\ln x-\frac{x^3}{9}+C$.

（4）**解法 1** $\int\arcsin xdx=x\arcsin x-\int\frac{x}{\sqrt{1-x^2}}dx=x\arcsin x+\sqrt{1-x^2}+C$.

解法 2 令 $t=\arcsin x$，即 $x=\sin t$，则

$$\int\arcsin xdx=\int td(\sin t)=t\sin t-\int\sin tdt=t\sin t+\cos t+C=x\arcsin x+\sqrt{1-x^2}+C$$

（5）**解法 1**
$$\begin{aligned}\int x\arctan xdx&=\frac{1}{2}\int\arctan xdx^2=\frac{x^2}{2}\arctan x-\frac{1}{2}\int\frac{x^2}{1+x^2}dx\\&=\frac{x^2}{2}\arctan x-\frac{1}{2}\int\left(1-\frac{1}{1+x^2}\right)dx\\&=\frac{x^2}{2}\arctan x-\frac{x}{2}+\frac{1}{2}\arctan x+C.\end{aligned}$$

解法 2
$$\begin{aligned}\int x\arctan xdx&=\frac{1}{2}\int\arctan xd(x^2+1)\\&=\frac{x^2+1}{2}\arctan x-\frac{1}{2}\int dx=\frac{x^2+1}{2}\arctan x-\frac{x}{2}+C.\end{aligned}$$

注 在用分部积分法求 $\int f(x)dx$ 时关键是将被积表达式 $f(x)dx$ 适当分成 u 和

dv 两部分. 根据分部积分公式 $\int u dv = uv - \int v du$，只有当等式右端的 vdu 比左端的 udv 更容易积出时才有意义, 即选取 u 和 dv 要注意如下原则:

（1）v 要容易求;

（2）$\int v du$ 要比 $\int u dv$ 容易积出.

例 4.27 求下列不定积分:

（1）$\int e^{ax}\cos bx dx (a^2+b^2\neq 0)$； （2）$\int \cos(\ln x)dx$； （3）$\int \csc^3 x dx$.

分析（1）与（2）是适合用分部积分法的积分类型, 连续分部积分, 直到出现循环为止.（3）被积函数含有三角函数的奇次幂, 往往可分解成奇次幂和偶次幂的乘积, 然后凑微分, 再用分部积分法.

解（1）**解法 1**

$$\begin{aligned}\int e^{ax}\cos bx dx &= \frac{1}{a}\int \cos bx d(e^{ax}) = \frac{1}{a}e^{ax}\cos bx + \frac{b}{a}\int e^{ax}\sin bx dx \\ &= \frac{1}{a}e^{ax}\cos bx + \frac{b}{a^2}\int \sin bx d(e^{ax}) \\ &= \frac{1}{a}e^{ax}\cos bx + \frac{b}{a^2}e^{ax}\sin bx - \frac{b^2}{a^2}\int e^{ax}\cos bx dx\end{aligned}$$

从而 $\left(1+\frac{b^2}{a^2}\right)\int e^{ax}\cos bx dx = \frac{1}{a}e^{ax}\cos bx + \frac{b}{a^2}e^{ax}\sin bx + C_1$，则

$$\int e^{ax}\cos bx dx = \frac{1}{a^2+b^2}e^{ax}(a\cos bx + b\sin bx) + C.$$

解法 2 $\int e^{ax}\cos bx dx = \frac{1}{b}\int e^{ax} d(\sin bx)$，然后用分部积分, 余下的解答请读者自行完成.

（2）**解法 1** 利用分部积分公式, 则有

$$\begin{aligned}\int \cos(\ln x)dx &= x\cos(\ln x) + \int x\sin(\ln x)\cdot\frac{1}{x}dx = x\cos(\ln x) + \int \sin(\ln x)dx \\ &= x\cos(\ln x) + x\sin(\ln x) - \int x\cos(\ln x)\cdot\frac{1}{x}dx \\ &= x\cos(\ln x) + x\sin(\ln x) - \int \cos(\ln x)dx,\end{aligned}$$

所以 $\int \cos(\ln x)dx = \frac{1}{2}x[\cos(\ln x) + \sin(\ln x)] + C$.

解法 2 令 $\ln x = t$，$dx = e^t dt$，则

$$\int \cos(\ln x)dx = \int e^t \cos t dt = e^t\cos t + \int e^t \sin t dt = e^t\cos t + e^t\sin t - \int e^t\cos t dt,$$

所以 $\int \cos(\ln x)dx = \frac{1}{2}(e^t\sin t + e^t\cos t) + C = \frac{1}{2}x[\sin(\ln x) + \cos(\ln x)] + C$.

（3）$\int \csc^3 x\mathrm{d}x = \int \csc x(\csc^2 x)\mathrm{d}x = -\int \csc x\mathrm{d}(\cot x)$

$$= -\csc x\cot x - \int \cot^2 x \cdot \csc x\mathrm{d}x = -\csc x\cot x - \int \csc^3 x\mathrm{d}x + \int \csc x\mathrm{d}x$$

$$= -\csc x\cot x - \int \csc^3 x\mathrm{d}x + \ln\left|\csc x - \cot x\right|,$$

从而$\int \csc^3 x\mathrm{d}x = -\dfrac{1}{2}(\csc x\cot x - \ln|\csc x - \cot x|) + C$.

注　用分部积分法求不定积分时，有时会出现与原来相同的积分，即出现循环的情况，这时只需要移项即可得到结果.

例 4.28　求$I_n = \int \ln^n x\mathrm{d}x$，其中$n$为自然数.

分析　这是适合用分部积分法的积分类型.

解　$I_n = \int \ln^n x\mathrm{d}x = x\ln^n x - n\int \ln^{n-1} x\mathrm{d}x = x\ln^n x - nI_{n-1}$，即

$$I_n = x\ln^n x - nI_{n-1}$$

为所求递推公式. 而

$$I_1 = \int \ln x\mathrm{d}x = x\ln x - \int \mathrm{d}x = x\ln x - x + C.$$

注 1　在反复使用分部积分法的过程中，不要对调u和v两个函数的“地位”，否则不仅不会产生循环，反而会一来一往，恢复原状，毫无所得.

注 2　分部积分法常见的三种作用：

（1）逐步化简积分形式；

（2）产生循环；

（3）建立递推公式.

例 4.29　求$I_n = \int x^n \mathrm{e}^x \mathrm{d}x$的递推公式，其中$n$为自然数，并计算$I_2$的值.

解　$I_n = \int x^n \mathrm{e}^x \mathrm{d}x = \int x^n \mathrm{d}(\mathrm{e}^x) = x^n \mathrm{e}^x - n\int x^{n-1}\mathrm{e}^x \mathrm{d}x = x^n \mathrm{e}^x - nI_{n-1}$，即

$$I_n = x^n \mathrm{e}^x - nI_{n-1}$$

为所求递推公式.

而$I_2 = x^2\mathrm{e}^x - 2I_1$，$I_1 = \int x\mathrm{e}^x \mathrm{d}x = \int x\mathrm{d}\mathrm{e}^x = x\mathrm{e}^x - \int \mathrm{e}^x \mathrm{d}x = x\mathrm{e}^x - \mathrm{e}^x + C_1$，故

$$I_2 = (x^2 - 2x + 2)\mathrm{e}^x + C(C = -2C_1).$$

例 4.30　已知$\dfrac{\sin x}{x}$是$f(x)$的一个原函数，求$\int x^3 f'(x)\mathrm{d}x$.

解　因为$\dfrac{\sin x}{x}$是$f(x)$的一个原函数，所以$f(x) = \left(\dfrac{\sin x}{x}\right)'$，而

$\int x^3 f'(x)\mathrm{d}x = \int x^3 \mathrm{d}f(x) = x^3 f(x) - 3\int x^2 f(x)\mathrm{d}x$，下面求$\int x^2 f(x)\mathrm{d}x$，

$$\int x^2 f(x)\mathrm{d}x=\int x^2\left(\frac{\sin x}{x}\right)'\mathrm{d}x=\int x^2\mathrm{d}\left(\frac{\sin x}{x}\right)=x^2\cdot\frac{\sin x}{x}-\int\frac{\sin x}{x}\mathrm{d}(x^2)$$
$$=x\sin x-2\int\sin x\mathrm{d}x=x\sin x+2\cos x+C_1$$

所以$\int x^3 f'(x)\mathrm{d}x=x^2\cos x-4x\sin x-6\cos x+C(C=-3C_1)$.

例 4.31 设$F(x)$是$f(x)$的原函数, 且当$x\geqslant 0$时有$f(x)\cdot F(x)=\dfrac{x\mathrm{e}^x}{2(1+x)^2}$,已知$F(0)=1$,$F(x)>0$,求$f(x)$.

分析 利用原函数的定义, 结合已知条件先求出$F(x)$, 然后求其导数即为所求.

解 因为$F'(x)=f(x)$,所以$F'(x)F(x)=\dfrac{x\mathrm{e}^x}{2(1+x)^2}$,两边积分得

$$\int F'(x)F(x)\mathrm{d}x=\frac{1}{2}\int\frac{x\mathrm{e}^x}{(1+x)^2}\mathrm{d}x=-\frac{1}{2}\int x\mathrm{e}^x\mathrm{d}\left(\frac{1}{1+x}\right)=-\frac{1}{2}\left(\frac{x\mathrm{e}^x}{1+x}-\mathrm{e}^x+C\right),$$

即$\dfrac{1}{2}F^2(x)=-\dfrac{1}{2}\left(\dfrac{x\mathrm{e}^x}{1+x}-\mathrm{e}^x+C\right)$,由$F(0)=1$得$C=0$,所以$F^2(x)=\mathrm{e}^x-\dfrac{x\mathrm{e}^x}{1+x}=\dfrac{\mathrm{e}^x}{1+x}$,因为$F(x)>0$,所以$F(x)=\sqrt{\dfrac{\mathrm{e}^x}{1+x}}$,从而

$$f(x)=F'(x)=\frac{x\mathrm{e}^{\frac{x}{2}}}{2\sqrt{(1+x)^3}}.$$

例 4.32 $\displaystyle\int\frac{\arcsin\sqrt{x}}{\sqrt{x}}\mathrm{d}x=$____________.

解 令$\sqrt{x}=t$,则$x=t^2$,$\mathrm{d}x=2t\mathrm{d}t$,故

$$\int\frac{\arcsin\sqrt{x}}{\sqrt{x}}\mathrm{d}x=2\int\arcsin t\mathrm{d}t=2(t\arcsin t+\sqrt{1-t^2})+C=2\sqrt{x}\arcsin\sqrt{x}+2\sqrt{1-x}+C.$$

例 4.33 设$f(\sin^2 x)=\dfrac{x}{\sin x}$,求$\displaystyle\int\frac{\sqrt{x}}{\sqrt{1-x}}f(x)\mathrm{d}x$.

解 由题设可知$\begin{cases}\sqrt{x}\geqslant 0,\\ \sqrt{1-x}>0,\end{cases}$即$0\leqslant x<1$,设$\sin^2 x=t$,$x=\arcsin\sqrt{t}$,则有

$f(t)=\dfrac{\arcsin\sqrt{t}}{\sqrt{t}}$,所以

$$\int\frac{\sqrt{x}}{\sqrt{1-x}}f(x)\mathrm{d}x=\int\frac{\sqrt{x}}{\sqrt{1-x}}\frac{\arcsin\sqrt{x}}{\sqrt{x}}\mathrm{d}x=\int\frac{\arcsin\sqrt{x}}{\sqrt{1-x}}\mathrm{d}x$$
$$=-2\int\arcsin\sqrt{x}\mathrm{d}(\sqrt{1-x})=-2\sqrt{1-x}\cdot\arcsin\sqrt{x}+2\int\sqrt{1-x}\mathrm{d}(\arcsin\sqrt{x})$$

$$=-2\sqrt{1-x}\cdot\arcsin\sqrt{x}+2\sqrt{x}+C$$

例 4.34　计算不定积分$\int\frac{x\mathrm{e}^{\arctan x}}{(1+x^2)^{\frac{3}{2}}}\mathrm{d}x$.

分析　本题含有难积的反三角函数，遇到这种情形，通常的做法是将反三角函数部分作变量替换.

解　令$\arctan x=u$，则$x=\tan u$，$\mathrm{d}x=\sec^2 u\mathrm{d}u$

$$\int\frac{x\mathrm{e}^{\arctan x}}{(1+x^2)^{\frac{3}{2}}}\mathrm{d}x=\int\frac{\tan u\mathrm{e}^u}{(1+\tan^2 u)^{\frac{3}{2}}}\sec^2 u\mathrm{d}u=\int\mathrm{e}^u\sin u\mathrm{d}u=\int\sin u\mathrm{d}(\mathrm{e}^u)=\mathrm{e}^u\sin u-\int\mathrm{e}^u\mathrm{d}\sin u$$

$$=\mathrm{e}^u\sin u-\int\mathrm{e}^u\cos u\mathrm{d}u=\mathrm{e}^u\sin u-\int\cos u\mathrm{d}(\mathrm{e}^u)$$

$$=\mathrm{e}^u\sin u-\mathrm{e}^u\cos u-\int\mathrm{e}^u\sin u\mathrm{d}u.$$

故$\int\frac{x\mathrm{e}^{\arctan x}}{(1+x^2)^{\frac{3}{2}}}\mathrm{d}x=\int\mathrm{e}^u\sin u\mathrm{d}u=\frac{1}{2}\mathrm{e}^u(\sin u-\cos u)+C=\frac{(x-1)\mathrm{e}^{\arctan x}}{2\sqrt{1+x^2}}+C$.

例 4.35　求下列不定积分：

（1）$\int\frac{x+3}{x^2-5x+6}\mathrm{d}x$；　（2）$\int\frac{1}{x(x-1)^2}\mathrm{d}x$；

（3）$\int\frac{\mathrm{d}x}{(x^2+1)(x^2+x+1)}$；　（4）$\int\frac{x^3+4x^2}{x^2+5x+6}\mathrm{d}x$.

解　（1）$\frac{x+3}{x^2-5x+6}=\frac{x+3}{(x-2)(x-3)}=\frac{A}{x-2}+\frac{B}{x-3}=\frac{A(x-3)+B(x-2)}{(x-2)(x-3)}$，即$x+3=A(x-3)+B(x-2)$，比较系数知$\begin{cases}A+B=1,\\-3A-2B=3\end{cases}$（或者用赋值法：分别在$x+3=A(x-3)+B(x-2)$中令$x=3$与$x=2$，也可解出$A$与$B$），解之得$\begin{cases}A=-5,\\B=6,\end{cases}$

于是$\int\frac{x+3}{x^2-5x+6}\mathrm{d}x=\int\left(\frac{-5}{x-2}+\frac{6}{x-3}\right)\mathrm{d}x=\ln(x-3)^6-5\ln|x-2|+C=\ln\frac{(x-3)^6}{|x-2|^5}+C$.

（2）令$\frac{1}{x(x-1)^2}=\frac{A}{x}+\frac{B}{x-1}+\frac{C}{(x-1)^2}$，用待定系数法或赋值法可求出$A=1$，$B=-1$，$C=1$，故

$$\int\frac{1}{x(x-1)^2}\mathrm{d}x=\int[\frac{1}{x}-\frac{1}{x-1}+\frac{1}{(x-1)^2}]\mathrm{d}x=\int\frac{1}{x}\mathrm{d}x-\int\frac{1}{x-1}\mathrm{d}x+\int\frac{1}{(x-1)^2}\mathrm{d}x$$

$$=\ln|x|-\ln|x-1|-\frac{1}{x-1}+C.$$

（3）因为 $\dfrac{1}{(x^2+1)(x^2+x+1)}=\dfrac{-x}{x^2+1}+\dfrac{x+1}{x^2+x+1}$，所以

$$\begin{aligned}\int\frac{dx}{(x^2+1)(x^2+x+1)}&=\int\left(\frac{-x}{x^2+1}+\frac{x+1}{x^2+x+1}\right)dx\\&=-\frac{1}{2}\int\frac{d(x^2+1)}{x^2+1}+\frac{1}{2}\int\frac{d(x^2+x+1)}{x^2+x+1}+\frac{1}{2}\int\frac{dx}{x^2+x+1}\\&=-\frac{1}{2}\ln(x^2+1)+\frac{1}{2}\ln(x^2+x+1)+\frac{1}{2}\int\frac{d\left(x+\frac{1}{2}\right)}{\left(x+\frac{1}{2}\right)^2+\frac{3}{4}}\\&=-\frac{1}{2}\ln\frac{x^2+1}{x^2+x+1}+\frac{\sqrt{3}}{3}\arctan\frac{2x+1}{\sqrt{3}}+C.\end{aligned}$$

（4）由于 $\dfrac{x^3+4x^2}{x^2+5x+6}=x-1-\dfrac{x-6}{x^2+5x+6}=x-1-\dfrac{9}{x+3}+\dfrac{8}{x+2}$，则

$$\int\frac{x^3+4x^2}{x^2+5x+6}dx=\int\left(x-1-\frac{9}{x+3}+\frac{8}{x+2}\right)dx=\frac{1}{2}x^2-x-9\ln|x+3|+8\ln|x+2|+C.$$

例 4.36 求 $\displaystyle\int\frac{x^2}{(1-x)^{100}}dx$.

分析 被积函数 $\dfrac{x^2}{(1-x)^{100}}$ 是有理真分式，若按有理函数的积分法来处理，那么要确定 A_1，A_2，…，A_{100}，比较麻烦. 根据被积函数的特点：分母是 x 的一次因式，但幂次较高，而分子是 x 的二次幂，可以考虑用下列几种方法求解.

解法 1 令 $1-x=t$，$dx=-dt$，则

$$\begin{aligned}\int\frac{x^2}{(1-x)^{100}}dx&=-\int\frac{(1-t)^2}{t^{100}}dt=-\int\frac{t^2-2t+1}{t^{100}}dt=-\int t^{-98}dt+2\int t^{-99}dt-\int t^{-100}dt\\&=\frac{1}{97}t^{-97}-2\cdot\frac{1}{98}t^{-98}+\frac{1}{99}t^{-99}+C\\&=\frac{1}{97}(1-x)^{-97}-\frac{1}{49}(1-x)^{-98}+\frac{1}{99}(1-x)^{-99}+C.\end{aligned}$$

解法 2
$$\begin{aligned}\int\frac{x^2}{(1-x)^{100}}dx&=\int\frac{(x^2-1)+1}{(1-x)^{100}}dx=-\int\frac{x+1}{(1-x)^{99}}dx+\int\frac{1}{(1-x)^{100}}dx\\&=\int\frac{(1-x)-2}{(1-x)^{99}}dx+\int\frac{1}{(1-x)^{100}}dx\\&=\int\frac{1}{(1-x)^{98}}dx-2\int\frac{1}{(1-x)^{99}}dx+\int\frac{1}{(1-x)^{100}}dx\end{aligned}$$

$$=\frac{1}{97}(1-x)^{-97}-\frac{1}{49}(1-x)^{-98}+\frac{1}{99}(1-x)^{-99}+C.$$

解法 3　用分部积分法.

$$\int\frac{x^2}{(1-x)^{100}}\mathrm{d}x=\int x^2\mathrm{d}[\frac{1}{99}(1-x)^{-99}]=\frac{x^2}{99(1-x)^{99}}-\int\frac{2x}{99(1-x)^{99}}\mathrm{d}x$$

$$=\frac{x^2}{99(1-x)^{99}}-\frac{2}{99}\int x\mathrm{d}\left[\frac{1}{98}(1-x)^{-98}\right]$$

$$=\frac{x^2}{99(1-x)^{99}}-\frac{2}{99}\left[\frac{x}{98(1-x)^{98}}-\frac{1}{98}\int\frac{\mathrm{d}x}{(1-x)^{98}}\right]$$

$$=\frac{x^2}{99(1-x)^{99}}-\frac{1}{99}\cdot\frac{x}{49(1-x)^{98}}-\frac{2}{99\cdot 98}\cdot\frac{1}{97(1-x)^{97}}+C.$$

注　形如$\frac{P(x)}{Q(x)}$的（$P(x)$与$Q(x)$均为多项式）有理函数的积分关键是将有理真分式分解成部分分式之和，而部分分式都有具体的积分方法，对于假分式则要化为真分式与多项式之和.

例 4.37　求下列不定积分：

（1）$\int\frac{1}{(2-x)\sqrt{1-x}}\mathrm{d}x$；（2）$\int\frac{1}{x}\sqrt{\frac{1+x}{x}}\mathrm{d}x$；（3）$\int\frac{\mathrm{d}x}{1+\sin x+\cos x}$.

解　（1）**解法 1**　令$t=\sqrt{1-x}$，则$x=1-t^2$，$\mathrm{d}x=-2t\mathrm{d}t$，于是

$$\int\frac{1}{(2-x)\sqrt{1-x}}\mathrm{d}x=\int\frac{-2t\mathrm{d}t}{t(1+t^2)}=-2\int\frac{\mathrm{d}t}{1+t^2}=-2\arctan t+C=-2\arctan\sqrt{1-x}+C.$$

解法 2　$\int\frac{1}{(2-x)\sqrt{1-x}}\mathrm{d}x=-\int\frac{1}{(2-x)\sqrt{1-x}}\mathrm{d}(1-x)=-2\int\frac{1}{2-x}\mathrm{d}(\sqrt{1-x})$

$$=-2\int\frac{1}{1+1-x}\mathrm{d}(\sqrt{1-x})$$

$$=-2\int\frac{1}{1+(\sqrt{1-x})^2}\mathrm{d}(\sqrt{1-x})=-2\arctan\sqrt{1-x}+C.$$

（2）令$\sqrt{\frac{1+x}{x}}=t$，于是$\frac{1+x}{x}=t^2$，$x=\frac{1}{t^2-1}$，$\mathrm{d}x=-\frac{2t\mathrm{d}t}{(t^2-1)^2}$，从而

$$\int\frac{1}{x}\sqrt{\frac{1+x}{x}}\mathrm{d}x=\int(t^2-1)t\cdot\frac{-2t}{(t^2-1)^2}\mathrm{d}t=-2\int\frac{t^2}{t^2-1}\mathrm{d}t=-2\int\left(1+\frac{1}{t^2-1}\right)\mathrm{d}t=-2t-\ln\left|\frac{t-1}{t+1}\right|+C$$

$$=-2t+2\ln(t+1)-\ln\left|t^2-1\right|+C=-2\sqrt{\frac{1+x}{x}}+2\ln\left(\sqrt{\frac{1+x}{x}}+1\right)+\ln|x|+C.$$

（3）**解法 1**　令$u=\tan\frac{x}{2}$，则$x=2\arctan u$，$\mathrm{d}x=\frac{2\mathrm{d}u}{1+u^2}$，从而

$$\int\frac{\mathrm{d}x}{1+\sin x+\cos x}=\int\frac{\frac{2}{1+u^2}}{1+\frac{2u}{1+u^2}+\frac{1-u^2}{1+u^2}}\mathrm{d}u=\int\frac{1}{u+1}\mathrm{d}u=\ln\left|1+\tan\frac{x}{2}\right|+C.$$

解法 2 $\displaystyle\int\frac{\mathrm{d}x}{1+\sin x+\cos x}=\int\frac{\mathrm{d}x}{2\sin\frac{x}{2}\cos\frac{x}{2}+2\cos^2\frac{x}{2}}=\frac{1}{2}\int\frac{\mathrm{d}x}{\cos^2\frac{x}{2}\left(1+\tan\frac{x}{2}\right)}$

$$=\int\frac{\mathrm{d}\left(\frac{x}{2}\right)}{\cos^2\frac{x}{2}\left(1+\tan\frac{x}{2}\right)}=\int\frac{\mathrm{d}\left(\tan\frac{x}{2}\right)}{1+\tan\frac{x}{2}}=\ln\left|1+\tan\frac{x}{2}\right|+C.$$

注 可化为有理函数的积分主要要求熟练掌握如下两类:

第一类是三角有理函数的积分，即可用万能代换 $u=\tan\frac{x}{2}$ 将其化为 u 的有理函数的积分.

第二类是被积函数的分子或分母中带有根式而不易积出的不定积分. 对于这类不定积分，可采用适当的变量代换去掉根号，将被积函数化为有理函数的积分. 常用的变量代换及适用题型可参考前面介绍过的第二类换元积分法.

例 4.38 求 $\displaystyle\int\frac{x+\sin x}{1+\cos x}\mathrm{d}x$.

解 注意 $\sin x\mathrm{d}x=-\mathrm{d}(1+\cos x)$ 及 $\displaystyle\frac{1}{1+\cos x}\mathrm{d}x=\frac{1}{2\cos^2\frac{x}{2}}\mathrm{d}x=\mathrm{d}\left(\tan\frac{x}{2}\right)$，可将原来的积分拆为两项，然后积分，即

$$\int\frac{x+\sin x}{1+\cos x}\mathrm{d}x=\int\frac{x}{1+\cos x}\mathrm{d}x+\int\frac{\sin x}{1+\cos x}\mathrm{d}x=\int x\mathrm{d}\left(\tan\frac{x}{2}\right)-\int\frac{1}{1+\cos x}\mathrm{d}(1+\cos x)$$

$$=x\tan\frac{x}{2}-\int\tan\frac{x}{2}\mathrm{d}x-\ln(1+\cos x)=x\tan\frac{x}{2}+2\ln\left|\cos\frac{x}{2}\right|-\ln(1+\cos x)+C_1$$

$$=x\tan\frac{x}{2}+2\ln\left|\cos\frac{x}{2}\right|-\ln\left(2\cos^2\frac{x}{2}\right)+C_1=x\tan\frac{x}{2}+C\quad(C=C_1-\ln 2).$$

例 4.39 求 $\displaystyle\int\mathrm{e}^{\sin x}\frac{x\cos^3 x-\sin x}{\cos^2 x}\mathrm{d}x$.

解 被积函数较为复杂，直接凑微分或分部积分都比较困难，不妨将其拆为两项后再观察.

$$\int\mathrm{e}^{\sin x}\frac{x\cos^3 x-\sin x}{\cos^2 x}\mathrm{d}x=\int\mathrm{e}^{\sin x}x\cos x\mathrm{d}x-\int\mathrm{e}^{\sin x}\tan x\sec x\mathrm{d}x=\int x\mathrm{d}(\mathrm{e}^{\sin x})-\int\mathrm{e}^{\sin x}\mathrm{d}(\sec x)$$

$$=x\mathrm{e}^{\sin x}-\int\mathrm{e}^{\sin x}\mathrm{d}x-\mathrm{e}^{\sin x}\sec x+\int\mathrm{e}^{\sin x}\mathrm{d}x=\mathrm{e}^{\sin x}(x-\sec x)+C.$$

例 4.40 求$\int \frac{x^2}{(1-x^2)^3}\mathrm{d}x$.

解 考虑第二类换元积分法与分部积分法，令$x=\sin t$，则

$$\int \frac{x^2}{(1-x^2)^3}\mathrm{d}x=\int \frac{\sin^2 t}{\cos^5 t}\mathrm{d}t=\int \tan^2 t\sec^3 t\mathrm{d}t=\int (\sec^5 t-\sec^3 t)\mathrm{d}t,$$

而

$$\begin{aligned}\int \sec^5 t\mathrm{d}t&=\int \sec^3 t\mathrm{d}(\tan t)=\sec^3 t\tan t-3\int \tan^2 t\sec^3 t\mathrm{d}t\\&=\sec^3 t\tan t-3\int (\sec^5 t-\sec^3 t)\mathrm{d}t.\end{aligned}$$

故

$$\int \sec^5 t\mathrm{d}t=\frac{1}{4}\sec^3 t\tan t+\frac{3}{4}\int \sec^3 t\mathrm{d}t.$$

又因为

$$\int \sec^3 t\mathrm{d}t=\int \sec t\mathrm{d}(\tan t)=\sec t\tan t-\int \tan^2 t\sec t\mathrm{d}t=\sec t\tan t-\int (\sec^3 t-\sec t)\mathrm{d}t,$$

从而$\int \sec^3 t\mathrm{d}t=\frac{1}{2}\sec t\tan t+\frac{1}{2}\ln|\sec t+\tan t|+C_1$，所以

$$\begin{aligned}\int \frac{x^2}{(1-x^2)^3}\mathrm{d}x&=\frac{1}{4}\sec^3 t\tan t-\frac{1}{4}\int \sec^3 t\mathrm{d}t=\frac{1}{4}\sec^3 t\tan t-\frac{1}{8}\sec t\tan t-\frac{1}{8}\ln|\sec t+\tan t|+C\\&=\frac{x+x^3}{8(1-x^2)^2}-\frac{1}{16}\ln\left|\frac{1+x}{1-x}\right|+C.\end{aligned}$$

4.4 自我测试题

A 级自我测试题

一、选择题（每小题 3 分，共 15 分）

1. 如果$\int \mathrm{d}f(x)=\int \mathrm{d}g(x)+C$，则不正确的是_________.

A. $f(x)=g(x)$　　　　B. $f'(x)=g'(x)$

C. $\mathrm{d}f(x)=\mathrm{d}g(x)$　　　　D. $\mathrm{d}\int f'(x)\mathrm{d}x=\mathrm{d}\int g'(x)\mathrm{d}x$

2. C为任意常数，且$F'(x)=f(x)$，下式成立的有__________.

A. $\int F'(x)\mathrm{d}x=f(x)+C$　　　　B. $\int f(x)\mathrm{d}x=F(x)+C$

C. $\int F'(x)\mathrm{d}x=F'(x)+C$　　　　D. $\int f'(x)\mathrm{d}x=F(x)+C$

3. $\int \sin 2x\mathrm{d}x\neq$__________.

A. $\frac{1}{2}\cos 2x+C$　　B. $\sin^2 x+C$

C. $-\cos^2 x+C$　　D. $-\frac{1}{2}\cos 2x+C$

4. $\int f'(3x)dx=$________.

A. $\frac{1}{3}f(x)+C$　　B. $\frac{1}{3}f(3x)+C$

C. $3f(x)+C$　　D. $3f(3x)+C$

5. 若$\int f(x)dx=x^2e^{2x}+C$，则$f(x)=$（　　）.

A. $2xe^{2x}$　　B. $2x^2e^{2x}$　　C. xe^{2x}　　D. $2xe^{2x}(1+x)$

二、填空题（每小题3分，共15分）

1. 已知函数$f(x)$的一个原函数是$\arctan x^2$，则$f'(x)=$________.

2. 已知一个函数$f(x)$满足$f'(\sqrt{x})=1+x$，则$f(x)=$________.

3. $\int f(x)dx=F(x)+C$，则$\int xf'(x)dx=$________.

4. 曲线在任意一点处的切线斜率为$2x$，且曲线过点(2, 5)，则曲线方程为________.

5. 若$\int f(x)dx=F(x)+C$，则$\int xe^{-x^2}f(e^{-x^2})dx=$________.

三、求下列不定积分（每小题3分，共12分）

1. $\int \frac{\sqrt{x}-x+x^2e^x}{x^2}dx$.　　2. $\int \sin^2\frac{x}{2}dx$.

3. $\int \frac{1+2x^2}{x^2(1+x^2)}dx$.　　4. $\int (2^x+3^x)^2dx$.

四、求下列不定积分（每小题5分，共45分）

1. $\int \frac{1}{(1-2x)^3}dx$.　　2. $\int e^x\cos(e^x)dx$.　　3. $\int \frac{\cos x-\sin x}{\cos x+\sin x}dx$.

4. $\int \frac{dx}{1+\sqrt{2x}}$.　　5. $\int \frac{dx}{\sqrt{1+e^x}}$.　　6. $\int \frac{1}{x(x^7+2)}dx$.

7. $\int x\sin 2x dx$.　　8. $\int e^{\sqrt{x}}dx$.　　9. $\int \frac{x^2+1}{(x+1)^2(x-1)}dx$.

五、（5分）　一曲线通过点$(e^2,3)$，且在任一点处的切线的斜率等于该点横坐标的倒数，求该曲线的方程.

六、（8 分） 已知某产品的总成本 $C_T(Q)$（万元）的边际成本 $C_M(Q)=1$，总收益 $R_T(Q)$（万元）的边际收益 $R_M(Q)=5-Q$，其中 Q（万台）表示生产量. 若 $C_T(0)=1$，$R_T(0)=0$．求总利润函数 $L_T(Q)$ $(L_T(Q)=R_T(Q)-C_T(Q))$.

B 级自我测试题

一、选择题（每小题 3 分，共 15 分）

1. 设 $f(x)$ 在 (a,b) 内连续，则对其原函数 $F(x)$ 而言，下列性质错误的是（　　）.

A. $F(x)$ 在 (a,b) 内可导　　B. $F(x)$ 在 (a,b) 内存在原函数

C. $f(x)$ 的任一原函数与 $F(x)$ 在 (a,b) 内仅相差一个常数

D. $F(x)$ 是 (a,b) 内的初等函数

2. 设 $F(x)$ 是 $f(x)$ 的一个原函数，则 $\int xf(1-x^2)\mathrm{d}x=$（　　）.

A. $F(1-x^2)+C$　　B. $-F(1-x^2)+C$

C. $-\dfrac{1}{2}F(1-x^2)+C$　　D. $F(x)+C$

3. 函数 $f(x)=\sin|x|$ 的一个原函数是（　　）.

A. $-\cos|x|$　　B. $-|\cos x|$

C. $F(x)=\begin{cases}-\cos x, & x\geqslant 0\\ \cos x-2, & x<0\end{cases}$　　D. $F(x)=\begin{cases}-\cos x+C, & x\geqslant 0\\ \cos x+C, & x<0\end{cases}$

4. 已知 $f'(\mathrm{e}^x)=1+x$，则 $f(x)=$（　　）.

A. $1+\ln x+C$　　B. $x+\dfrac{1}{2}x^2+C$

C. $\ln x+\dfrac{1}{2}\ln^2 x+C$　　D. $x\ln x+C$

5. $\int xf''(x)\mathrm{d}x=$__________.

A. $xf'(x)-f(x)+C$　　B. $xf'(x)-f'(x)+C$

C. $xf'(x)+f(x)+C$　　D. $xf'(x)-\int f(x)\mathrm{d}x$

二、填空题（每小题 3 分，共 18 分）

1. 设 $f'(\sin^2 x)=\cos^2 x$，则 $f(x)=$__________.

2. $F'(x)=f(x)$，$f(x)$ 为可导函数，且 $f(0)=1$，又 $F(x)=xf(x)+x^2$，则 $f(x)=$__________.

3. $\int|x|\mathrm{d}x=$__________.

4. 设$\int xf(x)\mathrm{d}x=\sqrt{1-x^2}+C$，则$\int \frac{1}{f(x)}\mathrm{d}x=$________.

5. 已知$f(x)$的一个原函数为$\ln^2 x$，则$\int xf'(x)\mathrm{d}x=$________.

6. $\int \frac{\mathrm{d}x}{\sqrt{x(4-x)}}=$________.

三、求下列不定积分（每小题4分，共40分）

1. $\int \mathrm{e}^{2x}\sin^2 x\mathrm{d}x$. 2. $\int \sin(\ln x)\mathrm{d}x$. 3. $\int \frac{\mathrm{d}x}{x^4+2x^2-3}$. 4. $\int \sqrt{4+x^2}\mathrm{d}x$.

5. $\int \frac{\mathrm{e}^x+1}{\mathrm{e}^x-1}\mathrm{d}x$. 6. $\int \frac{x+2}{x^2-4x+7}\mathrm{d}x$. 7. $\int x\arcsin x\mathrm{d}x$. 8. $\int \frac{\sin x}{\sin x+1}\mathrm{d}x$.

9. $\int \frac{1}{x}\sqrt{\frac{1-x}{1+x}}\mathrm{d}x$. 10. $\int \frac{x\ln(x+\sqrt{1+x^2})}{(1+x^2)^2}\mathrm{d}x$.

四、（5分） 已知$f(x)=\frac{\mathrm{e}^x}{x}$，求$\int xf''(x)\mathrm{d}x$.

五、（6分） 证明递推公式：

$$I_n=\int \cos^n x\mathrm{d}x=\frac{\cos^{n-1}x\sin x}{n}+\frac{n-1}{n}I_{n-2}\text{（}n\text{为正整数）}.$$

六、（6分） 求$\int f(x)\mathrm{d}x$，其中$f(x)=\begin{cases}x^2, & x\leqslant 0,\\ \sin x, & x>0.\end{cases}$

七、（10分） 设某种农产品每天生产x单位时，固定成本为30元，总成本函数$C_T(x)$的边际成本函数为$C_M(x)=0.2x+3$（元/单位），且$C_T(0)=30$. 求

（1）总成本函数$C_T(x)$.

（2）如果这种商品规定的销售单价为12元，且产品可以全部售出，求总利润函数$L_T(x)$.

（3）每天生产多少单位时，才能获得最大利润？最大利润是多少？

第5章　定积分及其应用

5.1　知识结构图与学习要求

5.1.1　知识结构图

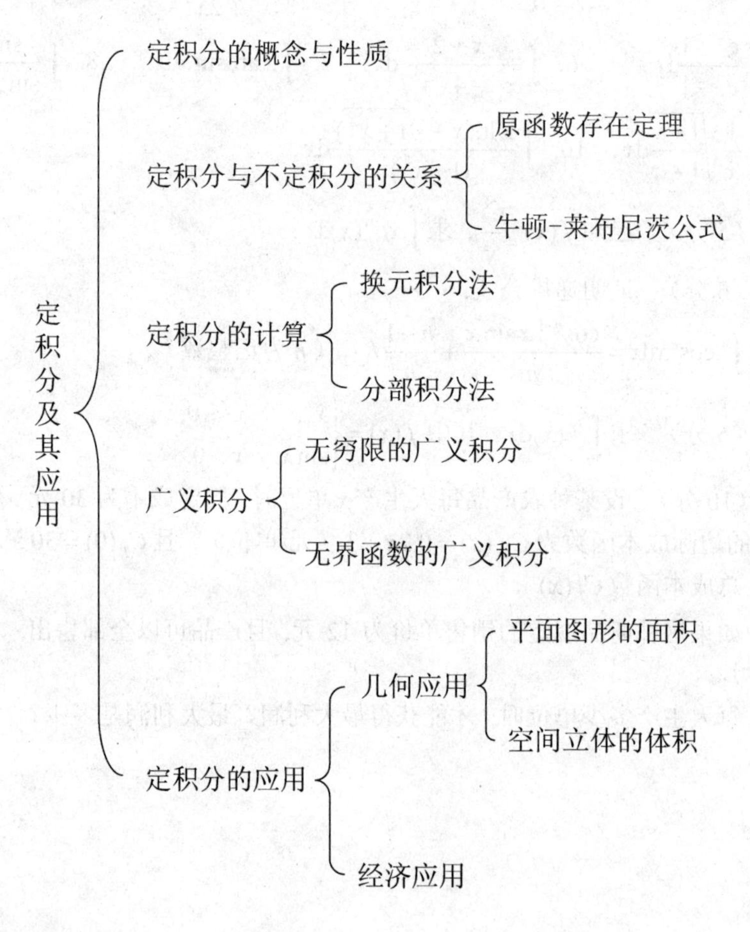

5.1.2　学习要求

（1）理解定积分的概念和基本性质，掌握积分中值定理.

（2）熟练掌握牛顿-莱布尼茨公式，会求变限积分的导数.

（3）熟练掌握定积分的换元积分法和分部积分法.

（4）了解求总量的微元法，会利用定积分计算平面图形的面积和旋转体体积，会利用定积分求解一些简单的经济应用问题.

（5）了解广义积分收敛与发散的概念，掌握计算收敛的广义积分的方法.

5.2　内 容 提 要

5.2.1　定积分的概念

1. 定积分的定义

定积分是积分和的极限，即

$$\int_b^a f(x)\mathrm{d}x=\lim_{\lambda\to 0}\sum_{i=1}^{n} f(\xi_i)\Delta x_i\text{，其中 }\lambda=\max\{\Delta x\}$$

定积分的值与$[a,b]$的分法和ξ_i的取法无关，由被积函数与积分区间$[a,b]$所确定.

规定$\int_a^a f(x)\mathrm{d}x=0$，$\int_a^b f(x)\mathrm{d}x=-\int_b^a f(x)\mathrm{d}x$.

2. 定积分的几何意义

表示介于曲线$y=f(x)$、x轴、直线$x=a$及$x=b$各部分的面积的代数和.

3. 定积分的可积性

（1）有限区间上的连续函数一定可积；

（2）有限区间上有界函数且只有有限多个间断点的函数可积.

5.2.2　定积分的性质

（1）$\int_a^b [f(x)\pm g(x)]\mathrm{d}x=\int_a^b f(x)\mathrm{d}x\pm\int_a^b g(x)\mathrm{d}x$；

（2）$\int_a^b kf(x)\mathrm{d}x=k\int_a^b f(x)\mathrm{d}x$（$k$为常数）；

（3）$\int_a^b \mathrm{d}x=b-a$；

（4）$\int_a^b f(x)\mathrm{d}x=\int_a^c f(x)\mathrm{d}x+\int_c^b f(x)\mathrm{d}x$；

（5）若$f(x)\geqslant 0$，则$\int_a^b f(x)\mathrm{d}x\geqslant 0$（$a<b$）；

（6）若$f(x)\geqslant g(x)$，则$\int_a^b f(x)\mathrm{d}x\geqslant\int_a^b g(x)\mathrm{d}x$（$a<b$）；

（7）若$m\leqslant f(x)\leqslant M$（$x\in[a,b]$），则

$$m(b-a) \leqslant \int_a^b f(x)\mathrm{d}x \leqslant M(b-a);$$

（8）积分中值定理：设函数 $f(x)$ 在闭区间 $[a,b]$ 上连续，则在积分区间 $[a,b]$ 上至少存在一点 ξ，使得 $\int_a^b f(x)\mathrm{d}x = f(\xi)(b-a)$；

*（9）积分中值定理的推广：设函数 $f(x)$ 在闭区间 $[a,b]$ 上连续，函数 $g(x)$ 不变号，则在 $[a,b]$ 上至少存在一点 ξ，使得

$$\int_a^b f(x)g(x)\mathrm{d}x = f(\xi)\int_a^b g(x)\mathrm{d}x .$$

5.2.3 积分上限函数及其导数

1. 定义

设函数 $f(x)$ 在闭区间 $[a,b]$ 上连续，称 $\Phi(x)=\int_a^x f(t)\mathrm{d}t$ 为积分上限函数，其中 $x\in[a,b]$；完全类似地可定义积分下限函数.

2. 定理（原函数存在定理）

如果函数 $f(x)$ 在闭区间 $[a,b]$ 上连续，则积分上限函数 $\Phi(x)=\int_a^x f(t)\mathrm{d}t$ 在 $[a,b]$ 上可导，其导数为 $\Phi'(x)=\dfrac{\mathrm{d}}{\mathrm{d}x}\int_a^x f(t)\mathrm{d}t = f(x)\ (x\in[a,b])$.

推论 5.1 $\Phi(x)$ 是 $f(x)$ 在 $[a,b]$ 上的一个原函数，即连续函数的原函数一定存在.

推论 5.2 设 f 为连续函数，u,v 均为可导函数，且复合函数 $f[u(x)]$，$f[v(x)]$ 都存在，则有 $\dfrac{\mathrm{d}}{\mathrm{d}x}\int_{u(x)}^{v(x)} f(t)\mathrm{d}t = f[v(x)]v'(x)-f[u(x)]u'(x)$.

注 上述公式条件是被积函数 $f(t)$ 连续且 $f(t)\mathrm{d}t$ 中不含有变量 x.

5.2.4 定积分的计算

1. 牛顿-莱布尼茨公式

设 $F(x)$ 是连续函数 $f(x)$ 在 $[a,b]$ 上的一个原函数，则有

$$\int_a^b f(x)\mathrm{d}x = F(x)\Big|_a^b = F(b)-F(a).$$

此公式又称为微积分基本公式.

2. 定积分的换元积分法

设 $f(x)$ 在闭区间 $[a,b]$ 上连续，$\varphi'(t)$ 在 $[\alpha,\beta]$ 或 $[\beta,\alpha]$ 上连续，则

$$\int_a^b f(x)\mathrm{d}x=\int_\alpha^\beta f[\varphi(t)]\varphi'(t)\mathrm{d}t$$

其中 $a=\varphi(\alpha)$，$b=\varphi(\beta)$.

注 使用定积分的换元法时，应注意两点：一是所设变量代换在定义区间上要具有连续导数；二是该代换要为单调函数.

3. 定积分的分部积分法

设 $u=u(x)$，$v=v(x)$ 有连续导数，则 $\int_a^b u\mathrm{d}v=[u,v]_a^b-\int_a^b v\mathrm{d}u$.

4. 对于一些特殊类型的积分，有如下常用结论

（1）若 $f(x)$ 在 $[-a,a]$ 上连续且 $f(x)$ 为偶函数，则 $\int_{-a}^a f(x)\mathrm{d}x=2\int_0^a f(x)\mathrm{d}x$.

（2）若 $f(x)$ 在 $[-a,a]$ 上连续且 $f(x)$ 为奇函数，则 $\int_{-a}^a f(x)\mathrm{d}x=0$.

（3）若 $f(x)$ 是以 T 为周期的连续函数，则

$$\int_a^{a+nT} f(x)\mathrm{d}x=n\int_a^{a+T} f(x)\mathrm{d}x=n\int_0^T f(x)\mathrm{d}x.$$

（4）若 $f(x)$ 在 $[0,1]$ 上连续，则有

$$\int_0^{\frac{\pi}{2}} f(\sin x)\mathrm{d}x=\int_0^{\frac{\pi}{2}} f(\cos x)\mathrm{d}x;$$

$$\int_0^{\pi} f(\sin x)\mathrm{d}x=2\int_0^{\frac{\pi}{2}} f(\sin x)\mathrm{d}x;\ \int_0^{\pi} xf(\sin x)\mathrm{d}x=\frac{\pi}{2}\int_0^{\pi} f(\sin x)\mathrm{d}x.$$

（5）$\int_0^{\frac{\pi}{2}}\cos^n x\mathrm{d}x=\int_0^{\frac{\pi}{2}}\sin^n x\mathrm{d}x=\begin{cases}\dfrac{n-1}{n}\cdot\dfrac{n-3}{n-2}\cdots\dfrac{4}{5}\cdot\dfrac{2}{3}, & n=2k+1,k\in\mathbf{N},\\ \dfrac{n-1}{n}\cdot\dfrac{n-3}{n-2}\cdots\dfrac{1}{2}\cdot\dfrac{\pi}{2}, & n=2k,k\in\mathbf{N}.\end{cases}$

5.2.5 广义积分

1. 无穷限的广义积分

设函数 $f(x)$ 在相应区间上连续，定义

$$\int_a^{+\infty} f(x)\mathrm{d}x=\lim_{b\to+\infty}\int_a^b f(x)\mathrm{d}x;\ \int_{-\infty}^b f(x)\mathrm{d}x=\lim_{a\to-\infty}\int_a^b f(x)\mathrm{d}x.$$

若上述等式右端极限存在，则称左端的广义积分收敛，否则称为发散. 而

$$\int_{-\infty}^{+\infty} f(x)\mathrm{d}x=\int_0^{+\infty} f(x)\mathrm{d}x+\int_{-\infty}^0 f(x)\mathrm{d}x,$$

当 $\int_0^{+\infty} f(x)\mathrm{d}x$ 和 $\int_{-\infty}^0 f(x)\mathrm{d}x$ 同时收敛时，称广义积分 $\int_{-\infty}^{+\infty} f(x)\mathrm{d}x$ 收敛，否则称为发散.

2. 无界函数的广义积分（瑕积分）

设函数 $f(x)$ 在相应区间上连续，且分别在 a 的右邻域，b 的左邻域，c 的邻域内无界，定义

$$\int_a^b f(x)\mathrm{d}x = \lim_{t\to a^+}\int_t^b f(x)\mathrm{d}x；\int_a^b f(x)\mathrm{d}x = \lim_{t\to b^-}\int_a^t f(x)\mathrm{d}x .$$

若上述等式右端极限存在，则称左边的广义积分收敛，否则称为发散. 而

$$\int_a^b f(x)\mathrm{d}x = \int_a^c f(x)\mathrm{d}x + \int_c^b f(x)\mathrm{d}x,$$

当 $\int_a^c f(x)\mathrm{d}x$ 和 $\int_c^b f(x)\mathrm{d}x$ 同时收敛时，称广义积分 $\int_a^b f(x)\mathrm{d}x$ 收敛，否则称为发散.

5.2.6　定积分的应用

1. 运用元素法建立所求量的积分表达式的一般步骤

（1）根据问题的具体情形，选取一个变量（如 x）作为积分变量，并确定该积分变量的变化区间 $[a,b]$；

（2）任取一小区间记为 $[x,x+\Delta x]$，计算出在此小区间上的部分量 ΔU 的近似值：$\mathrm{d}U = f(x)\mathrm{d}x$，称它是所求量 U 的元素；

（3）以 $f(x)\mathrm{d}x$ 作为被积表达式，在区间 $[a,b]$ 上作定积分，即 $U = \int_a^b f(x)\mathrm{d}x$.

2. 求平面图形的面积

（1）直角坐标系的情形：由连续曲线 $y = f(x)$ $(f(x)\geqslant 0)$，直线 $x=a$，$x=b$ 及 x 轴围成的曲边梯形的面积 $A = \int_a^b f(x)\mathrm{d}x$（$a<b$）；

（2）参数方程情形：由连续曲线 $x=\varphi(t)$，$y=\psi(t)$ $(\alpha<t<\beta)$，直线 $x=a$，$x=b$ 及 x 轴围成的曲边梯形的面积 $A=\int_\alpha^\beta \psi(t)\varphi'(t)\mathrm{d}t$（$x$ 从 a 变到 b 时，t 从 α 变到 β）；

（3）极坐标情形：由连续曲线 $\rho=\varphi(\theta)$ 及 $\theta=\alpha$，$\theta=\beta(\alpha\leqslant\beta)$，所围成的图形的面积

$$A=\frac{1}{2}\int_\alpha^\beta[\varphi(\theta)]^2\mathrm{d}\theta .$$

3. 求立体的体积

（1）平行截面面积为已知的立体的体积：设连续函数 $A(x)$ 表示过点 x 且垂直于 x 轴的截面积，则该立体的体积为

$$V=\int_a^b A(x)\mathrm{d}x;$$

（2）旋转体的体积：由连续曲线 $y=f(x)$，直线 $x=a$，$x=b$ 及 x 轴围成的曲边梯形绕 x 轴旋转一周的旋转体的体积为 $V_x=\pi\int_a^b [f(x)]^2\mathrm{d}x(a<b)$；

当 $a\geqslant 0$，$f(x)\geqslant 0$ 时，此曲边梯形绕 y 轴旋转一周的旋转体的体积为

$$V_y=2\pi\int_a^b xf(x)\mathrm{d}x.$$

4. 经济应用

已知边际经济量，求总经济量

（1）已知边际成本 $C'(x)$，固定成本 C_0，则总成本为 $C(x)=\int_0^x C'(t)\mathrm{d}t+C_0$；

（2）已知边际收益 $R'(x)$，则总收益为 $R'(x)=\int_0^x R'(t)\mathrm{d}t$；

（3）已知总产量的变化率为 $f(t)$，则 $[t_1,t_2]$ 上的总产量为 $Q=\int_{t_2}^{t_2} f(t)\mathrm{d}t$；

（4）已知边际需求为 $Q'(x)$，最大需求量为 Q_0，则总需求量为

$$Q(x)=\int_0^x Q'(t)\mathrm{d}t+Q_0.$$

5.3　典型例题解析

例 5.1　计算 $\int\cos x\mathrm{d}x$，$\int_0^{\frac{\pi}{2}}\cos x\mathrm{d}x$，$\int_0^x\cos x\mathrm{d}x$ 并说明不定积分、定积分、变上限积分三者之间的关系.

解　$\int\cos x\mathrm{d}x=\sin x+C$；$\int_0^{\frac{\pi}{2}}\cos x\mathrm{d}x=\sin x\Big|_0^{\frac{\pi}{2}}=\sin\frac{\pi}{2}-\sin 0=1$；$\int_0^x\cos x\mathrm{d}x=\sin x\Big|_0^x=\sin x-\sin 0=\sin x$.

不定积分 $\int\cos x\mathrm{d}x$ 表示 $\cos x$ 的原函数的全体，定积分 $\int_0^{\frac{\pi}{2}}\cos x\mathrm{d}x$ 表示一个确定的数值，它是 $\cos x$ 任意一个原函数在 $x=\frac{\pi}{2}$ 与 $x=0$ 两点处函数值之差. 而变上限积分 $\int_0^x\cos x\mathrm{d}x$ 是以积分上限 x 为自变量的函数，也是 $\cos x$ 的一个原函数. 因此三者之间既有差别又有联系.

注　一般来说，当 $f(x)$ 在 $[a,b]$ 上连续时，函数 $f(x)$ 的不定积分 $\int f(x)\mathrm{d}x$ 是带有任意常数的原函数，变上限积分 $\int_a^x f(x)\mathrm{d}x$ 是 $f(x)$ 某一特定的原函数，这个原函

数在 a 点的值为零. 定积分 $\int_a^b f(x)\mathrm{d}x$ 是一个确定的数值，它是变上限积分 $\int_a^x f(x)\mathrm{d}x$ 在 b 的函数值，也是 $f(x)$ 在 $[a,b]$ 上的任一原函数 $F(x)$ 在该区间上的增量，即 $F(a)-F(b)$.

例 5.2　比较 $\int_2^1 \mathrm{e}^x\mathrm{d}x$，$\int_2^1 \mathrm{e}^{x^2}\mathrm{d}x$，$\int_2^1 (1+x)\mathrm{d}x$ 的大小.

分析　只须比较被积函数在积分区间上的大小.

解　当 $1\leqslant x\leqslant 2$ 时，$1+x<\mathrm{e}^x<\mathrm{e}^{x^2}$，所以

$$\int_1^2 (1+x)\mathrm{d}x<\int_1^2 \mathrm{e}^x\mathrm{d}x<\int_1^2 \mathrm{e}^{x^2}\mathrm{d}x,$$

即

$$-\int_2^1 (1+x)\mathrm{d}x<-\int_2^1 \mathrm{e}^x\mathrm{d}x<-\int_2^1 \mathrm{e}^{x^2}\mathrm{d}x,$$

亦即

$$\int_2^1 \mathrm{e}^{x^2}\mathrm{d}x<\int_2^1 \mathrm{e}^x\mathrm{d}x<\int_2^1 (1+x)\mathrm{d}x.$$

例 5.3　估计定积分 $\int_2^0 \mathrm{e}^{x-x^2}\mathrm{d}x$ 的值.

分析　本题的关键是求 $f(x)=\mathrm{e}^{x-x^2}$ 在 $[0,2]$ 上的最值，然后应用估值定理.

解　当 $0\leqslant x\leqslant 2$ 时，$-2\leqslant x-x^2\leqslant \dfrac{1}{4}$，所以 $\mathrm{e}^{-2}\leqslant \mathrm{e}^{x-x^2}\leqslant \mathrm{e}^{\frac{1}{4}}$ 从而,

$$2\mathrm{e}^{-2}\leqslant \int_0^2 \mathrm{e}^{x-x^2}\mathrm{d}x\leqslant 2\mathrm{e}^{\frac{1}{4}},$$

即 $-2\mathrm{e}^{-2}\geqslant -\int_0^2 \mathrm{e}^{x-x^2}\mathrm{d}x\geqslant -2\mathrm{e}^{\frac{1}{4}}$，亦即

$$-2\mathrm{e}^{\frac{1}{4}}\leqslant \int_2^0 \mathrm{e}^{x-x^2}\mathrm{d}x\leqslant -2\mathrm{e}^{-2}.$$

例 5.4　求极限 $\lim\limits_{n\to\infty}\dfrac{1}{n^2}(\sqrt{n}+\sqrt{2n}+\cdots+\sqrt{n^2})$.

分析　这是一个和式的极限，可考虑用定积分的定义来求，将其表示为某一个积分和的极限，将 $\dfrac{1}{n^2}$ 写成 $\dfrac{1}{n}\cdot\dfrac{1}{n}$，再将其中的一个因子 $\dfrac{1}{n}$ 分配于括符中的各项，便可得出一积分和，从而可把所求极限化为定积分来求.

解　原式 $=\lim\limits_{n\to\infty}\dfrac{1}{n}\left(\sqrt{\dfrac{1}{n}}+\sqrt{\dfrac{2}{n}}+\cdots+\sqrt{\dfrac{n}{n}}\right)=\int_0^1\sqrt{x}\mathrm{d}x=\dfrac{2}{3}$.

例 5.5　求极限 $\lim\limits_{n\to\infty}\int_n^{n+2}\dfrac{x^2}{\mathrm{e}^{x^2}}\mathrm{d}x$.

分析　本题的关键是要想办法将积分号去掉.

解法 1　由积分中值定理得

$$\int_n^{n+2}\frac{x^2}{e^{x^2}}dx=\frac{\xi^2}{e^{\xi^2}}\cdot 2\text{，}n\leqslant\xi\leqslant n+2\text{，}$$

又 $\lim\limits_{x\to\infty}\frac{x^2}{e^{x^2}}=0$，故 $\lim\limits_{n\to\infty}\int_n^{n+2}\frac{x^2}{e^{x^2}}dx=0$.

解法 2　由于当 $n\leqslant x\leqslant n+2$ 时，$0<\frac{x^2}{e^{x^2}}<\frac{(n+2)^2}{e^{n^2}}$，所以

$$0<\int_n^{n+2}\frac{x^2}{e^{x^2}}dx<\frac{(n+2)^2}{e^{n^2}}\cdot 2\text{，}$$

又因为 $\lim\limits_{n\to\infty}\frac{(n+2)^2}{e^{n^2}}=0$，所以 $\lim\limits_{n\to\infty}\int_n^{n+2}\frac{x^2}{e^{x^2}}dx=0$.

例 5.6　$\int_0^3\sqrt{9-x^2}dx=$__________.

分析　可应用定积分的几何意义来求此定积分.

解　方程 $y=\sqrt{9-x^2}$ $(0\leqslant x\leqslant 3)$ 表示，以原点 $(0,0)$ 为圆心，3 为半径的圆在第一象限的部分. 因此，$\int_0^3\sqrt{9-x^2}dx=\frac{1}{4}\cdot\pi\cdot 3^2=\frac{9}{4}\pi$.

例 5.7　求下列函数的导数：

（1）$F(x)=\int_0^4 e^{x^2}dx$；　　（2）$F(x)=\int_0^x\sqrt{1+t}dt$；

（3）$F(x)=\int_1^{x^2}\frac{1}{\sqrt{1+t^3}}dt$；　　（4）$F(x)=\int_{x^3}^{x^2}xe^{t^2+t}dt$.

解（1）由于 $\int_0^4 e^{x^2}dx$ 是定积分，即一个确定的常数，或者说 $F(x)=\int_0^4 e^{x^2}dx$ 是一个常数，从而 $F'(x)=0$.

（2）根据变上限函数求导公式

$$F'(x)=\left(\int_0^x\sqrt{1+t}dt\right)'=\sqrt{1+t}\Big|_{t=x}=\sqrt{1+x}\text{.}$$

（3）令 $u=x^2$，由复合函数求导法则 $F'(x)=\frac{dF}{du}\cdot\frac{du}{dx}$，于是

$$F'(x)=\left(\int_1^u\frac{1}{\sqrt{1+t^3}}dt\right)'\cdot\frac{du}{dx}=\frac{1}{\sqrt{1+(x^2)^3}}\cdot(x^2)'=\frac{2x}{\sqrt{1+x^6}}.$$

（4）在解答本题过程中，要分清函数变量 x 与积分变量 t.

$$F'(x)=\left(\int_{x^3}^{x^2}xe^{t^2+t}dt\right)'=\left(x\int_{x^3}^{x^2}e^{t^2+t}dt\right)'=\int_{x^3}^{x^2}e^{t^2+t}dt+x\left(\int_{x^3}^{x^2}e^{t^2+t}dt\right)'$$

$$=\int_{x^3}^{x^2}e^{t^2+t}dt+x[e^{(x^2)^2+x^2}\cdot(x^2)'-e^{(x^3)^2+x^3}\cdot(x^3)']'$$

$$=\int_{x^3}^{x^2} e^{t^2+t}dt + x(2xe^{x^4+x^2} - 3x^2e^{x^6+x^3})$$

$$=\int_{x^3}^{x^2} e^{t^2+t}dt - 3x^3e^{x^6+x^3} + 2x^2e^{x^4+x^2}.$$

例 5.8　设 $f(x)$ 连续，且 $\int_0^{x^2-1} f(t)dt = 1+x^3$，则 $f(8)=$ ________.

分析　利用隐函数求导，求出 $f(x^2-1)$.

解　在所给等式两边对 x 求导得

$$2xf(x^2-1)=3x^2.$$

令 $x=3$ 得，$6f(8)=27$，则 $f(8)=\dfrac{9}{2}$.

例 5.9　求下列极限

（1）$\lim\limits_{x\to\infty}\dfrac{\left(\int_0^x e^{t^2}dt\right)^2}{\int_0^x e^{2t^2}dt}$；（2）设 $f(x)$ 连续，求 $\lim\limits_{x\to a}\dfrac{x}{x-a}\int_a^x f(t)dt$；

（3）设 $f(x)$ 连续，且 $f(1)=1$，求 $\lim\limits_{x\to 1}\dfrac{\int_1^{\frac{1}{x}} f(xt)dt}{x^2-1}$.

解（1）利用洛必达法则，得

$$\lim_{x\to\infty}\frac{\left(\int_0^x e^{t^2}dt\right)^2}{\int_0^x e^{2t^2}dt}=\lim_{x\to\infty}\frac{\left[\left(\int_0^x e^{t^2}dt\right)^2\right]'}{\left(\int_0^x e^{2t^2}dt\right)'}=\lim_{x\to\infty}\frac{2\int_0^x e^{t^2}dt\cdot e^{x^2}}{e^{2x^2}}=\lim_{x\to\infty}\frac{2\int_0^x e^{t^2}dt}{e^{x^2}}=\lim_{x\to\infty}\frac{2e^{x^2}}{e^{x^2}\cdot 2x}$$

$$=\lim_{x\to\infty}\frac{1}{x}=0.$$

（2）**解法 1**　由积分中值定理得

$$\int_a^x f(t)dt=(x-a)f(c)\quad (a\leqslant c\leqslant x),$$

又因为 $f(x)$ 连续，所以

$$\lim_{x\to a}\frac{x}{x-a}\int_a^x f(t)dt=\lim_{x\to a}xf(c)=af(a),$$

解法 2　利用洛必达法则，得

$$\lim_{x\to a}\frac{x\int_a^x f(t)dt}{x-a}=\lim_{x\to a}\left[\int_a^x f(t)dx+xf(x)\right]=af(a).$$

（3）**解法 1**　因为 $f(x)$ 连续，所以

$$\int_1^{\frac{1}{x}} f(xt)dt=f(x\xi)\cdot\left(\frac{1}{x}-1\right),$$

其中 ξ 介于 1 与 $\dfrac{1}{x}$ 之间, 且当 $x\to 1$ 时, $\xi\to 1$. 于是,

$$\lim_{x\to 1}\frac{\int_1^{\frac{1}{x}}f(xt)\mathrm{d}t}{x^2-1}=\lim_{x\to 1}\frac{f(x\xi)\cdot\left(\dfrac{1}{x}-1\right)}{x^2-1}=\lim_{x\to 1}\frac{f(x\xi)\cdot(1-x)}{x(x-1)(x+1)}$$

$$=\lim_{x\to 1}\frac{-f(x\xi)}{x(x+1)}=\lim_{x\to 1}\frac{-1}{x(x+1)}\cdot\lim_{x\to 1}f(x\xi)$$

$$=-\frac{1}{2}f(1)=-\frac{1}{2}.$$

解法 2 设 $u=xt$, 由题设知 $x\neq 0$, 则 $\mathrm{d}t=\dfrac{1}{x}\mathrm{d}u$, 当 $t=1$ 时, $u=x$; 当 $t=\dfrac{1}{x}$ 时, $u=1$. 于是,

$$\int_1^{\frac{1}{x}}f(xt)\mathrm{d}t=\int_x^1 f(u)\cdot\frac{1}{x}\mathrm{d}u=-\frac{1}{x}\int_1^x f(u)\mathrm{d}u,$$

从而

$$\lim_{x\to 1}\frac{\int_1^{\frac{1}{x}}f(xt)\mathrm{d}t}{x^2-1}=\lim_{x\to 1}\frac{-\int_1^x f(u)\mathrm{d}u}{x(x^2-1)}=-\lim_{x\to 1}\frac{f(x)}{3x^2-1}=-\frac{1}{2}f(1)=-\frac{1}{2}.$$

例 5.10　已知两曲线 $y=f(x)$, $y=g(x)$ 在点 $(0,0)$ 处切线相同, 其中

$$g(x)=\int_0^{\arctan x}\mathrm{e}^{-t^2}\mathrm{d}t,\ x\in[-1,1],$$

求该切线方程并求极限 $\lim\limits_{n\to\infty}nf\left(\dfrac{4}{n}\right)$.

解　因为曲线 $y=f(x)$ 和 $y=g(x)$ 在点 $(0,0)$ 处有相同的切线, 所以有

（1） $f(0)=g(0)=\int_0^0\mathrm{e}^{-t^2}\mathrm{d}t=0$;

（2） $f'(0)=g'(0)=\left(\int_0^{\arctan x}\mathrm{e}^{-t^2}\mathrm{d}t\right)'\Bigg|_{x=0}=\mathrm{e}^{-(\arctan x)^2}\cdot(\arctan x)'\Big|_{x=0}=\dfrac{\mathrm{e}^{-(\arctan x)^2}}{1+x^2}\Bigg|_{x=0}=1$,

所以在点 $(0,0)$ 处的切线斜率为 $k=f'(0)=g'(0)=1$.

于是, 所求切线方程为 $y=x$, 且

$$\lim_{n\to\infty}nf\left(\frac{4}{n}\right)=\lim_{n\to\infty}4\frac{f\left(\dfrac{4}{n}\right)-f(0)}{\dfrac{4}{n}-0}=4f'(0)=4\cdot$$

例 5.11　设函数 $f(x)$ 在闭区间 $[a,b]$ 上可导, 且 $f'(x)\leqslant M$, $f(a)=0$. 试证明: $\int_a^b f(x)\mathrm{d}x\leqslant\dfrac{1}{2}M(b-a)^2$.

分析　证明不等式常用的方法是用函数的单调性或应用拉格朗日中值定理.

证法 1　设函数 $F(x)=\int_a^x f(t)\mathrm{d}t-\frac{1}{2}M(x-a)^2$，则有 $F(a)=0$，且

$$F'(x)=f(x)-M(x-a),$$

从而，$F'(a)=0$，又因为 $F''(x)=f'(x)-M\leqslant 0$，所以 $F'(x)$ 单调递减. 故当 $x>a$ 时，$F'(x)\leqslant F'(a)=0$，所以 $F(x)$ 单调递减，从而当 $x>a$ 时，$F(x)\leqslant F(a)=0$，于是有

$$\int_a^x f(t)\mathrm{d}t\leqslant\frac{1}{2}M(x-a)^2\ (x>a),$$

在上式中取 $x=b$ 即得

$$\int_a^b f(x)\mathrm{d}x\leqslant\frac{1}{2}M(b-a)^2.$$

证法 2　设 $a\leqslant x\leqslant b$，则由条件知：$f(x)$ 在 $[a,x]$ 上可导. 于是，由拉格朗日中值定理可得，

$$f(x)-f(a)=f'(\xi)(x-a)\quad(a<\xi<x).$$

又因为 $f'(x)\leqslant M$，$f(a)=0$，所以 $f(x)\leqslant M(x-a)$. 从而由定积分的性质有

$$\int_a^b f(x)\mathrm{d}x\leqslant\int_a^b M(x-a)\mathrm{d}x=\frac{1}{2}M(b-a)^2.$$

例 5.12　设 $f(x)$ 在 $[0,+\infty)$ 连续且单调增，试证明对任何 $b>a>0$ 都有

$$\int_a^b xf(x)\mathrm{d}x\geqslant\frac{1}{2}\left[b\int_0^b f(x)\mathrm{d}x-a\int_0^a f(x)\mathrm{d}x\right].$$

证明　令 $F(x)=x\int_0^x f(t)\mathrm{d}t\,(x>0)$，则

$$b\int_0^b f(x)\mathrm{d}x-a\int_0^a f(x)\mathrm{d}x=F(b)-F(a)=\int_a^b F'(x)\mathrm{d}x=\int_a^b\left[\int_0^x f(t)\mathrm{d}t+xf(x)\right]\mathrm{d}x$$

$$\leqslant\int_a^b[xf(x)+xf(x)]\mathrm{d}x=2\int_a^b xf(x)\mathrm{d}x,$$

故

$$\int_a^b xf(x)\mathrm{d}x\geqslant\frac{1}{2}\left[b\int_0^b f(x)\mathrm{d}x-a\int_0^a f(x)\mathrm{d}x\right].$$

例 5.13　设 $f(x)$ 在 $[0,1]$ 上连续且单调减少，试证对任何 $a\in(0,1)$ 有

$$\int_0^a f(x)\mathrm{d}x\geqslant a\int_0^1 f(x)\mathrm{d}x.$$

证法 1　$\int_0^a f(x)\mathrm{d}x-a\int_0^1 f(x)\mathrm{d}x=\int_0^a f(x)\mathrm{d}x-a\int_0^a f(x)\mathrm{d}x-a\int_a^1 f(x)\mathrm{d}x$

$$=(1-a)\int_0^a f(x)\mathrm{d}x-a\int_a^1 f(x)\mathrm{d}x$$

$$=(1-a)af(\alpha)-a(1-a)f(\beta).$$

其中 $0\leqslant\alpha\leqslant a$，$a\leqslant\beta\leqslant 1$. 又因为 $f(x)$ 单调减少，所以 $f(\alpha)\geqslant f(\beta)$，故原题得证.

证法 2　$\int_0^a f(x)\mathrm{d}x-a\int_0^1 f(x)\mathrm{d}x=\int_0^a f(x)\mathrm{d}x-a\int_0^a f(x)\mathrm{d}x-a\int_a^1 f(x)\mathrm{d}x$

$$
\begin{aligned}
&= (1-a)\int_0^a f(x)\mathrm{d}x - a\int_a^1 f(x)\mathrm{d}x \\
&\geqslant (1-a)af(a) - a(1-a)f(a) = 0.
\end{aligned}
$$

即 $\int_0^a f(x)\mathrm{d}x \geqslant a\int_0^1 f(x)\mathrm{d}x$.

证法 3 令 $x = at$, 则

$$\int_0^a f(x)\mathrm{d}x = a\int_0^1 f(at)\mathrm{d}t \geqslant a\int_0^1 f(t)\mathrm{d}t = a\int_0^1 f(x)\mathrm{d}x.$$

故原题得证.

例 5.14 设 $f(x)$ 函数在 $[a,b]$ 上正值连续, 求证在 $[a,b]$ 上存在一点 ξ 使

$$\int_a^\xi f(x)\mathrm{d}x = \frac{1}{3}\int_a^b f(x)\mathrm{d}x .$$

证明 令 $F(x) = \int_a^x f(t)\mathrm{d}t$, $x \in [a,b]$, 因为 $F'(x) = f(x) \geqslant 0$, 故 $F(x)$ 单调增加. $\min F(x) = m = F(a) = 0$, $\max F(x) = M = F(b) = \int_a^b f(x)\mathrm{d}x$. 注意到 $f(x)$ 在 $[a,b]$ 上正值连续, 那么 $\int_a^b f(x)\mathrm{d}x > 0$, 所以 $0 < \frac{1}{3}\int_a^b f(x)\mathrm{d}x < M$, 再由连续函数的介值定理知, 在 (a,b) 内至少存在一点 ξ , 使 $F(\xi) = \frac{1}{3}\int_a^b f(x)\mathrm{d}x$, 即

$$\int_a^\xi f(x)\mathrm{d}x = \frac{1}{3}\int_a^b f(x)\mathrm{d}x .$$

例 5.15 若 $f(x) = \frac{1}{1+x^2} + \sqrt{1-x^2}\int_0^1 f(x)\mathrm{d}x$, 求 $\int_0^1 f(x)\mathrm{d}x$.

解法 1 令 $\int_0^1 f(x)\mathrm{d}x = A$, 则 $f(x) = \frac{1}{1+x^2} + A\sqrt{1-x^2}$, 在上式两边积分得

$$A = \int_0^1 \left(\frac{1}{1+x^2} + A\sqrt{1-x^2} \right)\mathrm{d}x = \frac{\pi}{4} + A\frac{\pi}{4} = \frac{\pi}{4}(1+A),$$

所以, $A = \frac{\pi}{4}(1+A)$, 解之得 $A = \frac{\pi}{4-\pi}$.

解法 2 原式两边从 0 到 1 作定积分得

$$\int_0^1 f(x)\mathrm{d}x = \int_0^1 \frac{1}{1+x^2}\mathrm{d}x + \int_0^1 \sqrt{1-x^2}\,\mathrm{d}x \cdot \int_0^1 f(x)\mathrm{d}x = \frac{\pi}{4} + \frac{\pi}{4}\int_0^1 f(x)\mathrm{d}x.$$

从上式解得 $\int_0^1 f(x)\mathrm{d}x = \frac{\pi}{4-\pi}$.

例 5.16 设 $f'(x)\int_0^2 f(x)\mathrm{d}x = 50$, 且 $f(0) = 0$, 求 $\int_0^2 f(x)\mathrm{d}x$ 及 $f(x)$.

解 由已知条件知 $f'(x) = \frac{50}{\int_0^2 f(x)\mathrm{d}x}$, 于是 $f(x) = \frac{50x}{\int_0^2 f(x)\mathrm{d}x} + C$. 又因为

$f(0)=0$，故可得 $C=0$，于是 $f(x)=\dfrac{50x}{\int_0^2 f(x)\mathrm{d}x}$，所以

$$\int_0^2 f(x)\mathrm{d}x=\int_0^2 \frac{50}{\int_0^2 f(x)\mathrm{d}x}x\mathrm{d}x=\frac{50}{\int_0^2 f(x)\mathrm{d}x}\int_0^2 x\mathrm{d}x=\frac{100}{\int_0^2 f(x)\mathrm{d}x},$$

从而有 $\int_0^2 f(x)\mathrm{d}x=\pm 10$，将其代入 $f(x)=\dfrac{50x}{\int_0^2 f(x)\mathrm{d}x}$ 得 $f(x)=\pm 5x$.

例 5.17　求 $\displaystyle\int_{\sqrt{e}}^{e^{3/4}} \frac{\mathrm{d}x}{x\sqrt{\ln x(1-\ln x)}}$.

解　原式 $\displaystyle=\int_{\sqrt{e}}^{e^{3/4}} \frac{\mathrm{d}(\ln x)}{\sqrt{\ln x(1-\ln x)}}=\int_{\sqrt{e}}^{e^{3/4}} \frac{\mathrm{d}(\ln x)}{\sqrt{\ln x}\sqrt{1-(\sqrt{\ln x})^2}}=\int_{\sqrt{e}}^{e^{3/4}} \frac{2\mathrm{d}(\sqrt{\ln x})}{\sqrt{1-(\sqrt{\ln x})^2}}$

$$=2\arcsin(\sqrt{\ln x})\Big|_{\sqrt{e}}^{e^{3/4}}=\frac{\pi}{6}.$$

例 5.18　求 $\displaystyle\int_{-1}^{1} \frac{x+|x|}{1+x^2}\mathrm{d}x$.

解　由于 $\dfrac{x}{1+x^2}$ 为奇函数，$\dfrac{|x|}{1+x^2}$ 为偶函数，则

$$\int_{-1}^{1} \frac{x+|x|}{1+x^2}\mathrm{d}x=2\int_0^1 \frac{x}{1+x^2}\mathrm{d}x=\ln 2.$$

例 5.19（1）计算 $\int_0^{\pi} \sqrt{1-\sin x}\mathrm{d}x$.

（2）求 $\displaystyle\int_{\frac{\pi}{2}}^{\frac{9\pi}{2}} (\sin^2 x+\sin 2x)|\sin x|\mathrm{d}x$.

解（1）**解法 1**　$\displaystyle\int_0^{\pi} \sqrt{1-\sin x}\mathrm{d}x=\int_0^{\pi} \sqrt{\left(\sin\frac{x}{2}-\cos\frac{x}{2}\right)^2}\mathrm{d}x=\int_0^{\pi}\left|\sin\frac{x}{2}-\cos\frac{x}{2}\right|\mathrm{d}x$

$$=\int_0^{\frac{\pi}{2}}\left(\cos\frac{x}{2}-\sin\frac{x}{2}\right)\mathrm{d}x+\int_{\frac{\pi}{2}}^{\pi}\left(\sin\frac{x}{2}-\cos\frac{x}{2}\right)\mathrm{d}x$$

$$=4(\sqrt{2}-1).$$

解法 2　$\displaystyle\int_0^{\pi} \sqrt{1-\sin x}\mathrm{d}x=2\int_0^{\frac{\pi}{2}} \sqrt{1-\sin x}\mathrm{d}x=-2\int_0^{\frac{\pi}{2}}\left(\sin\frac{x}{2}-\cos\frac{x}{2}\right)\mathrm{d}x=4(\sqrt{2}-1)$.

（2）由于 $(\sin^2 x+\sin 2x)|\sin x|$ 为以 π 为周期，则

原式 $\displaystyle=4\int_{-\frac{\pi}{2}}^{\frac{\pi}{2}} (\sin^2 x+\sin 2x)|\sin x|\mathrm{d}x$

$$=4\int_{-\frac{\pi}{2}}^{\frac{\pi}{2}} \sin^2 x|\sin x|\mathrm{d}x=8\int_0^{\frac{\pi}{2}} \sin^3 x\mathrm{d}x=\frac{16}{3}.$$

例 5.20　计算 $\int_{-2}^{2}\min\left\{\frac{1}{|x|},x^2\right\}\mathrm{d}x$.

解　由于 $\min\left\{\frac{1}{|x|},x^2\right\}=\begin{cases}x^2, & |x|\leqslant 1,\\ \frac{1}{|x|}, & |x|>1\end{cases}$ 是偶函数，因此，

$$\int_{-2}^{2}\min\left\{\frac{1}{|x|},x^2\right\}\mathrm{d}x=2\int_{0}^{2}\min\left\{\frac{1}{|x|},x^2\right\}\mathrm{d}x=2\int_0^1 x^2\mathrm{d}x+2\int_1^2\frac{1}{x}\mathrm{d}x=\frac{2}{3}+2\ln 2.$$

例 5.21　设 $f(x)=\begin{cases}1+x^2, & x<0,\\ \mathrm{e}^{-x}, & x\geqslant 0.\end{cases}$ 试求 $\int_1^3 f(x-2)\mathrm{d}x$.

解法 1　令 $t=x-2$，$x=2+t$，$\mathrm{d}x=\mathrm{d}t$；$x=1\Rightarrow t=-1$，$x=3\Rightarrow t=1$，则

$$\int_1^3 f(x-2)\mathrm{d}x=\int_{-1}^{1}f(t)\mathrm{d}t=\int_{-1}^{0}f(t)\mathrm{d}t+\int_0^1 f(t)\mathrm{d}t$$

$$=\int_{-1}^{0}(1+t^2)\mathrm{d}t+\int_0^1\mathrm{e}^{-t}\mathrm{d}t=\left(t+\frac{1}{3}t^3\right)\Bigg|_{-1}^{0}-\mathrm{e}^{-t}\Big|_0^1=\frac{7}{3}-\frac{1}{\mathrm{e}}.$$

解法 2　由 $f(x)$ 导出 $f(x-2)$．因为 $f(x)=\begin{cases}1+x^2, & x<0,\\ \mathrm{e}^{-x}, & x\geqslant 0,\end{cases}$ 所以

$$f(x-2)=\begin{cases}1+(x-2)^2, & x-2<0,\\ \mathrm{e}^{-(x-2)}, & x-2\geqslant 0\end{cases}=\begin{cases}1+(x-2)^2, & x<2,\\ \mathrm{e}^{-(x-2)}, & x\geqslant 2,\end{cases}$$

从而 $\int_1^3 f(x-2)\mathrm{d}x=\int_1^2\left[1+(x-2)^2\right]\mathrm{d}x+\int_2^3\mathrm{e}^{-(x-2)}\mathrm{d}x=\frac{7}{3}-\frac{1}{\mathrm{e}}$.

注　求解此类题，一般选用解法 1 较为简单.

例 5.22　求 $\int_1^{64}\frac{1}{\sqrt{x}+\sqrt[3]{x}}\mathrm{d}x$.

解　令 $t=\sqrt[6]{x}$，$x=t^6$，$\mathrm{d}x=6t^5\mathrm{d}t$；$x=1\Rightarrow t=1$，$x=64\Rightarrow t=2$，则

$$\int_1^{64}\frac{\mathrm{d}x}{\sqrt{x}+\sqrt[3]{x}}\mathrm{d}x=\int_1^2\frac{1}{t^3+t^2}\cdot 6t^5\mathrm{d}t=6\int_1^2\frac{t^5}{t^3+t^2}\mathrm{d}t=6\int_1^2\frac{t^3}{t+1}\mathrm{d}t=6\int_1^2\frac{(t^3+1)-1}{t+1}\mathrm{d}t$$

$$=6\int_1^2(t^2-t+1)\mathrm{d}t-6\int_1^2\frac{1}{t+1}\mathrm{d}t=11-6\ln 3+6\ln 2.$$

例 5.23　求 $\int_0^4\frac{\mathrm{d}x}{2+\sqrt{2x+1}}$.

解　令 $t=\sqrt{2x+1}$，$x=\frac{t^2-1}{2}$，$\mathrm{d}x=t\mathrm{d}t$；$x=0\Rightarrow t=1$，$x=4\Rightarrow t=3$，则

$$\int_0^4\frac{\mathrm{d}x}{2+\sqrt{2x+1}}=\int_1^3\frac{t\mathrm{d}t}{2+t}=\int_1^3\frac{t+2-2}{t+2}\mathrm{d}t=\int_1^3\mathrm{d}t-\int_1^3\frac{2}{t+2}\mathrm{d}t=2-2\ln 5+2\ln 3.$$

例 5.24 求$\int_{-1}^{1}\frac{2x^2+x\cos x}{1+\sqrt{1-x^2}}\mathrm{d}x$.

解 由于$\frac{2x^2}{1+\sqrt{1-x^2}}$是偶函数，而$\frac{x\cos x}{1+\sqrt{1-x^2}}$是奇函数，所以

$$原式=\int_{-1}^{1}\frac{2x^2}{1+\sqrt{1-x^2}}\mathrm{d}x+\int_{-1}^{1}\frac{x\cos x}{1+\sqrt{1-x^2}}\mathrm{d}x$$

$$=2\int_{0}^{1}\frac{2x^2}{1+\sqrt{1-x^2}}\mathrm{d}x=4\int_{0}^{1}\frac{x^2(1-\sqrt{1-x^2})}{x^2}\mathrm{d}x=4\int_{0}^{1}\mathrm{d}x-4\int_{0}^{1}\sqrt{1-x^2}\mathrm{d}x.$$

由定积分的几何意义知$4\int_{0}^{1}\sqrt{1-x^2}\mathrm{d}x$应为单位圆的面积$\pi$，故原式$=4-\pi$.

例 5.25 求$\int_{0}^{\frac{1}{\sqrt{3}}}\frac{1}{(2x^2+1)\sqrt{1+x^2}}\mathrm{d}x$.

解 令$x=\tan t$，$\mathrm{d}x=\sec^2 t\mathrm{d}t$； $x=0\Rightarrow t=0$，$x=\frac{1}{\sqrt{3}}\Rightarrow t=\frac{\pi}{6}$，则

$$\int_{0}^{\frac{1}{\sqrt{3}}}\frac{1}{(2x^2+1)\sqrt{1+x^2}}\mathrm{d}x=\int_{0}^{\frac{\pi}{6}}\frac{\sec^2 t}{(2\tan^2 t+1)\sec t}\mathrm{d}t=\int_{0}^{\frac{\pi}{6}}\frac{\cos t}{1+\sin^2 t}\mathrm{d}t$$

$$=\int_{0}^{\frac{\pi}{6}}\frac{\mathrm{d}\sin t}{1+\sin^2 t}=\arctan(\sin t)\Big|_{0}^{\frac{\pi}{6}}=\arctan\frac{1}{2}.$$

例 5.26 求$\int_{0}^{1}\frac{x}{(2-x^2)\sqrt{1-x^2}}\mathrm{d}x$.

解 令$x=\sin t$，$\mathrm{d}x=\cos t\mathrm{d}t$； $x=0\Rightarrow t=0$，$x=1\Rightarrow t=\frac{\pi}{2}$，则

$$\int_{0}^{1}\frac{x}{(2-x^2)\sqrt{1-x^2}}\mathrm{d}x=\int_{0}^{\frac{\pi}{2}}\frac{\sin t}{2-\sin^2 t}\mathrm{d}t=-\int_{0}^{\frac{\pi}{2}}\frac{\mathrm{d}\cos t}{1+\cos^2 t}=-\arctan(\cos t)\Big|_{0}^{\frac{\pi}{2}}=\frac{\pi}{4}.$$

例 5.27 设$f(x)$有一个原函数为$\frac{\sin x}{x}$，则$\int_{\frac{\pi}{2}}^{\pi}xf'(x)\mathrm{d}x=$________.

解 由题设可知$f(x)=\left(\frac{\sin x}{x}\right)'$或$\int f(x)\mathrm{d}x=\frac{\sin x}{x}+C$，所以

$$\int_{\frac{\pi}{2}}^{\pi}xf'(x)\mathrm{d}x=\int_{\frac{\pi}{2}}^{\pi}x\mathrm{d}f(x)=xf(x)\Big|_{\frac{\pi}{2}}^{\pi}-\int_{\frac{\pi}{2}}^{\pi}f(x)\mathrm{d}x=\left[xf(x)-\frac{\sin x}{x}\right]_{\frac{\pi}{2}}^{\pi}=\frac{4}{\pi}-1.$$

例 5.28 求$\int_{0}^{3}\arcsin\sqrt{\frac{x}{1+x}}\mathrm{d}x$.

解法 1 令$\arcsin\sqrt{\frac{x}{1+x}}=t$，得$x=\tan^2 t$，$x=0\Rightarrow t=0$，$x=3\Rightarrow t=\frac{\pi}{3}$，于是

$$\int_0^3 \arcsin\sqrt{\frac{x}{1+x}}\mathrm{d}x = \int_0^{\frac{\pi}{3}} t\mathrm{d}(\tan^2 t) = t\tan^2 t\Big|_0^{\frac{\pi}{3}} - \int_0^{\frac{\pi}{3}} \tan^2 t\mathrm{d}t$$

$$= \pi - \int_0^{\frac{\pi}{3}} (\sec^2 t - 1)\mathrm{d}t = \pi - (\tan t - t)\Big|_0^{\frac{\pi}{3}} = \frac{4\pi}{3} - \sqrt{3}.$$

解法 2　由分部积分公式得

$$\int_0^3 \arcsin\sqrt{\frac{x}{1+x}}\mathrm{d}x = x\arcsin\sqrt{\frac{x}{1+x}}\Bigg|_0^3 - \int_0^3 x\frac{1}{\sqrt{1-\dfrac{x}{1+x}}}\frac{\dfrac{1+x-x}{(1+x)^2}}{2\sqrt{\dfrac{x}{1+x}}}\mathrm{d}x$$

$$= \pi - \int_0^3 \frac{\sqrt{x}}{2\sqrt{1+x}}\mathrm{d}x = \pi - \int_0^{\sqrt{3}} \frac{t^2}{2(1+t)^2}\mathrm{d}t \quad (\text{令}\sqrt{x} = t)$$

$$= \frac{4\pi}{3} - \sqrt{3}.$$

例 5.29　计算 $\int_0^1 x^2 f(x)\mathrm{d}x$，其中 $f(x) = \int_1^x \frac{1}{\sqrt{1+t^4}}\mathrm{d}t$.

解　由分部积分公式得

$$\int_0^1 x^2 f(x)\mathrm{d}x = \frac{1}{3}\int_0^1 f(x)\mathrm{d}x^3 = \frac{1}{3}x^3 f(x)\Big|_0^1 - \frac{1}{3}\int_0^1 x^3 f'(x)\mathrm{d}x$$

$$= -\frac{1}{3}\int_0^1 \frac{x^3}{\sqrt{1+x^4}}\mathrm{d}x = -\frac{1}{12}\int_0^1 \frac{\mathrm{d}(1+x^4)}{\sqrt{1+x^4}} = \frac{1}{6}(1-\sqrt{2}).$$

例 5.30　计算 $\int_0^1 \frac{x\mathrm{e}^x}{(1+x)^2}\mathrm{d}x$.

解法 1　$\displaystyle\int_0^1 \frac{x\mathrm{e}^x}{(1+x)^2}\mathrm{d}x = -\int_0^1 x\mathrm{e}^x\mathrm{d}\left(\frac{1}{1+x}\right) = -\frac{x\mathrm{e}^x}{1+x}\Bigg|_0^1 + \int_0^1 \frac{\mathrm{e}^x + x\mathrm{e}^x}{1+x}\mathrm{d}x$

$$= -\frac{\mathrm{e}}{2} + \int_0^1 \mathrm{e}^x\mathrm{d}x = \frac{\mathrm{e}}{2} - 1.$$

解法 2　$\displaystyle\int_0^1 \frac{x\mathrm{e}^x}{(1+x)^2}\mathrm{d}x = \int_0^1 \frac{(1+x-1)\mathrm{e}^x}{(1+x)^2}\mathrm{d}x = \int_0^1 \frac{\mathrm{e}^x}{1+x}\mathrm{d}x - \int_0^1 \frac{\mathrm{e}^x}{(1+x)^2}\mathrm{d}x$

$$= \int_0^1 \frac{1}{1+x}\mathrm{d}\mathrm{e}^x - \int_0^1 \frac{\mathrm{e}^x}{(1+x)^2}\mathrm{d}x$$

$$= \frac{\mathrm{e}^x}{1+x}\Bigg|_0^1 + \int_0^1 \frac{\mathrm{e}^x}{(1+x)^2}\mathrm{d}x - \int_0^1 \frac{\mathrm{e}^x}{(1+x)^2}\mathrm{d}x = \frac{\mathrm{e}}{2} - 1.$$

例 5.31　设 $f(x)$ 在 $[0,\pi]$ 上具有二阶连续导数，$f(\pi) = 2$，且

$$\int_0^{\pi} [f(x) + f''(x)]\sin x\mathrm{d}x = 5,$$

试求 $f(0)$.

解 由分部积分公式得

$$\begin{aligned}\int_0^{\pi}[f(x)+f''(x)]\sin x\mathrm{d}x&=\int_0^{\pi}f(x)\sin x\mathrm{d}x+\int_0^{\pi}f''(x)\sin x\mathrm{d}x\\&=\int_0^{\pi}f(x)\sin x\mathrm{d}x+\sin xf'(x)\Big|_0^{\pi}-\int_0^{\pi}f'(x)\cos x\mathrm{d}x\\&=\int_0^{\pi}f(x)\sin x\mathrm{d}x-\cos xf(x)\Big|_0^{\pi}-\int_0^{\pi}f(x)\sin x\mathrm{d}x\\&=f(\pi)+f(0).\end{aligned}$$

即 $f(\pi)+f(0)=5$，而 $f(\pi)=2$，故 $f(0)=3$.

例 5.32 求 $\int_0^{\frac{\pi}{2}}x^2\sin 2x\mathrm{d}x$.

解 $$\begin{aligned}\int_0^{\frac{\pi}{2}}x^2\sin 2x\mathrm{d}x&=-\frac{1}{2}\int_0^{\frac{\pi}{2}}x^2\mathrm{d}(\cos 2x)=-\frac{1}{2}x^2\cos 2x\Big|_0^{\frac{\pi}{2}}+\frac{1}{2}\int_0^{\frac{\pi}{2}}2x\cos 2x\mathrm{d}x\\&=\frac{\pi^2}{8}+\frac{1}{2}\int_0^{\frac{\pi}{2}}x\mathrm{d}(\sin 2x)=\frac{\pi^2}{8}+\frac{1}{2}x\sin 2x\Big|_0^{\frac{\pi}{2}}-\frac{1}{2}\int_0^{\frac{\pi}{2}}\sin 2x\mathrm{d}x\\&=\frac{\pi^2}{8}+\frac{1}{4}\cos 2x\Big|_0^{\frac{\pi}{2}}=\frac{\pi^2}{8}-\frac{1}{2}.\end{aligned}$$

例 5.33 求 $\int_0^{\pi}\mathrm{e}^{2x}\sin 3x\mathrm{d}x$.

解 $$\begin{aligned}\int_0^{\pi}\mathrm{e}^{2x}\sin 3x\mathrm{d}x&=\frac{1}{2}\int_0^{\pi}\sin 3x\mathrm{d}(\mathrm{e}^{2x})=\frac{1}{2}\mathrm{e}^{2x}\sin 3x\Big|_0^{\pi}-\frac{3}{2}\int_0^{\pi}\mathrm{e}^{2x}\cos 3x\mathrm{d}x\\&=-\frac{3}{4}\int_0^{\pi}\cos 3x\mathrm{d}(\mathrm{e}^{2x})=-\frac{3}{4}\left(\mathrm{e}^{2x}\cos 3x\Big|_0^{\pi}+3\int_0^{\pi}\mathrm{e}^{2x}\sin 3x\mathrm{d}x\right)\\&=-\frac{3}{4}\left(-\mathrm{e}^{2\pi}-1+3\int_0^{\pi}\mathrm{e}^{2x}\sin 3x\mathrm{d}x\right)=\frac{3}{4}\mathrm{e}^{2\pi}+\frac{3}{4}-\frac{9}{4}\int_0^{\pi}\mathrm{e}^{2x}\sin 3x\mathrm{d}x.\end{aligned}$$

由上式解得, $\int_0^{\pi}\mathrm{e}^{2x}\sin 3x\mathrm{d}x=\frac{3}{13}(\mathrm{e}^{2\pi}+1)$.

例 5.34 求 $\int_{\frac{1}{\mathrm{e}}}^{\mathrm{e}}x|\ln x|\mathrm{d}x$.

解 $$\begin{aligned}\int_{\frac{1}{\mathrm{e}}}^{\mathrm{e}}x|\ln x|\mathrm{d}x&=-\int_{\frac{1}{\mathrm{e}}}^{1}x\ln x\mathrm{d}x+\int_1^{\mathrm{e}}x\ln x\mathrm{d}x=-\frac{1}{2}\int_{\frac{1}{\mathrm{e}}}^{1}\ln x\mathrm{d}x^2+\frac{1}{2}\int_1^{\mathrm{e}}\ln x\mathrm{d}x^2\\&=-\frac{1}{2}\left(x^2\ln x\Big|_{\frac{1}{\mathrm{e}}}^{1}-\int_{\frac{1}{\mathrm{e}}}^{1}x\mathrm{d}x\right)+\frac{1}{2}\left(x^2\ln x\Big|_1^{\mathrm{e}}-\int_1^{\mathrm{e}}x\mathrm{d}x\right)\\&=-\frac{1}{2}\left(\frac{1}{\mathrm{e}^2}-\int_{\frac{1}{\mathrm{e}}}^{1}x\mathrm{d}x\right)+\frac{1}{2}\left(\mathrm{e}^2-\int_1^{\mathrm{e}}x\mathrm{d}x\right)=\frac{1}{2}+\frac{1}{4}\mathrm{e}^2-\frac{1}{4\mathrm{e}^2}.\end{aligned}$$

例 5.35 设 $f(x)$ 为连续函数，证明 $\int_0^{\pi}xf(\sin x)\mathrm{d}x=\frac{\pi}{2}\int_0^{\pi}f(\sin x)\mathrm{d}x$ ，并计算

$\int_0^{\pi}\frac{x\sin x}{1+\cos^2 x}\mathrm{d}x$.

证明　等式两端被积函数含有正弦函数，根据诱导公式引入变量代换 $x=\pi-t$，则

$$\int_0^{\pi}xf(\sin x)\mathrm{d}x=-\int_{\pi}^{0}(\pi-t)f\left[\sin(\pi-t)\right]\mathrm{d}t$$
$$=\int_0^{\pi}(\pi-t)f(\sin t)\mathrm{d}t=\pi\int_0^{\pi}f(\sin t)\mathrm{d}t-\int_0^{\pi}tf(\sin t)\mathrm{d}t.$$

所以 $\int_0^{\pi}xf(\sin x)\mathrm{d}x=\frac{\pi}{2}\int_0^{\pi}f(\sin x)\mathrm{d}x$.

$$\int_0^{\pi}\frac{x\sin x}{1+\cos^2 x}\mathrm{d}x=\int_0^{\pi}\frac{x\sin x}{2-\sin^2 x}\mathrm{d}x=\frac{\pi}{2}\int_0^{\pi}\frac{\sin x}{2-\sin^2 x}\mathrm{d}x=-\frac{\pi}{2}\int_0^{\pi}\frac{1}{1+\cos^2 x}\mathrm{d}(\cos x)$$
$$=-\frac{\pi}{2}\arctan(\cos x)\Big|_0^{\pi}=\frac{\pi^2}{4}.$$

例 5.36　设 $f(x)=x-\int_0^{\pi}f(x)\cos x\mathrm{d}x$，求 $f(x)$.

解法 1　原等式两端同乘以 $\cos x$ 并从 0 到 π 积分得

$$\int_0^{\pi}f(x)\cos x\mathrm{d}x=\int_0^{\pi}x\cos x\mathrm{d}x-\int_0^{\pi}\cos x\mathrm{d}x\cdot\int_0^{\pi}f(x)\cos x\mathrm{d}x=-2,$$

则 $f(x)=x-(-2)=x+2$.

解法 2　$f(x)=x-\int_0^{\pi}f(x)\cos x\mathrm{d}x=x-\int_0^{\pi}f(x)\mathrm{d}\sin x$

$$=x-f(x)\sin x\Big|_0^{\pi}+\int_0^{\pi}\sin xf'(x)\mathrm{d}x=x+\int_0^{\pi}\sin xf'(x)\mathrm{d}x,$$

又由 $f(x)=x-\int_0^{\pi}f(x)\cos x\mathrm{d}x$ 知，$f'(x)=1$，所以

$$f(x)=x+\int_0^{\pi}\sin x\mathrm{d}x=x+2.$$

例 5.37　求下列积分：

（1）$\int_0^{+\infty}x\mathrm{e}^{-2x}\mathrm{d}x$；　　（2）$\int_0^{3}\frac{1}{\sqrt{9-x^2}}\mathrm{d}x$；　　（3）$\int_0^{+\infty}\frac{1}{(1+x^2)^2}\mathrm{d}x$.

分析　（1）是一个无穷限的广义积分；（2）当 $x=3$ 时，被积函数的分母为零，所求积分是无界函数的广义积分；（3）这是一个无穷限的广义积分，可用定义来求，而根据被积函数含有平方和，也可考虑用三角换元.

解　（1）$\int_0^{+\infty}x\mathrm{e}^{-2x}\mathrm{d}x=\lim\limits_{t\to+\infty}\int_0^{t}x\mathrm{e}^{-2x}\mathrm{d}x=-\frac{1}{2}\lim\limits_{t\to+\infty}\left(t\mathrm{e}^{-2t}+\frac{1}{2}\mathrm{e}^{-2t}-\frac{1}{2}\right)=\frac{1}{4}$.

（2）$\int_0^{3}\frac{1}{\sqrt{9-x^2}}\mathrm{d}x=\lim\limits_{\varepsilon\to+0}\int_0^{3-\varepsilon}\frac{1}{\sqrt{9-x^2}}\mathrm{d}x=\lim\limits_{\varepsilon\to+0}\arcsin\frac{3-\varepsilon}{3}=\frac{\pi}{2}$.

（3）**解法 1**　$\int_0^{+\infty}\frac{1}{(1+x^2)^2}\mathrm{d}x=\int_0^{+\infty}\frac{1+x^2-x^2}{(1+x^2)^2}\mathrm{d}x=\int_0^{+\infty}\frac{1}{1+x^2}\mathrm{d}x+\frac{1}{2}\int_0^{+\infty}x\mathrm{d}\left(\frac{1}{1+x^2}\right)$

$$=\arctan x\Big|_0^{+\infty}+\frac{x}{2(1+x^2)}\Bigg|_0^{+\infty}-\frac{1}{2}\int_0^{+\infty}\frac{1}{1+x^2}\mathrm{d}x=\frac{\pi}{4}.$$

解法 2　令 $x=\tan t$，则 $\int_0^{+\infty}\frac{1}{(1+x^2)^2}\mathrm{d}x=\int_0^{\frac{\pi}{2}}\frac{\sec^2 t}{\sec^4 t}\mathrm{d}t=\int_0^{\frac{\pi}{2}}\cos^2 t\mathrm{d}t=\frac{\pi}{4}$.

例 5.38　计算 $\int_1^{+\infty}\frac{\arctan x}{x^2}\mathrm{d}x$.

解　$$\int_1^{+\infty}\frac{\arctan x}{x^2}\mathrm{d}x=-\int_1^{+\infty}\arctan x\mathrm{d}\left(\frac{1}{x}\right)=-\frac{1}{x}\cdot\arctan x\Bigg|_1^{+\infty}+\int_1^{+\infty}\frac{1}{x(1+x^2)}\mathrm{d}x$$

$$=\frac{\pi}{4}+\int_1^{+\infty}\left(\frac{1}{x}-\frac{x}{1+x^2}\right)\mathrm{d}x=\frac{\pi}{4}+\ln\frac{x}{\sqrt{1+x^2}}\Bigg|_1^{+\infty}$$

$$=\frac{\pi}{4}-\ln\frac{1}{\sqrt{2}}=\frac{\pi}{4}+\frac{1}{2}\ln 2.$$

例 5.39　已知 $\int_0^{+\infty}\frac{\sin x}{x}\mathrm{d}x=\frac{\pi}{2}$，求 $\int_0^{+\infty}\frac{\sin^2 x}{x^2}\mathrm{d}x$.

解　$$\int_0^{+\infty}\frac{\sin^2 x}{x^2}\mathrm{d}x=-\int_0^{+\infty}\sin^2 x\mathrm{d}\left(\frac{1}{x}\right)=-\frac{\sin^2 x}{x}\Bigg|_0^{+\infty}+\int_0^{+\infty}\frac{2\sin x\cos x}{x}\mathrm{d}x$$

$$=\int_0^{+\infty}\frac{\sin 2x}{x}\mathrm{d}x=\int_0^{+\infty}\frac{\sin t}{t}\mathrm{d}t\ (令\ 2x=t\,)=\frac{\pi}{2}.$$

例 5.40　求由 $y=\mathrm{e}^x$，$y=\mathrm{e}^{-x}$ 与直线 $x=1$ 所围图的面积.

解　如图 5-1 所示，为了确定这个图形的范围，先求出所给两曲线的交点及它们与直线的交点，分别解下列方程组：

$$\begin{cases}y=\mathrm{e}^x,\\ y=\mathrm{e}^{-x};\end{cases}\quad\begin{cases}y=\mathrm{e}^x,\\ x=1;\end{cases}\quad\begin{cases}y=\mathrm{e}^{-x},\\ x=1.\end{cases}$$

得到各曲线的交点分别为 $(0,1)$，$(1,\mathrm{e})$ 和 $\left(1,\frac{1}{\mathrm{e}}\right)$.

选取 x 为积分变量，它的变化范围为 $[0,1]$. 因此所求面积为

$$A=\int_0^1(\mathrm{e}^x-\mathrm{e}^{-x})\mathrm{d}x=(\mathrm{e}^x+\mathrm{e}^{-x})\Big|_0^1=\mathrm{e}+\frac{1}{\mathrm{e}}-2.$$

例 5.41　求曲线 $y=\ln x$ 在 $[2,6)$ 内的一条切线，使得该切线与 $x=2$，$x=6$ 和曲线所围成的平面图形面积最小.

解　设所求切线与 $y=\ln x$ 相切于 $(c,\ln c)$，如图 5-2 所示，则切线方程为 $y-\ln c=\frac{1}{c}(x-c)$ 而切线与直线 $x=2$，$x=6$ 和曲线所围成的平面图形面积

$$A=\int_2^6\left[\frac{1}{c}(x-c)+\ln c-\ln x\right]\mathrm{d}x=4\left(\frac{4}{c}-1\right)+4\ln c+4-6\ln 6+2\ln 2.$$

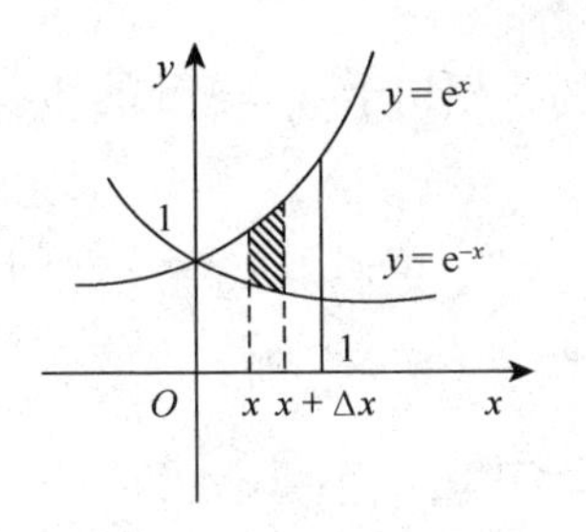

图 5-1

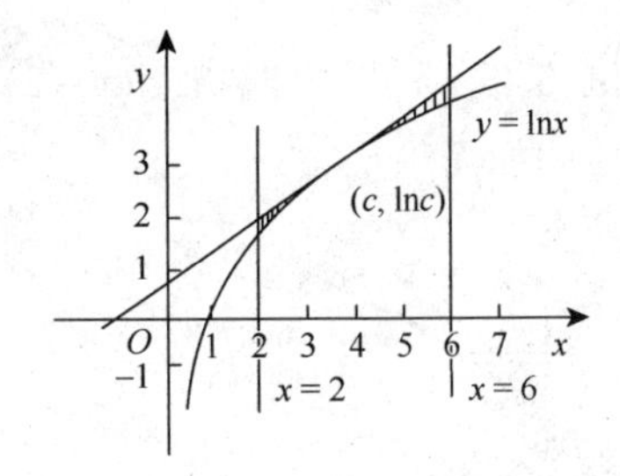

图 5-2

由于$\dfrac{dA}{dc}=-\dfrac{16}{c^2}+\dfrac{4}{c}=-\dfrac{4}{c^2}(4-c)$，令$\dfrac{dA}{dc}=0$，解得驻点$c=4$.

当$c<4$时，$\dfrac{dA}{dc}<0$，而当$c>4$时，$\dfrac{dA}{dc}>0$，故当$c=4$时，A取得极小值. 由于驻点唯一, 故当$c=4$时，A取得最小值, 此时切线方程为

$$y=\frac{1}{4}x-1+\ln 4.$$

例 5.42　设抛物线$y=ax^2+bx+c$过原点, 当$0\leqslant x\leqslant 1$时，$y\geqslant 0$，又抛物线与直线$x=1$及x轴围成平面图形的面积为$\dfrac{1}{3}$，求a，b，c使此图形绕x轴旋转一周而成旋转体的体积V最小.

证明　由抛物线$y=ax^2+bx+c$过原点可知$c=0$. 抛物线与直线$x=1$及x轴围成平面图形的面积

$$S=\int_0^1(ax^2+bx)dx=\left(\frac{1}{3}ax^3+\frac{1}{2}bx^2\right)\bigg|_0^1=\frac{1}{3}a+\frac{1}{2}b.$$

又由已知条件可得到$\dfrac{1}{3}a+\dfrac{1}{2}b=\dfrac{1}{3}$，即$b=\dfrac{2}{3}(1-a)$. 而抛物线与直线$x=1$及$x$轴围成平面图形绕$x$轴旋转一周而成旋转体的体积

$$\begin{aligned}V&=\pi\int_0^1(ax^2+bx)^2dx=\pi\int_0^1(a^2x^4+2abx^3+b^2x^2)dx\\&=\pi\left(\frac{1}{5}a^2x^5+\frac{1}{2}abx^4+\frac{1}{3}b^2x^3\right)\bigg|_0^1\\&=\left(\frac{2}{135}a^2-\frac{1}{27}a+\frac{4}{27}\right)\pi.\end{aligned}$$

令$\dfrac{dV}{da}=0$，那么$\left(\dfrac{4}{135}a-\dfrac{1}{27}\right)\pi=0$，即$a=\dfrac{5}{4}$，所以$b=\dfrac{2}{3}\left(1-\dfrac{5}{4}\right)=-\dfrac{1}{6}$.

又因为$V''\left(\dfrac{5}{4}\right)=\dfrac{4}{135}>0$，所以当$a=\dfrac{5}{4}$，$b=-\dfrac{1}{6}$，$c=0$时, 旋转体的体积最小.

例 5.43 试求由抛物线 $(y-2)^2=x-1$ 和抛物线相切于 $y_0=3$ 处的切线及 x 轴所围成图的面积.

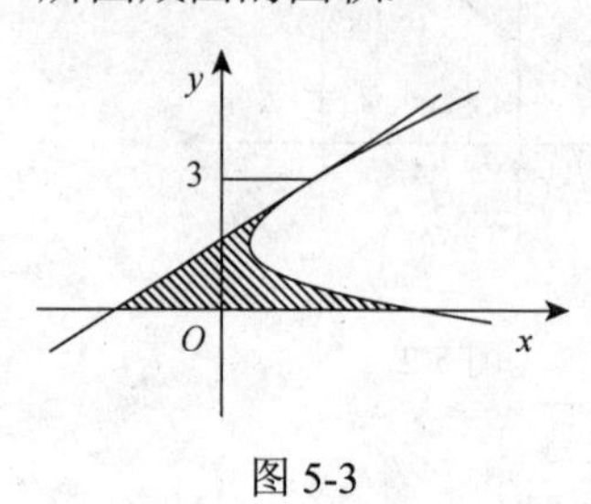

图 5-3

解 抛物线 $(y-2)^2=x-1$ 在 $y_0=3$ 处的切线为 $y-3=\dfrac{1}{2}(x-2)$，如图 5-3 所示，则

$$\mathrm{d}A=[(y-2)^2+1-(2y-4)]\mathrm{d}y$$

$$A=\int_0^3[(y-2)^2+1-(2y-4)]\mathrm{d}y$$

$$=\int_0^3(y^2-6y+9)\mathrm{d}y=9.$$

例 5.44 已知某产品生产 x 个单位时，总收益的变化率（边际收益）为 $R'(x)=200-\dfrac{x}{100}(x\geqslant 0)$.（元/单位）

（1）求生产 50 个单位的总收益;

（2）如果已经生产了 100 个单位，求再生产 100 个单位时的总收益.

解 （1）$\because\ R'(x)=200-\dfrac{x}{100},\quad x\geqslant 0\text{且}R(0)=0$，

$$\therefore\ R=\int_0^{50}\left(200-\frac{x}{100}\right)\mathrm{d}x=\left(200x-\frac{x^2}{200}\right)\Bigg|_0^{50}=9987.5(\text{元}).$$

（2）$\because\ R(x)=200-\dfrac{x}{100},\quad x\geqslant 0\text{且}R(0)=0$

$$\therefore R=\int_{100}^{200}\left(200-\frac{x}{100}\right)\mathrm{d}x=\left(200x-\frac{x^2}{200}\right)\Bigg|_{100}^{200}=19850(\text{元}).$$

所以生产 50 个单位的总收益为9987.5元，已经生产了 100 个单位，再生产 100 个单位时的总收益为19 850元.

例 5.45 某产品的总成本 C（万元）的变化率 $C'=1$，总收益 R（万元）的变化率（边际收益）为生产量 x（百台）的函数 $R'=R'(x)=5-x$，

（1）求生产量等于多少时，总利润 $L=R-C$ 为最大?

（2）从利润最大的生产量又生产了 100 台，总利润减少了多少?

解 （1）因为 $L=R-C$，所以令 $L'=R'-C'=0$，即 $4-x=0\Rightarrow x=4$，又因为 $L''=-1<0$，所以当生产量等于 4 百台时，总利润最大.

（2）因为 $L'(x)=4-x$，所以 $\Delta L=\int_4^5 L'(x)\mathrm{d}x=\int_4^5(4-x)\mathrm{d}x=-0.5$（万元）

即从利润最大的生产量又生产了 100 台，总利润减少了 0.5 万元.

例 5.46 某百货公司每月销售额是100万元，平均利润是销售额的10%，根据公司以往的经验，广告宣传期间销售额的变化率近似服从如下的增长曲线

$$100\,\mathrm{e}^{0.02t}$$ （t 以月为单位）.

公司现在需要决定是否举行一次类似的总成本为 13 万元为期一年的广告活动.按惯例，对于超过 10 万元的广告活动，如果新增销售额产生的利润超过广告投资的 10%，则决定做广告。试问该百货公司按惯例是否应该做此广告？

解　设 $y=y(t)$ 是广告宣传期间销售额与时间 t（月）的函数关系，由题意知 $y'=\mathrm{e}^{0.02t}$，因为一年（12 个月）的总销售额是 y' 在区间[0, 12]上的定积分，即

$$y(12)=\int_0^{12}y'(t)\mathrm{d}t=\int_0^{12}100\mathrm{e}^{0.02t}\mathrm{d}t=\left[\frac{100\mathrm{e}^{0.02t}}{0.02}\right]_0^{12}=5000(\mathrm{e}^{0.24}-1)\approx 1356(\text{万元}).$$

公司的利润是销售额的 10%，所以新增销售额产生的利润是

$$(1356-12\cdot 100)\cdot 10\%=15.6（\text{万元}），$$

15.6 万元利润是由于花费 13 万元的广告费而获得的，因此广告所产生的实际利润是

$$15.6-13=2.6（\text{万元}），$$

这表明盈利大于广告成本的 10%，公司应该做此广告.

5.4　自我测试题

A 级自我测试题

一、填空题（每小题 2 分，共 10 分）

1. $\lim\limits_{x\to 0}\dfrac{\int_0^x \sin t^3\mathrm{d}t}{x^4}=$ ________.

2. $\int_{-1}^{1}\left(\sin^3 x+\dfrac{x^2}{1+x^2}-2x^3+x\right)\mathrm{d}x=$ ________.

3. 某产品的边际成本 $C'=2$，边际收入 $R'=18-2x$，其中 x 是产量，则当产量 x 等于________单位时总利润最大.

4. $F(x)=\int_0^x(1+t)\arctan t\mathrm{d}t$ 的极小值为________.

5. $\int_0^4\dfrac{1}{\sqrt{4-x}}\mathrm{d}x=$ ________.

二、单选题（每小题 2 分，共 10 分）

1. 在区间 $[-3,3]$ 上可积的函数是（　　）.

A. $\ln x$　　B. $\dfrac{1}{x+2}$　　C. $\mathrm{e}^x\cos 4x$　　D. $\dfrac{1}{x}$

2. 计算下列定积分，错误的做法是（　　）.

A. $\int_{-1}^{1}\frac{1}{x^2}dx=-\frac{1}{x}\Big|_{-1}^{1}=-(1+1)=-2$　B. $\int_{-1}^{1}x^2dx=\frac{1}{3}x^3\Big|_{-1}^{1}=\frac{1}{3}(1+1)=\frac{2}{3}$

C. $\int_{-1}^{1}xdx=\frac{1}{2}x^2\Big|_{-1}^{1}=\frac{1}{2}(1-1)=0$　D. $\int_{0}^{\frac{\pi}{2}}\sin xdx=-\cos x\Big|_{0}^{\frac{\pi}{2}}=-(0-1)=1$

3. $\int_{\frac{1}{2}}^{e}|\ln x|dx=$（　　）.

A. $\int_{\frac{1}{2}}^{e}\ln xdx$　B. $\int_{1}^{e}\ln xdx-\int_{\frac{1}{2}}^{1}\ln xdx$

C. $\int_{\frac{1}{2}}^{e}\ln xdx$　D. $\int_{\frac{1}{2}}^{1}\ln xdx-\int_{1}^{e}\ln xdx$

4. 发散的广义积分是（　　）.

A. $\int_{1}^{+\infty}\frac{1}{x^3}dx$　B. $\int_{1}^{+\infty}\frac{1}{x^2}dx$　C. $\int_{1}^{+\infty}\frac{1}{x}dx$　D. $\int_{1}^{+\infty}\frac{1}{x^4}dx$

5. 以下各式中正确的是（　　）.

A. $\frac{d}{dx}\int_{a}^{b}f(t)dt=f(x)$　B. $d\int_{a}^{x}f(t)dt=f(x)$

C. $\frac{d}{dx}\int_{a}^{x}f(t)dt=f(t)$　D. $\frac{d}{dx}\int_{x}^{b}f(t)dt=-f(x)$

三、计算题（每题 7 分，共 49 分）

1. 设 $f(x)=\begin{cases}\dfrac{x+2}{\sqrt{2x+1}}, & x\geqslant 0,\\ e^x, & x<0,\end{cases}$ 求 $\int_{-1}^{5}f(x-1)dx$.

2. 求 $\int_{0}^{1}\frac{x^3}{1+x^2}dx$.　3. 求 $\int_{0}^{\ln 2}\sqrt{e^x-1}dx$.　4. 求 $\int_{0}^{1}\frac{x^2}{(1+x^2)^2}dx$.

5. 求 $\int_{1}^{2}\frac{\sqrt{x^2-1}}{x}dx$.　6. 求 $\int_{1}^{2\pi}x\frac{1+\cos 2x}{x}dx$.　7. 求 $\int_{-\infty}^{0}x^3e^{-x^2}dx$.

四、应用题（每小题 7 分，共 21 分）

1. 求在区间 $\left[0,\frac{\pi}{2}\right]$ 上，曲线 $y=\sin x$ 与直线 $x=0$，$y=1$ 所围成图形的面积.

2. 求曲线 $y=\sqrt{x}$ 与直线 $x=1$，$x=4$，$y=0$ 所围成的平面图形绕 y 轴旋转的旋转体体积.

3. 已知一个企业每日的边际收益函数 $R'(x)=104-8x$，边际成本函数为

$$C'(x)=x^2-8x+40,$$

其中 x 是日产量. 如果日固定成本为 250 元，求：

（1）日总利润函数 $L(x)$；

（2）日获利最大时的产量.

五、证明题（10分）

设 $f(x)$ 在 $[0,1]$ 上连续，求证 $\int_0^1\left(\int_0^x f(t)\mathrm{d}t\right)\mathrm{d}x=\int_0^1(1-x)f(x)\mathrm{d}x$.

B级自我测试题

一、填空题（每小题2分，共10分）

1. $\lim\limits_{x\to 0}\dfrac{\int_0^1\sin^2 xt\mathrm{d}t}{x^2}=$__________.

2. 假设"八五"期间某产品的总产量的变化率为 $f(t)=4t+1.5$，其中 t 是时间（单位：年），则前三年总产量为__________单位，后面两年总产量为__________ 单位.

3. $\int_0^2\min\{x,x^2\}\mathrm{d}x=$__________.

4. $\int_{-2}^2[\ln(1+x^2)\sin x+\sqrt{4-x^2}]\mathrm{d}x=$__________.

5. $\int_1^{+\infty}\dfrac{1}{x(1+x^2)}\mathrm{d}x=$__________.

二、单选题（每小题2分，共10分）

1. 若广义积分 $\int_1^{+\infty}\dfrac{1}{x^p}\mathrm{d}x$ 收敛，则 p 的范围是（　　）.

A. $p<1$　　B. $p\leqslant 1$　　C. $p>1$　　D. $p\geqslant 1$

2. 设 $f(x)=\begin{cases}1+x^2, & x<0,\\ \mathrm{e}^x, & x\geqslant 0,\end{cases}$ 则 $\int_1^3 f(x-2)\mathrm{d}x=$（　　）.

A. $\mathrm{e}-\dfrac{1}{3}$　　B. $\mathrm{e}+\dfrac{1}{3}$　　C. $\dfrac{1}{3}$　　D. $2\mathrm{e}$

3. 设 $I_1=\int_0^{\frac{\pi}{4}}\dfrac{\tan x}{x}\mathrm{d}x$，$I_2=\int_0^{\frac{\pi}{4}}\dfrac{x}{\tan x}\mathrm{d}x$，则（　　）.

A. $I_1>I_2>1$　　B. $1>I_1>I_2$　　C. $I_2>I_1>1$　　D. $1>I_2>I_1$

4. $\int_0^{2\pi}\sqrt{1-\cos 2x}\mathrm{d}x=$（　　）.

A. 0　　B. $2\sqrt{2}$　　C. $4\sqrt{2}$　　D. 4

5. 设 $f(x)=\int_0^{\sin x}\sin t^2\mathrm{d}t$，$g(x)=x^3+x^4$，则当 $x\to 0$ 时，$f(x)$ 是 $g(x)$ 的（　　）.

A. 等价无穷小　　B. 同阶但非等价无穷小
C. 高阶无穷小　　D. 低阶无穷小

三、计算题（每小题 7 分，共 56 分）

1. 设 x，y 满足方程 $x=\int_0^y \frac{\mathrm{d}t}{\sqrt{1+4t^2}}$，求 $\frac{\mathrm{d}^2 y}{\mathrm{d}x^2}$.

2. 设 $f'(\mathrm{e}^x)=x\mathrm{e}^x$，且 $f(1)=0$，求 $\int_1^2\left[2f(x)+\frac{1}{2}(x^2-1)\right]\mathrm{d}x$.

3. 已知 $f(x)=\int_1^x \frac{\ln t}{1+t}\mathrm{d}t$（$x>0$），求 $f(x)+f\left(\frac{1}{x}\right)$.

4. 求 $\int_1^{\sqrt{3}} \frac{1}{x^2}\arctan x\mathrm{d}x$（$x>0$）.

5. 已知函数 $f(x)$ 连续，$\int_0^x tf(x-t)\mathrm{d}t=1-\cos x$，求 $\int_0^{\frac{\pi}{2}} f(x)\mathrm{d}x$.

6. 计算 $\int_0^{\ln 5} \frac{\mathrm{e}^x\sqrt{\mathrm{e}^x-1}}{\mathrm{e}^x+3}\mathrm{d}x$.

7. 计算 $\int_0^1 \ln\left(\frac{1}{1-x^2}\right)\mathrm{d}x$.

8. 设 $f(x)=\int_1^x \mathrm{e}^{-y^2}\mathrm{d}y$，计算 $\int_0^1 x^2 f(x)\mathrm{d}y$.

四、应用题（每小题 7 分，共 14 分）

1. 在曲线 $y=x^2(x\geqslant 0)$ 上某点作切线，使之与曲线及 x 轴所围成图形的面积为 $\frac{1}{12}$，试求：

（1）切点 A 的坐标及过点 A 的切线方程；

（2）由上述图形绕 x 轴旋转一周所得旋转体的体积.

2. 设某种商品每天生产 x 个单位时，固定成本为 20 元，边际成本函数为 $C'(x)=0.4x+2$（元/单位），求总成本函数 $C(x)$，如果这种商品规定的销售单价为 18 元，且产品可以全部售出，求总利润函数 $L(x)$，并问每天生产多少单位时才能获得最大利润.

五、证明题（10 分）

设 $f(x)$ 在 $[0,1]$ 上连续，在 $(0,1)$ 内可导，且 $f(0)=0$，$0<f'(x)<1$，证明：

$$\left[\int_0^1 f(x)\mathrm{d}x\right]^2>\int_0^1 f^3(x)\mathrm{d}x.$$

第 6 章　空间解析几何初步

6.1　知识结构图与学习要求

6.1.1　知识结构图

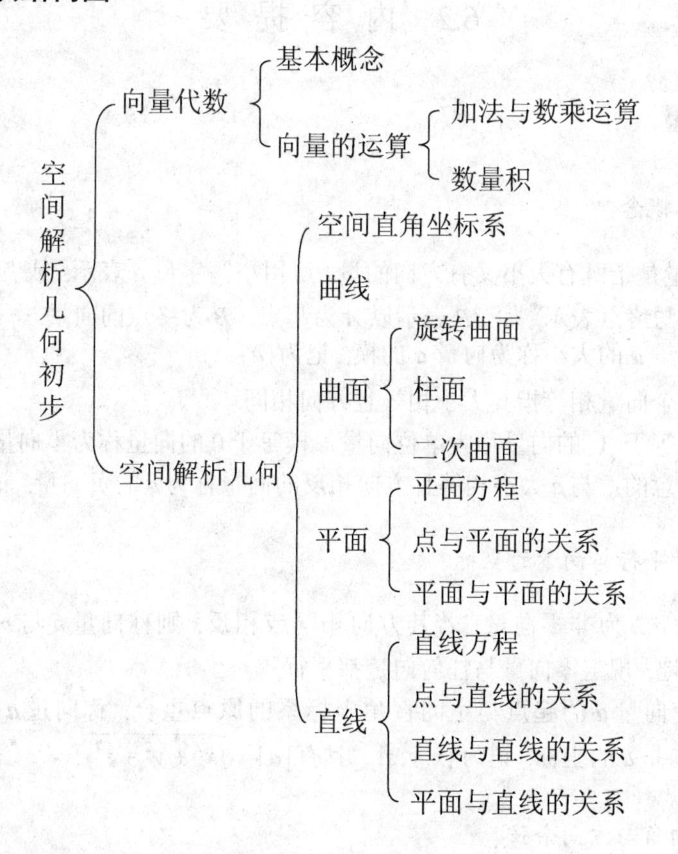

6.1.2　学习要求

（1）理解空间直角坐标系，理解向量的概念及其表示.

（2）掌握向量的运算（线性运算、数量积），了解两个向量垂直、平行的条件.

（3）理解单位向量、方向角与方向余弦，向量的坐标表达式，掌握用坐标表达式进行向量运算的方法.

（4）掌握平面方程和直线方程及其求法.

（5）会求平面与平面、平面与直线、直线与直线之间的夹角，并会利用平面、直线的相互关系（平行、垂直、相交等）解决有关问题.

（6）会求点到直线及点到平面的距离.

（7）了解曲面方程和空间曲线方程的概念.

（8）了解常用二次曲面的方程及其图形，会求以坐标轴为旋转轴的旋转曲面及母线平行于坐标轴的柱面方程.

6.2 内 容 提 要

6.2.1 向量

1. 基本概念

（1）向量是指既有大小又有方向的量，可用小写字母 $\boldsymbol{a}$ 表示，或者用空间有向线段的起点与终点表示，如 $\overrightarrow{AB}$ 表示以 A 为起点，B 为终点的向量.

（2）向量 $\boldsymbol{a}$ 的大小称为向量 $\boldsymbol{a}$ 的模，记为 $|\boldsymbol{a}|$.

（3）两个向量相等指其大小相等且方向相同.

（4）模等于 1 的向量称为单位向量；模等于 0 的向量称为零向量，并且规定其方向是任意的；与 $\boldsymbol{a}$ 大小相等且方向相反的向量称为 $\boldsymbol{a}$ 的负向量，记作 $-\boldsymbol{a}$.

2. 向量平行与向量的坐标

（1）设 $\boldsymbol{a},\boldsymbol{b}$ 为非零向量，若其方向相同或相反，则称向量 $\boldsymbol{a}$ 与 $\boldsymbol{b}$ 平行，记为 $\boldsymbol{a}/\!/\boldsymbol{b}$. 特别地，规定零向量与任何向量都平行.

（2）使向量 $\boldsymbol{a}$ 的起点与空间直角坐标系的原点重合，称向量 $\boldsymbol{a}$ 的终点坐标 (x,y,z) 为向量 $\boldsymbol{a}$ 的坐标，记为 $\{x,y,z\}$，且有 $|\boldsymbol{a}|=\sqrt{x^2+y^2+z^2}$.

3. 方向角与方向余弦

（1）非零向量 $\boldsymbol{a}$ 与三个坐标轴 x 轴、y 轴、z 轴正向的夹角 α,β,γ 称为向量 $\boldsymbol{a}$ 的方向角，并且 $\alpha,\beta,\gamma\in[0,\pi]$，称 $\cos\alpha,\cos\beta,\cos\gamma$ 为向量 $\boldsymbol{a}$ 的方向余弦. 以向量 $\boldsymbol{a}$ 的方向余弦为坐标的向量即为与 $\boldsymbol{a}$ 同方向的单位向量 $\boldsymbol{e}_a$，且

$$\cos^2\alpha+\cos^2\beta+\cos^2\gamma=1,\quad \boldsymbol{e}_a=\{\cos\alpha,\cos\beta,\cos\gamma\}.$$

（2）若 $\boldsymbol{a}=\{x,y,z\}$，则有

$$\cos\alpha = \frac{x}{\sqrt{x^2+y^2+z^2}}，\cos\beta = \frac{y}{\sqrt{x^2+y^2+z^2}}，\cos\gamma = \frac{z}{\sqrt{x^2+y^2+z^2}}.$$

4. 向量的线性运算及其性质

（1）加减法运算：

向量加法运算遵循平行四边形法则或三角形法则.

设 $\boldsymbol{a}=\{x_1,y_1,z_1\}$，$\boldsymbol{b}=\{x_2,y_2,z_2\}$，则 $\boldsymbol{a}\pm\boldsymbol{b}=\{x_1\pm x_2,y_1\pm y_2,z_1\pm z_2\}$.

（2）数乘运算：

向量 $\boldsymbol{a}$ 与实数 λ 的乘积，记为 $\lambda\boldsymbol{a}$.

设 $\boldsymbol{a}=\{x,y,z\}$，则 $\lambda\boldsymbol{a}=\{\lambda x,\lambda y,\lambda z\}$，且 $\lambda\boldsymbol{a}$ 的方向为：

当 $\lambda>0$ 时，$\lambda\boldsymbol{a}$ 与 $\boldsymbol{a}$ 方向相同；

当 $\lambda<0$ 时，$\lambda\boldsymbol{a}$ 与 $\boldsymbol{a}$ 方向相反；

当 $\lambda=0$ 时，$\lambda\boldsymbol{a}$ 为零向量，方向任意.

$\lambda\boldsymbol{a}$ 的模：$|\lambda\boldsymbol{a}|=|\lambda|\cdot|\boldsymbol{a}|$，

（3）性质：

1）$\boldsymbol{a}+\boldsymbol{b}=\boldsymbol{b}+\boldsymbol{a}$，$(\boldsymbol{a}+\boldsymbol{b})+\boldsymbol{c}=\boldsymbol{a}+(\boldsymbol{b}+\boldsymbol{c})$.

2）$\lambda(\mu\boldsymbol{a})=\mu(\lambda\boldsymbol{a})=(\lambda\mu)\boldsymbol{a}$，$(\lambda+\mu)\boldsymbol{a}=\lambda\boldsymbol{a}+\mu\boldsymbol{a}$，$\lambda(\boldsymbol{a}+\boldsymbol{b})=\lambda\boldsymbol{a}+\lambda\boldsymbol{b}$.

3）设 $\boldsymbol{a}$ 为非零向量，则 $\boldsymbol{b}//\boldsymbol{a}\Leftrightarrow$ 存在唯一实数 λ，使 $\boldsymbol{b}=\lambda\boldsymbol{a}$.

5. 两个向量的数量积

向量 $\boldsymbol{a}$ 与向量 $\boldsymbol{b}$ 的数量积定义为：$\boldsymbol{a}\cdot\boldsymbol{b}=|\boldsymbol{a}|\cdot|\boldsymbol{b}|\cos(\widehat{\boldsymbol{a},\boldsymbol{b}})$，则 $|\boldsymbol{a}|=\sqrt{\boldsymbol{a}\cdot\boldsymbol{a}}$.

（1）在空间直角坐标系下，若 $\boldsymbol{a}=\{x_1,y_1,z_1\}$，$\boldsymbol{b}=\{x_2,y_2,z_2\}$，则

$$\boldsymbol{a}\cdot\boldsymbol{b}=x_1x_2+y_1y_2+z_1z_2,$$

且对于非零向量 $\boldsymbol{a}$ 与向量 $\boldsymbol{b}$ 的夹角 $(\widehat{\boldsymbol{a},\boldsymbol{b}})$ 满足

$$\cos(\widehat{\boldsymbol{a},\boldsymbol{b}})=\frac{\boldsymbol{a}\cdot\boldsymbol{b}}{|\boldsymbol{a}|\cdot|\boldsymbol{b}|}=\frac{x_1x_2+y_1y_2+z_1z_2}{\sqrt{x_1^2+y_1^2+z_1^2}\cdot\sqrt{x_2^2+y_2^2+z_2^2}},$$

由此可知：

$$\boldsymbol{a}\perp\boldsymbol{b}\Leftrightarrow\boldsymbol{a}\cdot\boldsymbol{b}=0\Leftrightarrow x_1x_2+y_1y_2+z_1z_2=0.$$

（2）数量积满足下列运算规律：

1）交换律：$\boldsymbol{a}\cdot\boldsymbol{b}=\boldsymbol{b}\cdot\boldsymbol{a}$.

2）分配律：$(\boldsymbol{a}+\boldsymbol{b})\cdot\boldsymbol{c}=\boldsymbol{a}\cdot\boldsymbol{c}+\boldsymbol{b}\cdot\boldsymbol{c}$.

3）结合律：$(\lambda\boldsymbol{a})\cdot\boldsymbol{b}=\lambda(\boldsymbol{a}\cdot\boldsymbol{b})$，其中 λ 为实数.

6.2.2 平面

1. 平面方程

（1）点法式方程：$A(x-x_0)+B(y-y_0)+C(z-z_0)=0$，其中 $P(x_0,y_0,z_0)$ 为平面上已知点，$\boldsymbol{n}=\{A,B,C\}$ 为平面的法向量.

（2）一般式方程：$Ax+By+Cz+D=0$，其中 $\boldsymbol{n}=\{A,B,C\}$ 为平面的法向量.

(3)截距式方程：$\dfrac{x}{a}+\dfrac{y}{b}+\dfrac{z}{c}=1$，其中 a,b,c 分别为平面在 x,y,z 轴上的截距. 由于要求 a,b,c 非零，故并非所有平面均可表示成这种形式.

（4）一些特殊平面：

$Ax+By+Cz=0$ 过原点；

$By+Cz+D=0$ 平行于 x 轴；

$Ax+Cz+D=0$ 平行于 y 轴；

$Ax+By+D=0$ 平行于 z 轴；

$Cz+D=0$ 平行于 xOy 面或垂直于 z 轴；

$Ax+D=0$ 平行于 yOz 面或垂直于 x 轴；

$By+D=0$ 平行于 zOx 面或垂直于 y 轴.

2. 平面之间的关系

若平面 $\Pi_1: A_1x+B_1y+C_1z+D_1=0$，$\Pi_2: A_2x+B_2y+C_2z+D_2=0$，把两平面的夹角记为 θ，则

$$\cos\theta=\frac{|\boldsymbol{n}_1\cdot\boldsymbol{n}_2|}{|\boldsymbol{n}_1|\cdot|\boldsymbol{n}_2|}=\frac{|A_1A_2+B_1B_2+C_1C_2|}{\sqrt{A_1^2+B_1^2+C_1^2}\cdot\sqrt{A_2^2+B_2^2+C_2^2}},$$

由此可知，

（1）当 $\theta=0$ 时，平面 Π_1 与 Π_2 平行（含重合）$\Leftrightarrow \dfrac{A_1}{A_2}=\dfrac{B_1}{B_2}=\dfrac{C_1}{C_2}$；

（2）当 $\theta=\dfrac{\pi}{2}$ 时，平面 Π_1 与 Π_2 垂直 $\Leftrightarrow A_1A_2+B_1B_2+C_1C_2=0$.

3. 平面束方程

设平面 $\Pi_1: A_1x+B_1y+C_1z+D_1=0$，$\Pi_2: A_2x+B_2y+C_2z+D_2=0$，若平面 Π_1 与 Π_2 不平行，且其交线为 l，则过 l 的所有平面方程可表示为

$$\lambda(A_1x+B_1y+C_1z+D_1)+\mu(A_2x+B_2y+C_2z+D_2)=0,$$

其中 $\lambda,\mu\in\mathbf{R}$，称这样一族平面为过直线 l 的平面束. 特别地，若 $\lambda=1$，则

$$A_1x+B_1y+C_1z+D_1+\mu(A_2x+B_2y+C_2z+D_2)=0\ (\mu\in\mathbf{R})$$

表示除平面Π_2外，过l的所有其他平面的方程.

6.2.3 直线

1. 直线方程

（1）一般方程：$\begin{cases}A_1x+B_1y+C_1z+D_1=0,\\A_2x+B_2y+C_2z+D_2=0.\end{cases}$ 记$\boldsymbol{n}_1=\{A_1,B_1,C_1\}$，$\boldsymbol{n}_2=\{A_2,B_2,C_2\}$，则直线的方向向量$\boldsymbol{s}=\{m,n,p\}$与$\boldsymbol{n}_1$、$\boldsymbol{n}_2$都垂直.

（2）对称式方程（点向式方程）：$\dfrac{x-x_0}{m}=\dfrac{y-y_0}{n}=\dfrac{z-z_0}{p}$，其中$P(x_0,y_0,z_0)$为直线上给定的已知点，$\boldsymbol{s}=\{m,n,p\}$为直线的方向向量.

（3）参数方程：$\begin{cases}x=x_0+mt,\\y=y_0+nt,\\z=z_0+pt,\end{cases}$ 其中$t\in\mathbf{R}$且$P(x_0,y_0,z_0)$为直线上已知点，$\boldsymbol{s}=\{m,n,p\}$为直线的方向向量.

2. 点、直线、平面之间的关系

（1）两条直线之间的关系：

设直线$l_1:\dfrac{x-x_1}{m_1}=\dfrac{y-y_1}{n_1}=\dfrac{z-z_1}{p_1}$，$l_2:\dfrac{x-x_2}{m_2}=\dfrac{y-y_2}{n_2}=\dfrac{z-z_2}{p_2}$，且其方向向量分别为$\boldsymbol{s}_1=\{m_1,n_1,p_1\}$和$\boldsymbol{s}_2=\{m_2,n_2,p_2\}$，把两直线的夹角记为$\theta$. 则

$$\cos\theta=\frac{|\boldsymbol{s}_1\cdot\boldsymbol{s}_2|}{|\boldsymbol{s}_1|\cdot|\boldsymbol{s}_2|}=\frac{|m_1m_2+n_1n_2+p_1p_2|}{\sqrt{m_1^2+n_1^2+p_1^2}\cdot\sqrt{m_2^2+n_2^2+p_2^2}}\quad\left(0\leqslant\theta\leqslant\frac{\pi}{2}\right).$$

由此可知：

1）两直线平行（含重合）：$l_1/\!/l_2\Leftrightarrow\dfrac{m_1}{m_2}=\dfrac{n_1}{n_2}=\dfrac{p_1}{p_2}\Leftrightarrow\boldsymbol{s}_1/\!/\boldsymbol{s}_2$.

2）两直线垂直：$l_1\perp l_2\Leftrightarrow m_1\cdot m_2+n_1\cdot n_2+p_1\cdot p_2=0\Leftrightarrow\boldsymbol{s}_1\perp\boldsymbol{s}_2$.

（2）直线与平面的关系：

已知平面$\Pi:Ax+By+Cz+D=0$与直线$l:\dfrac{x-x_0}{m}=\dfrac{y-y_0}{n}=\dfrac{z-z_0}{p}$，其中$\boldsymbol{n}=\{A,B,C\}$，$\boldsymbol{s}=\{m,n,p\}$，把直线$l$与平面$\Pi$的夹角记为$\theta$，则

$$\sin\theta=\frac{|\boldsymbol{s}\cdot\boldsymbol{n}|}{|\boldsymbol{s}|\cdot|\boldsymbol{n}|}=\frac{|Am+Bn+Cp|}{\sqrt{A^2+B^2+C^2}\cdot\sqrt{m^2+n^2+p^2}}\quad\left(0\leqslant\theta\leqslant\frac{\pi}{2}\right).$$

由此可知：

1）若直线与平面垂直，则有 $l \perp \Pi \Leftrightarrow \frac{A}{m}=\frac{B}{n}=\frac{C}{p} \Leftrightarrow \boldsymbol{s} // \boldsymbol{n}$.

2）若直线与平面平行，则有 $l // \Pi \Leftrightarrow Am+Bn+Cp=0 \Leftrightarrow \boldsymbol{s} \perp \boldsymbol{n}$.

（3）距离公式：

1）点到直线的距离：设给定点 $P_0(x_0,y_0,z_0)$ 及直线 $l: \frac{x-x_1}{m}=\frac{y-y_1}{n}=\frac{z-z_1}{p}$，则 P_0 到直线 l 的距离为

$$d=|\overrightarrow{P_0P_1}|\cdot\sin\theta,$$

其中 $P_1(x_1,y_1,z_1)$ 为直线上任意一点，θ 为直线 l 与 $\overrightarrow{P_0P_1}$ 的夹角.

2）点到平面的距离：设给定点 $P(x_0,y_0,z_0)$ 及平面 $\Pi: Ax+By+Cz+D=0$，则 P_0 到 Π 的距离为

$$d=\frac{|Ax_0+By_0+Cz_0+D|}{\sqrt{A^2+B^2+C^2}}.$$

6.2.4　曲面

1. 空间曲面方程

（1）一般方程：$F(x,y,z)=0$；

（2）显式方程：$z=f(x,y)$.

2. 旋转曲面方程

设 $C: f(y,z)=0$ 为 yOz 平面上的曲线，则 C 绕 z 轴旋转所得的曲面

$$f(\pm\sqrt{x^2+y^2},z)=0,$$

C 绕 y 轴旋转所得的曲面为 $f(y,\pm\sqrt{x^2+z^2})=0$.

其他坐标面上的曲线绕相应坐标轴旋转的情形完全类似，旋转曲面主要由母线和旋转轴确定.

3. 柱面方程

母线平行于 z 轴的柱面方程为 $F(x,y)=0$；母线平行于 x 轴的柱面方程为 $G(y,z)=0$；母线平行于 y 轴的柱面方程为 $H(x,z)=0$. 当曲面方程中缺少一个变量时，则曲面为柱面. 柱面方程须注意准线和母线两个要素.

4. 常见的二次曲面

（1）球面方程：$(x-x_0)^2+(y-y_0)^2+(z-z_0)^2=R^2$，其中 (x_0,y_0,z_0) 为球心，R 为球的半径（$R>0$）.

（2）椭球面方程：$\frac{x^2}{a^2}+\frac{y^2}{b^2}+\frac{z^2}{c^2}=1(a>0,b>0,c>0)$，当 $a=b=c$ 时，即为球面方程.

（3）单叶双曲面方程：

$$\frac{x^2}{a^2}+\frac{y^2}{b^2}-\frac{z^2}{c^2}=1 \text{ 或 } \frac{x^2}{a^2}-\frac{y^2}{b^2}+\frac{z^2}{c^2}=1 \text{ 或 } -\frac{x^2}{a^2}+\frac{y^2}{b^2}+\frac{z^2}{c^2}=1.$$

其中 $a>0,b>0,c>0$，即系数两项为正，一项为负.

（4）双叶双曲面方程：

$$\frac{x^2}{a^2}-\frac{y^2}{b^2}-\frac{z^2}{c^2}=1 \text{ 或 } \frac{y^2}{b^2}-\frac{x^2}{a^2}-\frac{z^2}{c^2}=1 \text{ 或 } \frac{z^2}{c^2}-\frac{x^2}{a^2}-\frac{y^2}{b^2}=1.$$

其中 $a>0,b>0,c>0$，即系数两项为负，一项为正.

（5）椭圆抛物面方程：

$$z=\frac{x^2}{a^2}+\frac{y^2}{b^2} \text{ 或 } y=\frac{x^2}{a^2}+\frac{z^2}{c^2} \text{ 或 } x=\frac{y^2}{b^2}+\frac{z^2}{c^2} \quad (a>0,b>0,c>0).$$

（6）双曲抛物面方程（又称为马鞍面）：

$$z=\pm\left(\frac{x^2}{a^2}-\frac{y^2}{b^2}\right) \text{ 或 } y=\pm\left(\frac{x^2}{a^2}-\frac{z^2}{c^2}\right) \text{ 或 } x=\pm\left(\frac{y^2}{b^2}-\frac{z^2}{c^2}\right) \quad (a>0,b>0,c>0).$$

（7）圆柱面方程：

$$x^2+y^2=R^2 \text{ 或 } y^2+z^2=R^2 \text{ 或 } x^2+z^2=R^2 \quad (R>0).$$

（8）椭圆柱面方程：

$$\frac{x^2}{a^2}+\frac{y^2}{b^2}=1 \text{ 或 } \frac{x^2}{a^2}+\frac{z^2}{c^2}=1 \text{ 或 } \frac{y^2}{b^2}+\frac{z^2}{c^2}=1 \quad (a>0,b>0,c>0).$$

（9）双曲柱面方程：

$$\frac{x^2}{a^2}-\frac{y^2}{b^2}=\pm1 \text{ 或 } \frac{x^2}{a^2}-\frac{z^2}{c^2}=\pm1 \text{ 或 } \frac{y^2}{b^2}-\frac{z^2}{c^2}=\pm1 \quad (a>0,b>0,c>0).$$

（10）抛物柱面方程：

$$x^2=2py \text{ 或 } y^2=2px，\ y^2=2pz \text{ 或 } z^2=2py，\ z^2=2px \text{ 或 } x^2=2pz,$$

其中 p 为非零实数.

6.3　典型例题解析

例 6.1　在空间坐标系中，各坐标轴和坐标面上的点的坐标有何特点？

解　设点 M 的坐标为 $M(x,y,z)$，则

（1）点 M 在 xOy 坐标面上 $\Leftrightarrow z=0$；（2）点 M 在 yOz 坐标面上 $\Leftrightarrow x=0$；

（3）点 M 在 zOx 坐标面上 $\Leftrightarrow y=0$；（4）点 M 在 x 轴上 $\Leftrightarrow y=z=0$；

（5）点 M 在 y 轴上 $\Leftrightarrow z=x=0$；（6）点 M 在 z 轴上 $\Leftrightarrow x=y=0$；

（7）点 M 在坐标原点 $O \Leftrightarrow x=y=z=0$.

例 6.2　已知两点 $M_1(4,\sqrt{2},1)$ 和 $M_2(3,0,2)$，试求向量 $\overrightarrow{M_1M_2}$ 的模、方向余弦及方向角.

解　由于 $\overrightarrow{M_1M_2}=\{3-4,0-\sqrt{2},2-1\}=\{-1,-\sqrt{2},1\}$，则

$$\left|\overrightarrow{M_1M_2}\right|=\sqrt{(-1)^2+(-\sqrt{2})^2+1^2}=2,$$

又因为

$$\frac{\overrightarrow{M_1M_2}}{\left|\overrightarrow{M_1M_2}\right|}=\frac{1}{2}\{-1,-\sqrt{2},1\}=\left\{-\frac{1}{2},-\frac{\sqrt{2}}{2},\frac{1}{2}\right\},$$

故方向余弦为

$$\cos\alpha=-\frac{1}{2},\ \cos\beta=-\frac{\sqrt{2}}{2},\ \cos\gamma=\frac{1}{2},$$

方向角为

$$\alpha=\frac{2\pi}{3},\ \beta=\frac{3\pi}{4},\ \gamma=\frac{\pi}{3}.$$

例 6.3　从点 $A(2,-1,7)$ 沿向量 $\boldsymbol{a}=\{8,9,-12\}$ 方向取长为 34 的线段 $\overrightarrow{AB}$. 求点 B 的坐标.

解　设 B 点坐标为 (x,y,z)，则 $\overrightarrow{AB}=\{x-2,y+1,z-7\}$，由于 $\overrightarrow{AB}$ 与 $\boldsymbol{a}$ 方向一致，故存在实数 $\lambda(\lambda>0)$，使 $\overrightarrow{AB}=\lambda\boldsymbol{a}$，即

$$\{x-2,y+1,z-7\}=\lambda\{8,9,-12\},$$

由此可得

$$x-2=8\lambda, y+1=9\lambda, z-7=-12\lambda,$$

又因为

$$\left|\overrightarrow{AB}\right|=\sqrt{(x-2)^2+(y+1)^2+(z-7)^2}=34,$$

从而有 $\lambda=2$，所以

$$x=8\lambda+2=18,\quad y=9\lambda-1=17,\quad z=-12\lambda+7=-17,$$

求得 B 点坐标为 $(18,17,-17)$.

例 6.4　设 $\overrightarrow{OA}=2\boldsymbol{i}+\boldsymbol{j}$，$\overrightarrow{OB}=-\boldsymbol{i}+2\boldsymbol{k}$，令 $\boldsymbol{m}=\overrightarrow{OA}-\overrightarrow{OB}$.

（1）求与向量 $\boldsymbol{m}$ 方向一致的单位向量 $\boldsymbol{e}_m$ 及 $\boldsymbol{m}$ 的方向余弦;

（2）证明以 $\overrightarrow{OA}$ 、$\overrightarrow{OB}$ 为边所成的平行四边形的对角线互相垂直；

解　（1）由于

$$\boldsymbol{m}=\overrightarrow{OA}-\overrightarrow{OB}=3\boldsymbol{i}+\boldsymbol{j}-2\boldsymbol{k}\,,\ |\boldsymbol{m}|=\sqrt{3^2+1^2+(-2)^2}=\sqrt{14}\,,$$

且

$$\boldsymbol{e}_m=\frac{\boldsymbol{m}}{|\boldsymbol{m}|}=\left\{\frac{3}{\sqrt{14}},\frac{1}{\sqrt{14}},-\frac{2}{\sqrt{14}}\right\},$$

故 $\cos\alpha=\dfrac{3}{\sqrt{14}}$，$\cos\beta=\dfrac{1}{\sqrt{14}}$，$\cos\gamma=\dfrac{-2}{\sqrt{14}}$．

（2）由向量加减法的几何意义可知所成的平行四边形的对角线一条为 $\boldsymbol{m}$，另一条为 $\boldsymbol{n}=\overrightarrow{OA}+\overrightarrow{OB}=\boldsymbol{i}+\boldsymbol{j}+2\boldsymbol{k}$，由于 $\boldsymbol{m}\cdot\boldsymbol{n}=3\times1+1\times1+(-2)\times2=0$，故 $\boldsymbol{m}\perp\boldsymbol{n}$．所以两对角线垂直.

例 6.5　设 $\boldsymbol{c}=2\boldsymbol{a}+\boldsymbol{b}$，$\boldsymbol{d}=2\boldsymbol{a}-\boldsymbol{b}$，$|\boldsymbol{a}|=2$，$|\boldsymbol{b}|=1$，$(\widehat{\boldsymbol{a},\boldsymbol{b}})=\dfrac{\pi}{2}$．试求：$\cos(\widehat{\boldsymbol{c},\boldsymbol{d}})$．

解　由于

$$\boldsymbol{c}\cdot\boldsymbol{d}=(2\boldsymbol{a}+\boldsymbol{b})\cdot(2\boldsymbol{a}-\boldsymbol{b})=4|\boldsymbol{a}|^2-|\boldsymbol{b}|^2=4\times4-1=15\,,$$

且

$$|\boldsymbol{c}|^2=(2\boldsymbol{a}+\boldsymbol{b})\cdot(2\boldsymbol{a}+\boldsymbol{b})=4|\boldsymbol{a}|^2+|\boldsymbol{b}|^2+4\boldsymbol{a}\cdot\boldsymbol{b}=4|\boldsymbol{a}|^2+|\boldsymbol{b}|^2+4|\boldsymbol{a}|\cdot|\boldsymbol{b}|\cos(\widehat{\boldsymbol{a},\boldsymbol{b}})=17$$

故 $|\boldsymbol{c}|=\sqrt{17}$．同理

$$|\boldsymbol{d}|^2=(2\boldsymbol{a}-\boldsymbol{b})\cdot(2\boldsymbol{a}-\boldsymbol{b})=4|\boldsymbol{a}|^2+|\boldsymbol{b}|^2-4|\boldsymbol{a}|\cdot|\boldsymbol{b}|\cos(\widehat{\boldsymbol{a},\boldsymbol{b}})=17\,,$$

故 $|\boldsymbol{d}|=\sqrt{17}$．于是

$$\cos(\widehat{\boldsymbol{c},\boldsymbol{d}})=\frac{\boldsymbol{c}\cdot\boldsymbol{d}}{|\boldsymbol{c}|\cdot|\boldsymbol{d}|}=\frac{15}{\sqrt{17}\times\sqrt{17}}=\frac{15}{17}\,.$$

例 6.6　向量 $\boldsymbol{c}$ 垂直于向量 $\boldsymbol{a}=\{2,3,-1\}$ 和 $\boldsymbol{b}=\{1,-2,3\}$，并且满足条件 $\boldsymbol{c}\cdot\{2,-1,1\}=-6$，试求向量 $\boldsymbol{c}$ 的坐标.

分析　由于向量 $\boldsymbol{c}$ 同时垂直于向量 $\boldsymbol{a}$ 和 $\boldsymbol{b}$，则有 $\boldsymbol{c}\cdot\boldsymbol{a}=0$，$\boldsymbol{c}\cdot\boldsymbol{b}=0$．

解　设 $\boldsymbol{c}=\{x,y,z\}$，由于 $\boldsymbol{c}$ 同时垂直于向量 $\boldsymbol{a}$ 和 $\boldsymbol{b}$，故

$$\boldsymbol{c}\cdot\boldsymbol{a}=0,\quad \boldsymbol{c}\cdot\boldsymbol{b}=0,$$

即

$$2x+3y-z=0,\quad x-2y+3z=0,$$

由 $\boldsymbol{c}\cdot\{2,-1,1\}=-6$，得

$$2x-y+z=-6\,.$$

将以上三式联立求解得

$$x=-3,\quad y=z=3,\ \text{即}\ \boldsymbol{c}=\{-3,3,3\}\,.$$

例 6.7 求曲线$\begin{cases}x^2+3z^2=9,\\ y=0\end{cases}$分别绕$z$轴和$x$轴旋转一周所生成的旋转曲面的方程.

分析 $\begin{cases}f(x,y)=0,\\ z=0\end{cases}$绕$x$轴旋转所得旋转曲面方程为$f(x,\pm\sqrt{y^2+z^2})=0$. 因为曲线上的点在旋转过程中有两个不变：一是横坐标x不变；二是所求曲面上的点到x轴的距离不变, 所以只需将y换成$\pm\sqrt{y^2+z^2}$.

解 用公式, 将曲线的第一个方程中的x以$\pm\sqrt{x^2+y^2}$替换, 即得曲线$\begin{cases}x^2+3z^2=9,\\ y=0\end{cases}$绕$z$轴旋转一周所生成的旋转曲面的方程为$x^2+y^2+3z^2=9$；将曲线的第一个方程中的$z$以$\pm\sqrt{z^2+y^2}$替换, 即得曲线$\begin{cases}x^2+3z^2=9,\\ y=0\end{cases}$绕$x$轴旋转一周所生成的旋转曲面的方程为$x^2+3y^2+3z^2=9$.

注 一般地, 求由某一坐标面上的曲线绕该坐标面上的某一个坐标轴旋转而得旋转曲面方程的方法是: 绕哪个坐标轴旋转, 则原曲线方程中相应的那个变量不变, 而将曲线方程中另一个变量改写成该变量与第三个变量平方和的正负平方根.

例 6.8 已知平面Π过点$M_0(1,0,-1)$和直线$L_1:\dfrac{x-2}{2}=\dfrac{y-1}{0}=\dfrac{z-1}{1}$, 求平面$\Pi$的方程.

分析 求平面方程, 关键是找到构成平面的基本要素：一个点和法向量或者不在同一直线上的三个点. 本题已知一个点和一条直线在所求平面, 易求构成平面的基本要素.

解 设平面Π的一般方程为$Ax+By+Cz+D=0$, 由题意可知, Π过点$M_0(1,0,-1)$, 故有

$$A-C+D=0, \tag{6-1}$$

在直线L_1上任取两点$M_1(2,1,1),M_2(4,1,2)$, 将其代入平面方程, 得

$$2A+B+C+D=0, \tag{6-2}$$

$$4A+B+2C+D=0, \tag{6-3}$$

由式（6-1）、式（6-2）、式（6-3）解得

$$B=3A,C=-2A,D=-3A,$$

故平面Π的方程为$x+3y-2z-3=0$.

例 6.9　求平行于平面 $\Pi_0: x+2y+3z+4=0$ 且与球面 $\Sigma: x^2+y^2+z^2=9$ 相切的平面 Π 的方程.

分析　求平行于坐标面（轴）或平行于某已知平面, 且满足另一约束条件的平面方程, 通常设所求平面方程为 $Ax+By+Cz+D=0$，再由题设条件确定系数 A,B,C,D .

解　依题意可设平面 Π 的方程为 $x+2y+3z+D=0$. 因为平面 Π 与球面 Σ 相切, 故球心 $(0,0,0)$ 到平面 Π 的距离等于球面半径 $r=3$，即

$$d=\left.\frac{|x+2y+3z+D|}{\sqrt{1^2+2^2+3^2}}\right|_{(0,0,0)}=3,$$

则 $|D|=3\sqrt{14}$. 故平面 Π 的方程为

$$x+2y+3z+3\sqrt{14}=0 \text{ 或 } x+2y+3z-3\sqrt{14}=0 .$$

例 6.10　求一过原点的平面 Π，使它与平面 $\Pi_0: x-4y+8z-3=0$ 成 $\frac{\pi}{4}$ 角, 且垂直于平面 $\Pi_1: 7x+z+3=0$.

解　由题意可设 Π 的方程为 $Ax+By+Cz=0$，其法向量为 $\boldsymbol{n}=\{A,B,C\}$，平面 Π_0 的法向量为 $\boldsymbol{n}_0=\{1,-4,8\}$，平面 Π_1 的法向量为 $\boldsymbol{n}_1=\{7,0,1\}$，由题意得

$$\cos\frac{\pi}{4}=\frac{|\boldsymbol{n}_0\cdot\boldsymbol{n}|}{|\boldsymbol{n}_0|\cdot|\boldsymbol{n}|},$$

即

$$\frac{|A-4B+8C|}{\sqrt{1^2+(-4)^2+8^2}\cdot\sqrt{A^2+B^2+C^2}}=\frac{\sqrt{2}}{2}, \tag{6-4}$$

由 $\boldsymbol{n}\cdot\boldsymbol{n}_1=0$，得 $7A+C=0$，将 $C=-7A$ 代入式（6-4）得

$$\frac{|55A+4B|}{9\sqrt{50A^2+B^2}}=\frac{\sqrt{2}}{2},$$

解得

$$B=20A, \text{或 } B=-\frac{100}{49}A,$$

则所求平面 Π 的方程为

$$x+20y-7z=0 \text{ 或 } 49x-100y-343z=0 .$$

例 6.11　求过直线 L_1： $\begin{cases} x+y+z=0, \\ 2x-y+3z=0, \end{cases}$ 且平行于直线 L_2： $x=2y=3z$ 的平面 Π 的方程.

分析　求过已知直线且满足另一约束条件的平面方程, 当直线方程以一般方程形式给出时, 常用平面束来求平面的方程.

解　直线 L_2 的对称式方程为 $\frac{x}{6}=\frac{y}{3}=\frac{z}{2}$，方向向量为 $\boldsymbol{s}_2=\{6,3,2\}$，设所求平面 Π 为

$$x+y+z+\lambda(2x-y+3z)=0,$$

即

$$(1+2\lambda)x+(1-\lambda)y+(1+3\lambda)z=0,$$

其法向量为 $\boldsymbol{n}=\{1+2\lambda,1-\lambda,1+3\lambda\}$，由题意知 $\boldsymbol{n}\perp\boldsymbol{s}_2$，故

$$\boldsymbol{n}\cdot\boldsymbol{s}_2=6(1+2\lambda)+3(1-\lambda)+2(1+3\lambda)=0,$$

得 $\lambda=-\frac{11}{15}$，则所求平面 Π 的方程为

$$7x-26y+18z=0.$$

另外，容易验证 $2x-y+3z=0$ 不是所求的平面方程.

例 6.12　求平行于平面 Π_0：$6x+y+6z+5=0$ 且与三个坐标面所围成的四面体体积为一个单位的平面 Π 的方程.

分析　对于本题，求平面 Π 的截距式方程会比较简便.

解　设平面 Π 的方程为 $\frac{x}{a}+\frac{y}{b}+\frac{z}{c}=1$，由题意知四面体体积 $V=1$，即

$$\frac{1}{3}\cdot\frac{1}{2}|abc|=1,$$

由 Π 与 Π_0 平行可得

$$\frac{\frac{1}{a}}{6}=\frac{\frac{1}{b}}{1}=\frac{\frac{1}{c}}{6},$$

化简得

$$\frac{1}{6a}=\frac{1}{b}=\frac{1}{6c}，令\frac{1}{6a}=\frac{1}{b}=\frac{1}{6c}=t,$$

即

$$a=\frac{1}{6t},\ b=\frac{1}{t},\ c=\frac{1}{6t},$$

代入

$$\frac{1}{3}\cdot\frac{1}{2}|abc|=1$$

可得 $t=\pm\frac{1}{6}$，从而可得

$$a=1,b=6,c=1,\text{或者}\ a=-1,b=-6,c=-1,$$

故所求平面 Π 的方程为

$$6x+y+6z-6=0\ \text{或}\ 6x+y+6z+6=0.$$

例 6.13　用对称式方程及参数方程表示直线 L：$\begin{cases} x-y+z=1, \\ 2x+y+z=4. \end{cases}$

分析　求直线的对称式方程, 需求出直线上一点及其方向向量或者求出直线上不同的两点亦可.

解法 1　在直线 L 上任取两点 $A\left(0,\dfrac{3}{2},\dfrac{5}{2}\right)$，$B\left(\dfrac{5}{3},\dfrac{2}{3},0\right)$，则 L 的方向向量 $\boldsymbol{n} // \overrightarrow{AB}$，而 $\overrightarrow{AB}=\left\{\dfrac{5}{3},-\dfrac{5}{6},-\dfrac{5}{2}\right\}$，故可取 $\boldsymbol{n}=\{-2,1,3\}$，则直线的对称式方程为

$$\frac{x}{-2}=\frac{y-\frac{3}{2}}{1}=\frac{z-\frac{5}{2}}{3},$$

参数方程为

$$\begin{cases} x=-2t, \\ y=t+3/2, \\ z=3t+5/2. \end{cases}$$

解法 2　记平面 $\Pi_1: x-y+z=1$ 的法向量 $\boldsymbol{n}_1=\{1,-1,1\}$；平面 $\Pi_2: 2x+y+z=4$ 的法向量 $\boldsymbol{n}_2=\{2,1,1\}$，设 L 的方向向量为 $\boldsymbol{s}=\{m,n,p\}$，则由题意知 $\boldsymbol{n}_1$，$\boldsymbol{n}_2$ 都与 $\boldsymbol{s}$ 垂直, 即 $\boldsymbol{n}_1\cdot\boldsymbol{s}=0$ 及 $\boldsymbol{n}_2\cdot\boldsymbol{s}=0$，所以 $\begin{cases} m-n+p=0, \\ 2m+n+p=0, \end{cases}$ 令 $m=2$，解得 $n=-1, p=-3$，即 $\boldsymbol{s}=\{2,-1,-3\}$，由解法 1 可知点 $A\left(0,\dfrac{3}{2},\dfrac{5}{2}\right)$ 在 L 上, 则直线 L 的对称式方程为

$$\frac{x}{2}=\frac{y-\frac{3}{2}}{-1}=\frac{z-\frac{5}{2}}{-3},$$

参数方程为

$$\begin{cases} x=2t, \\ y=-t+3/2, \\ z=-3t+5/2. \end{cases}$$

例 6.14　已知直线 $L: \dfrac{x-1}{1}=\dfrac{y}{-4}=\dfrac{z-3}{1}$, 平面 $\Pi: 2x-2y-z+3=0$, 求:

（1）直线 L 与平面 Π 的交点和夹角;

（2）点 $A(1,0,3)$ 在平面 Π 上的投影;

（3）直线 L 在平面 Π 上的投影.

解　（1）设直线 L 与平面 Π 的交点为 $M(x_0,y_0,z_0)$，则点 M 的坐标 x_0,y_0,z_0 同时满足直线和平面方程, 即 $\begin{cases} \dfrac{x_0-1}{1}=\dfrac{y_0}{-4}=\dfrac{z_0-3}{1}, \\ 2x_0-2y_0-z_0+3=0, \end{cases}$ 解之得

$$x_0=\frac{7}{9},y_0=\frac{8}{9},z_0=\frac{25}{9}，即 M\left(\frac{7}{9},\frac{8}{9},\frac{25}{9}\right)为所求.$$

先求直线 L 的方向向量 $\boldsymbol{s}=\{1,-4,1\}$ 与平面 Π 的法向量 $\boldsymbol{n}=\{2,-2,-1\}$ 的夹角 α，则

$$\cos\alpha=\frac{|1\times2+(-4)\times(-2)+1\times(-1)|}{\sqrt{1^2+(-4)^2+1^2}\cdot\sqrt{2^2+(-2)^2+(-1)^2}}=\frac{\sqrt{2}}{2},$$

所以 $\alpha=\frac{\pi}{4}$，从而直线 L 与平面 Π 的夹角为 $\frac{\pi}{2}-\alpha=\frac{\pi}{4}$.

（2）显然点 $A(1,0,3)$ 在直线 L 上，不在平面 Π 上，则由投影的定义可知过点 A 作平面 Π 的垂线 L_0，则 L_0 与平面 Π 的交点 B 即为所求.依题意，平面 Π 的法向量 $\boldsymbol{n}=\{2,-2,-1\}$ 与直线 L_0 的方向向量 $\boldsymbol{s}_0$ 平行，则 $\boldsymbol{s}_0$ 可取为 $\{2,-2,-1\}$，所以 L_0 的方程为 $\frac{x-1}{2}=\frac{y}{-2}=\frac{z-3}{-1}$，联立 $\begin{cases}\frac{x-1}{2}=\frac{y}{-2}=\frac{z-3}{-1},\\2x-2y-z+3=0,\end{cases}$ 解得 $x=\frac{5}{9},y=\frac{4}{9},z=\frac{29}{9}$，即点 A 在 Π 上的投影为 $B\left(\frac{5}{9},\frac{4}{9},\frac{29}{9}\right)$.

（3）**解法 1** 由（1）和（2）可知：直线 L 和平面 Π 的交点 M 与直线 L 上的点 A 在平面 Π 上的投影 B 的连线即为直线 L 在平面 Π 上的投影(因为 M 和 B 不重合），直线 MB 的方程为

$$MB:\frac{x-\frac{5}{9}}{\frac{5}{9}-\frac{7}{9}}=\frac{y-\frac{4}{9}}{\frac{4}{9}-\frac{8}{9}}=\frac{z-\frac{29}{9}}{\frac{29}{9}-\frac{25}{9}},$$

即 $MB:\frac{9x-5}{1}=\frac{9y-4}{2}=\frac{9z-29}{-2}$ 为所求.

解法 2 直线 L 在平面 Π 上的投影直线即为过直线 L 且与平面 Π 垂直的平面 Π_0 与平面 Π 的交线，先求出平面 Π_0 的方程. 设平面 Π_0 的法向量 $\boldsymbol{n}_0\{A_0,B_0,C_0\}$，因为点 A 在直线 L 上，而 L 在平面 Π_0 上，故点 A 在也平面 Π_0 上，从而平面 Π_0 的点法式方程为

$$A_0(x-1)+B_0(y-0)+C_0(z-3)=0,$$

现在求 $\boldsymbol{n}_0\{A_0,B_0,C_0\}$，显然平面 Π 的法向量 $\boldsymbol{n}=\{2,-2,-1\}$ 与 $\boldsymbol{n}_0\{A_0,B_0,C_0\}$ 垂直，即

$$\boldsymbol{n}\cdot\boldsymbol{n}_0=(A_0,B_0,C_0)\cdot(2,-2,-1)=2A_0-2B_0-C_0=0, \tag{6-5}$$

由于直线 L 在平面 Π_0 上，所以直线 L 的方向向量 $\boldsymbol{s}=\{1,-4,1\}$ 与 $\boldsymbol{n}_0\{A_0,B_0,C_0\}$ 垂直，即

$$\boldsymbol{s}\cdot\boldsymbol{n}_0=(A_0,B_0,C_0)\cdot(1,-4,1)=A_0-4B_0+C_0=0, \tag{6-6}$$

联立式（6-5）和式（6-6）得

$$\begin{cases}2A_0-2B_0-C_0=0,\\ A_0-4B_0+C_0=0,\end{cases}$$

解得 $A_0=2B_0,B_0=B_0,C_0=2B_0$；将其代入平面 Π_0 的点法式方程，得

$$2B_0(x-1)+B_0(y-0)+2B_0(z-3)=0,$$

从而

$$2(x-1)+(y-0)+2(z-3)=0 \text{ 即 } 2x+y+2z-8=0,$$

所以

$$\begin{cases}2x-2y-z+3=0,\\ 2x+y+2z-8=0,\end{cases}$$

为直线 L 在平面 Π 上的投影.

例 6.15　已知直线 L 过点 $A(-1,2,-3)$ 且平行于平面 $\Pi:6x-2y-3z+2=0$，又与直线 $L_1:\dfrac{x-1}{3}=\dfrac{y+1}{2}=\dfrac{z-3}{-5}$ 相交，求直线 L 的方程.

分析　求直线的方程，如果求对称式方程，其关键是寻找直线上的一个点及方向向量；本题由于直线 L 过点 A，如果能求出直线 L 上的另外一个点，则直线 L 就确定了，或者求出 L 的方向向量 $\boldsymbol{s}=\{m,n,p\}$ 也可求出直线 L 的方程.

解　设平面 Π 的法向量为 $\boldsymbol{n}$，直线 L 与 L_1 的交点为 $M_0(x_0,y_0,z_0)$，则

$$\boldsymbol{n}=\{6,-2,-3\},\overrightarrow{AM_0}=\{x_0+1,y_0-2,z_0+3\}.$$

易知直线 L_1 的参数形式方程为

$$\begin{cases}x=1+3t,\\ y=-1+2t,\\ z=3-5t.\end{cases}$$

由于向量 $\overrightarrow{AM_0}$ 平行于 Π，则 $\overrightarrow{AM_0}\cdot\boldsymbol{n}=0$，即

$$6(x_0+1)-2(y_0-2)-3(z_0+3)=0, \tag{6-7}$$

由于 $M_0(x_0,y_0,z_0)$ 在 L_1 上，因此

$$\begin{cases}x_0=1+3t,\\ y_0=-1+2t,\\ z_0=3-5t.\end{cases}$$

将 x_0,y_0,z_0 代入式（6-7）得

$$6(2+3t)-2(-3+2t)-3(6-5t)=0,$$

得 $t=0$，交点 $M_0(1,-1,3)$．故通过点 A 和点 M_0 的直线方程为

$$\frac{x+1}{2}=\frac{y-2}{-3}=\frac{z+3}{6}.$$

6.4　自我测试题

A 级自我测试题

一、填空题（每小题 4 分, 共 32 分）

1. 设 $\boldsymbol{a}=\{3,2,1\}$，$\boldsymbol{b}=\{6,4,k\}$，若 $\boldsymbol{a}\perp\boldsymbol{b}$，则________；若 $\boldsymbol{a}//\boldsymbol{b}$，则________.

2. 曲面 $x^2-y^2-z^2=1$ 是由坐标面________上的曲线________绕________轴旋转一周而成.

3. 方程 $x^2+y^2=1$ 在平面解析几何中表示________，在空间解析几何中表示________.

4. 经过已知点 $(1,-1,4)$ 和直线 $\dfrac{x+1}{2}=\dfrac{y}{5}=\dfrac{z-1}{1}$ 的平面方程是________.

5. 经过三点 $(1,0,1)$、$(2,-2,2)$ 和 $(4,-3,2)$ 的平面方程是________.

6. 过两点 $M_1(3,-2,1)$ 和 $M_2(-1,0,2)$ 的直线方程为________.

7. 过点 $(1,2,3)$ 且与平面 $x+2y+5z=0$ 垂直的直线方程为________.

8. 直线 $\dfrac{x-1}{1}=\dfrac{y-2}{-4}=\dfrac{z-3}{1}$ 与 $\dfrac{x-1}{2}=\dfrac{y-2}{-2}=\dfrac{z-3}{-1}$ 的夹角为________.

二、选择题（每小题 4 分, 共 24 分）

1. 下列等式中正确的是（　　）.

A. $\boldsymbol{i}+\boldsymbol{j}=\boldsymbol{k}$　　B. $\boldsymbol{i}+\boldsymbol{j}+\boldsymbol{k}=\boldsymbol{0}$

C. $\boldsymbol{i}+\boldsymbol{j}+\boldsymbol{k}=1$　　D. $\boldsymbol{i}+\boldsymbol{j}+\boldsymbol{k}=\{1,1,1\}$

2. 设向量 $\overrightarrow{AB}$ 与三坐标轴正向夹角依次为 α,β,γ，当 $\cos\alpha=0$ 时，有（　　）.

A. $\overrightarrow{AB}//xOy$ 面　　B. $\overrightarrow{AB}//yOz$ 面

C. $\overrightarrow{AB}//xOz$ 面　　D. $\overrightarrow{AB}\perp yOz$ 面

3. 下列方程中所示曲面表示旋转抛物面的是（　　）.

A. $x^2+y^2+z^2=1$　　B. $x^2+y^2=4z$

C. $x^2-\dfrac{y^2}{4}+z^2=1$　　D. $\dfrac{x^2+y^2}{9}-\dfrac{z^2}{16}=-1$

4. 平面 $3x-2y=0$ 的位置是（　　）.

A. 平行于 z 轴　　B. 斜交于 z 轴

C. 垂直于 z 轴　　D. 通过 z 轴

5. 已知两直线 $\dfrac{x-4}{2}=\dfrac{y+1}{3}=\dfrac{z+2}{1}$ 和 $\dfrac{x-4}{4}=\dfrac{y+1}{-3}=\dfrac{z+2}{1}$，则它们是（　　）.

A. 两条垂直相交的直线　　B. 两条异面直线

C. 两条平行但不重合的直线　　D. 两条重合直线

6. 如果平面 $x+2y+\alpha z+5=0$ 和 $3x+\beta y+12z+7=0$ 平行，则（　　）.

A. $3+2\alpha+12\beta=0$　　B. $\alpha+\beta=10$

C. $\alpha=\beta$　　D. 无法确定 α,β 的关系

三、(8分)　设向量 $\boldsymbol{a}$ 与 $\boldsymbol{b}$ 的夹角为 $\dfrac{\pi}{3}$，且 $|\boldsymbol{a}|=3, |\boldsymbol{b}|=5$，求 $(3\boldsymbol{a}+2\boldsymbol{b})\cdot(2\boldsymbol{a}-4\boldsymbol{b})$.

四、(10分)　设 $\boldsymbol{a}+3\boldsymbol{b}$ 与 $7\boldsymbol{a}-5\boldsymbol{b}$ 垂直，$\boldsymbol{a}-4\boldsymbol{b}$ 与 $7\boldsymbol{a}-2\boldsymbol{b}$ 垂直，求 $\boldsymbol{a}$ 与 $\boldsymbol{b}$ 之间的夹角.

五、(6分)　平面 Π 与平面 $20x-4y-5z+7=0$ 平行且相距6个单位，求 Π 的方程.

六、(共20分)已知直线 L：$\dfrac{x-2}{1}=\dfrac{y-3}{1}=\dfrac{z-4}{2}$，平面 Π：$2x+y+z-6=0$.

(1) 求直线 L 与平面 Π 的交点和夹角；(6分)

(2) 求点 $A(2,3,4)$ 在平面 Π 上的投影；(6分)

(3) 求直线 L 在平面 Π 上的投影.(8分)

B级自我测试题

一、填空题(每小题4分，共20分)

1. 已知 $|\boldsymbol{a}|=2$，$|\boldsymbol{b}|=\sqrt{2}$，且 $\boldsymbol{a}\cdot\boldsymbol{b}=2$，则 $|\boldsymbol{a}+\boldsymbol{b}|=$ ________.

2. 已知 $\boldsymbol{a}=\{2,1,-1\}$，若 $\boldsymbol{a}$ 与向量 $\boldsymbol{b}$ 平行，且 $\boldsymbol{a}\cdot\boldsymbol{b}=3$，则 $\boldsymbol{b}=$ ________.

3. 设曲面方程 $\dfrac{x^2}{a^2}+\dfrac{y^2}{b^2}+\dfrac{z^2}{c^2}=1$，当 $a=d$ 时，曲面可由 xOz 面上以线曲________绕________轴旋转而成，或由 yOz 面上以曲线________绕________轴旋转而成.

4. 设 L 过点 $(2,-3,4)$，且垂直于直线 $x-2=1-y=\dfrac{z+5}{2}$ 和 $\dfrac{x-4}{3}=\dfrac{y+2}{-2}=z-1$，则直线 L 的方程为________.

5. 与直线 $\begin{cases}x=1,\\ y=-1+t,\\ z=2+t\end{cases}$ 及 $\dfrac{x+1}{1}=\dfrac{y+2}{2}=\dfrac{z-1}{1}$ 都平行，且过原点的平面方程为________.

二、选择题(每小题4分，共24分)

1. 设 $\boldsymbol{a}+\boldsymbol{b}+\boldsymbol{c}=\boldsymbol{0}$，$|\boldsymbol{a}|=3$，$|\boldsymbol{b}|=1$，$|\boldsymbol{c}|=2$，则 $\boldsymbol{a}\cdot\boldsymbol{b}+\boldsymbol{b}\cdot\boldsymbol{c}+\boldsymbol{c}\cdot\boldsymbol{a}=$（　　）.

A. -1　　B. 7　　C. -7　　D. 1

2. 设三向量$\boldsymbol{a},\boldsymbol{b},\boldsymbol{c}$满足关系式$\boldsymbol{a}\cdot\boldsymbol{b}=\boldsymbol{a}\cdot\boldsymbol{c}$，则（　　）.

A. $\boldsymbol{a}=\boldsymbol{0}$或$\boldsymbol{b}=\boldsymbol{c}$　　B. $\boldsymbol{a}=\boldsymbol{b}-\boldsymbol{c}=\boldsymbol{0}$

C. $\boldsymbol{b}=\boldsymbol{c}$　　D. $\boldsymbol{a}\perp(\boldsymbol{b}-\boldsymbol{c})$

3. 平面$3x+y+z-6=0$与三个坐标轴的截距分别为（　　）.

A. 3,1,1　　B. 3,1,−6　　C. −6,2,2　　D. 2,6,6

4. 设有直线$L_1:\dfrac{x-1}{1}=\dfrac{y-5}{-2}=\dfrac{z+8}{1}$与直线$L_2:\begin{cases}x-y=6,\\2y+z=3,\end{cases}$则$L_1$与$L_2$的夹角为（　　）.

A. $\dfrac{\pi}{6}$　　B. $\dfrac{\pi}{4}$　　C. $\dfrac{\pi}{3}$　　D. $\dfrac{\pi}{2}$

5. 平面$2x-3y+4z+9=0$与$2x-3y+4z-15=0$的距离为（　　）.

A. $\dfrac{6}{29}$　　B. $\dfrac{24}{29}$　　C. $\dfrac{24}{\sqrt{29}}$　　D. $\dfrac{6}{\sqrt{29}}$

6. 设有直线$L:\begin{cases}x+3y+2z+1=0,\\2x-y-10z+3=0\end{cases}$及平面$\Pi:4x-2y+z-2=0$，则$L$（　　）.

A. 平行于Π　　B. 在Π上　　C. 垂直于Π　　D. 与Π斜交

三、（9分）　已知向量$\boldsymbol{a}=\{3,2,4\}$，$\boldsymbol{b}=\{-1,1,2\}$，$\boldsymbol{c}=\{1,4,8\}$，向量$\boldsymbol{d}=\lambda\boldsymbol{a}+\mu\boldsymbol{b}$与向量$\boldsymbol{c}$平行，且$|\boldsymbol{d}|=3$，求$\lambda,\mu$和$\boldsymbol{d}$.

四、（9分）　一平面通过直线$L:\begin{cases}x+5y+z=0,\\x-z+4=0\end{cases}$且与平面$x-4y-8z+12=0$成45°角，求其方程.

五、（9分）求过直线$\begin{cases}3x+2y-z-1=0,\\2x-3y+2z+2=0\end{cases}$且垂直于平面$x+2y+3z-5=0$的平面方程.

六、（9分）求直线$\begin{cases}x+y+3z=0,\\x-y-z=0\end{cases}$与平面$x+2y-z-6=0$的夹角与交点.

七、（10分）已知直线L过点$M_0(1,0,-2)$，且与平面Π：$3x+4y-z+6=0$平行，又与直线L_1：$\dfrac{x-3}{1}=\dfrac{y+2}{4}=\dfrac{z}{1}$垂直，求直线$L$的方程.

八、（10分）　求经过点(2, 3, 1)且与两直线L_1：$\begin{cases}x+y=0,\\x-y+z+4=0\end{cases}$和$L_2$：$\begin{cases}x+3y-1=0,\\y+z-2=0\end{cases}$相交的直线方程.

第 7 章　多元函数微分学

7.1　知识结构图与学习要求

7.1.1　知识结构图

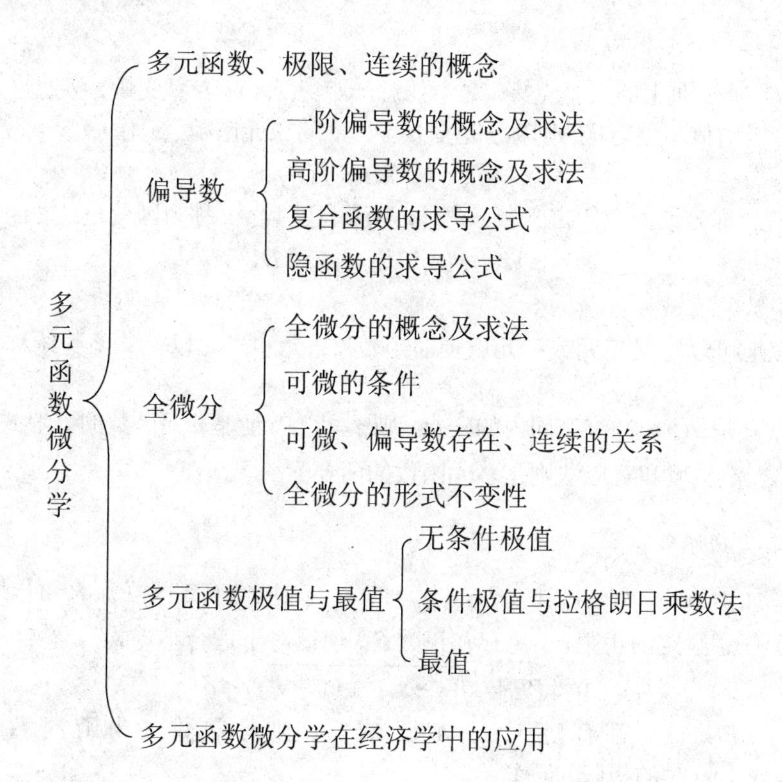

7.1.2　学习要求

（1）了解多元函数的概念，了解二元函数的几何意义.

（2）了解二元函数的极限与连续的概念，了解有界闭区域上二元连续函数的性质.

（3）了解多元函数偏导数与全微分的概念，会求多元复合函数一阶、二阶偏导数，会求全微分，会求多元隐函数的偏导数.

（4）了解多元函数极值和条件极值的概念，掌握多元函数极值存在的必要条件，了解二元函数极值存在的充分条件，会求二元函数的极值，会用拉格朗日乘数法求条件极值. 会求简单多元函数的最大值和最小值.

（5）会解决一些经济数学模型中简单的应用问题.

7.2 内容提要

7.2.1 多元函数、极限、连续的基本概念和性质

1. 多元函数的概念

设 D 是平面上的一个点集，对于任意一点 $P(x,y)\in D$，变量 z 按照一定的法则总有确定的值与之对应，则称 z 是变量 x、y 的二元函数，记作

$$z=f(x,y) \text{ 或 } z=f(P).$$

其中点集 D 称为该函数的定义域，x、y 称为自变量，z 称为因变量. 集合

$$\{z \mid z=f(x,y),\quad (x,y)\in D\}$$

称为该函数的值域.

类似地可以定义三元或三元以上的函数. 二元和二元以上的函数统称为多元函数.

若点 P 是 $n(n>2)$ 维空间内的一点，则 $z=f(P)$ 便是 n 元函数的一般式，类似一元函数，定义域和对应法则是多元函数的两要素.

2. 二重极限

设二元函数 $z=f(x,y)$ 在点 $P_0(x_0,y_0)$ 的某一邻域内有定义（点 P_0 可以除外），如果对于任意给定的正数 ε，总存在正数 δ，使得对于适合不等式

$$0<|PP_0|=\sqrt{(x-x_0)^2+(y-y_0)^2}<\delta$$

的一切点 $P(x,y)$，都有 $|f(x,y)-A|<\varepsilon$ 成立，则称常数 A 为函数 $f(x,y)$ 当 $(x,y)\to(x_0,y_0)$ 时的极限，记作

$$\lim_{(x,y)\to(x_0,y_0)} f(x,y)=A \text{ 或当 } (x,y)\to(x_0,y_0) \text{ 时，} f(x,y)\to A,$$

或记作 $\lim\limits_{P\to P_0} f(P)=A$ 或当 $P\to P_0$ 时，$f(P)\to A$.

二元函数的极限称为二重极限.

注 所谓二重极限 $\lim\limits_{(x,y)\to(x_0,y_0)} f(x,y)=A$ 存在，是指 $P(x,y)$ 以任何方式趋于 $P_0(x_0,y_0)$ 时，$f(x,y)$ 都无限接近于 A.如果 $P(x,y)$ 沿某一定直线或定曲线趋于 $P_0(x_0,y_0)$ 时，$f(x,y)$ 无限接近于某一确定值，这时还不能断定 $f(x,y)$ 的极限存在，

但如果当$P(x,y)$以不同方式趋于$P_0(x_0,y_0)$时，$f(x,y)$趋于不同的值，或沿着某一特殊路径趋于$p_0(x_0,y_0)$时，$f(x,y)$不趋于某一定数，则均可断定$f(x,y)$当$P(x,y)\to P_0(x_0,y_0)$时的极限不存在.

3. 二元函数的连续性

设函数$z=f(x,y)$在点$P_0(x_0,y_0)$的某一邻域内有定义，如果

$$\lim_{(x,y)\to(x_0,y_0)} f(x,y)=f(x_0,y_0),$$

则称函数$f(x,y)$在点$P_0(x_0,y_0)$连续.

如果函数$f(x,y)$在D上的每一点都连续，则称函数$f(x,y)$在D上连续，或称$f(x,y)$是D上的连续函数.函数不连续的点称为函数的间断点.

多元连续函数有与一元连续函数相类似的运算性质.

由常数及具有不同自变量的一元基本初等函数经过有限次的四则运算和复合运算得到的，能用一个式子表示的函数称为多元初等函数.由多元连续函数的运算性质可得到下面的结论：

一切多元初等函数在其定义区域内都连续.

由多元初等函数的连续性，求$\lim\limits_{P\to P_0} f(P)$时，如果$f(P)$是初等函数，且$P_0$在$f(P)$的定义域内，则$f(P)$在点$P_0$处连续，于是$\lim\limits_{P\to P_0} f(P)=f(P_0)$.

7.2.2 偏导数

1. 偏导数定义

设$z=f(x,y)$ 在$P_0(x_0,y_0)$的某邻域内有定义，若极限

$$\lim_{\Delta x\to 0}\frac{f(x_0+\Delta x,y_0)-f(x_0,y_0)}{\Delta x}$$

存在，则称此极限为二元函数$z=f(x,y)$ 在点$P_0(x_0,y_0)$处关于x的偏导数，记为$f_x(x_0,y_0)$，或$\left.\dfrac{\partial z}{\partial x}\right|_{\substack{x=x_0\\y=y_0}}$. 同理可定义$z=f(x,y)$在点$P_0(x_0,y_0)$处关于$y$的偏导数.

由偏导数的定义可知，求偏导数实质上是求一元函数的导数的问题，如

$$f_x(x_0,y_0)=\left.\frac{\mathrm{d}}{\mathrm{d}x}f(x,y_0)\right|_{x=x_0}.$$

因此，一元函数的求导公式和求导法则对求偏导数也是适用的. 对三元或三元以上的多元函数亦可定义相应的偏导数.

2. 偏导数的几何意义

$\left.\dfrac{\partial z}{\partial x}\right|_{\substack{x=x_0\\y=y_0}}$ 表示平面 $y=y_0$ 上的曲线 $z=f(x,y_0)$ 在点 (x_0,y_0,z_0) 处的切线对 x 轴的斜率；$\left.\dfrac{\partial z}{\partial y}\right|_{\substack{x=x_0\\y=y_0}}$ 表示平面 $x=x_0$ 上的曲线 $z=f(x_0,y)$ 在点 (x_0,y_0,z_0) 处的切线对 y 轴的斜率.

3. 高阶偏导数

设函数 $z=f(x,y)$ 在区域 D 内具有偏导数 $f_x(x,y)$，$f_y(x,y)$，则在 D 内 $f_x(x,y)$，$f_y(x,y)$ 仍是 x、y 的函数，如果这两个函数的偏导数也存在，则称它们是函数 $z=f(x,y)$ 的二阶偏导数.按照对变量 x、y 求导次序的不同，$f(x,y)$ 有下列四个二阶偏导数：

$$\frac{\partial}{\partial x}\left(\frac{\partial z}{\partial x}\right)=\frac{\partial^2 z}{\partial x^2}=f_{xx}(x,y),\quad \frac{\partial}{\partial y}\left(\frac{\partial z}{\partial x}\right)=\frac{\partial^2 z}{\partial x\partial y}=f_{xy}(x,y),$$

$$\frac{\partial}{\partial x}\left(\frac{\partial z}{\partial y}\right)=\frac{\partial^2 z}{\partial y\partial x}=f_{yx}(x,y),\quad \frac{\partial}{\partial y}\left(\frac{\partial z}{\partial y}\right)=\frac{\partial^2 z}{\partial y^2}=f_{yy}(x,y).$$

其中 $f_{xy}(x,y)$ 与 $f_{yx}(x,y)$ 称为二阶混合偏导数.同样可以定义三阶，四阶，…，以及 n 阶偏导数，二阶或二阶以上的导数统称为高阶偏导数.

4. 二阶混合偏导数相等的充分条件

如果函数 $z=f(x,y)$ 的两个二阶混合偏导数 $\dfrac{\partial^2 z}{\partial x\partial y}$ 与 $\dfrac{\partial^2 z}{\partial y\partial x}$ 在区域 D 内连续，则在该区域内这两个二阶混合偏导数相等.

7.2.3 全微分

1. 全微分的定义

如果函数 $z=f(x,y)$ 在点 (x,y) 的全增量

$$\Delta z=f(x+\Delta x,y+\Delta y)-f(x,y),$$

可表示为 $\Delta z=A\Delta x+B\Delta y+o(\rho)$ 其中 A、B 与 Δx、Δy 无关，仅与 x、y 有关，$\rho=\sqrt{(\Delta x)^2+(\Delta y)^2}$.则称函数 $z=f(x,y)$ 在点 (x,y) 可微分，$A\Delta x+B\Delta y$ 称为函数 $z=f(x,y)$ 在点 (x,y) 的全微分，记作 $\mathrm{d}z$，即 $\mathrm{d}z=A\Delta x+B\Delta y$.

如果函数 $z=f(x,y)$ 在区域D内的每一点都可微分，则称函数 $z=f(x,y)$ 在区域D内可微.

2. 可微的条件

（1）可微的必要条件：如果函数 $z=f(x,y)$ 在点 (x,y) 可微分，则函数 $z=f(x,y)$ 在点 (x,y) 的偏导数 $\frac{\partial z}{\partial x}$，$\frac{\partial z}{\partial y}$ 存在，且有 $\mathrm{d}z=\frac{\partial z}{\partial x}\Delta x+\frac{\partial z}{\partial y}\Delta y$.

（2）可微的充分条件：如果函数 $z=f(x,y)$ 在点 (x,y) 的某一邻域内存在偏导数 $\frac{\partial z}{\partial x}$、$\frac{\partial z}{\partial y}$ 且这两个偏导数在点 (x,y) 连续，则函数 $z=f(x,y)$ 在点 (x,y) 可微.

3. 判别函数可微通常有两种方法

方法1　若 $z=f(x,y)$ 在 (x,y) 的某邻域中的偏导数 $f_x(x,y)$ 和 $f_y(x,y)$ 存在，且 $f_x(x,y)$ 和 $f_y(x,y)$ 在 (x,y) 处连续，则 $z=f(x,y)$ 在 (x,y) 处可微.

方法2　首先求 $f_x(x,y)$ 和 $f_y(x,y)$，如果

$$\lim_{\rho\to 0}\frac{\Delta z-[f_x(x,y)\Delta x+f_y(x,y)\Delta y]}{\rho}=0,$$

其中 $\Delta z=f(x+\Delta x,y+\Delta y)-f(x,y)$，$\rho=\sqrt{\Delta x^2+\Delta y^2}$，则 $z=f(x,y)$ 在 (x,y) 处可微.

在利用方法1来确定 $z=f(x,y)$ 的可微性时，通常根据多元初等函数的连续性可知 $z=f(x,y)$ 有连续的偏导数. 而适用于方法2的具体问题往往是考虑 $z=f(x,y)$ 在一些特殊点的可微性，其中 $f_x(x,y)$ 和 $f_y(x,y)$ 一般要用定义求得.

4. 全微分在近似计算中的应用

如果二元函数 $z=f(x,y)$ 的两个偏导数 $f_x(x,y)$，$f_y(x,y)$ 在点 (x,y) 连续，并且当 $|\Delta x|$，$|\Delta y|$ 都较小时，全增量可近似地用全微分来代替，即

$$\Delta z\approx \mathrm{d}z=f_x(x,y)\Delta x+f_y(x,y)\Delta y.$$

上式也可写为 $f(x+\Delta x,y+\Delta y)\approx f(x,y)+f_x(x,y)\Delta x+f_y(x,y)\Delta y$，利用上式可以对二元函数进行近似计算.

7.2.4　多元复合函数微分法

1. 复合函数的一阶偏导数

如果函数 $u=\varphi(x,y)$，$v=\phi(x,y)$ 都在点 (x,y) 存在对 x、y 的偏导数，函数

$z=f(u,v)$ 在对应点 (u,v) 具有连续偏导数, 则复合函数 $z=f[\varphi(x,y),\phi(x,y)]$ 在点 (x,y) 的两个偏导数 $\frac{\partial z}{\partial x}$、$\frac{\partial z}{\partial y}$ 都存在, 且

$$\frac{\partial z}{\partial x}=\frac{\partial z}{\partial u}\cdot\frac{\partial u}{\partial x}+\frac{\partial z}{\partial v}\cdot\frac{\partial v}{\partial x},\quad \frac{\partial z}{\partial y}=\frac{\partial z}{\partial u}\cdot\frac{\partial u}{\partial y}+\frac{\partial z}{\partial v}\cdot\frac{\partial v}{\partial y}.$$

特别地, 如果函数 $u=\varphi(x)$, $v=\phi(x)$ 都在点 x 可导, 函数 $z=f(u,v)$ 在对应点 (u,v) 具有连续偏导数, 则复合函数 $z=f[\varphi(x),\phi(x)]$ 在点 x 可导, 且

$$\frac{\mathrm{d}z}{\mathrm{d}x}=\frac{\partial z}{\partial u}\cdot\frac{\mathrm{d}u}{\mathrm{d}x}+\frac{\partial z}{\partial v}\cdot\frac{\mathrm{d}v}{\mathrm{d}x}.$$

称上述求导（或偏导）的公式为链式法则.

注 这里要注意求偏导数的对象, 即是对复合前的函数求导数（或偏导数）, 还是对复合后的函数求偏导, 例如, $z=f[x,y(x)]$, $\frac{\mathrm{d}z}{\mathrm{d}x}=\frac{\partial f}{\partial x}+\frac{\partial f}{\partial y}\frac{\mathrm{d}y}{\mathrm{d}x}$, 这里的 $\frac{\partial f}{\partial x}$ 表示复合前的二元函数 $z=f(x,y)$ 关于 x 求偏导数, 而 $\frac{\mathrm{d}z}{\mathrm{d}x}$ 则表示复合以后的函数 $z=f[x,y(x)]$ 关于 x 求导数, 二者切不可混为一谈.

2. 一阶微分形式的不变性

设 $z=f(u,v)$, $u=u(x,y)$, $v=v(x,y)$ 均可微, 则无论将 $z=f(u,v)$ 视为 u、v 的函数, 或视为 x、y 的函数, 其微分相同, 称之为一阶微分形式的不变性. 该性质可用来求多元复合函数的偏导数, 而无需关注变量之间的关系.

7.2.5 几个概念之间的关系

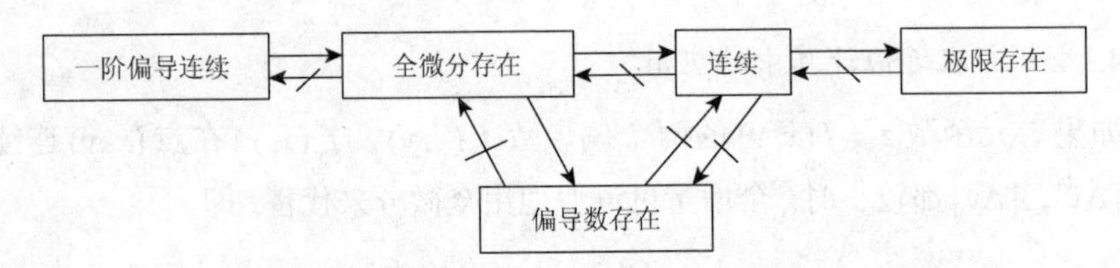

其中符号"$\longrightarrow$"表示可以推出, "$\not\longrightarrow$"表示不能推出.

7.2.6 隐函数的求导法则

定理 7.1 设函数 $F(x,y)$ 在点 (x_0,y_0) 的某一邻域内具有连续偏导数, 且 $F(x_0,y_0)=0$, $F_y(x_0,y_0)\neq 0$. 则方程 $F(x,y)=0$ 在点 (x_0,y_0) 的某一邻域内恒能唯一确定一个连续且具有连续导数的函数 $y=f(x)$, 它满足条件 $y_0=f(x_0)$, 并且有 $\frac{\mathrm{d}y}{\mathrm{d}x}=-\frac{F_x}{F_y}$.

定理 7.2　设函数$F(x,y,z)$在点(x_0,y_0,z_0)的某一邻域内具有连续偏导数，且$F(x_0,y_0,z_0)=0$，$F_z(x_0,y_0,z_0)\neq 0$．则方程$F(x,y,z)=0$在点(x_0,y_0,z_0)的某一邻域内恒能唯一确定一个连续且具有连续偏导数的函数$z=f(x,y)$，它满足条件$z_0=f(x_0,y_0)$，并且有$\frac{\partial z}{\partial x}=-\frac{F_x}{F_z}$，$\frac{\partial z}{\partial y}=-\frac{F_y}{F_z}$．

7.2.7　极值与最值

1. 二元函数的一般极值

（1）定义：设函数$z=f(x,y)$在点$P_0(x_0,y_0)$的某邻域内有定义，如果对于该邻域内异于点$P_0(x_0,y_0)$的任何点$P(x,y)$，都有$f(x,y)\leqslant f(x_0,y_0)$，则称函数$f(x,y)$在点$P_0(x_0,y_0)$处有极大值$f(x_0,y_0)$；如果对于该邻域内异于点$P_0(x_0,y_0)$的任何点$P(x,y)$，都有$f(x,y)\geqslant f(x_0,y_0)$，则称函数$f(x,y)$在点$P_0(x_0,y_0)$处有极小值$f(x_0,y_0)$.极大值与极小值统称为极值，使函数取得极值的点称为极值点.

以上关于二元函数极值的概念，可以推广到n元函数.设n元函数$u=f(P)$在点P_0的某邻域内有定义，如果对于该邻域内异于点P_0的任何点P，都有

$$f(P)\leqslant f(P_0)\quad (\text{或}\ f(P)\geqslant f(P_0)),$$

则称函数$f(P)$在点P_0有极大值（或极小值）$f(P_0)$.

（2）与一元函数类似，能使$f_x(x_0,y_0)=0$，$f_y(x_0,y_0)=0$同时成立的点(x_0,y_0)称为函数$z=f(x,y)$的驻点.在偏导数存在的条件下，函数的极值点必定是驻点，但函数的驻点不一定是极值点.

（3）二元函数取得极值的条件

必要条件：设函数$z=f(x,y)$在点$P_0(x_0,y_0)$处具有偏导数，且在点$P_0(x_0,y_0)$处取得极值，则必有$f_x(x_0,y_0)=0$，$f_y(x_0,y_0)=0$.

充分条件：设函数$z=f(x,y)$在点(x_0,y_0)的某邻域内连续且具有一阶及二阶连续偏导数，又$f_x(x_0,y_0)=0$，$f_y(x_0,y_0)=0$，记

$$f_{xx}(x_0,y_0)=A,\ f_{xy}(x_0,y_0)=B,\ f_{yy}(x_0,y_0)=C.$$

则

1）当$AC-B^2>0$时，函数$z=f(x,y)$在点(x_0,y_0)处取得极值，且当$A>0$时有极小值，当$A<0$时有极大值；

2）当$AC-B^2<0$时，函数$z=f(x,y)$在点(x_0,y_0)处没有极值；

3）当 $AC-B^2=0$ 时，函数 $z=f(x,y)$ 在点 (x_0,y_0) 处可能有极值，也可能没有极值.

（4）具有二阶连续偏导数的函数 $z=f(x,y)$ 的极值的求法如下：

第一步，解方程组 $\begin{cases} f_x(x,y)=0, \\ f_y(x,y)=0, \end{cases}$ 求出函数 $f(x,y)$ 的一切驻点.

第二步，对于每个驻点 (x_0,y_0)，计算出二阶偏导数值 A，B 和 C.

第三步，定出 $AC-B^2$ 的符号，按充分条件的结论判断 $f(x_0,y_0)$ 是否为极值，是极大值还是极小值.

2. 条件极值

求函数 $f(x,y)$ 在条件 $\varphi(x,y)=0$ 下的极值的方法与步骤：

（1）令 $F(x,y,\lambda)=f(x,y)+\lambda\varphi(x,y)$；

（2）求使 $\dfrac{\partial F}{\partial x}=\dfrac{\partial F}{\partial y}=\dfrac{\partial F}{\partial \lambda}=0$ 的点 (x_0,y_0)，即为可能的极值点；

（3）由函数取得极值的充分条件或定义来确定 (x_0,y_0) 是否为极值点；

（4）求极值.

上述方法称为拉格朗日乘数法. 该方法可推广到多个变量的函数在多个约束条件下的条件极值问题. 例如，要求函数 $u=f(x,y,z,t)$ 在附加条件 $\varphi(x,y,z,t)=0$ 和 $\psi(x,y,z,t)=0$ 下的极值：

可以先作拉格朗日函数 $L(x,y,z,t)=f(x,y,z,t)+\lambda\varphi(x,y,z,t)+\mu\psi(x,y,z,t)$，其中 λ,μ 均为参数，求其一阶偏导数，并令一阶偏导数为零，然后与两个附加条件方程联立起来求解，这样得出的 (x_0,y_0,z_0,t_0) 就是函数 $u=f(x,y,z,t)$ 在附加条件 $\varphi(x,y,z,t)=0$ 和 $\psi(x,y,z,t)=0$ 下的可能极值点. 再由函数取得极值的充分条件或定义来确定 (x_0,y_0,z_0,t_0) 是否为极值点.

3. 最值

若 $f(x,y)$ 在有界闭区域 D 上连续，则 $f(x,y)$ 在 D 上存在最大值和最小值，求最大值和最小值的方法是：求出 $f(x,y)$ 在 D 内的驻点和偏导数不存在的点，将其函数值与 $f(x,y)$ 在 D 的边界上的最大值和最小值进行比较，最大者为最大值，而最小者为最小值.

7.2.8 多元函数微分学在经济学中的应用

设某企业生产甲、乙两种产品，这两种产品的数量分别为 x 和 y，这两种产品的价格分别定为 p_1 和 p_2：

（1）这两种产品的总成本为$C=C(x,y)$，偏导数$\dfrac{\partial C}{\partial x}=C_x(x,y)$与$\dfrac{\partial C}{\partial y}=C_y(x,y)$分别表示这两种产品的边际成本；

（2）企业的总收益为$R(x,y)=p_1x+p_2y$，偏导数$\dfrac{\partial R}{\partial x}=R_x(x,y)$与$\dfrac{\partial R}{\partial y}=R_y(x,y)$分别表示这两种产品的边际收益；

（3）企业所创造的总利润为$L(x,y)=R(x,y)-C(x,y)$，偏导数$\dfrac{\partial L}{\partial x}=L_x(x,y)$与$\dfrac{\partial L}{\partial y}=L_y(x,y)$分别表示这两种产品的边际利润.

7.3　典型例题解析

例 7.1　求二元函数$z=\arcsin\dfrac{x}{2}+\dfrac{\sqrt{6x-y^2}}{\ln(1-x^2-y^2)}$的定义域.

解　该函数的定义域应满足$\arcsin\dfrac{x}{2}$的定义域：$|x|\leqslant 2$，$\sqrt{6x-y^2}$的定义域：$6x-y^2\geqslant 0$，$\dfrac{1}{\ln(1-x^2-y^2)}$的定义域：$1-x^2-y^2>0$，且$1-x^2-y^2\neq 1$. 联立三个不等式解得所给二元函数的定义域为

$$D=\{(x,y)||x|\leqslant 2,\ y^2\leqslant 6x,\ 0<x^2+y^2<1\}.$$

注　二元函数的定义域一般是平面区域, 三元函数的定义域一般是空间区域. 这些点集可用使函数有定义的自变量所应满足的不等式或不等式组表示, 解出不等式, 找出其定义域的交集, 即为所求函数的定义域.

例 7.2　设$f(x+y,x-y)=xy+y^2$, 则$f(x,y)$的表达式为________.

分析　为了求解$f(x,y)$的表达式, 一般要将已知等式的右端化成$x+y$与$x-y$的因子, 然后作变量代换即可.

解　设$u=x+y,\quad v=x-y$得$x=\dfrac{u+v}{2}$，$y=\dfrac{u-v}{2}$. 则

$$f(u,v)=\frac{u+v}{2}\cdot\frac{u-v}{2}+\left(\frac{u-v}{2}\right)^2=\frac{1}{2}u^2-\frac{1}{2}uv=\frac{1}{2}u(u-v),$$

因此$f(x,y)=\dfrac{1}{2}x(x-y)$.

例 7.3　设$f\left(x+y,\dfrac{y}{x}\right)=x^2-y^2$，则$f(x,y)$的表达式为________.

解法 1　令$u=x+y,\quad v=\dfrac{y}{x}$, 再按照例 7.2 的方法可完成, 此处从略.

解法 2　将 $f\left(x+y,\dfrac{y}{x}\right)$ 的右端划为 $x+y$，$\dfrac{y}{x}$ 的形式，即

$$f\left(x+y,\frac{y}{x}\right)=x^2-y^2=(x+y)(x-y)=(x+y)^2\frac{x-y}{x+y}=(x+y)^2\frac{1-\dfrac{y}{x}}{1+\dfrac{y}{x}},$$

故 $f(x,y)=x^2\dfrac{1-y}{1+y}\ (y\neq -1)$.

例 7.4　设 $z=\sqrt{y}+f(\sqrt{x}-1)$. 若当 $y=1$ 时 $z=x$，则函数 $f(x)$ = ________ 及二元函数 z = ________.

解　由已知条件 $y=1$时，$z=x$ 可得 $x=1+f(\sqrt{x}-1)$，令 $\sqrt{x}-1=t$，则 $x=(t+1)^2$，即 $f(t)=x-1=(t+1)^2-1=t^2+2t$，故 $f(x)=x^2+2x$.

又由 $x=1+f(\sqrt{x}-1)$ 可解出 $f(\sqrt{x}-1)=x-1$，代入原式得，$z=\sqrt{y}+x-1$.

例 7.5　$\lim\limits_{\substack{x\to 1\\ y\to 0}}\dfrac{\sin x^2y}{xy}=$ ________.

解法 1　$\lim\limits_{\substack{x\to 1\\ y\to 0}}\dfrac{\sin x^2y}{xy}=\lim\limits_{\substack{x\to 1\\ y\to 0}}\dfrac{\sin x^2y}{x^2y}\cdot x=\lim\limits_{\substack{x\to 1\\ y\to 0}}\dfrac{\sin x^2y}{x^2y}\lim\limits_{\substack{x\to 1\\ y\to 0}}x=\lim\limits_{x\to 1}x=1$.

解法 2　$\lim\limits_{\substack{x\to 1\\ y\to 0}}\dfrac{\sin x^2y}{xy}=\lim\limits_{\substack{x\to 1\\ y\to 0}}\dfrac{x^2y}{xy}=\lim\limits_{x\to 1}x=1$.

例 7.6　$\lim\limits_{\substack{x\to\infty\\ y\to\infty}}\dfrac{x+y}{x^2-\frac{1}{2}xy+y^2}=$ ________.

解　$0<\left|\dfrac{x+y}{x^2-\frac{1}{2}xy+y^2}\right|\leqslant\dfrac{|x+y|}{x^2+y^2-\frac{1}{2}|xy|}\leqslant\dfrac{|x|+|y|}{\frac{3}{2}|xy|}\leqslant\dfrac{1}{|x|}+\dfrac{1}{|y|}$，

又因为 $\lim\limits_{\substack{x\to\infty\\ y\to\infty}}\left(\dfrac{1}{|x|}+\dfrac{1}{|y|}\right)=0$，所以 $\lim\limits_{\substack{x\to\infty\\ y\to\infty}}\dfrac{x+y}{x^2-\frac{1}{2}xy+y^2}=0$.

注　一元函数中有关利用四则运算法则、两个重要极限、无穷小量的性质、夹逼准则、等价替换、函数的连续性等求极限的方法，均可以推广到多元函数中.

例 7.7　求下列函数的极限.

（1）$\lim\limits_{\substack{x\to 0\\ y\to 0}}\dfrac{e^{xy}-1}{\cos^2 x}$；　　（2）$\lim\limits_{\substack{x\to 0\\ y\to 0}}(\sqrt[3]{x}+y)\sin\dfrac{1}{2x}\cos\dfrac{1}{3y}$；

（3）$\lim\limits_{\substack{x\to 0\\ y\to 0}}\dfrac{\sqrt{1+x^2+y^2}-1}{|x|+|y|}$；　　（4）$\lim\limits_{\substack{x\to 0\\ y\to 0}}(1+x^2+y^2)^{\frac{2}{x^2+y^2}}$.

解　(1) 原式 $=\frac{0}{1}=0$.

(2) 由有界量与无穷小的乘积仍为无穷小量可知

原式 $=\lim\limits_{\substack{x\to0\\y\to0}}\sqrt[3]{x}\sin\frac{1}{2x}\cos\frac{1}{3y}+\lim\limits_{\substack{x\to0\\y\to0}}y\sin\frac{1}{2x}\cos\frac{1}{3y}=0+0=0$.

(3) 由一元函数等价无穷小的替换知，当 $x\to0$，$y\to0$ 时，$x^2+y^2\to0$，故有 $\sqrt{1+x^2+y^2}-1\sim\frac{1}{2}(x^2+y^2)$，所以原式 $=\lim\limits_{\substack{x\to0\\y\to0}}\frac{\frac{1}{2}(x^2+y^2)}{|x|+|y|}=0$.

(4) 假设 $t^2=x^2+y^2$，则当 $x\to0$，$y\to0$ 时，原式 $=\lim\limits_{t\to0}(1+t)^{\frac{2}{t}}=\lim\limits_{t\to0}[(1+t)^{\frac{1}{t}}]^2=\mathrm{e}^2$.

例 7.8　证明下列极限是否存在

(1) $\lim\limits_{\substack{x\to0\\y\to0}}\frac{1-\cos(x^2+y^2)}{x^2y^2(x^2+y^2)}$；

(2) 设 $f(x,y)=\begin{cases}\frac{x^2y}{x^4+y^2}, & (x,y)\neq(0,0),\\ 0, & (x,y)=(0,0),\end{cases}$ 证明 $\lim\limits_{\substack{x\to0\\y\to0}}f(x,y)$ 不存在.

证明　(1) 取 $y=x$，又因为当 $x\to0$ 时，$1-\cos x\sim\frac{1}{2}x^2$，故二重极限 $\lim\limits_{\substack{x\to0\\y\to0}}\frac{1-\cos(x^2+y^2)}{x^2y^2(x^2+y^2)}=\lim\limits_{x\to0}\frac{1-\cos2x^2}{2x^6}=\frac{1}{2}\lim\limits_{x\to0}\frac{(2x^2)^2}{2x^6}=\lim\limits_{x\to0}\frac{1}{x^2}$ 不存在，故原二重极限 $\lim\limits_{\substack{x\to0\\y\to0}}\frac{1-\cos(x^2+y^2)}{x^2y^2(x^2+y^2)}$ 不存在.

(2) 当 (x,y) 沿 $y=kx\ (k\neq0)$ 趋于 $(0,0)$ 时，有

$$\lim_{\substack{x\to0\\y=kx\to0}}f(x,y)=\lim_{x\to0}\frac{kx^3}{x^4+k^2x^2}=\lim_{x\to0}\frac{kx}{x^2+k^2}=0,$$

但当 (x,y) 沿曲线 $y=mx^2\ (m\neq0)$ 趋于 $(0,0)$ 时，有

$$\lim_{\substack{x\to0\\y=mx^2\to0}}f(x,y)=\lim_{x\to0}\frac{mx^4}{x^4+m^2x^4}=\frac{m}{1+m^2},$$

此极限值随 m 的变化而变化，故它不是一个确定的常数，因此 $\lim\limits_{\substack{x\to0\\y\to0}}f(x,y)$ 不存在.

注　要证明极限不存在，只要取 (x,y) 按照一个特殊方向趋于 (x_0,y_0) 时，$f(x,y)$ 不趋于常数，或取 (x,y) 按照两个特殊方向趋于 (x_0,y_0) 时，$f(x,y)$ 趋于两个不同的常数值即可证明.

例 7.9 讨论二元函数 $f(x,y)=\begin{cases}(x^2+y^2)\cos\dfrac{1}{x}, & x\neq 0,\\ 0, & x=0\end{cases}$ 在 $(0,0)$ 点连续性.

分析 判断多元函数的连续性，根据定义判断，对二元函数 $z=f(x,y)$ 来说若满足以下条件：

（1）$z=f(x,y)$ 在 $P_0(x_0,y_0)$ 点的某邻域内有定义；

（2）$\lim\limits_{\substack{x\to 0\\ y\to 0}} f(x,y)$ 存在；

（3）$\lim\limits_{\substack{x\to 0\\ y\to 0}} f(x,y) = f(x_0,y_0)$. 则称函数 $z=f(x,y)$ 在点 $P_0(x_0,y_0)$ 上连续.

解 $0\leqslant|f(x,y)|=\left|(x^2+y^2)\cos\dfrac{1}{x}\right|\leqslant|x^2+y^2|$，又因 $\lim\limits_{(x,y)\to(0,0)}(x^2+y^2)=0$，故 $\lim\limits_{(x,y)\to(0,0)} f(x,y)=0=f(0,0)$，即 $f(x,y)$ 在点 $(0,0)$ 连续.

例 7.10 设 $f(x,y)=\sqrt[4]{|xy|}$，求 $f'_x(0,0)$.

解 $f'_x(0,0)=\lim\limits_{x\to 0}\dfrac{f(x,0)-f(0,0)}{x}=\lim\limits_{x\to 0}\dfrac{0-0}{x}=0$.

例 7.11 试证二元函数 $z=f(x,y)=\begin{cases}\dfrac{xy}{\sqrt{x^2+y^2}}, & x^2+y^2\neq 0,\\ 0, & x^2+y^2=0\end{cases}$ 在 $(0,0)$ 点的邻域内，（1）连续；（2）有偏导数 f_x 及 f_y.

证明 （1）由于

$$0\leqslant|f(x,y)-f(0,0)|=\frac{|xy|}{\sqrt{x^2+y^2}}\leqslant\frac{\sqrt{x^2+y^2}}{2}\to 0\quad((x,y)\to(0,0)).$$

故 $z=f(x,y)$ 在 $(0,0)$ 点连续. 在其邻域内由表达式知连续.

（2）当 $(x,y)\neq(0,0)$，则

$$f_x(x,y)=\frac{y\sqrt{x^2+y^2}-xy\dfrac{x}{\sqrt{x^2+y^2}}}{x^2+y^2}=\frac{y^3}{(x^2+y^2)^{\frac{3}{2}}},\quad f_y(x,y)=\frac{x^3}{(x^2+y^2)^{\frac{3}{2}}}.$$

若 $(x,y)=(0,0)$，则 $f_x(0,0)=\lim\limits_{\Delta x\to 0}\dfrac{f(\Delta x,0)-f(0,0)}{\Delta x}=0$，$f_y(0,0)=0$.

例 7.12 设 $z=\mathrm{e}^{-x}-f(x-2y)$，且当 $y=0$ 时，$z=x^2$，求 $f(x,y)$ 及 $\dfrac{\partial z}{\partial x}$.

分析 利用条件当 $y=0$ 时，$z=x^2$，将抽象函数 $z(x,y)$ 确定后，再求 $\dfrac{\partial z}{\partial x}$.

解 因 $y=0$ 时，$z=x^2$，故 $x^2=\mathrm{e}^{-x}-f(x)$，即 $f(x)=\mathrm{e}^{-x}-x^2$，从而 $f(x-2y)=$

$e^{-(x-2y)}-(x-2y)^2$，故 $z=e^{-x}-[e^{-(x-2y)}-(x-2y)^2]=(x-2y)^2+e^{-x}-e^{2y-x}$，从而 $\dfrac{\partial z}{\partial x}=$ $2(x-2y)-e^{-x}+e^{2y-x}$.

例 7.13　设 $z=(1+xy)^y$，则 $z_y=$________.

解　$$\frac{\partial z}{\partial y}=\frac{\partial}{\partial y}e^{y\ln(1+xy)}=e^{y\ln(1+xy)}\left[\ln(1+xy)+y\frac{x}{1+xy}\right]$$
$$=(1+xy)^y\left[\ln(1+xy)+\frac{xy}{1+xy}\right].$$

例 7.14　设函数 $f(x,y)=x^2(y-2)+(x-1)\arctan\sqrt{\dfrac{x}{y}}$，试求 $f_x(1,2)$, $f_y(1,2)$.

解法 1　由偏导数的定义解. 因 $f(1,2)=0$，故

$$f_x(1,2)=\lim_{x\to1}\frac{f(x,2)-f(1,2)}{x-1}=\lim_{x\to1}\frac{(x-1)\arctan\sqrt{\dfrac{x}{2}}}{x-1}=\frac{\pi}{4},$$
$$f_y(1,2)=\lim_{y\to2}\frac{f(1,y)-f(1,2)}{y-2}=\lim_{y\to2}\frac{y-2}{y-2}=1.$$

解法 2　先求偏导函数, 然后把点 $P(1,2)$ 代入得

$$f_x(x,y)=2x(y-2)+\arctan\sqrt{\frac{x}{y}}+\frac{(x-1)\sqrt{y}}{2\sqrt{x}(x+y)},$$

$$f_y(x,y)=x^2-\frac{(x-1)\sqrt{x}}{2\sqrt{y}(x+y)},\quad f'_x(1,2)=\frac{\pi}{4},\ f'_y(1,2)=1.$$

解法 3　由偏导数的定义可知

$$f_x(1,2)=\frac{d}{dx}f(x,2)\bigg|_{x=1}=\left[\frac{d}{dx}(x-1)\arctan\sqrt{\frac{x}{2}}\right]_{x=1}=\arctan\sqrt{\frac{x}{2}}+\frac{\sqrt{2}(x-1)}{2(x+2)\sqrt{x}}\bigg|_{x=1}=\frac{\pi}{4},$$
$$f_y(1,2)=\frac{d}{dy}f(1,y)=\frac{d}{dy}(y-2)\bigg|_{y=2}=1.$$

注　求多元函数在某一点 P_0 处的偏导数可通过以下方法求解：

（1）按偏导数的定义, 求其相应的极限值；

（2）将该点的坐标值代入相应的偏导数得之；

（3）由偏导数的定义知

$$f_x(x_0,y_0)=\frac{d}{dx}f(x,y_0)\bigg|_{x=x_0},\ f_y(x_0,y_0)=\frac{d}{dy}f(x_0,y)\bigg|_{y=y_0}.$$

例 7.15　设 $u=e^{-x}\cos\left(\dfrac{x}{y}\right)$, 则 $\dfrac{\partial^2 u}{\partial x\partial y}$ 在点 $\left(2,\dfrac{1}{\pi}\right)$ 处的值为________.

解 $\dfrac{\partial u}{\partial y}=\dfrac{x}{y^2}\mathrm{e}^{-x}\sin\left(\dfrac{x}{y}\right)$，$\dfrac{\partial^2 u}{\partial x\partial y}=\dfrac{\mathrm{e}^{-x}}{y^2}\left[(1-x)\sin\dfrac{x}{y}+\dfrac{x}{y}\cos\dfrac{x}{y}\right]$，

所以 $\left.\dfrac{\partial^2 u}{\partial x\partial y}\right|_{\left(2,\frac{1}{\pi}\right)}=\dfrac{2\pi^3}{\mathrm{e}^2}$.

例 7.16 设 $z=x^3y^2-3xy^3-xy+1$，则结论正确的是（　　）.

A. $\dfrac{\partial^2 z}{\partial x\partial y}-\dfrac{\partial^2 z}{\partial y\partial x}>0$　　B. $\dfrac{\partial^2 z}{\partial x\partial y}-\dfrac{\partial^2 z}{\partial y\partial x}<0$

C. $\dfrac{\partial^2 z}{\partial x\partial y}-\dfrac{\partial^2 z}{\partial y\partial x}\neq 0$　　D. $\dfrac{\partial^2 z}{\partial x\partial y}=-\dfrac{\partial^2 z}{\partial y\partial x}=0$

解法 1 $\dfrac{\partial z}{\partial x}=3x^2y^2-3y^3-y$，$\dfrac{\partial z}{\partial y}=2x^3y-9xy^2-x$，

$$\frac{\partial^2 z}{\partial x\partial y}=6x^2y-9y^2-1,\ \frac{\partial^2 z}{\partial y\partial x}=6x^2y-9y^2-1,$$

故 $\dfrac{\partial^2 z}{\partial x\partial y}-\dfrac{\partial^2 z}{\partial y\partial x}=0$，可见选 D.

解法 2 由 $z=x^3y^2-3xy^3-xy+1$ 为多元初等函数，再根据混合偏导数相等的充分条件可知 D 正确.

例 7.17 设 $z=\mathrm{e}^{\sin xy}$，则 $\mathrm{d}z=$__________.

解 $\dfrac{\partial z}{\partial x}=\mathrm{e}^{\sin xy}\cdot\cos xy\cdot y$，$\dfrac{\partial z}{\partial y}=\mathrm{e}^{\sin xy}\cdot\cos xy\cdot x$，$\mathrm{d}z=\mathrm{e}^{\sin xy}\cos xy(y\mathrm{d}x+x\mathrm{d}y)$.

例 7.18 已知 $(axy^2-y^2\cos x)\mathrm{d}x+(1+by\sin x+2x^2y)\mathrm{d}y$ 为某一函数 $f(x,y)$ 的全微分，则 a 和 b 的值分别是（　　）.

A. -1 和 1　　B. 2 和 -2　　C. 3 和 -3　　D. -4 和 4

解 由已知可得

$$\mathrm{d}f(x,y)=\frac{\partial f}{\partial x}\mathrm{d}x+\frac{\partial f}{\partial y}\mathrm{d}y=(axy^2-y^2\cos x)\mathrm{d}x+(1+by\sin x+2x^2y)\mathrm{d}y,$$

即

$$f_x(x,y)=axy^2-y^2\cos x,\quad f_y(x,y)=1+by\sin x+2x^2y,$$

$$f_{xy}(x,y)=2axy-2y\cos x,\ f_{yx}(x,y)=by\cos x+4xy,$$

由 $f_{xy}(x,y)$ 与 $f_{yx}(x,y)$ 均为连续函数，故 $f_{xy}(x,y)\equiv f_{yx}(x,y)$，于是 $2axy-2y\cos x\equiv by\cos x+4xy$，故 $\begin{cases}2a=4,\\ \mathrm{b}=-2,\end{cases}\Rightarrow\begin{cases}a=2,\\ b=-2,\end{cases}$ 故选 B.

例 7.19　讨论函数 $f(x,y)=\begin{cases}\dfrac{xy}{\sqrt{x^2+y^2}}, & x^2+y^2\neq 0,\\ 0, & x^2+y^2=0\end{cases}$ 在点 $(0,0)$ 的可微性.

解　$f(x,y)$ 在点 $(0,0)$ 的全增量为 $\Delta f=f(\Delta x,\Delta y)-f(0,0)=\dfrac{\Delta x\cdot\Delta y}{\sqrt{\Delta x^2+\Delta y^2}}$，故 $\Delta f-[f_x(0,0)\Delta x+f_y(0,0)\Delta y]=\dfrac{\Delta x\cdot\Delta y}{\sqrt{\Delta x^2+\Delta y^2}}$，令 $\rho=\sqrt{\Delta x^2+\Delta y^2}$，我们考查 $\lim\limits_{\rho\to 0}\dfrac{\frac{\Delta x\cdot\Delta y}{\sqrt{\Delta x^2+\Delta y^2}}}{\rho}$，当动点 (x,y) 沿 $y=x$ 趋向 $(0,0)$ 时，$\lim\limits_{\rho\to 0}\dfrac{\frac{\Delta x\cdot\Delta y}{\sqrt{\Delta x^2+\Delta y^2}}}{\rho}=\dfrac{1}{2}$；说明在 $(0,0)$ 处，$\Delta f-[f_x(0,0)\mathrm{d}x+f_y(0,0)\mathrm{d}y]\neq o(\rho)$，故 $f(x,y)$ 在点 $(0,0)$ 不可微.

错误解答　先求 $f(x,y)$ 在点 $(0,0)$ 的偏导数

$$f_x(0,0)=\lim_{x\to 0}\frac{f(x,0)-f(0,0)}{x}=0,\ f_y(0,0)=\lim_{y\to 0}\frac{f(0,y)-f(0,0)}{y}=0,$$

于是 $\mathrm{d}z|_{(0,0)}=f_x(0,0)\mathrm{d}x+f_y(0,0)\mathrm{d}y=0$.

错解分析　虽然 f_x,f_y 在 $(0,0)$ 都存在，在形式上有 $f_x(0,0)\mathrm{d}x+f_y(0,0)\mathrm{d}y$，但不能认为此形式就是 $f(x,y)$ 在 $(0,0)$ 点的全微分，需验证 $\Delta f-(f_x\mathrm{d}x+f_y\mathrm{d}y)$ 是否为 ρ 的高阶无穷小量.

注　各偏导数的存在只是全微分存在的必要条件而不是充分条件.

例 7.20　二元函数 $f(x,y)$ 在点 (x_0,y_0) 处两个偏导数 $f_x(x_0,y_0)$，$f_y(x_0,y_0)$ 存在是 $f(x,y)$ 在该点连续的什么条件（　　）.

A. 必要而非充分条件　　B. 充分而非必要条件

C. 充要条件　　D. 既非充分条件也非必要条件

解　因 $f_x(x_0,y_0)$ 存在仅能推出 $f(x,y_0)$ 在 $x=x_0$ 处连续，同理 $f_y(x_0,y_0)$ 存在仅能推出 $f(x_0,y)$ 在 $y=y_0$ 处连续，推不出 $f(x,y)$ 在 (x_0,y_0) 处连续，反之，也不成立. 如 $z=f(x,y)=\begin{cases}\dfrac{xy}{x^2+y^2}, & x^2+y^2\neq 0,\\ 0, & x^2+y^2=0\end{cases}$ 在 $(0,0)$ 点 $f_x(0,0)=f_y(0,0)=0$ 均存在，但 $f(x,y)$ 在 $(0,0)$ 点不连续. 而函数 $f(x,y)=\sqrt{x^2+y^2}$ 在 $(0,0)$ 点连续，但在 $(0,0)$ 点的偏导数却不存在，故选 D.

例 7.21　若 $f(x,y)$ 在 (x_0,y_0) 处可微，则 $f(x,y)$ 在 (x_0,y_0) 正确的是（　　）.

A. 偏导数存在必连续　　B. 偏导数不存在

C. 偏导数不一定存在　　D. 偏导数存在但不一定连续

解　B 和 C 可由可微的必要条件排除, A 也不正确, 如

$$f(x,y)=\begin{cases}(x^2+y^2)\sin\dfrac{1}{x^2+y^2}, & (x,y)\neq(0,0),\\ 0, & (x,y)=(0,0),\end{cases}$$

因 $\Delta f|_{(0,0)}=\rho^2\sin\dfrac{1}{\rho^2}=o(\rho)=0\cdot\Delta x+0\cdot\Delta y+o(\rho)$, 故 $f(x,y)$ 在 $(0,0)$ 处可微. 又

$$f_x(x,y)=\begin{cases}2x\sin\dfrac{1}{x^2+y^2}-\dfrac{2x}{x^2+y^2}\cos\dfrac{1}{x^2+y^2}, & (x,y)\neq(0,0),\\ 0, & (x,y)=(0,0).\end{cases}$$

但 $\lim\limits_{\substack{y=0\\x\to0}}f_x(x,y)$ 不存在, 故 $\lim\limits_{\substack{y=0\\x\to0}}f_x(x,y)$ 不存在, $f_x(x,y)$ 在 $(0,0)$ 处不连续, 故选 D.

例 7.22　试证二元函数 $f(x,y)=\begin{cases}(x^2+y^2)\sin\dfrac{1}{\sqrt{x^2+y^2}}, & x^2+y^2\neq0,\\ 0, & x^2+y^2=0\end{cases}$ 在 $(0,0)$ 点存在偏导数 $f_x(0,0), f_y(0,0)$ 且可微, 但是在 $(0,0)$ 点偏导数并不连续.

证明　当 $x^2+y^2\neq0$ 时, $f(x,y)$ 的偏导数分别为

$$f_x(x,y)=2x\sin\frac{1}{\sqrt{x^2+y^2}}-\frac{x}{\sqrt{x^2+y^2}}\cos\frac{1}{\sqrt{x^2+y^2}},$$

$$f_y(x,y)=2y\sin\frac{1}{\sqrt{x^2+y^2}}-\frac{y}{\sqrt{x^2+y^2}}\cos\frac{1}{\sqrt{x^2+y^2}}.$$

$f(x,y)$ 当 $x^2+y^2=0$ 即在点 $(0,0)$ 处, 其偏导数分别为

$$f_x(0,0)=\lim_{x\to0}\frac{f(x,0)-f(0,0)}{x}=\lim_{x\to0}\frac{x^2\sin\dfrac{1}{|x|}}{x}=0,$$

$$f_y(0,0)=\lim_{y\to0}\frac{f(0,y)-f(0,0)}{y}=\lim_{y\to0}\frac{y^2\sin\dfrac{1}{|y|}}{y}=0.$$

所以　$$f_x(x,y)=\begin{cases}2x\sin\dfrac{1}{\sqrt{x^2+y^2}}-\dfrac{x}{\sqrt{x^2+y^2}}\cos\dfrac{1}{\sqrt{x^2+y^2}}, & x^2+y^2\neq0,\\ 0, & x^2+y^2=0.\end{cases}$$

$$f_y(x,y)=\begin{cases}2y\sin\dfrac{1}{\sqrt{x^2+y^2}}-\dfrac{y}{\sqrt{x^2+y^2}}\cos\dfrac{1}{\sqrt{x^2+y^2}}, & x^2+y^2\neq0,\\ 0, & x^2+y^2=0.\end{cases}$$

因为 $\lim\limits_{\substack{x\to 0^+\\ y=0}} f_x(x,y)=\lim\limits_{x\to 0^+}\left(2x\sin\frac{1}{x}-\cos\frac{1}{x}\right)$, 所以 $f_x(x,y)$ 在 $(0,0)$ 处极限不存在，即 $f_x(x,y)$ 在 $(0,0)$ 处不连续. 同理 $f_y(x,y)$ 在 $(0,0)$ 处也不连续.

令 $\rho=\sqrt{x^2+y^2}$，则

$$\Delta f=f(x,y)-f(0,0)=(x^2+y^2)\sin\frac{1}{\sqrt{x^2+y^2}}=\rho^2\sin\frac{1}{\rho},$$

因为 $\lim\limits_{\rho\to 0}\frac{\Delta f-(f_x(0,0)x+f_y(0,0)y)}{\rho}=\lim\limits_{\rho\to 0}\rho\sin\frac{1}{\rho}=0$，所以 $f(x,y)$ 在 $(0,0)$ 处可微.

注　二元函数 $f(x,y)$ 在某点的两个偏导数存在且连续是函数在该点可微的充分条件而不是必要条件.

例 7.23　设 $z=\frac{1}{x}f(xy)+yg\left(\frac{x}{y}\right)$, 其中 f,g 具有二阶连续导数，求 $\frac{\partial^2 z}{\partial x\partial y}$.

解法 1　$\frac{\partial z}{\partial y}=f'(xy)+g\left(\frac{x}{y}\right)+yg'\left(\frac{x}{y}\right)\left(-\frac{x}{y^2}\right)$,

$$\frac{\partial^2 z}{\partial x\partial y}=yf''(xy)+\frac{1}{y}g'\left(\frac{x}{y}\right)-\frac{1}{y}g''\left(\frac{x}{y}\right)\frac{x}{y}-\frac{1}{y}g'\left(\frac{x}{y}\right)=yf''(xy)-g''\left(\frac{x}{y}\right)\frac{x}{y^2}.$$

解法 2　记 $u(x,y)=\frac{1}{x}f(xy)$，$v(x,y)=yg\left(\frac{x}{y}\right)$, 则

$$\frac{\partial^2 z}{\partial x\partial y}=\frac{\partial}{\partial x}\left(\frac{\partial u}{\partial y}\right)+\frac{\partial}{\partial y}\left(\frac{\partial v}{\partial x}\right)=\frac{\partial}{\partial x}[f'(xy)]+\frac{\partial}{\partial y}g'\left(\frac{x}{y}\right)=yf''(xy)-\frac{x}{y^2}g''\left(\frac{x}{y}\right).$$

注　本题按求偏导的正常次序做要麻烦很多，但因 $\frac{\partial}{\partial x}\left(\frac{\partial f}{\partial y}\right)$ 与 $\frac{\partial}{\partial y}\left(\frac{\partial f}{\partial x}\right)$ 都连续时，两者相等，故可以选择容易计算的次序来计算混合偏导数.

例 7.24　设函数 $f(x)$ 处处连续，$z=\int_{x^2}^{y^2}f(t)\,\mathrm{d}t$，则 $\frac{\partial z}{\partial x}=$（　　）.

A. $f(y^2)-f(x^2)$　　　B. $2yf(y^2)-2xf(x^2)$

C. $-2xf(x^2)$　　　D. $2yf(y^2)$

解　本题由变上限函数的形式给出，但 z 仍是 x,y 的函数，对 x 作偏导数时把 y 看作常数. 再由积分限函数的求导公式，即函数 $f(x)$ 在 $[a,\ b]$ 上连续，$\phi(x),\psi(x)$ 在 $[a,\ b]$ 内可导，则积分限函数 $F(x)=\int_{\phi(x)}^{\psi(x)}f(t)\mathrm{d}t$ 在 $[a,b]$ 上可导，且

$$F'(x)=f[\psi(x)]\psi'(x)-f[\phi(x)]\phi'(x),$$

故正确结论是 C.

例 7.25　设 $w=f(x+y+z,xyz)$，f 具有二阶连续偏导数，求 $\frac{\partial w}{\partial x}$ 及 $\frac{\partial^2 w}{\partial x\partial z}$.

分析　先引入中间变量，令 $u=x+y+z,\ v=xyz$，则 $w=f(u,v)$.

为表达简便，引入以下记号：$f_1'=\dfrac{\partial f(u,v)}{\partial u}, f_{12}''=\dfrac{\partial^2 f(u,v)}{\partial u\partial v}$，其中下标 1 表示对第一个变量 u 求偏导数，下标 2 表示对第二个变量 v 求偏导数.

错误解答　$\dfrac{\partial w}{\partial x}=\dfrac{\partial f}{\partial u}\dfrac{\partial u}{\partial x}+\dfrac{\partial f}{\partial v}\dfrac{\partial v}{\partial x}=f_1'+yzf_2'$，

$$\frac{\partial^2 w}{\partial x\partial z}=\frac{\partial}{\partial z}(f_1'+yzf_2')=\frac{\partial f_1'}{\partial z}+yf_2'+yz\frac{\partial f_2'}{\partial z}.$$

错解分析　在计算过程中没有注意到 f_1' 及 f_2' 仍旧是复合函数，导致出错.

解　$\dfrac{\partial w}{\partial x}=\dfrac{\partial f}{\partial u}\dfrac{\partial u}{\partial x}+\dfrac{\partial f}{\partial v}\dfrac{\partial v}{\partial x}=f_1'+yzf_2',\ \dfrac{\partial^2 w}{\partial x\partial z}=\dfrac{\partial}{\partial z}(f_1'+yzf_2')=\dfrac{\partial f_1'}{\partial z}+yf_2'+yz\dfrac{\partial f_2'}{\partial z}.$

由于 f_1' 及 f_2' 仍旧是复合函数，根据复合函数求导法则，有

$$\frac{\partial f_1'}{\partial z}=\frac{\partial f_1'}{\partial u}\frac{\partial u}{\partial z}+\frac{\partial f_1'}{\partial v}\frac{\partial v}{\partial z}=f_{11}''+xyf_{12}'',\ \frac{\partial f_2'}{\partial z}=\frac{\partial f_2'}{\partial u}\frac{\partial u}{\partial z}+\frac{\partial f_2'}{\partial v}\frac{\partial v}{\partial z}=f_{21}''+xyf_{22}'',$$

于是 $\dfrac{\partial^2 w}{\partial x\partial z}=f_{11}''+y(x+z)f_{12}''+xy^2zf_{22}''+yf_2'$.

例 7.26　设 $\ln\sqrt{x^2+y^2}=\arctan\dfrac{y}{x}$，求 $\dfrac{\mathrm{d}y}{\mathrm{d}x}$ 与 $\dfrac{\mathrm{d}^2 y}{\mathrm{d}x^2}$.

解法 1　设 $F(x,y)=\ln\sqrt{x^2+y^2}-\arctan\dfrac{y}{x}$，$F_x=\dfrac{x+y}{x^2+y^2}$，$F_y=\dfrac{y-x}{x^2+y^2}$，所以

$$\frac{\mathrm{d}y}{\mathrm{d}x}=-\frac{F_x}{F_y}=\frac{x+y}{x-y}.$$

在 $\dfrac{\mathrm{d}y}{\mathrm{d}x}=\dfrac{x+y}{x-y}$ 两边对 x 求导，在求导的过程中把 y 看作 x 的函数，则有 $\dfrac{\mathrm{d}^2 y}{\mathrm{d}x^2}=\dfrac{(1+y')(x-y)-(x+y)(1-y')}{(x-y)^2}$，将 $y'=\dfrac{x+y}{x-y}$ 代入上式有 $\dfrac{\mathrm{d}^2 y}{\mathrm{d}x^2}=\dfrac{2(x^2+y^2)}{(x-y)^3}$.

解法 2　由隐函数的求导方法，将等式两边同时对 x 求导，在求导的过程中把 y 看作 x 的函数，最后由等式解出导数. 求 $\dfrac{\mathrm{d}^2 y}{\mathrm{d}x^2}$ 同解法 1.

$$\frac{1}{\sqrt{x^2+y^2}}\cdot\frac{2x+2y\dfrac{\mathrm{d}y}{\mathrm{d}x}}{2\sqrt{x^2+y^2}}=\frac{1}{1+\dfrac{y^2}{x^2}}\cdot\frac{x\dfrac{\mathrm{d}y}{\mathrm{d}x}-y}{x^2}，\ x+y\frac{\mathrm{d}y}{\mathrm{d}x}=x\frac{\mathrm{d}y}{\mathrm{d}x}-y，故 \frac{\mathrm{d}y}{\mathrm{d}x}=\frac{x+y}{x-y}.$$

例 7.27　设方程 $\sin z=xyz$ 确定 z 为 x,y 的隐函数，求 $\dfrac{\partial z}{\partial x}$，$\dfrac{\partial z}{\partial y}$.

解法 1　方程 $\sin z=xyz$ 两边求全微分得

$$\cos z \mathrm{d}z = yz\mathrm{d}x + xz\mathrm{d}y + xy\mathrm{d}z\,,\quad \mathrm{d}z = \frac{yz}{\cos z - xy}\mathrm{d}x + \frac{xz}{\cos z - xy}\mathrm{d}y\,.$$

由全微分的定义可知 $\dfrac{\partial z}{\partial x} = \dfrac{yz}{\cos z - xy}$， $\dfrac{\partial z}{\partial y} = \dfrac{xz}{\cos z - xy}$.

解法 2　在方程 $\sin z = xyz$ 的两边分别求关于 x 和 y 的偏导数（注意在求导的过程中把 z 看作是 x, y 的函数）可得

$$\cos z \frac{\partial z}{\partial x} = yz + xy\frac{\partial z}{\partial x},\quad \cos z \frac{\partial z}{\partial y} = xz + xy\frac{\partial z}{\partial y}.$$

由等式两边求解可得 $\dfrac{\partial z}{\partial x} = \dfrac{yz}{\cos z - xy}$， $\dfrac{\partial z}{\partial y} = \dfrac{xz}{\cos z - xy}$.

例 7.28　设有三元函数 $u = x\mathrm{e}^{2z} + y^3$ 与三元方程

$$x^2 + 2y + z = 3 \tag{7-1}$$

（1）若把方程（7-1）中的 z 确定为 x, y 的函数，试求 $\left.\dfrac{\partial u}{\partial x}\right|_{(1,1,0)}$；

（2）若把方程（7-1）中的 y 确定为 x, z 的函数，试求 $\left.\dfrac{\partial u}{\partial x}\right|_{(1,1,0)}$.

解法 1　（1）由 $z = 3 - x^2 - 2y$ 得 $\dfrac{\partial z}{\partial x} = -2x$，此时由方程（7-1）确定 z 为 x, y 的函数，故二元函数 u 的自变量是 x, y．在求 $\left.\dfrac{\partial u}{\partial x}\right|_{(1,1,0)}$ 时保持 $y = 1$ 不变，故方程（7-1）为 $x^2 + z = 1$, $\left.\dfrac{\partial u}{\partial x}\right|_{(1,1,0)} = \dfrac{\mathrm{d}}{\mathrm{d}x}(x\mathrm{e}^{2z} + 1)|_{x=1} = -3$.

（2）由方程（7-1）确定 y 为 x, z 的函数，故二元函数 u 的自变量是 x, z．在求 $\left.\dfrac{\partial u}{\partial x}\right|_{(1,1,0)}$ 时保持 $z = 0$ 不变，故方程（7-1）为 $x^2 + 2y = 3$, 有

$$\left.\frac{\partial u}{\partial x}\right|_{(1,1,0)} = \frac{\mathrm{d}}{\mathrm{d}x}\left.\left(x + \frac{1}{8}(3 - x^2)^3\right)\right|_{x=1} = -2.$$

解法 2　（1）由 $z = 3 - x^2 - 2y$ 得 $\dfrac{\partial z}{\partial x} = -2x$．则有

$$\left.\frac{\partial u}{\partial x}\right|_{(1,1,0)} = \left.\left(\mathrm{e}^{2z} + 2x\mathrm{e}^{2z}\frac{\partial z}{\partial x}\right)\right|_{(1,1,0)} = -3.$$

（2）由 $y = \dfrac{1}{2}(3 - x^2 - z)$, $\dfrac{\partial y}{\partial x} = -x$，则有

$$\left.\frac{\partial u}{\partial x}\right|_{(1,1,0)} = \left.\left(1 + 3y^2\frac{\partial y}{\partial x}\right)\right|_{(1,1,0)} = -2.$$

注　例 7.28 的（1）与（2）都是求同一函数 u 关于自变量 x 在同一点 $(1,1,0)$ 处的偏导数，但它们的结果值不一样，这是因为（1）与（2）中的两个偏导数 $\left.\frac{\partial u}{\partial x}\right|_{(1,1,0)}$ 的含义并不同. 在（1）中，由于方程（7-1）确定 z 为 x,y 的函数，故二元函数 u 的自变量是 x,y . 在（2）中，由方程（7-1）确定 y 为 x,z 的函数，故二元函数 u 的自变量是 x,z . 故在计算多元函数（特别是隐函数）的偏导数时，要注意区分变量之间的相互关系，确定哪个是因变量，哪几个是自变量很重要.

例 7.29　计算 $\sqrt{(1.01)^3+(1.98)^3}$ 的近似值.

解　设函数 $f(x,y)=\sqrt{x^3+y^3}$，则

$$\sqrt{(1.01)^3+(1.98)^3}=f(1,2)+(\mathrm{d}f(1,2))\big|_{\substack{\Delta x=0.01\\ \Delta y=-0.02}},$$

又 $\mathrm{d}f(x,y)=\frac{3x^2}{2\sqrt{x^3+y^3}}\mathrm{d}x+\frac{3y^2}{2\sqrt{x^3+y^3}}\mathrm{d}y=\frac{3}{2\sqrt{x^3+y^3}}(x^2\mathrm{d}x+y^2\mathrm{d}y)$.

根据所给值，取 $x=1, y=2, \Delta x=0.01, \Delta y=-0.02$，由此得到

$$\mathrm{d}f(1,2)\big|_{\substack{\Delta x=0.01\\ \Delta y=-0.02}}=\frac{3}{2\sqrt{1^3+2^3}}(0.01-0.08)=\frac{-0.07}{2}=-0.035,$$

所以 $\sqrt{(1.01)^3+(1.98)^3}=f(1,2)+[\mathrm{d}f(1,2)]\big|_{\substack{\Delta x=0.01\\ \Delta y=-0.02}}=3-0.035=2.965$.

例 7.30　有一用水泥做成的开顶长方形水池，它的外形长 6 m，宽 5 m，高 4 m，又它的四壁及底的厚度为 20 cm，试求所需水泥量的近似值和精确值.

解　设长方形水池的长，宽，高为 x cm, y cm, z cm，则

$$V=xyz .$$

已知长方形水池外形的长，宽，高四壁及底的厚度各为 20 cm，又开顶，即 $x=6, y=5, z=4, \Delta x=-0.4, \Delta y=-0.4, \Delta z=-0.2$ 。转化为数学问题，也就是求 $\mathrm{d}V, \Delta V$，而

$$\begin{aligned}|\mathrm{d}V| &= |yz\mathrm{d}x+zx\mathrm{d}y+xy\mathrm{d}z|\\ &= |20\times(-0.4)+24\times(-0.4)+30\times(-0.2)|\\ &= 23.6\mathrm{m}^3\end{aligned}$$

$$\begin{aligned}|\Delta V| &= V(6,5,4)-V(5.6,4.6,3.8)\\ &= 6\cdot 5\cdot 4-5.6\cdot 4.6\cdot 3.8\\ &= 120-97.888=22.112\mathrm{m}^3\end{aligned}$$

所以所需水泥量的近似值和精确值分别为 23.6 m^3, 22.112 m^3.

例 7.31　设 $z=\mathrm{e}^u\sin v$，$u=x^2y^2$，$v=x+y$，求 $\mathrm{d}z$.

解　$\mathrm{d}z=\mathrm{d}(\mathrm{e}^u\sin v)=\sin v\cdot\mathrm{e}^u\mathrm{d}u+\mathrm{e}^u\cos v\mathrm{d}v$

$$
\begin{aligned}
&= \sin v \cdot e^u d(x^2y^2) + e^u \cos v d(x+y) \\
&= \sin v \cdot e^u (2xy^2 dx + 2x^2 y dy) + e^u \cos v (dx + dy) \\
&= (\sin v \cdot e^u \cdot 2x^2 y + e^u \cos v) dx + (2yx^2 e^u \sin v + e^u \cos v) dy \\
&= e^{x^2y^2}[2xy^2 \sin(x+y) + \cos(x+y)]dx \\
&\quad + e^{x^2y^2}[2x^2 y \sin(x+y) + \cos(x+y)]dy.
\end{aligned}
$$

例 7.32　设函数 $z = z(x, y)$ 由方程 $xy = e^z - z$ 所确定，求 $\dfrac{\partial^2 z}{\partial x \partial y}$.

解法 1　令 $F(x, y, z) = e^z - z - xy$，

则 $\dfrac{\partial z}{\partial x} = -\dfrac{F_x}{F_z} = -\dfrac{-y}{e^z - 1} = \dfrac{y}{e^z - 1}$，$\dfrac{\partial z}{\partial y} = -\dfrac{F_y}{F_z} = \dfrac{x}{e^z - 1}$. 于是

$$\frac{\partial^2 z}{\partial x \partial y} = \frac{e^z - 1 - ye^z \dfrac{\partial z}{\partial y}}{(e^z - 1)^2} = \frac{(e^z - 1)^2 - xye^z}{(e^z - 1)^3}.$$

解法 2　对 $xy = e^z - z$ 两边关于 x 求偏导数，得

$$y = e^z \frac{\partial z}{\partial x} - \frac{\partial z}{\partial x}, \text{从而} \frac{\partial z}{\partial x} = \frac{y}{e^z - 1}.$$

同理可得 $\dfrac{\partial z}{\partial y} = \dfrac{x}{e^z - 1}$，二阶偏导数 $\dfrac{\partial^2 z}{\partial x \partial y}$ 的解法同上.

解法 3　记 $u = e^z - z - xy = 0$ 由于 $u(x, y, z) = 0$，故 $du = \dfrac{\partial u}{\partial x}dx + \dfrac{\partial u}{\partial y}dy + \dfrac{\partial u}{\partial z}dz = 0$，

即 $-ydx - xdy + (e^z - 1)dz = 0$，可得

$$dz = -\frac{y}{e^z - 1}dx + \frac{x}{e^z - 1}dy,$$

又因 $dz = \dfrac{\partial z}{\partial x}dx + \dfrac{\partial z}{\partial y}dy$，所以 $\dfrac{\partial z}{\partial x} = \dfrac{y}{e^z - 1}, \dfrac{\partial z}{\partial y} = \dfrac{x}{e^z - 1}$，故

$$\frac{\partial^2 z}{\partial x \partial y} = \frac{e^z - 1 - ye^z \dfrac{\partial z}{\partial y}}{(e^z - 1)^2} = \frac{(e^z - 1)^2 - xye^z}{(e^z - 1)^3}.$$

注　求隐函数的偏导数可按以下三种方法：

（1）由隐函数存在定理给出的公式；

（2）由隐函数存在定理给出的公式的推导过程；

（3）利用一阶微分形式不变性.

例 7.33　设 $y = f(x, t)$，而 t 是由方程 $F(x, y, t) = 0$ 所确定的 x, y 的函数，其中 f, F 都具有一阶连续偏导数，且 $\dfrac{\partial f}{\partial t}\dfrac{\partial F}{\partial y} + \dfrac{\partial F}{\partial t} \neq 0$，试求 $\dfrac{dy}{dx}$.

解法 1　本题相当于含有三个变量 x,y,t 由方程组

$$\begin{cases} y=f(x,t), \\ F(x,y,t)=0, \end{cases}$$

确定两个一元函数 $y=y(x),t=t(x)$，按求隐函数的偏导数的法则，对上述方程组关于 x 求导数得

$$\begin{cases} \dfrac{\mathrm{d}y}{\mathrm{d}x}=\dfrac{\partial f}{\partial x}+\dfrac{\partial f}{\partial t}\dfrac{\mathrm{d}t}{\mathrm{d}x}, \\ \dfrac{\partial F}{\partial x}+\dfrac{\partial F}{\partial y}\dfrac{\mathrm{d}y}{\mathrm{d}x}+\dfrac{\partial F}{\partial t}\dfrac{\mathrm{d}t}{\mathrm{d}x}=0, \end{cases}$$

解此方程组得

$$\frac{\mathrm{d}y}{\mathrm{d}x}=\frac{\dfrac{\partial f}{\partial x}\dfrac{\partial F}{\partial t}-\dfrac{\partial f}{\partial t}\dfrac{\partial F}{\partial x}}{\dfrac{\partial f}{\partial t}\dfrac{\partial F}{\partial y}+\dfrac{\partial F}{\partial t}}.$$

解法 2　分别对 $y=f(x,t)$ 与 $F(x,y,t)=0$ 求全微分，有

$$\begin{cases} \mathrm{d}y=\dfrac{\partial f}{\partial x}\mathrm{d}x+\dfrac{\partial f}{\partial t}\mathrm{d}t, \\ \dfrac{\partial F}{\partial x}\mathrm{d}x+\dfrac{\partial F}{\partial y}\mathrm{d}y+\dfrac{\partial F}{\partial t}\mathrm{d}t=0, \end{cases}$$

上述第一式乘以 $\dfrac{\partial F}{\partial t}$，第二式乘以 $\dfrac{\partial f}{\partial t}$ 后相减消去 $\mathrm{d}t$，得

$$\left(\frac{\partial f}{\partial t}\frac{\partial F}{\partial y}+\frac{\partial F}{\partial t}\right)\mathrm{d}y-\left(\frac{\partial f}{\partial x}\frac{\partial F}{\partial t}-\frac{\partial F}{\partial x}\frac{\partial f}{\partial t}\right)\mathrm{d}x=0,$$

由此式可解

$$\frac{\mathrm{d}y}{\mathrm{d}x}=\frac{\dfrac{\partial f}{\partial x}\dfrac{\partial F}{\partial t}-\dfrac{\partial f}{\partial t}\dfrac{\partial F}{\partial x}}{\dfrac{\partial f}{\partial t}\dfrac{\partial F}{\partial y}+\dfrac{\partial F}{\partial t}}.$$

例 7.34　设函数 $z=f(x,y)$ 在点 (x_0,y_0) 可微，且 $f_x(x_0,y_0)=0$，$f_y(x_0,y_0)=0$，则 $f(x,y)$ 在 (x_0,y_0) 处（　　）.

A. 必有极值，可能是极大值也可能是极小值

B. 必有极大值

C. 必有极小值

D. 可能有极值，也可能没有极值

解　由 $f(x,y)$ 在 (x_0,y_0) 处可微，则 $f(x,y)$ 在 (x_0,y_0) 具有偏导数，且 $f_x(x_0,y_0)=0,f_y(x_0,y_0)=0$，这只是 $f(x,y)$ 在该点取极值的必要条件，故选 D.

例 7.35　二元函数的极值点与驻点之间的关系, 下列正确的是（　　）.

A. 极值点一定是驻点

B. 驻点一定是极值点

C. 在该点偏导数存在的极值点一定是驻点

D. 以上都不对

解　选项 A 不对, 因为二元函数的极值也有可能在偏导数不存在的点处取到, B 不对, 如 $z=xy$ 在 $(0,0)$ 点偏导数存在, 且 $(0,0)$ 点为其驻点但 $(0,0)$ 点不是极值点, C 正确.

例 7.36　求由方程 $x^2+y^2+z^2-2x+2y-4z-10=0$, 确定的函数 $z=f(x,y)$ 的极值.

解法 1　将原方程的两边分别对 x,y 求偏导, 得

$$\begin{cases}2x+2zz_x-2-4z_x=0,\\ 2y+2zz_y+2-4z_y=0.\end{cases}$$

由函数极值的充要条件: $\begin{cases}z_x=0,\\ z_y=0,\end{cases}$ 解得 $P(1,-1)$ 为驻点.

对上述方程组关于 x,y 再求偏导, 得

$$A=z_{xx}|_P=\left.\frac{(z-2)^2+(1-x)^2}{(2-z)^3}\right|_P=\frac{1}{2-z},\quad B=z_{xy}|_P=0,$$

$$C=z_{yy}|_P=\left.\frac{(2-z)^2+(1+y)^2}{(2-z)^3}\right|_P=\frac{1}{2-z},$$

$$\because B^2-AC=-\frac{1}{(2-z)^2}<0\quad(z\neq 2),$$

$z=f(x,y)$ 在 $P(1,-1)$ 点取得极值. 把 $P(1,-1)$ 点代入原方程, 得 $z_1=-2,\ z_2=6$,

当 $z_1=-2$时, $A=z_{xx}|_p=\left.\frac{1}{2-z}\right|_{z=-2}=\frac{1}{4}>0$, 故 $z=f(1,-1)=-2$ 为极小值.

当 $z_2=6$ 时, $A=z_{xx}|_P=\left.\frac{1}{2-z}\right|_{z=6}=-\frac{1}{4}<0$, 故 $z=f(1,-1)=6$ 为极大值.

解法 2　原方程可配方

$$(x-1)^2+(y+1)^2+(z-2)^2=16$$

于是 $z=2\pm\sqrt{16-(x-1)^2-(y+1)^2}$. 显然, 当 $x=1,y=-1$ 时, 根号中的极大值为 4, 由此可知 $z=2\pm 4$ 为极值, $z=6$ 为极大值, $z=-2$ 为极小值.

例 7.37　某企业生产两种商品的产量分别为 x 单位和 y 单位, 利润函数为

$$L=128x-4x^2+8xy-8y^2+64y-28,$$

求最大利润.

解　由极值必要条件，先解驻点

$\begin{cases}L_x=128-8x+8y=0,\\ L_y=64-16y+8x=0,\end{cases}$ 解得唯一驻点 $x_0=40, y_0=24$. 由

$$L_{xx}=-8, A=-8<0, L_{xy}=8, B=8,$$
$$L_{yy}=-16, C=-16<0,$$
$$B^2-AC=-64<0.$$

可知，点（40, 24）为极大值点，亦即最大值点，最大值为 $L(40,24)=3300$. 即，该企业生产的两种产品的产量分别为 40 单位和 24 单位时所获利润最大，最大利润为 3300.

例 7.38　要设计一个容量为 V 的长方形开口水箱，试问水箱的长，宽，高各等于多少时，其表面积最小？

分析　上述表面积函数的自变量不仅要符合定义域的要求，而且还要满足条件 $V=xyz(x>0,y>0,z>0)$, 这类附有约束条件的极值问题称为条件极值问题.

一般条件极值的计算有两种方法：

（1）用消元法化为无条件极值问题来求解；

（2）用拉格朗日乘数法，此方法是一种不直接依赖消元法而求解条件极值问题的方法.

解法 1　化为无条件极值问题

设水箱的长、宽、高分别为 x,y,z，则表面积为

$$S(x,y,z)=2(xz+yz)+xy.$$

由条件 $V=xyz$ 解出 $z=\dfrac{V}{xy}$ 代入函数 $S(x,y,z)$ 中，得

$$F(x,y)=S\left(x,y,\frac{V}{xy}\right)=2V\left(\frac{1}{y}+\frac{1}{x}\right)+xy.$$

将问题转化为计算 $F(x,y)$ 的最值问题

令 $\begin{cases}F_x=0,\\ F_y=0,\end{cases}$ 求出驻点 $x=y=\sqrt[3]{2V}$，并有 $z=\dfrac{1}{2}\sqrt[3]{2V}$，最后可判定在此点上取得最小面积 $S=3\sqrt[3]{4V^2}$.

解法 2　用拉格朗日乘数法.

设所求问题的拉格朗日函数是

$$L(x,y,z,\lambda)=2(xz+yz)+xy+\lambda(xyz-V),$$

对 L 求偏导数，并令它们都等于 0：

$$\begin{cases} L_x = 2z + y + \lambda yz = 0, \\ L_y = 2z + x + \lambda xz = 0, \\ L_z = 2(x+y) + \lambda yx = 0, \\ L_\lambda = xyz - V = 0. \end{cases}$$

求此方程组的解, 得

$$x = y = 2z = \sqrt[3]{2V}, \lambda = -\frac{4}{\sqrt[3]{2V}}.$$

依题意, 所求水箱的表面积确实存在最小值, 且最小值 $S = 3(2V)^{\frac{2}{3}}$.

例 7.39　求 $z = xy$ 在条件 $x + y = 1$ 下的极值.

解　设 $f(x,y) = xy$, 附加条件为 $\varphi(x,y) = x + y - 1 = 0$. 令函数 $F(x,y) = xy + \lambda(x + y - 1)$ 的一阶偏导数为零, 得

$$\begin{cases} \dfrac{\partial F}{\partial x} = y + \lambda = 0, \\ \dfrac{\partial F}{\partial y} = x + \lambda = 0 \text{ , 解得 } \lambda = -\dfrac{1}{2}, \quad x = \dfrac{1}{2}, \quad y = \dfrac{1}{2}. \\ x + y = 1, \end{cases}$$

故驻点坐标为 $\left(\dfrac{1}{2}, \dfrac{1}{2}\right)$. 对应 $z = \dfrac{1}{4}$, 且因 $\mathrm{d}\varphi = \mathrm{d}x + \mathrm{d}y = 0, \mathrm{d}y = -\mathrm{d}x$, 而

$$\mathrm{d}F = x\mathrm{d}y + y\mathrm{d}x + \lambda\mathrm{d}x + \lambda\mathrm{d}y, \ \mathrm{d}^2F = 2\mathrm{d}x\mathrm{d}y = -2(\mathrm{d}x)^2 < 0$$

所以在 $\left(\dfrac{1}{2}, \dfrac{1}{2}\right)$ 处取得极大值: $z = \dfrac{1}{4}$.

例 7.40　某企业可以通过自己生产产品及购买再转卖同样的产品这两种方式为公司创收. 据统计资料, 通过两种方式所获收入 R（万元）与生产该产品所用成本 x（万元）及购买该产品所需费用 y（万元）之间有如下经验方式:

$$R = 15 + 14x + 32y - 8xy - 2x^2 - 10y^2.$$

（1）在两种方式投入费用不限的情况下, 求最优经营策略;

（2）若该企业只提供 1.5 万元资金投入生产以及购买该产品所需费用, 求相应的最优经营策略.

解　（1）企业所谓最优经营策略, 就是分别在生产产品及购买再转卖同样的产品上各支付多少费用, 使商品的销售利润函数最大.

利润函数为

$$L = R - (x + y) = 15 + 13x + 31y - 8xy - 2x^2 - 10y^2.$$

由

$$\begin{cases} \dfrac{\partial L}{\partial x} = -4x - 8y + 13 = 0, \\ \dfrac{\partial L}{\partial y} = -8x - 20y + 31 = 0, \end{cases}$$ 解得驻点 $x = 0.75,\ y = 1.25$.

利润函数 $L(x, y)$ 在 $(0.75, 1.25)$ 点的二阶导数及混合偏导数分别为

$$A = \frac{\partial^2 L}{\partial x^2} = -4,\quad B = \frac{\partial^2 L}{\partial x \partial y} = -8,\quad C = \frac{\partial^2 L}{\partial y^2} = -20\,.$$

因 $\Delta = B^2 - AC = -16 < 0,\quad A < 0$，故在 $(0.75, 1.25)$ 点利润函数 $L(x, y)$ 取极大值，即最优经营策略是在生产产品所支付成本为0.75万元，在购买同产品上支付1.25万元，这时企业所获利润最大.

（2）若 $x + y = 1.5$，则这是条件极值问题，拉格朗日函数为

$$L(x, y; \lambda) = 15 + 13x + 31y - 8xy - 2x^2 - 10y^2 + \lambda(x + y - 1.5)\,.$$

对拉格朗日函数求一阶偏导数导并令其为零，得

$$\begin{cases} \dfrac{\partial L}{\partial x} = -4x - 8y + 13 + \lambda = 0, \\ \dfrac{\partial L}{\partial y} = -8x - 20y + 31 + \lambda = 0, \\ \dfrac{\partial L}{\partial \lambda} = x + y - 1.5 = 0. \end{cases}$$

解得 $x = 0, y = 1.5$，即将这1.5万元的资金全部投向购买再转卖时，可获得最大利润.

7.4 自我测试题

A 级自我测试题

一、填空题（每小题 2 分，共 12 分）

1. 函数 $z = \ln(xy)$ 的定义域是________.

2. 设 $z = x + y + f(x - y)$，且当 $y = 0$ 时，$z = x^2$．则 $f(x) =$ __________，$z(x, y) =$ ________.

3. $\lim\limits_{(x,y)\to(0,5)} \dfrac{x}{\sin xy} =$ ________.

4. 设函数 $z = y^x$，则 $z_x =$ ________，$z_y =$ ________.

5. $f(x, y)$ 在点 (x, y) 可微分是 $f(x, y)$ 在该点连续的________条件．$f(x, y)$ 在点 (x, y) 连续是 $f(x, y)$ 在该点可微分的________条件.

6. 函数 $f(x,y)=x^2+xy+y^2+x-y+1$ 的极值________.

二、单选题（每小题2分，共10分）

1. 若 $f(x,y)$ 在点 (x_0,y_0) 处连续，则 $\lim\limits_{\substack{x\to x_0\\y\to y_0}} f(x,y)$（　　）.

A. 存在　　B. 不存在　　C. 不确定　　D. 以上均不正确

2. 函数 $z=\arctan\dfrac{x}{y}$ 的全微分（　　）.

A. $\dfrac{x\mathrm{d}x-y\mathrm{d}y}{x^2+y^2}$　　B. $\dfrac{y\mathrm{d}x-x\mathrm{d}y}{x^2+y^2}$

C. $\dfrac{y\mathrm{d}x-x\mathrm{d}y}{(x^2+y^2)^2}$　　D. $\dfrac{y^2\mathrm{d}x-x^2\mathrm{d}y}{x^2+y^2}$

3. $\lim\limits_{\substack{x\to\infty\\y\to1}}\left(1+\dfrac{1}{x}\right)^{\frac{x^2}{x+y}}$ 为（　　）.

A. e^2　　B. 0　　C. e　　D. 1

4. 设 $f(x,y,z)=\left(\dfrac{x}{y}\right)^{\frac{1}{z}}$，则 $\mathrm{d}f(1,1,1)$ 等于（　　）.

A. $\left(\dfrac{x}{y}\right)^{\frac{1}{z}}\mathrm{d}x-\dfrac{1}{y}\mathrm{d}y$　　B. $\dfrac{1}{z}\sqrt{\dfrac{x}{y}}\mathrm{d}x-\sqrt{\dfrac{x}{y^2}}\mathrm{d}y$

C. $\mathrm{d}x-\mathrm{d}y$　　D. $y\mathrm{d}x-x\mathrm{d}y$

5. $u=\sin x\sin y\sin z$ 在条件 $x+y+z=\dfrac{\pi}{2}(x>0,y>0,z>0)$ 下的最大值（　　）.

A. $\dfrac{1}{8}$　　B. $\dfrac{1}{6}$　　C. 1　　D. 0

三、计算题（共58分）

1. 求函数 $z=\sqrt{x-\sqrt{y}}$ 的定义域，并求极限 $\lim\limits_{\substack{x\to\frac{1}{2}\\y\to0}} z$.（6分）

2. 求下列极限（9分）

（1）$\lim\limits_{\substack{x\to0\\y\to0}}\dfrac{1-\cos(x^2+y^2)}{(x^2+y^2)x^2y^2}$；（2）$\lim\limits_{(x,y)\to(0,1)}\dfrac{1-2xy}{x^3+y^3}$；（3）$\lim\limits_{\substack{x\to0\\y\to0}}\dfrac{\sin xy}{\sqrt{xy+1}-1}$.

3. 求下列函数的一阶和二阶偏导数（8分）

（1）$z=\dfrac{x\mathrm{e}^y}{y}$，求 $\dfrac{\partial z}{\partial x},\dfrac{\partial z}{\partial y}$；（2）$z=\cos y+x\sin y$，求 $\dfrac{\partial^2 z}{\partial x^2},\dfrac{\partial^2 z}{\partial y^2},\dfrac{\partial^2 z}{\partial x\partial y}$.

4. 求$z=\dfrac{xy}{x^2-y^2}$，当$x=2, y=1, \Delta x=0.1, \Delta y=-0.2$时的全增量和全微分.（6 分）

5. $z=\sin(xy)$，求$\dfrac{\partial z}{\partial x},\dfrac{\partial^2 z}{\partial x\partial y}$.（6 分）

6. 设$u=x^{2y}$，而$x=\varphi(t), y=\psi(t)$都是可微函数，求$\dfrac{\mathrm{d}u}{\mathrm{d}t}$.（5 分）

7. 设$z=\mathrm{e}^{uv}$，$u=\ln\sqrt{x^2+y^2}, v=\arctan\dfrac{y}{x}$，求$\dfrac{\partial z}{\partial x},\dfrac{\partial z}{\partial y}$.（6 分）

8. 设$z=f(x^3-y^3,\mathrm{e}^{xy})$，求$\dfrac{\partial z}{\partial x},\dfrac{\partial z}{\partial y}$.（6 分）

9. 设$z=f(x,y)$是由方程$z-y-x+x\mathrm{e}^{z-y-x}=0$所确定的函数，求$\mathrm{d}z$.（6 分）

四、应用题（每小题 10 分，共 20 分）

1. 求内接于椭球$\dfrac{x^2}{a^2}+\dfrac{y^2}{b^2}+\dfrac{z^2}{c^2}=1$的最大长方体的体积，长方体的各个面平行于坐标面.

2. 设某工厂生产A和B两种产品，产量分别为x和y（单位：千件），利润函数为$L(x,y)=6x-x^2+16y-4y^2-2$，已知生产这两种产品时，每千件产品均需消耗某种原料 2000 kg，现有该原料 12000 kg，问两种产品各生产多少千件时，总利润最大？最大利润为多少？

B 级自我测试题

一、填空题（每小题 2 分，共 16 分）

1. 已知$f(x,\mathrm{e}^{2y})=x-y$，则$f(x,y)=$________.

2. $\lim\limits_{\substack{x\to 0\\ y\to 0}}\dfrac{2-\sqrt{xy+4}}{xy}=$________.

3. 设$z(x,y)$由$z-\dfrac{xy}{x^2-y^2}=0$所确定，则$\mathrm{d}z=$________.

4. 设$u=f(x,y,z)$，又$y=\varphi(x,t), t=\psi(x,z)$，则$\dfrac{\partial u}{\partial x}=$________.

5. 设$u=\dfrac{\mathrm{e}^{ax}(y-z)}{a^2+1}$，而$y=a\sin x, z=\cos x$，则$\dfrac{\mathrm{d}u}{\mathrm{d}x}=$________.

6. 设$f(x,y)=x+(y-1)\arcsin\sqrt{\dfrac{x}{y}}$，则$f_x(0,1)=$________.

7. 设$z=\frac{1}{x}f(xy)+y\varphi(x+y), f, \varphi$具有二阶连续导数, 则$\frac{\partial^2 z}{\partial x\partial y}=$______.

8. 函数$z=xy+\frac{50}{x}+\frac{20}{y}\ (x>0, y>0)$的极小值为________.

二、选择题（每小题 2 分, 共 12 分）

1. $\lim\limits_{\substack{x\to 0\\ y\to a}}\frac{\sin(xy)}{xy}=$（　　）.

A. 1　　B. -1　　C. 0　　D. a

2.（04 研）　设$u=\mathrm{e}^{-x}\sin\frac{x}{y}$, 则$\frac{\partial^2 u}{\partial x\partial y}$在点$\left(2,\frac{1}{\pi}\right)$处的值为（　　）.

A. $\frac{\pi}{\mathrm{e}}$　　B. $\left(\frac{\pi}{\mathrm{e}}\right)^2$　　C. $\frac{1}{\mathrm{e}}$　　D. $\frac{1}{\pi}$

3. 若$y-nz=f(x-mz)$, 则$m\frac{\partial z}{\partial x}+n\frac{\partial z}{\partial y}$的值为（　　）.

A. -1　　B. 2　　C. 1　　D. -2

4. 设有三元方程$xy-z\ln y+\mathrm{e}^{xz}=1$, 根据隐函数存在定理, 存在点（0, 1, 1）的一个邻域, 在此邻域内该方程（　　）.

A. 只能确定一个具有连续偏导数的隐函数$z=z(x, y)$

B. 可确定两个具有连续偏导数的隐函数$y=y(x, z)$和$z=z(x, y)$

C. 可确定两个具有连续偏导数的隐函数$x=x(y, z)$和$z=z(x, y)$

D. 可确定两个具有连续偏导数的隐函数$x=x(y, z)$和$y=y(x, z)$

5. 考虑二元函数$f(x, y)$的下面 4 条性质:

（1）$f(x,y)$在(x_0,y_0)处连续;

（2）$f(x,y)$在(x_0,y_0)处的两个偏导数连续;

（3）$f(x,y)$在(x_0,y_0)处可微;

（4）$f(x,y)$在(x_0,y_0)处的两个偏导数存在.

若用“$p\Rightarrow q$”表示可由性质p推出性质q, 则有正确的是（　　）.

A. $(2)\Rightarrow(3)\Rightarrow(1)$　　B. $(3)\Rightarrow(2)\Rightarrow(1)$

C. $(3)\Rightarrow(4)\Rightarrow(1)$　　D. $(3)\Rightarrow(1)\Rightarrow(4)$

6. 设$z=f(x,y)$在点(x_0,y_0)处取得极小值, 则$\varphi(x)=f(x,y_0)$在x_0处（　　）.

A. 取得最小值　　B. 取得极大值

C. 取得最大值　　D. 取得极小值

三、计算题（共 56 分）

1. 求下列复合函数的偏导数（9 分）

（1）设 $z=(x^2+y^2)\mathrm{e}^{\frac{x^2+y^2}{xy}}$，求 $\dfrac{\partial z}{\partial x}$，$\dfrac{\partial z}{\partial y}$.

（2）$u=f(x,y,z)=\mathrm{e}^{x^2+y^2+z^2}$，而 $z=x^2\cos y$，求 $\dfrac{\partial u}{\partial x}$，$\dfrac{\partial u}{\partial y}$.

（3）设 $x^2+z^2=y\varphi\left(\dfrac{z}{y}\right)$，其中 φ 可微，求 $\dfrac{\partial z}{\partial y}$.

2. 设 $f(x,y)=\mathrm{e}^{xy}\sin\pi y+(x-1)\arctan\sqrt{\dfrac{x}{y}}$，试求 $f_x(1,1), f_y(1,1), \mathrm{d}f(1,1)$.（9 分）

3. 设 $z=f(x,u,v)=x\mathrm{e}^u\sin v+\mathrm{e}^u\cos v$，而 $u=xy,\ v=x+y$，求 $\dfrac{\partial z}{\partial x}$.（6 分）

4. 若 $u=z\arctan\dfrac{x}{y}$，求 $\dfrac{\partial^2 u}{\partial x^2}+\dfrac{\partial^2 u}{\partial y^2}+\dfrac{\partial^2 u}{\partial z^2}$.（6 分）

5. 已知 $z=u^v$，$u=\ln\sqrt{x^2+y^2}$，$v=\arctan\dfrac{y}{x}$，求 $\mathrm{d}z$.（8 分）

6. 试求函数 $z=xy(4-x-y)$ 在 $x=1, y=0, x+y=6$ 所围的闭区域上的最大值点与最小值点，以及其相应的最大值与最小值.（8 分）

7. 设 $z=z(x,y)$ 是由 $x^2-6xy+10y^2-2yz-z^2+18=0$ 确定的函数，求 $z=z(x,y)$ 的极值点和极值.（10 分）

四、应用题（10 分）

某电视机厂生产的电视机同时在两个市场销售，售价分别为 p_1 和 p_2；销售量分别为 q_1 和 q_2；需求函数分别为 $q_1=12-0.1p_1, q_2=2-0.01p_2$；总成本函数为 $C=35+40(q_1+q_2)$. 试问厂家如何确定两个市场的售价，才能使获得的利润最大？最大总利润是多少？

五、证明题（6 分）

设 $f(x,y)=\begin{cases} xy\sin\dfrac{1}{\sqrt{x^2+y^2}}, & (x^2+y^2\neq 0), \\ 0, & (x^2+y^2=0), \end{cases}$ 求证（1）$f_x(0,0), f_y(0,0)$ 存在；（2）$f_x(x,y)$ 与 $f_y(x,y)$ 在 $(0,0)$ 点不连续；（3）$f(x,y)$ 在（0, 0）点可微.

第8章　二 重 积 分

8.1　知识结构图与学习要求

8.1.1　知识结构图

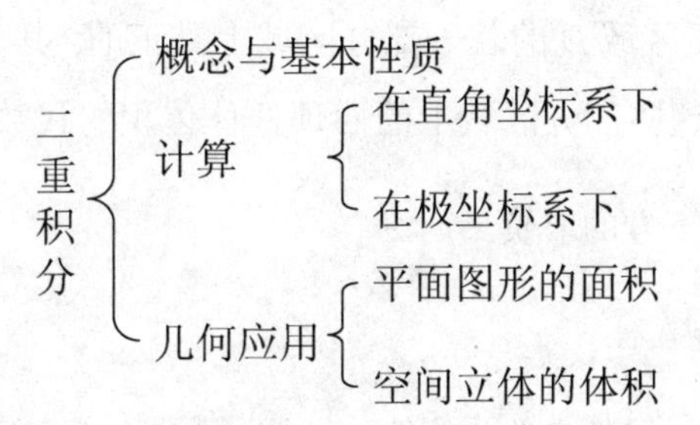

8.1.2　学习要求

（1）了解二重积分的概念与基本性质.

（2）掌握二重积分（直角坐标、极坐标）的计算方法.

8.2　内 容 提 要

8.2.1　重积分的概念及性质

1. 二重积分的定义

设二元函数 $f(x,y)$ 定义在有界闭区域 D 上, 将区域 D 任意分成几个小区域 $\Delta\sigma_1,\Delta\sigma_2,\cdots,\Delta\sigma_n$，其中 $\Delta\sigma_i$ 表示第 i 个小区域, 同时也表示它的面积. 在每个小区域 $\Delta\sigma_i$ 上任取一点 (ξ_i,η_i)，作乘积 $f(\xi_i,\eta_i)\Delta\sigma_i(i=1,2,\cdots,n)$，作和 $\sum\limits_{i=1}^{n}f(\xi_i,\eta_i)\Delta\sigma_i$，若当各小区域的直径中的最大值 λ 趋于零时, 这和的极限存在, 则称此极限为函数 $f(x,y)$ 在区域 D 上的二重积分, 记作 $\iint\limits_D f(x,y)\mathrm{d}\sigma$，即

$$\iint\limits_D f(x,y)\mathrm{d}\sigma=\lim_{\lambda\to 0}\sum_{i=1}^{n}f(\xi_i,\eta_i)\Delta\sigma_i,$$

其中 $f(x,y)$ 为被积函数，x,y 为积分变量，D 为积分区域，$\mathrm{d}\sigma$ 为面积元素. 在直角坐标系下 $\mathrm{d}\sigma=\mathrm{d}x\mathrm{d}y$，在极坐标系下 $\mathrm{d}\sigma=r\mathrm{d}r\mathrm{d}\theta$.

2. 二重积分的几何意义

（1）若 $f(x,y)\geqslant 0$, 则 $\iint\limits_D f(x,y)\mathrm{d}\sigma$ 表示以区域 D 为底、曲面 $z=f(x,y)$ 为曲顶的曲顶柱体的体积；

（2）若 $f(x,y)<0$, 则 $\iint\limits_D f(x,y)\mathrm{d}\sigma$ 表示上述曲顶柱体体积的负值；

（3）若 $f(x,y)$ 在区域 D 的若干部分区域上是正的, 其他部分区域上是负的, 则 $\iint\limits_D f(x,y)\mathrm{d}\sigma$ 表示这些部分区域上的曲顶柱体体积的代数和, 其中 xOy 平面上方的取正，xOy 平面下方的取负.

3. 二重积分的存在性

（1）$\iint\limits_D f(x,y)\mathrm{d}\sigma$ 存在的必要条件：被积函数 $f(x,y)$ 在 D 上有界.

（2）$\iint\limits_D f(x,y)\mathrm{d}\sigma$ 存在的充分条件：被积函数 $f(x,y)$ 在 D 上连续.

4. 二重积分的性质

（1）线性性质：设 a,b 为常数, 则

$$\iint\limits_D [af(x,y)+bg(x,y)]\mathrm{d}\sigma=a\iint\limits_D f(x,y)\mathrm{d}\sigma+b\iint\limits_D g(x,y)\mathrm{d}\sigma.$$

（2）有限可加性：
若 $D=D_1\cup D_2\cup\cdots\cup D_n$，且 $D_i\cap D_j=\phi,(i,j=1,2,\cdots,n,i\neq j)$，则

$$\iint\limits_D f(x,y)\mathrm{d}\sigma=\iint\limits_{D_1} f(x,y)\mathrm{d}\sigma+\iint\limits_{D_2} f(x,y)\mathrm{d}\sigma+\cdots+\iint\limits_{D_n} f(x,y)\mathrm{d}\sigma.$$

（3）若在 D 上，$f(x,y)\equiv 1$，σ 为 D 的面积值, 则

$$\sigma=\iint\limits_D 1\mathrm{d}\sigma=\iint\limits_D \mathrm{d}\sigma.$$

（4）比较不等式：若在 D 上有 $f(x,y)\leqslant g(x,y)$, 则有

$$\iint\limits_D f(x,y)\mathrm{d}\sigma\leqslant\iint\limits_D g(x,y)\mathrm{d}\sigma.$$

特别地, $\left|\iint\limits_D f(x,y)\mathrm{d}\sigma\right| \leqslant \iint\limits_D |f(x,y)|\mathrm{d}\sigma$.

（5）估值不等式: 设 m 和 M 分别为 $f(x,y)$ 在 D 上的最小值和最大值, σ 为 D 的面积值, 则 $m\sigma \leqslant \iint\limits_D f(x,y)\mathrm{d}\sigma \leqslant M\sigma$.

（6）积分中值定理: 设 $f(x,y)$ 在闭区域 D 上连续, 则至少存在一点 $(\xi,\eta)\in D$, 使 $\iint\limits_D f(x,y)\mathrm{d}\sigma = f(\xi,\eta)\cdot\sigma$.

8.2.2 重积分的计算

1. 直角坐标系下计算

（1）若 D 为 X 型区域: $\begin{cases} a \leqslant x \leqslant b, \\ \varphi_1(x) \leqslant y \leqslant \varphi_2(x), \end{cases}$ 先对 y 积分再对 x 积分, 则

$$\iint\limits_D f(x,y)\mathrm{d}\sigma = \int_a^b \mathrm{d}x \int_{\varphi_1(x)}^{\varphi_2(x)} f(x,y)\mathrm{d}y.$$

（2）若 D 为 Y 型区域: $\begin{cases} c \leqslant y \leqslant d, \\ \psi_1(y) \leqslant x \leqslant \psi_2(y), \end{cases}$ 先对 x 积分再对 y 积分, 则

$$\iint\limits_D f(x,y)\mathrm{d}\sigma = \int_c^d \mathrm{d}y \int_{\psi_1(x)}^{\psi_2(x)} f(x,y)\,\mathrm{d}x.$$

注 弄清楚 X 型区域和 Y 型区域的特点:

X 型区域的特点是: 穿过 D 内部且平行于 y 轴的直线与 D 的边界相交不多于两点.

Y 型区域的特点是: 穿过 D 内部且平行于 x 轴的直线与 D 的边界相交不多于两点.

如果积分区域 D 既不是 X 型也不是 Y 型区域, 则需要对区域进行分割, 在满足函数原则的条件下, 要使分块最少.

2. 极坐标系下计算

（1）设积分区域 D 在极坐标系下为: $\begin{cases} \alpha \leqslant \theta \leqslant \beta, \\ r_1(\theta) \leqslant r \leqslant r_2(\theta), \end{cases}$ 则在极坐标系下化二重积分为二次积分

$$\iint\limits_D f(r\cos\theta, r\sin\theta)r\,\mathrm{d}r\mathrm{d}\theta = \int_\alpha^\beta \mathrm{d}\theta \int_{r_1(\theta)}^{r_2(\theta)} f(r\cos\theta, r\sin\theta)r\mathrm{d}r.$$

（2）设积分区域 D 在极坐标系下为：$\begin{cases} r_1 \leqslant r \leqslant r_2, \\ \theta_1(r) \leqslant \theta \leqslant \theta_2(r), \end{cases}$ 则在极坐标系下化二重积分为二次积分

$$\iint_D f(r\cos\theta, r\sin\theta) r\mathrm{d}r\mathrm{d}\theta = \int_{r_1}^{r_2} r\mathrm{d}r \int_{\theta_1(r)}^{\theta_2(r)} f(r\cos\theta, r\sin\theta)\mathrm{d}\theta .$$

3. 利用对称性计算

设函数 $f(x,y)$ 在有界闭区域 D 上连续且有界.

（1）奇偶对称性：若积分区域 D 关于 y 轴对称，则

$$\iint_D f(x,y)\mathrm{d}\sigma = \begin{cases} 2\iint_{D_1} f(x,y)\mathrm{d}\sigma, & \text{当} f(x,y) \text{关于} x \text{为偶函数}, \\ 0, & \text{当} f(x,y) \text{关于} x \text{为奇函数}, \end{cases}$$

这里 D_1 是 D 在 y 轴右侧的部分.

若积分区域 D 关于 x 轴对称，则

$$\iint_D f(x,y)\mathrm{d}\sigma = \begin{cases} 2\iint_{D_1} f(x,y)\mathrm{d}\sigma, & \text{当} f(x,y) \text{关于} y \text{为偶函数}, \\ 0, & \text{当} f(x,y) \text{关于} y \text{为奇函数}, \end{cases}$$

这里 D_1 是 D 在 x 轴上方部分.

（2）积分区域 D 关于原点对称，则

$$\iint_D f(x,y)\mathrm{d}\sigma = \begin{cases} 2\iint_{D_1} f(x,y)\mathrm{d}\sigma, & \text{当} f(x,y) \text{关于} x,y \text{为偶函数}, \\ 0, & \text{当} f(x,y) \text{关于} x,y \text{为奇函数}, \end{cases}$$

这里 D_1 是 D 的右半平面部分.

（3）当 D 关于直线 $y=x$ 对称，则

$$\iint_D f(x,y)\mathrm{d}\sigma = \iint_D f(y,x)\mathrm{d}\sigma .$$

8.3　典型例题解析

例 8.1　已知 D 是长方形域：$0 \leqslant x \leqslant 1; c \leqslant y \leqslant d$，且 $\iint_D xf(y)\mathrm{d}\sigma = 1$，则 $\int_c^d f(y)\,\mathrm{d}y =$ ________.

解　$\iint_D xf(y)\mathrm{d}\sigma = \int_0^1 x\mathrm{d}x \int_c^d f(y)\mathrm{d}y = \frac{1}{2}\int_c^d f(y)\mathrm{d}y = 1$，故 $\int_c^d f(y)\mathrm{d}y = 2$.

例 8.2 已知D是长方形域：$0\leqslant x\leqslant 1;0\leqslant y\leqslant 1$，则$\iint\limits_{D}(x+y)^{2}\mathrm{d}x\mathrm{d}y=$________.

解 $\iint\limits_{D}(x+y)^{2}\mathrm{d}x\mathrm{d}y=\int_{0}^{1}\mathrm{d}x\int_{0}^{1}(x+y)^{2}\mathrm{d}y=\dfrac{7}{6}.$

例 8.3 设D_1是正方形域，D_2是D_1的内切圆，D_3是D_1的外接圆，D_1的中心在(1, 0)点，正方形的边与坐标轴平行，且长为2，记

$$f(x,y)=(2x-x^{2}-y^{2})\mathrm{e}^{-x^{2}-y^{2}}，I_{1}=\iint\limits_{D_{1}}f(x,y)\mathrm{d}\sigma,I_{2}=\iint\limits_{D_{2}}f(x,y)\mathrm{d}\sigma,I_{3}=\iint\limits_{D_{3}}f(x,y)\mathrm{d}\sigma,$$

则I_1,I_2,I_3大小顺序为（　　）.

A. $I_1\leqslant I_2\leqslant I_3$　　B. $I_2\leqslant I_1\leqslant I_3$

C. $I_3\leqslant I_2\leqslant I_1$　　D. $I_3\leqslant I_1\leqslant I_2$

解 由$2x-x^{2}-y^{2}=1-y^{2}-(x-1)^{2}$及$\mathrm{e}^{-x^{2}-y^{2}}>0$知，在$I_2$中$f(x,y)>0$．在$I_1$中$f(x,y)$在$D_1\setminus D_2$的部分取负值；故$I_1\leqslant I_2$；而在$I_3$中在$D_3\setminus D_1$的部分$f(x,y)$取负值；故$I_3\leqslant I_1$，选D.

注 本题考察二重积分的几何意义.

例 8.4 设D是由x轴，y轴与直线$x+y=1$所围成的，记

$$I_{1}=\iint\limits_{D}(x+y)^{2}\mathrm{d}\sigma;\ I_{2}=\iint\limits_{D}(x+y)^{3}\mathrm{d}\sigma;\ I_{3}=\iint\limits_{D}(x+y)^{4}\mathrm{d}\sigma,$$

则I_1,I_2,I_3大小顺序为（　　）.

A. $I_1\leqslant I_2\leqslant I_3$　B. $I_2\leqslant I_1\leqslant I_3$　C. $I_3\leqslant I_1\leqslant I_2$　D. $I_3\leqslant I_2\leqslant I_1$

解 因为在积分区域D中有$0\leqslant x+y\leqslant 1$，所以

$$(x+y)^{4}\leqslant(x+y)^{3}\leqslant(x+y)^{2}.$$

由二重积分的性质可知选D.

例 8.5 设积分区域$D_1:-1\leqslant x\leqslant 1,-3\leqslant y\leqslant 3;\quad D_2:0\leqslant x\leqslant 1,0\leqslant y\leqslant 3$，又$I_{1}=\iint\limits_{D_{1}}(x^{2}+y^{2})^{5}\mathrm{d}\sigma;I_{2}=\iint\limits_{D_{2}}(x^{2}+y^{2})^{5}\mathrm{d}\sigma;$则结论正确的是（　　）.

A. $4I_2<I_1$　B. $I_1<4I_2$　C. $4I_2=I_1$　D. $I_1=2I_2$

解 由积分区域D_1关于x轴，y轴及原点对称，被积函数关于x，y为偶函数，由二重积分的对称性可知选C.

例 8.6 设区域$D=\{(x,y)\,|\,0\leqslant x\leqslant 1,-1\leqslant y\leqslant 1\}$，则$\iint\limits_{D}x^{2}y^{3}\mathrm{d}\sigma=$________.

解法 1 直接计算：$\iint\limits_{D}x^{2}y^{3}\mathrm{d}\sigma=\int_{0}^{1}x^{2}\mathrm{d}x\int_{-1}^{1}y^{3}\mathrm{d}y=0$.

解法 2 因被积函数$f(x,y)=x^{2}y^{3}$关于y是奇函数，而积分区域关于x轴对称，由对称性知$\iint\limits_{D}x^{2}y^{3}\mathrm{d}\sigma=0$.

例 8.7　试估计二重积分 $\iint\limits_D (x^2+4y^2+9)\mathrm{d}\sigma$ 的值，其中 D 是圆 $x^2+y^2\leqslant 4$.

分析　解这类问题的关键在于寻找被积函数在积分区域上的最值，然后运用二重积分的估值不等式即可完成.

解　因 $x^2+y^2\leqslant 4$，则 $9\leqslant x^2+4y^2+9\leqslant 4(x^2+y^2)+9=25$，即被积函数在积分区域 D 上的最小值 $m=9$，最大值 $M=25$，从而得到所给积分的估值

$$4\pi\cdot 9\leqslant \iint\limits_D (x^2+4y^2+9)\mathrm{d}\sigma\leqslant 4\pi\cdot 25.$$

例 8.8　计算 $I=\iint\limits_D \mathrm{e}^{x+y}\mathrm{d}\sigma$,其中 $D=\{(x,y)||x|+|y|\leqslant 1\}$.

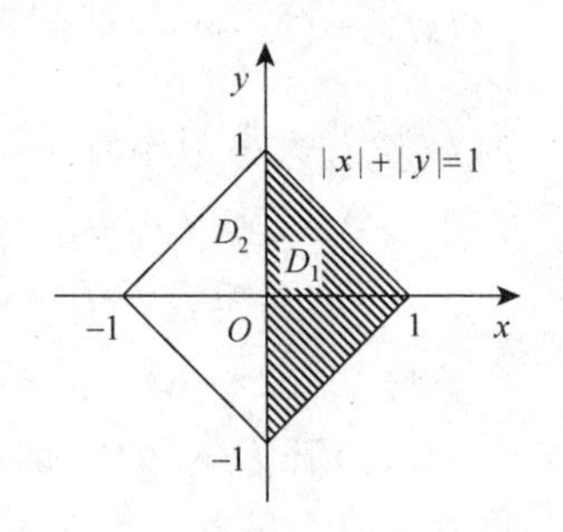

图 8-1

分析　积分区域 D 既关于 x 轴对称，又关于 y 轴对称，而被积函数 e^{x+y} 关于 x 或 y 都不具有对称性，因此不能利用奇偶对称性计算.

解　积分区域如图 8-1 所示. y 轴将区域 D 分为两部分，分别记为 D_1 和 D_2，则

$$I=\iint\limits_D \mathrm{e}^{x+y}\mathrm{d}\sigma=\iint\limits_{D_1}\mathrm{e}^{x+y}\mathrm{d}x\mathrm{d}y+\iint\limits_{D_2}\mathrm{e}^{x+y}\mathrm{d}x\mathrm{d}y$$

$$=\int_{-1}^{0}\mathrm{e}^x\mathrm{d}x\int_{-x-1}^{x+1}\mathrm{e}^y\mathrm{d}y+\int_0^1\mathrm{e}^x\mathrm{d}x\int_{x-1}^{1-x}\mathrm{e}^y\mathrm{d}y=\left(\frac{\mathrm{e}}{2}-\frac{3}{2\mathrm{e}}\right)+\left(\frac{\mathrm{e}}{2}+\frac{1}{2\mathrm{e}}\right)=\mathrm{e}-\frac{1}{\mathrm{e}}.$$

错误解答　记积分区域在第一象限的部分为 D_0，则

$$I=\iint\limits_D \mathrm{e}^{x+y}\mathrm{d}\sigma=4\iint\limits_{D_0}\mathrm{e}^{x+y}\mathrm{d}x\mathrm{d}y=4\int_0^1\mathrm{e}^x\mathrm{d}x\int_0^{1-x}\mathrm{e}^y\mathrm{d}y=4\int_0^1\mathrm{e}^x(\mathrm{e}^{1-x}-1)\mathrm{d}x=4.$$

错解分析　此解法注意到了积分区域关于 x、y 轴对称，想利用对称性简化计算，但是被积函数却既非奇函数也非偶函数，所以 $\iint\limits_D \mathrm{e}^{x+y}\mathrm{d}\sigma\neq 4\iint\limits_{D_0}\mathrm{e}^{x+y}\mathrm{d}x\mathrm{d}y$.

注　利用对称性简化计算时一定要兼顾积分区域的对称性和被积函数的奇偶性.

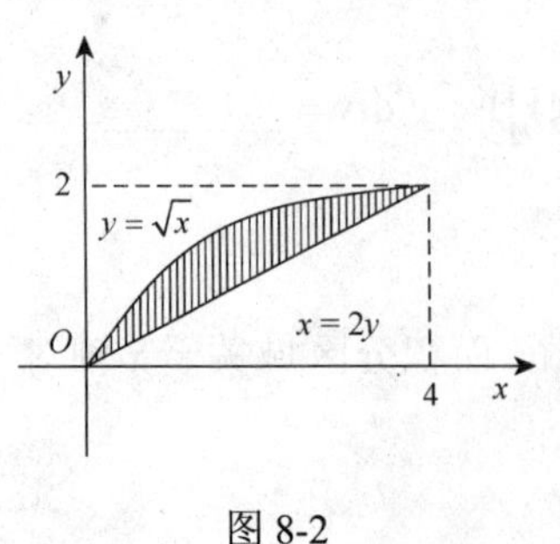

图 8-2

例 8.9　若 $\int_0^2\mathrm{d}y\int_{y^2}^{2y}f(x,y)\mathrm{d}x=\int_0^4\mathrm{d}x\int_{\varphi_1(x)}^{\varphi_2(x)}f(x,y)\mathrm{d}y$，则 $\varphi_1(x)=$________，$\varphi_2(x)=$________.

解　由所给二重积分可知，积分区域 D 是由曲线 $x=y^2$，$x=2y$ 围成的，如图 8-2 所示，看作 X 型区域，可表示为

$$D=\left\{(x,y)\,|\,0\leqslant x\leqslant 4,\ \frac{x}{2}\leqslant y\leqslant\sqrt{x}\right\},$$

故 $\varphi_1(x)=\dfrac{x}{2},\varphi_2(x)=\sqrt{x}$.

例 8.10　交换下列累次积分的积分次序：

（1）$I=\int_0^1 dx\int_{x-1}^{1-x} f(x,y)dy$;

（2）$I=\int_0^1\left[\int_{-\sqrt{x}}^{\sqrt{x}} f(x,y)dy\right]dx+\int_1^4\left[\int_{x-2}^{\sqrt{x}} f(x,y)dy\right]dx$；

（3）$I=\int_{-1}^0 dy\int_2^{1-y} f(x,y)dx$；

（4）$I=\int_0^1 dy\int_{y^2}^{2y} f(x,y)dx$.

解　（1）由所给积分次序可知，积分区域由两条曲线 $x+y=1$, $x-y=1$, $x=0$ 所围成，如图 8-3 所示，当积分区域为 Y 型区域，可表示为

$$D_1=\{(x,y)\,|\,-1\leqslant y\leqslant 0,0\leqslant x\leqslant y+1\}$$

$$D_2=\{(x,y)\,|\,0\leqslant y\leqslant 1,0\leqslant x\leqslant 1-y\}.$$

故 $I=\int_{-1}^0 dy\int_0^{y+1} f(x,y)\,dx+\int_0^1 dy\int_0^{1-y} f(x,y)dx$.

（2）由所给积分次序可知，积分区域由曲线 $y^2=x,y=x-2$ 围成，它们的交点为 $(1,-1),(4,2)$，如图 8-4 所示，积分区域也可表示为 $D=\{(x,y)\,|\,-1\leqslant y\leqslant 2,y^2\leqslant x\leqslant y+2\}$，于是另一种积分次序的累次积分是

$$I=\int_{-1}^2 dy\int_{y^2}^{y+2} f(x,y)dx.$$

（3）由所给积分次序知，积分区域由 x 轴，直线 $x=2$ 和直线 $x+y=1$ 所围成，如图 8-5 所示，且

$$I=\int_{-1}^0 dy\int_2^{1-y} f(x,y)\,dx=-\int_{-1}^0 dy\int_{1-y}^2 f(x,y)dx.$$

当积分区域 D 为 X 区域时，

$$D=\{(x,y)\,|\,1-x\leqslant y\leqslant 0,1\leqslant x\leqslant 2\},$$

$$I=\int_1^2 dx\int_0^{1-x} f(x,y)dy.$$

（4）由所给积分次序可知，积分区域 D
是由曲线 $x=y^2,x=2y,y=1$ 围成的，如图 8-6 所示，则

$$I=\int_0^1 dx\int_{\frac{x}{2}}^{\sqrt{x}} f(x,y)dy+\int_1^2 dx\int_{\frac{x}{2}}^1 f(x,y)dy.$$

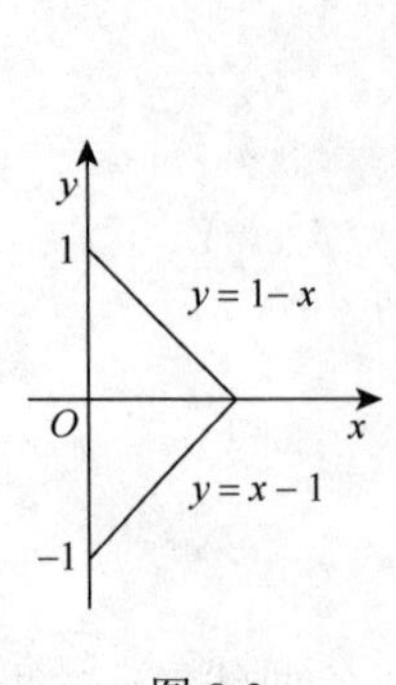

图 8-3

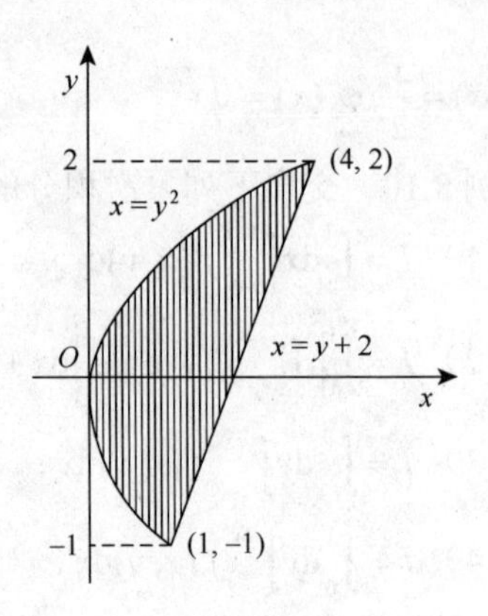

图 8-4

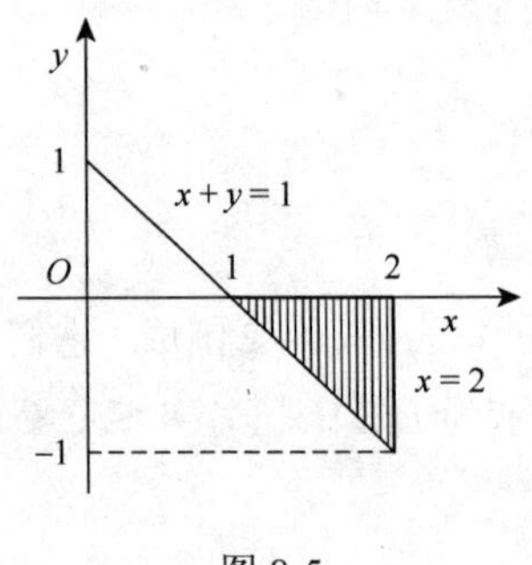

图 8-5

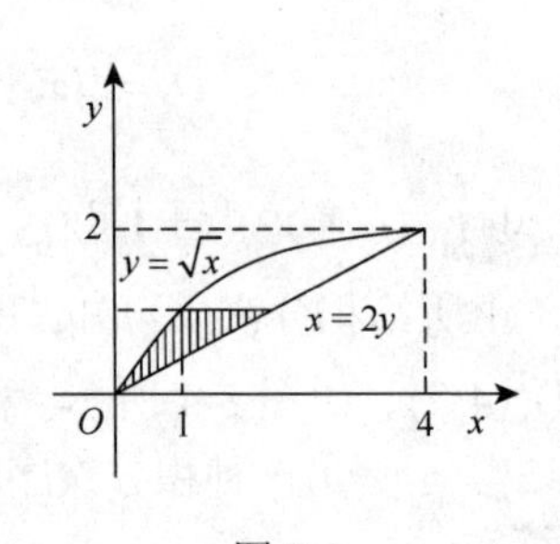

图 8-6

注 交换累次积分的积分次序的方法:

（1）根据所给的二次积分的积分限，把积分区域 D 用联立不等式表示出来，并画出草图;

（2）将积分区域 D 用另一种次序的联立不等式表示，即可写出交换积分次序后的另一种二次积分.

例 8.11 $\int_0^2 \mathrm{d}x\int_x^2 \mathrm{e}^{-y^2}\mathrm{d}y =$ ________.

分析 在求累次积分时，若遇到积分不能用初等函数表示出，例如,

$$\int\frac{\sin x}{x}\mathrm{d}x, \int \mathrm{e}^{-x^2}\mathrm{d}x, \int\frac{1}{\ln x}\mathrm{d}x, \int \mathrm{e}^{x^2}\mathrm{d}x, \int \sin x^2\mathrm{d}x, \int\cos x^2\mathrm{d}x, \cdots,$$

等等，要考虑交换积分次序，也可以考虑用分部积分法.

解法 1 $\int_0^2 \mathrm{d}x\int_x^2 \mathrm{e}^{-y^2}\mathrm{d}y = \int_0^2 \mathrm{d}y\int_0^y \mathrm{e}^{-y^2}\mathrm{d}x = \int_0^2 \mathrm{e}^{-y^2}\cdot y\,\mathrm{d}y$

$$= -\frac{1}{2}\int_0^2 \mathrm{e}^{-y^2}\mathrm{d}(-y^2) = -\frac{1}{2}\mathrm{e}^{-y^2}\Big|_0^2 = -\frac{1}{2}\mathrm{e}^{-4} + \frac{1}{2} = \frac{1}{2}(1-\mathrm{e}^{-4}).$$

解法 2 $\int_0^2 dx\int_x^2 e^{-y^2}dy=\int_0^2\left(\int_x^2 e^{-y^2}dy\right)dx$

$$=\left[x\left(\int_x^2 e^{-y^2}dy\right)\right]\Bigg|_{x=0}^{x=2}-\int_0^2 x\,d\left(\int_x^2 e^{-y^2}dy\right)$$

$$=0+\int_0^2 xe^{-x^2}dx=\frac{1}{2}(1-e^{-4}).$$

例 8.12 设函数 $f(x)$ 在 $[0,1]$ 上连续, 求证

$$\int_0^1 dx\int_{x^2}^{\sqrt{x}} e^{b(y-a)}f(y)dy=\int_0^1(\sqrt{x}-x^2)e^{b(x-a)}f(x)dx,$$

其中 a,b 为常数, 且 $a>0$.

分析 等式左边是一个二次积分, 它所对应的二重积分的积分区域为 X 型区域: $D=\{(x,y)|0\leqslant x\leqslant 1,x^2\leqslant y\leqslant\sqrt{x}\}$, 将此积分区域化为 Y 型区域为: $D=\{(x,y)|0\leqslant y\leqslant 1,y^2\leqslant x\leqslant\sqrt{y}\}$, 交换积分次序即可证明. 也可以看成是变限函数 $\varphi(x)=\int_{x^2}^{\sqrt{x}} e^{b(y-a)}f(y)dy$ 在 $[0,1]$ 上的定积分, 然后用分部积分.

证法 1 $\int_0^1 dx\int_{x^2}^{\sqrt{x}} e^{b(y-a)}f(y)dy=\int_0^1 e^{b(y-a)}f(y)dy\int_{y^2}^{\sqrt{y}}dx$

$$=\int_0^1(\sqrt{y}-y^2)e^{b(y-a)}f(y)dy$$

$$=\int_0^1(\sqrt{x}-x^2)e^{b(x-a)}f(x)dx.$$

证法 2 $\int_0^1 dx\int_{x^2}^{\sqrt{x}} e^{b(y-a)}f(y)dy=\int_0^1\left[\int_{x^2}^{\sqrt{x}} e^{b(y-a)}f(y)dy\right]dx$

$$=\int_0^1\varphi(x)dx=x\varphi(x)\big|_{x=0}^{x=1}-\int_0^1 x\,d\varphi(x)$$

$$=x\int_{x^2}^{\sqrt{x}} e^{b(y-a)}f(y)dy\,\Big|_{x=0}^{x=1}$$

$$-\int_0^1 x\left[\frac{1}{2\sqrt{x}}e^{b(\sqrt{x}-a)}f(\sqrt{x})-2xe^{b(x^2-a)}f(x^2)\right]dx$$

$$=2\int_0^1 x^2e^{b(x^2-a)}f(x^2)dx-\frac{1}{2}\int_0^1\sqrt{x}e^{b(\sqrt{x}-a)}f(\sqrt{x})dx.$$

对上式右端的两个积分, 分别令 $u=x^2$, $v=\sqrt{x}$, 得

$$2\int_0^1 x^2e^{b(x^2-a)}f(x^2)dx=\int_0^1 ue^{b(u-a)}f(u)\frac{1}{\sqrt{u}}du=\int_0^1\sqrt{x}e^{b(x-a)}f(x)dx;$$

$$\frac{1}{2}\int_0^1\sqrt{x}e^{b(\sqrt{x}-a)}f(\sqrt{x})dx=\int_0^1 v^2e^{b(v-a)}f(v)dv=\int_0^1 x^2e^{b(x-a)}f(x)dx.$$

故有$\int_0^1 \mathrm{d}x\int_{x^2}^{\sqrt{x}} \mathrm{e}^{b(y-a)} f(y)\mathrm{d}y = \int_0^1 (\sqrt{x}-x^2)\mathrm{e}^{b(x-a)} f(x)\mathrm{d}x$.

例 8.13　将极坐标下的二次积分$I=\int_{\frac{\pi}{3}}^{\frac{\pi}{2}}\mathrm{d}\theta\int_0^{2\sin\theta} rf(r\cos\theta, r\sin\theta)\mathrm{d}r$化为直角坐标系下的二次积分.

分析　先将积分区域在直角坐标系中的表达式写出来, 然后根据积分区域的特点决定积分I在直角坐标系下的二次积分.

解　由题意可知, I对应的二重积分的积分区域为$D=\left\{(r,\theta)\middle|\frac{\pi}{3}\leqslant\theta\leqslant\frac{\pi}{2}, 0\leqslant r\leqslant 2\sin\theta\right\}$, 根据直角坐标与极坐标的关系可知, D是由y轴, 直线$y=\sqrt{3}x$, 曲线$y=1+\sqrt{1-x^2}$所围成, 如图 8-7 所示. 因为D既是X型区域, 又是Y型区域, 故有两种积分次序.

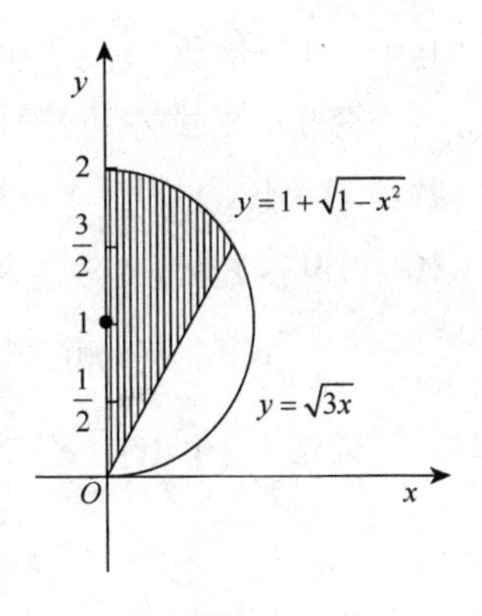

图 8-7

把D看成X型区域时, 即$D=\left\{(x,y)\middle|0\leqslant x\leqslant\frac{\sqrt{3}}{2}, \sqrt{3}x\leqslant y\leqslant 1+\sqrt{1-x^2}\right\}$, 此时

$$I=\int_0^{\frac{\sqrt{3}}{2}}\mathrm{d}x\int_{\sqrt{3}x}^{1+\sqrt{1-x^2}} f(x,y)\mathrm{d}y;$$

把D看成Y型区域时, 即

$$D=\left\{(x,y)\middle|0\leqslant y\leqslant\frac{3}{2}, 0\leqslant x\leqslant\frac{1}{\sqrt{3}}y\right\}\cup\left\{(x,y)\middle|\frac{3}{2}\leqslant y\leqslant 2, 0\leqslant x\leqslant\sqrt{2y-y^2}\right\},$$

此时$I=\int_0^{\frac{3}{2}}\mathrm{d}y\int_0^{\frac{1}{\sqrt{3}}y} f(x,y)\mathrm{d}x+\int_{\frac{3}{2}}^{2}\mathrm{d}y\int_0^{\sqrt{2y-y^2}} f(x,y)\mathrm{d}x$.

注　计算二重积分时, 当积分上限或下限不能用一条曲线的方程描述时, 根据二重积分对积分区域的可加性, 应对区域D作适当的分割.

例 8.14　设函数$f(u)$连续, 区域$D=\{(x,y)\mid x^2+y^2\leqslant 2y\}$, 则$\iint\limits_D f(xy)\mathrm{d}x\mathrm{d}y$等于（　　）.

A. $\int_{-1}^{1}\mathrm{d}x\int_{-\sqrt{1-x^2}}^{\sqrt{1-x^2}} f(xy)\mathrm{d}y$　　　B. $2\int_0^2\mathrm{d}y\int_0^{\sqrt{2y-y^2}} f(xy)\mathrm{d}x$

C. $\int_0^{x}\mathrm{d}\theta\int_0^{2\sin\theta} f(r^2\sin\theta\cos\theta)\mathrm{d}r$　　　D. $\int_0^{\pi}\mathrm{d}\theta\int_0^{2\sin\theta} f(r^2\sin\theta\cos\theta)r\mathrm{d}r$

分析　根据题意可知, 需要将所给二重积分化成直角坐标系下的二次积分或者是极坐标系下的二次积分, 因此先要将积分区域D表示出来.

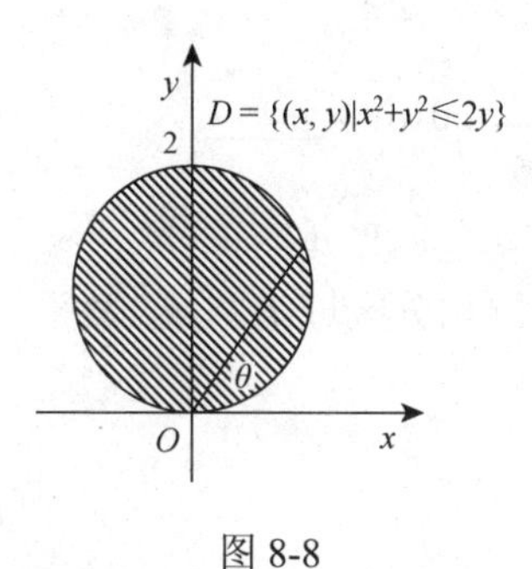

图 8-8

解 由于 $D=\{(x,y)\,|\,x^2+y^2\leqslant 2y\}$，如图 8-8 所示，在极坐标系下 D 可表示为

$$D=\{(\theta,r)\,|\,0\leqslant\theta\leqslant\pi,0\leqslant r\leqslant 2\sin\theta\}.$$

在直角坐标系下，把 D 看作 X 型区域，可表示为

$$D=\{(x,y)\,|-1\leqslant x\leqslant 1,1-\sqrt{1-x^2}\leqslant y\leqslant 1+\sqrt{1-x^2}\}.$$

把 D 看作 Y 型区域，可表示为

$$D=\{(x,y)\,|\,0\leqslant y\leqslant 2,-\sqrt{2y-y^2}\leqslant x\leqslant\sqrt{2y-y^2}\}.$$

故D正确，A,C不正确，又因 $f(x,y)$ 奇偶性不明确，可知B不正确.

例 8.15 计算二重积分 $\iint\limits_D\dfrac{\sqrt{x^2+y^2}}{\sqrt{4a^2-x^2-y^2}}\mathrm{d}\sigma$，其中 D 是由曲线 $y=-a+\sqrt{a^2-x^2}$ $(a>0)$ 和直线 $y=-x$ 围成的区域.

分析 因积分区域 D（图 8-9）的边界含有圆弧，且被积函数含 x^2+y^2，故采用极坐标计算.

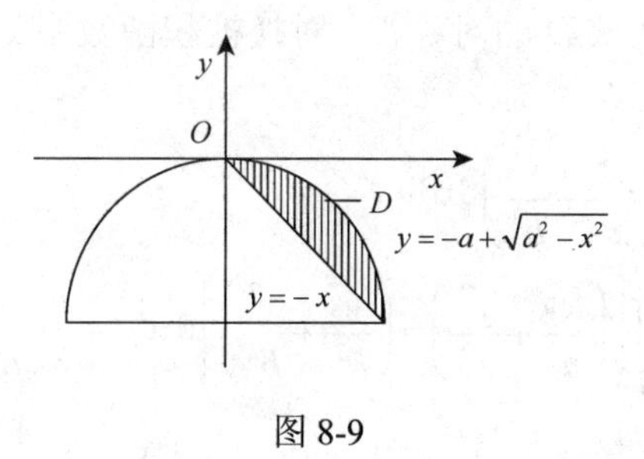

图 8-9

解 区域 D 的边界曲线 $y=-a+\sqrt{a^2-x^2}$ 及 $y=-x$ 的极坐标形式为 $r=-2a\sin\theta$ 及 $\theta=-\dfrac{\pi}{4}$，故 D 在极坐标系下可表示为 $D=\left\{(r,\theta)\,|\,0\leqslant r\leqslant -2a\sin\theta,-\dfrac{\pi}{4}\leqslant\theta\leqslant 0\right\}$.

于是

$$I=\iint\limits_D\frac{\sqrt{x^2+y^2}}{\sqrt{4a^2-x^2-y^2}}\mathrm{d}\sigma=\iint\limits_D\frac{r}{\sqrt{4a^2-r^2}}r\mathrm{d}r\mathrm{d}\theta=\int_{-\frac{\pi}{4}}^{0}\mathrm{d}\theta\int_0^{-2a\sin\theta}\frac{r^2}{\sqrt{4a^2-r^2}}\mathrm{d}r.$$

令 $r=2a\sin t$，则

$$I=\int_{-\frac{\pi}{4}}^{0}\mathrm{d}\theta\int_0^{-\theta}2a^2(1-\cos 2t)\mathrm{d}t=2a^2\int_{-\frac{\pi}{4}}^{0}\left(-\theta+\frac{1}{2}\sin 2\theta\right)\mathrm{d}\theta=a^2\left(\frac{\pi^2}{16}-\frac{1}{2}\right).$$

例 8.16 设区域 $D=\{(x,y)\mid x^2+y^2\leqslant R^2\}$，则 $\iint\limits_D\left(\dfrac{x^2}{a^2}+\dfrac{y^2}{b^2}\right)\mathrm{d}x\mathrm{d}y=$______.

分析 如果二重积分的被积函数中含有 x^2+y^2，或者积分区域是圆形、扇形、环形等形状，通常采用极坐标的形式进行计算较简单. 本题积分区域为圆域，故采用极坐标计算.

解法 1

$$\begin{aligned}\iint\limits_D\left(\frac{x^2}{a^2}+\frac{y^2}{b^2}\right)\mathrm{d}x\mathrm{d}y&=\int_0^{2\pi}\mathrm{d}\theta\int_0^R r^2\left(\frac{\cos^2\theta}{a^2}+\frac{\sin^2\theta}{b^2}\right)r\mathrm{d}r\\&=\int_0^{2\pi}\left(\frac{\cos^2\theta}{a^2}+\frac{\sin^2\theta}{b^2}\right)\mathrm{d}\theta\int_0^R r^3\mathrm{d}r\\&=\left(\int_0^{2\pi}\frac{\cos^2\theta}{a^2}\mathrm{d}\theta+\int_0^{2\pi}\frac{\sin^2\theta}{b^2}\mathrm{d}\theta\right)\cdot\frac{1}{4}R^4\\&=\left(\frac{1}{a^2}\int_0^{2\pi}\frac{1+\cos2\theta}{2}\mathrm{d}\theta+\frac{1}{b^2}\int_0^{2\pi}\frac{1-\cos2\theta}{2}\mathrm{d}\theta\right)\cdot\frac{1}{4}R^4\\&=\left(\frac{1}{a^2}+\frac{1}{b^2}\right)\pi\frac{1}{4}R^4=\frac{\pi}{4}R^4\left(\frac{1}{a^2}+\frac{1}{b^2}\right).\end{aligned}$$

解法 2 注意到区域 D 的对称性，对换被积函数中 x、y 的位置积分值不变，因此

$$\begin{aligned}\iint\limits_D\left(\frac{x^2}{a^2}+\frac{y^2}{b^2}\right)\mathrm{d}x\mathrm{d}y&=\iint\limits_D\left(\frac{y^2}{a^2}+\frac{x^2}{b^2}\right)\mathrm{d}x\mathrm{d}y\\&=\frac{1}{2}\iint\limits_D\left[\left(\frac{x^2}{a^2}+\frac{y^2}{b^2}\right)+\left(\frac{y^2}{a^2}+\frac{x^2}{b^2}\right)\right]\mathrm{d}x\mathrm{d}y=\frac{1}{2}\left(\frac{1}{a^2}+\frac{1}{b^2}\right)\iint\limits_D(x^2+y^2)\mathrm{d}x\mathrm{d}y\\&=\frac{1}{2}\left(\frac{1}{a^2}+\frac{1}{b^2}\right)\int_0^{2\pi}\mathrm{d}\theta\int_0^R r^3\mathrm{d}r=\frac{\pi}{4}R^4\left(\frac{1}{a^2}+\frac{1}{b^2}\right).\end{aligned}$$

注 运用极坐标计算二重积分，最好能同时简化积分区域和被积函数.如果二者不能兼顾，通常选择能简化积分区域的方法. 也有些积分，尽管用直角坐标能够更简单的描述积分区域，但由于被积函数的特殊性（如积分不能计算），只有通过变换坐标来计算，如例 8.17.

例 8.17 计算二重积分 $I=\iint\limits_D \mathrm{e}^{\frac{y}{x+y}}\mathrm{d}x\mathrm{d}y$，其中 D 由 $x+y=1,x=0,y=0$ 围成.

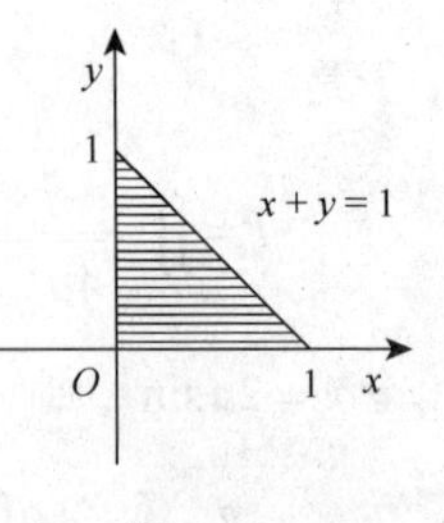

图 8-10

分析 积分区域如图 8-10 所示. 观察被积函数的特点，如果采用直角坐标直接进行计算，虽然容易化为二次积分，但是二次积分中的定积分难以计算出来. 可以考虑用极坐标来计算.

解 用极坐标来计算.

$$\begin{aligned}I&=\int_0^{\frac{\pi}{2}}\mathrm{e}^{\frac{\sin\theta}{\cos\theta+\sin\theta}}\mathrm{d}\theta\int_0^{\frac{1}{\cos\theta+\sin\theta}}r\mathrm{d}r\\&=\frac{1}{2}\int_0^{\frac{\pi}{2}}\mathrm{e}^{\frac{\sin\theta}{\cos\theta+\sin\theta}}\frac{1}{(\cos\theta+\sin\theta)^2}\mathrm{d}\theta\\&=\frac{1}{2}\int_0^{\frac{\pi}{2}}\mathrm{e}^{\frac{\sin\theta}{\cos\theta+\sin\theta}}\mathrm{d}\left(\frac{\sin\theta}{\cos\theta+\sin\theta}\right)=\frac{1}{2}[\mathrm{e}^{\frac{\sin\theta}{\cos\theta+\sin\theta}}]_0^{\frac{\pi}{2}}=\frac{1}{2}(\mathrm{e}-1).\end{aligned}$$

错误解答 由 $x+y=1,x=0,y=0$，得

$$I=\iint_D \mathrm{e}^{\frac{y}{x+y}}\mathrm{d}x\mathrm{d}y=\iint_D \mathrm{e}^{\frac{0}{1}}\mathrm{d}x\mathrm{d}y=\iint_D \mathrm{e}^{0}\mathrm{d}x\mathrm{d}y=\iint_D \mathrm{d}x\mathrm{d}y=\frac{1}{2}.$$

错解分析 这是微积分初学者常犯的错误，将二重积分与曲线积分相混淆. 对于二重积分 $\iint\limits_D f(x,y)\mathrm{d}\sigma$，被积函数 $f(x,y)$ 是定义在整个平面区域 D 上的，而不仅仅是定义在 D 的边界曲线上，因此不能直接将边界曲线的方程直接代入被积函数的表达式中.

注 若 $I=\iint\limits_D f(x,y)\mathrm{d}\sigma$ 的被积函数 $f(x,y)$ 可以写成 $f(x,y)=g\left(\frac{y}{x}\right)$ 的形式，则可以用极坐标将被积函数分离变量，即 $I=\iint\limits_D f(x,y)\mathrm{d}\sigma=\iint\limits_D g\left(\frac{\cos\theta}{\sin\theta}\right)r\mathrm{d}r\mathrm{d}\theta$. 一般情况下，这样可以使积分的计算变得容易一些.

例 8.18 若 D 是由 $x+y=2$ 和两坐标轴围成的三角形区域，且 $\iint\limits_D g(y)\mathrm{d}x\mathrm{d}y=\int_0^2\varphi(y)\mathrm{d}y$，则 $\varphi(y)=$________.

解 $\iint\limits_D g(y)\mathrm{d}x\mathrm{d}y=\int_0^2\mathrm{d}y\int_0^{2-y}g(y)\mathrm{d}x=\int_0^2 g(y)(2-y)\mathrm{d}y=\int_0^2\varphi(y)\mathrm{d}y$，

故 $\varphi(y)=g(y)(2-y)$.

例 8.19 记 D 是由 $y=kx(k>0),y=0,x=2$ 所围成的闭区域，且 $\iint\limits_D xy\,\mathrm{d}\sigma=\frac{9}{8}$，则 $k=$（　　）.

A. $\sqrt{3}$　　B. 2　　C. $\frac{3}{4}$　　D. $\sqrt[3]{\frac{17}{8}}$

解 因为 $\iint\limits_D xy\,\mathrm{d}\sigma=\int_0^2\left(\int_0^{kx}xy\mathrm{d}y\right)\mathrm{d}x=\int_0^2 x\frac{1}{2}k^2x^2\mathrm{d}x=\frac{9}{8}$，$k=\frac{3}{4}$，选 C.

例 8.20 计算下列二重积分.

（1） $I=\iint\limits_D xy\mathrm{d}x\mathrm{d}y$, 其中$D$是由$y=x^2$与$x^2+y^2=6$，$x$轴在第一象限相交围成.

（2）$I=\iint\limits_D |xy|\mathrm{d}x\mathrm{d}y$，其中$D$是$x^2+y^2\leqslant R^2$.

（3）$I=\int_{\frac{1}{4}}^{\frac{1}{2}}\mathrm{d}y\int_{\frac{1}{2}}^{\sqrt{y}}\mathrm{e}^{\frac{y}{x}}\mathrm{d}x+\int_{\frac{1}{2}}^{1}\mathrm{d}y\int_{y}^{\sqrt{y}}\mathrm{e}^{\frac{y}{x}}\mathrm{d}x$.

解 （1）由积分区域D的图形（图 8-11）可知，D既是X型区域又是Y型区域. 看成X型区域：$D=D_1\cup D_2$，其中

$$D_1=\{(x,y)|0\leqslant x\leqslant\sqrt{2},0\leqslant y\leqslant x^2\},\ D_2=\{(x,y)|\sqrt{2}\leqslant x\leqslant\sqrt{6},0\leqslant y\leqslant\sqrt{6-x^2}\},$$

$$I=\int_0^{\sqrt{2}}\mathrm{d}x\int_0^{x^2}xy\mathrm{d}y+\int_{\sqrt{2}}^{\sqrt{6}}\mathrm{d}x\int_0^{\sqrt{6-x^2}}xy\mathrm{d}y=\frac{2}{3}+2=\frac{8}{3}.$$

（2）**解法 1** 由于积分区域是圆域，利用二重积分的对称性，

$$I=4\int_0^R\mathrm{d}x\int_0^{\sqrt{R^2-x^2}}xy\mathrm{d}y=2\int_0^R x(R^2-x^2)\mathrm{d}x=\frac{1}{2}R^4.$$

解法 2 因积分区域是圆域，用极坐标计算

$$I=4\int_0^{\frac{\pi}{2}}\mathrm{d}\theta\int_0^R r^3\sin\theta\cos\theta\mathrm{d}r=\frac{1}{2}R^4.$$

（3）按题目所给的积分次序解不出本题，故需交换积分次序再计算. 由所给的积分次序，可以得到积分区域如图 8-12 所示：

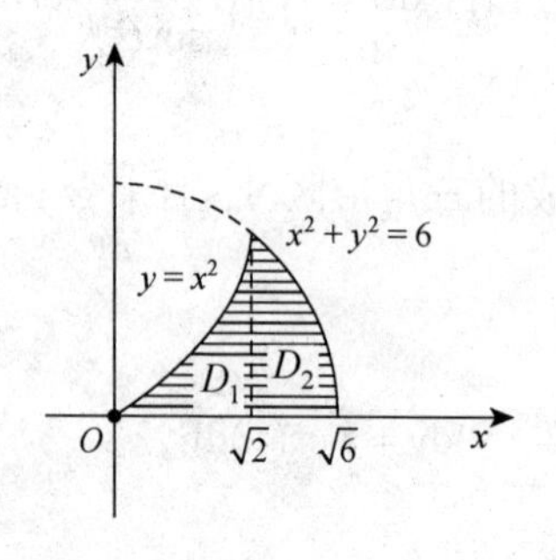

图 8-11

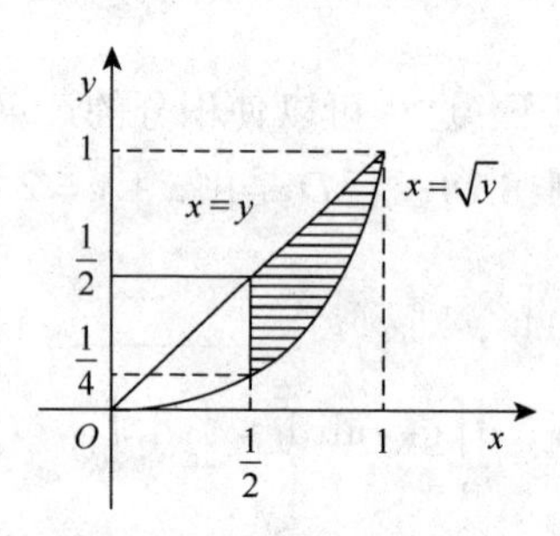

图 8-12

$$D=D_1\cup D_2，其中\ D_1=\left\{(x,y)\middle|\frac{1}{4}\leqslant y\leqslant\frac{1}{2},\frac{1}{2}\leqslant x\leqslant\sqrt{y}\right\},$$

$$D_2=\left\{(x,y)\middle|\frac{1}{2}\leqslant y\leqslant 1,y\leqslant x\leqslant\sqrt{y}\right\},$$

将D看成X型区域，则

$$D=\left\{(x,y)\middle|\frac{1}{2}\leqslant x\leqslant 1,x^2\leqslant y\leqslant x\right\},交换积分次序可得$$

$$I=\iint_D \mathrm{e}^{\frac{y}{x}}\mathrm{d}x\mathrm{d}y=\int_{\frac{1}{2}}^{1}\mathrm{d}x\int_{x^2}^{x}\mathrm{e}^{\frac{y}{x}}\mathrm{d}y=\int_{\frac{1}{2}}^{1}x(\mathrm{e}-\mathrm{e}^x)\mathrm{d}x=\frac{3}{8}\mathrm{e}-\frac{1}{2}\sqrt{\mathrm{e}}.$$

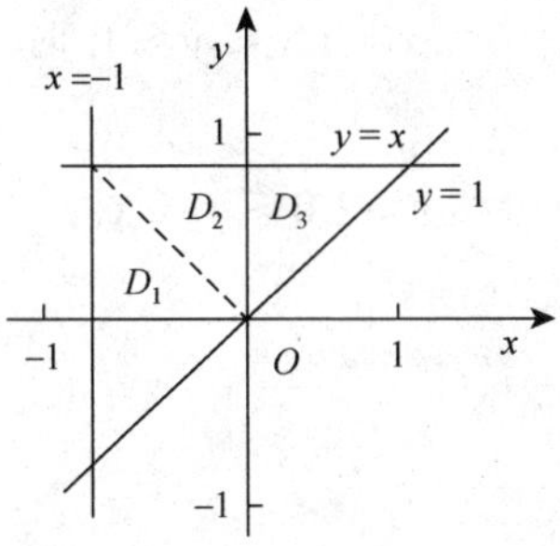

例 8.21 计算积分 $I=\iint_D y\sqrt{1+x^2-y^2}\mathrm{d}\sigma$，其中 D 为直线 $y=x, x=-1, y=1$ 所围成的区域.

x=−1
y
1
y=x
y=1
D_2
D_3
D_1
−1
O
1
x
−1

图 8-13

解法 1 积分区域 D 如图 8-13 所示. 若将 D 视为 X 型区域，则

$$D=\{(x,y)\mid x\leqslant y\leqslant 1,-1\leqslant x\leqslant 1\}.$$

于是，
$$I=\int_{-1}^{1}\mathrm{d}x\int_x^1 y\sqrt{1+x^2-y^2}\mathrm{d}y$$
$$=-\frac{1}{3}\int_{-1}^{1}[(1+x^2-y^2)^{\frac{3}{2}}]_x^1\mathrm{d}x=-\frac{1}{3}\int_{-1}^{1}[(x^2)^{\frac{3}{2}}-1]\mathrm{d}x$$
$$=-\frac{2}{3}\int_0^1(x^3-1)\mathrm{d}x=\frac{1}{2}.$$

解法 2 将 D 视为 Y 型区域，

$D=\{(x,y)\mid -1\leqslant x\leqslant y,-1\leqslant y\leqslant 1\}$. 于是，

$$I=\int_{-1}^{1}y\mathrm{d}y\int_{-1}^{y}\sqrt{1+x^2-y^2}\mathrm{d}x$$
$$=\int_{-1}^{1}y\cdot\frac{1}{2}\Big[x\sqrt{1-y^2+x^2}+(1-y^2)\ln(x+\sqrt{1-y^2+x^2})\Big]_{-1}^{y}\mathrm{d}y$$
$$=\frac{1}{2}\int_{-1}^{1}y\Big[y+\sqrt{2-y^2}+(1-y^2)\ln(1+y)+(y^2-1)\ln(\sqrt{2-y^2}-1)\Big]\mathrm{d}y$$
$$=\frac{1}{2}\int_{-1}^{1}y[y+(1-y^2)\ln(1+y)]\mathrm{d}y=\frac{1}{2}\int_{-1}^{1}[y^2+(y-y^3)\ln(1+y)]\mathrm{d}y$$
$$=\frac{1}{32}[y(4-2y+4y^2+y^3)-4(y^2-1)^2\ln(1+y)]_{-1}^{1}=\frac{1}{2}.$$

解法 3 利用奇偶对称性. 将被积区域 D 分成三部分，如图 8-13 所示. 被积函数是关于 x 的偶函数，关于 y 的奇函数，因此

$$I=\iint_{D_1}f(x,y)\mathrm{d}x\mathrm{d}y+\iint_{D_2}f(x,y)\mathrm{d}x\mathrm{d}y+\iint_{D_3}f(x,y)\mathrm{d}x\mathrm{d}y$$
$$=0+2\iint_{D_3}f(x,y)\mathrm{d}x\mathrm{d}y=2\int_0^1\mathrm{d}x\int_x^1 y\sqrt{1+x^2-y^2}\mathrm{d}y=2\times\frac{1}{4}=\frac{1}{2}.$$

注 比较解法 1 和解法 2，虽然两种划分积分区域的方法都得到一个二次积分，但是显然解法 2 要复杂得多，由此可见积分次序选择的重要性. 因此计算二重积分时，要同时考虑被积函数和积分区域的特点，寻求一种较简单的计算方法，如果有奇偶对称性可用，则将大大简化计算.

例 8.22　计算 $\iint\limits_D \mathrm{e}^{\max\{x^2,y^2\}}\mathrm{d}x\mathrm{d}y$，其中 $D=\{(x,y)\,|\,0\leqslant x\leqslant 1,0\leqslant y\leqslant 1\}$.

分析　被积函数实际上是分段函数，在区域 D 中，当 $(x,y)\in\{(x,y)\,|\,0\leqslant x\leqslant 1,0\leqslant y\leqslant x\}$ 时，$x^2\geqslant y^2$，$\mathrm{e}^{\max\{x^2,y^2\}}=\mathrm{e}^{x^2}$；当 $(x,y)\in\{(x,y)\,|\,0\leqslant x\leqslant 1,x\leqslant y\leqslant 1\}$ 时，$x^2\leqslant y^2$，$\mathrm{e}^{\max\{x^2,y^2\}}=\mathrm{e}^{y^2}$，因此需要将 D 分为两部分计算.

解　设 $D_1=\{(x,y)\,|\,0\leqslant x\leqslant 1,x\leqslant y\leqslant 1\}$，$D_2=\{(x,y)\,|\,0\leqslant x\leqslant 1,0\leqslant y\leqslant x\}$，如图 8-14 所示，则

$$\mathrm{e}^{\max\{x^2,y^2\}}=\begin{cases}\mathrm{e}^{y^2}, & (x,y)\in D_1,\\ \mathrm{e}^{x^2}, & (x,y)\in D_2,\end{cases}$$

从而

$$\begin{aligned}\iint\limits_D \mathrm{e}^{\max\{x^2,y^2\}}\mathrm{d}x\mathrm{d}y&=\iint\limits_{D_1} \mathrm{e}^{\max\{x^2,y^2\}}\mathrm{d}x\mathrm{d}y+\iint\limits_{D_2} \mathrm{e}^{\max\{x^2,y^2\}}\mathrm{d}x\mathrm{d}y\\&=\iint\limits_{D_1}\mathrm{e}^{y^2}\mathrm{d}x\mathrm{d}y+\iint\limits_{D_2}\mathrm{e}^{x^2}\mathrm{d}x\mathrm{d}y=\int_0^1\mathrm{d}y\int_0^y\mathrm{e}^{y^2}\mathrm{d}x+\int_0^1\mathrm{d}x\int_0^x\mathrm{e}^{x^2}\mathrm{d}y\\&=\int_0^1 y\mathrm{e}^{y^2}\mathrm{d}y+\int_0^1 x\mathrm{e}^{x^2}\mathrm{d}x=\mathrm{e}-1.\end{aligned}$$

例 8.23　计算二重积分 $\iint\limits_D xy[1+x^2+y^2]\mathrm{d}x\mathrm{d}y$，其中

$$D=\{(x,y)\,|\,x^2+y^2\leqslant\sqrt{2},x\geqslant 0,y\geqslant 0\},$$

$[1+x^2+y^2]$ 表示不超过 $1+x^2+y^2$ 的最大整数.

分析　积分区域为扇形域，如图 8-15 所示. 采用极坐标计算为宜. 被积函数实际上是分段函数，应将积分区域分开考虑.

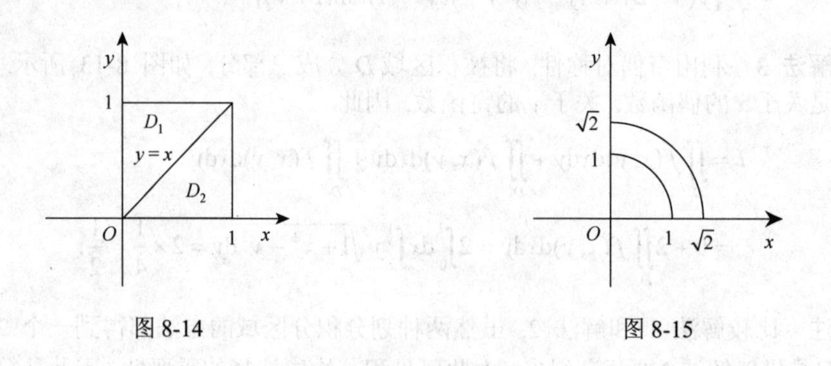

图 8-14　　　　图 8-15

解法 1　$\iint\limits_D xy[1+x^2+y^2]\mathrm{d}x\mathrm{d}y=\int_0^{\frac{\pi}{2}}\mathrm{d}\theta\int_0^{\sqrt[4]{2}}r^3\sin\theta\cos\theta[1+r^2]\mathrm{d}r$

$$=\int_0^{\frac{\pi}{2}}\sin\theta\cos\theta\mathrm{d}\theta\cdot\left(\int_0^1 r^3\mathrm{d}r+\int_1^{\sqrt[4]{2}}2r^3\mathrm{d}r\right)=\frac{1}{2}\left(\int_0^1 r^3\mathrm{d}r+\int_1^{\sqrt[4]{2}}2r^3\mathrm{d}r\right)=\frac{3}{8}.$$

解法 2 可先将积分区域分开, 再作极坐标变换. 记

$$D_1=\{(x,y)\,|\,x^2+y^2<1,x\geqslant 0,y\geqslant 0\},$$

$$D_2=\{(x,y)\,|\,1\leqslant x^2+y^2\leqslant\sqrt{2},x\geqslant 0,y\geqslant 0\},$$

则当 $(x,y)\in D_1$ 时, $[1+x^2+y^2]=1$; 当 $(x,y)\in D_2$ 时, $[1+x^2+y^2]=2$, 于是

$$\begin{aligned}\iint_D xy[1+x^2+y^2]\mathrm{d}x\mathrm{d}y&=\iint_{D_1}xy\mathrm{d}x\mathrm{d}y+\iint_{D_2}2xy\mathrm{d}x\mathrm{d}y\\&=\int_0^{\frac{\pi}{2}}\mathrm{d}\theta\int_0^1 r^3\sin\theta\cos\theta\mathrm{d}r+\int_0^{\frac{\pi}{2}}\mathrm{d}\theta\int_1^{\sqrt[4]{2}}2r^3\sin\theta\cos\theta\mathrm{d}r\\&=\frac{1}{8}+\frac{1}{4}=\frac{3}{8}.\end{aligned}$$

例 8.24 求由曲面 $az=x^2+y^2$ 与 $z=\sqrt{x^2+y^2}$ $(a>0)$ 所围成的立体体积.

分析 利用二重积分计算, 把所求体积看作两个曲顶柱体体积之差.

解 两曲面的交线关于 xOy 面投影柱面方程为 $y^2+x^2=a^2$, 两曲面所围立体在 xOy 面投影为 $D_{xy}:y^2+x^2\leqslant a^2$, 如图 8-16 所示, 于是

$$\begin{aligned}V&=\iint_{D_{xy}}\sqrt{x^2+y^2}\mathrm{d}x\mathrm{d}y-\iint_{D_{xy}}\frac{1}{a}(x^2+y^2)\mathrm{d}x\mathrm{d}y=\iint_{D_{xy}}\left[\sqrt{x^2+y^2}-\frac{1}{a}(x^2+y^2)\right]\mathrm{d}x\mathrm{d}y\\&=\iint_{D_{xy}}\left(r-\frac{1}{a}r^2\right)r\mathrm{d}r\mathrm{d}\theta=\int_0^{2\pi}\mathrm{d}\theta\int_0^a r\left(r-\frac{1}{a}r^2\right)\mathrm{d}r=\frac{\pi}{6}a^3.\end{aligned}$$

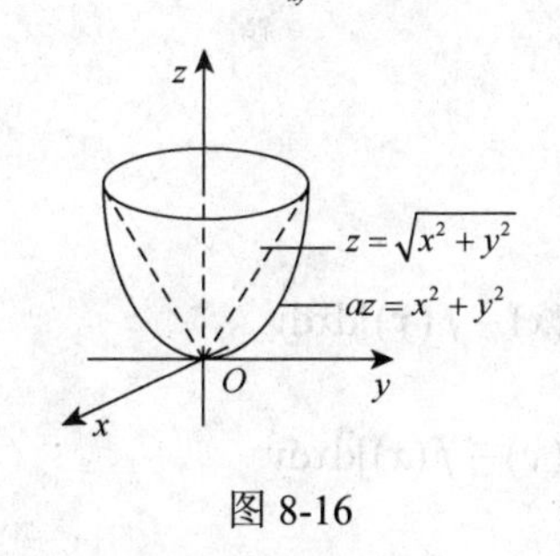

图 8-16

例 8.25 设 $f(x)$ 在 $[a,b]$ 上连续, 证明 $\left[\int_a^b f(x)\mathrm{d}x\right]^2\leqslant(b-a)\int_a^b f^2(x)\mathrm{d}x$.

分析 利用二重积分的比较定理证.

证明 由于 $I=(b-a)\int_a^b f^2(x)\mathrm{d}x=\int_a^b\mathrm{d}y\int_a^b f^2(x)\mathrm{d}x$

$$=\iint_D f^2(x)\mathrm{d}x\mathrm{d}y,$$

同样 $I=(b-a)\int_a^b f^2(y)\mathrm{d}y=\int_a^b\mathrm{d}x\int_a^b f^2(y)\mathrm{d}y=\iint_D f^2(y)\mathrm{d}x\mathrm{d}y$.

利用二重积分的运算法则以及 $f^2(x)+f^2(y)\geqslant 2f(x)f(y)$, 故

$$\begin{aligned}I+I=2I&=\iint_D(f^2(x)+f^2(y))\mathrm{d}x\mathrm{d}y\\&\geqslant 2\iint_D f(x)f(y)\mathrm{d}x\mathrm{d}y=2\int_a^b f(x)\mathrm{d}x\int_a^b f(y)\mathrm{d}y,\end{aligned}$$

即 $(b-a)\int_a^b f^2(x)\mathrm{d}x \geqslant \left(\int_a^b f(x)\mathrm{d}x\right)^2$.

例 8.26 设 $f(x)$ 是 $[0,1]$ 上的连续正值函数，且单调递减，证明

$$\frac{\int_0^1 xf^2(x)\mathrm{d}x}{\int_0^1 xf(x)\mathrm{d}x} \leqslant \frac{\int_0^1 f^2(x)\mathrm{d}x}{\int_0^1 f(x)\mathrm{d}x}.$$

证法 1 利用定积分与积分变量符号无关的性质，所证问题可转化为证明

$$\int_0^1 xf^2(x)\mathrm{d}x\int_0^1 f(y)\mathrm{d}y - \int_0^1 f^2(y)\mathrm{d}y\int_0^1 xf(x)\mathrm{d}x \leqslant 0.$$

将定积分转化为相应的重积分，即

$$\begin{aligned}&\int_0^1 xf^2(x)\mathrm{d}x\int_0^1 f(y)\mathrm{d}y - \int_0^1 f^2(y)\mathrm{d}y\int_0^1 xf(x)\mathrm{d}x\\ =&\iint_D xf(x)f(y)(f(x)-f(y))\mathrm{d}x\mathrm{d}y,\end{aligned}$$

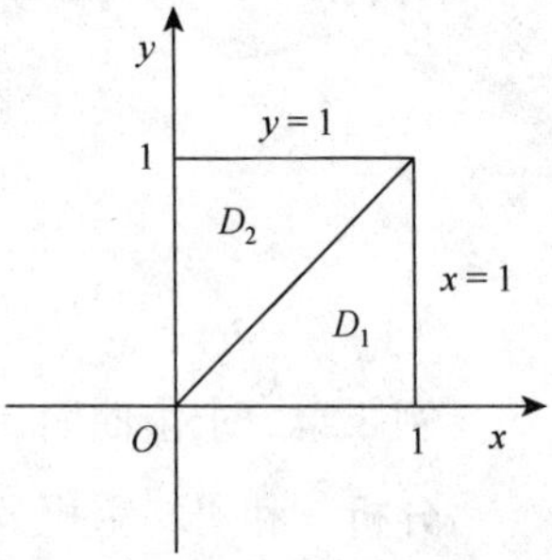

图 8-17

其中 $D=D_1\cup D_2$，如图 8-17 所示，D_1 和 D_2 可表示为

$$D_1=\{(x,y)\,|\,0\leqslant x\leqslant 1, 0\leqslant y\leqslant x\},$$
$$D_2=\{(x,y)\,|\,0\leqslant y\leqslant 1, 0\leqslant x\leqslant y\}.$$

又因

$$\begin{aligned}\iint_{D_2} xf(x)f(y)[f(x)-f(y)]\mathrm{d}x\mathrm{d}y &= \int_0^1\mathrm{d}y\int_0^y xf(x)f(y)[f(x)-f(y)]\mathrm{d}x\\ &= \int_0^1\mathrm{d}x\int_0^x yf(y)f(x)[f(y)-f(x)]\mathrm{d}y\\ &= \iint_{D_1} yf(y)f(x)[f(y)-f(x)]\mathrm{d}x\mathrm{d}y.\end{aligned}$$

故

$$\begin{aligned}&\iint_D xf(x)f(y)[f(x)-f(y)]\mathrm{d}x\mathrm{d}y\\ =&\iint_{D_1} xf(x)f(y)[f(x)-f(y)]\mathrm{d}x\mathrm{d}y + \iint_{D_2} xf(x)f(y)[f(x)-f(y)]\mathrm{d}x\mathrm{d}y\\ =&\iint_{D_1} xf(x)f(y)[f(x)-f(y)]\mathrm{d}x\mathrm{d}y + \iint_{D_1} yf(y)f(x)[f(y)-f(x)]\mathrm{d}x\mathrm{d}y\\ =&\iint_{D_1}(x-y)f(x)f(y)[f(x)-f(y)]\mathrm{d}x\mathrm{d}y \leqslant 0.\end{aligned}$$

由于 $f(x)$ 单调递减，所以 $(x-y)[f(x)-f(y)]<0$.

证法 2

$$\begin{aligned}\iint_D xf(x)f(y)[f(x)-f(y)]\mathrm{d}x\mathrm{d}y &= \iint_D yf(y)f(x)[f(y)-f(x)]\mathrm{d}x\mathrm{d}y\\ &= \frac{1}{2}\iint_D f(x)f(y)(x-y)[f(x)-f(y)]\mathrm{d}x\mathrm{d}y\end{aligned}$$

由 $f(x)$ 的单调递减, 知 $(x-y)[f(x)-f(y)]<0$, 故

$$\iint_D xf(x)f(y)[f(x)-f(y)]\mathrm{d}x\mathrm{d}y \leqslant 0 .$$

8.4 自我测试题

A 级自我测试题

一、填空题（每小题 2 分, 共 10 分）

1. 若二重积分 $\iint_D f(x,y)\mathrm{d}x\mathrm{d}y$ 的被积函数 $f(x,y)$ 是两个函数 $f_1(x)$ 及 $f_2(y)$ 的乘积, 即 $f(x,y)=f_1(x)\cdot f_2(y)$, $D=\{(x,y)\mid a\leqslant x\leqslant b, c\leqslant y\leqslant d\}$, 则 $\iint_D f_1(x)\cdot f_2(y)\mathrm{d}x\mathrm{d}y=$________.

2. 设 $f(x,y)$ 在 D 上连续, 其中 D 是由直线 $y=x, y=a$ 及 $x=b\ (b>a)$ 所围成的闭区域, 则二重积分 $\int_a^b \mathrm{d}x\int_a^x f(x,y)\mathrm{d}y$ 交换积分次序后等于________.

3. 设区域D关于y轴对称, 当 $f(x,y)$ 为x的奇函数时, 则 $\iint_D f(x,y)\mathrm{d}\sigma=$________. 当 $f(x,y)$ 关于 x 为偶函数时, $\iint_D f(x,y)\mathrm{d}\sigma=k\iint_{D_1} f(x,y)\mathrm{d}\sigma$, 则 $k=$________.（其中 D_1 为 D 在 y 轴的右半部分）

4. $\int_0^{\pi}\mathrm{d}x\int_{-1}^{1} y^8\cos(x+y)\mathrm{d}y=$________.

5. 估计 $\iint_D (x+y+1)\mathrm{d}\sigma\leqslant$________, 其中 D 是矩形 $0\leqslant x\leqslant 1,\ \ 0\leqslant y\leqslant 2$.

二、单选题（每小题 3 分, 共 18 分）

1. $I_1=\iint\limits_{x^2+y^2\leqslant 1} f\left(\dfrac{1}{1+(x^2+y^2)^2}\right)\mathrm{d}\sigma,\ I_2=\iint\limits_{x^2+y^2\leqslant 1} f\left(\dfrac{1}{1+(x^2+y^2)^3}\right)\mathrm{d}\sigma$, 其中 $f(u)$ 连续且严格单调减少, 则有（　　）.

A. $I_1<I_2$　　B. $I_1>I_2$

C. $I_1=\dfrac{2}{3}I_2$　　D. I_1 与 I_2 大小关系不确定

2. $\iint\limits_{x^2+y^2\leqslant 4} (\cos^2 y+\sin^2 x)\mathrm{d}\sigma$ 取值范围判断正确的是（　　）.

A. $[-\sqrt{2},\sqrt{2}]$　B. $[0,8\pi]$　C. $[0,\sqrt{2}]$　D. $[0,2]$

3. 设 D 为 xOy 面上的半圆域：$x^2+y^2\leqslant R^2, y\geqslant 0$，则有 $\iint\limits_D \sin xy^2\mathrm{d}x\mathrm{d}y$ 等于（　　）.

A. π　　B. $-\pi$

C. 0　　D. 1

4. 设 $I=\iint\limits_D f(x,y)\mathrm{d}x\mathrm{d}y$，其中 D：$y=x, y=3x, x=1, x=3$ 所围成的区域，则 I 可化为二次积分（　　）.

A. $\int_1^3\mathrm{d}x\int_x^{3x}f(x,y)\mathrm{d}y$　　B. $\int_1^3\mathrm{d}y\int_1^y f(x,y)\mathrm{d}x$

C. $\int_3^9\mathrm{d}y\int_{\frac{y}{3}}^3 f(x,y)\mathrm{d}x$　　D. $\int_1^9\mathrm{d}y\int_{\frac{y}{3}}^y f(x,y)\mathrm{d}x$

5. 交换二次积分次序，则 $\int_0^1\mathrm{d}y\int_y^{\sqrt{y}}f(x,y)\mathrm{d}x$ 可化为（　　）.

A. $\int_0^1\mathrm{d}x\int_x^{x^2}f(x,y)\mathrm{d}y$　　B. $\int_y^{y^2}\mathrm{d}x\int_0^1 f(x,y)\mathrm{d}y$

C. $\int_0^1\mathrm{d}x\int_{x^2}^x f(x,y)\mathrm{d}y$　　D. $\int_0^1\mathrm{d}x\int_{y^2}^y f(x,y)\mathrm{d}y$

6. 在极坐标系下，与二次积分 $\int_{-R}^0\mathrm{d}x\int_{-\sqrt{R^2-x^2}}^{\sqrt{R^2-x^2}}f(x,y)\mathrm{d}y$ 相等的是（　　）.

A. $\int_0^\pi\mathrm{d}\theta\int_{-R}^R rf(r\cos\theta, r\sin\theta)\mathrm{d}r$　　B. $\int_{\frac{\pi}{2}}^{\frac{3\pi}{2}}\mathrm{d}\theta\int_{-R}^R rf(r\cos\theta, r\sin\theta)\mathrm{d}r$

C. $\int_0^\pi\mathrm{d}\theta\int_0^R rf(r\cos\theta, r\sin\theta)\mathrm{d}r$　　D. $\int_{\frac{\pi}{2}}^{\frac{3\pi}{2}}\mathrm{d}\theta\int_0^R rf(r\cos\theta, r\sin\theta)\mathrm{d}r$

三、计算题（每小题 7 分，共 56 分）

1. 计算二重积分 $I=\iint\limits_D\frac{1}{y}\sin y\mathrm{d}\sigma$，其中 D 是由 $y^2=\frac{\pi}{2}x$ 与 $y=x$ 所围成的区域.

2. 求积分 $I_1=\iint\limits_{D_1}(x^2+y^2)^3\mathrm{d}\sigma$ 与积分 $I_2=\iint\limits_{D_2}(x^2+y^2)^3\mathrm{d}\sigma$ 之间的关系，其中 D_1 是矩形 $-1\leqslant x\leqslant 1, -2\leqslant y\leqslant 2$，$D_2$ 是矩形 $0\leqslant x\leqslant 1, 0\leqslant y\leqslant 2$.

3. 计算 $\iint\limits_D(3x+2y)\mathrm{d}\sigma$，其中 D 是由两坐标轴及直线 $x+y=2$ 所围成的闭区域.

4. 计算 $\iint\limits_D(x^2+y^2)\mathrm{d}x\mathrm{d}y$，其中 $D: x^2+y^2\leqslant a^2$.

5. 将积分 $\int_0^1\mathrm{d}x\int_0^x f(x,y)\mathrm{d}y+\int_1^2\mathrm{d}x\int_0^{2-x}f(x,y)\mathrm{d}y$ 交换积分次序.

6. 计算 $\iint\limits_D(x+6y)\mathrm{d}x\mathrm{d}y$，其中 D 是由 $y=x, y=5x, x=1$ 所围成的区域.

7. 计算 $I=\iint\limits_D (a^2+x^2+y^2)^{-\frac{3}{2}}\mathrm{d}x\mathrm{d}y$，其中 $D=\{(x,y)\,|\,0\leqslant x\leqslant a, 0\leqslant y\leqslant a\}$.

8. 利用二重积分求圆柱体 $x^2+y^2\leqslant a^2$ 和 $y^2+z^2\leqslant a^2$ 所围成的立体体积.

四、证明题（每小题 8 分，共 16 分）

1. 设 $f(x,y)$ 在 D 上连续，其中 D 是由曲线 $y^2=x, y=\frac{1}{2}x$ 所围成的区域. 证明：

$$\int_0^2 \mathrm{d}y\int_{y^2}^{2y} f(x,y)\mathrm{d}x=\int_0^4 \mathrm{d}x\int_{\frac{x}{2}}^{\sqrt{x}} f(x,y)\mathrm{d}y.$$

2. 证明：$\int_a^b \mathrm{d}x\int_a^x (x-y)^{n-2}f(y)\mathrm{d}y=\frac{1}{n-1}\int_a^b (b-y)^{n-1}f(y)\mathrm{d}y$，其中 n 为大于 1 的正整数.

B 级自我测试题

一、填空题（每小题 3 分，共 18 分）

1. 交换积分次序：$\int_0^2 \mathrm{d}x\int_x^{2x} f(x,y)\mathrm{d}y=$________.

2. 交换积分次序：$\int_0^{\pi} \mathrm{d}x\int_{-\sin\frac{x}{2}}^{\sin x} f(x,y)\mathrm{d}y=$________.

3. 设平面区域 D 满足：$0\leqslant y\leqslant\sqrt{2x-x^2}, 0\leqslant x\leqslant 1$，则 $\iint\limits_D f(x,y)\mathrm{d}\sigma$ 在极坐标系下的二次积分为________.

4. 设 D 为 $|x|\leqslant 2;\ |y|\leqslant 2$，$\iint\limits_D xy\mathrm{d}\sigma=$________.

5. 设 $D=\{(x,y)\,\|\,x|\leqslant 1, 0\leqslant y\leqslant 2\}$，则 $\iint\limits_D (|y-x|^2+2)\mathrm{d}x\mathrm{d}y=$________.

6. $\lim\limits_{r\to 0}\frac{1}{\pi r^2}\iint\limits_D \mathrm{e}^{x^2+y^2}\cos(x+y)\mathrm{d}x\mathrm{d}y=$________，其中积分区域 D 是以原点为中心，半径为 r 的圆域.

二、选择题（每小题 3 分，共 18 分）

1. 设 $I_1=\iint\limits_{x^2+y^2\leqslant 1} f\left(\frac{1}{1+\sqrt{x^2+y^2}}\right)\mathrm{d}\sigma$，$I_2=\iint\limits_{x^2+y^2\leqslant 1} f\left(\frac{1}{1+\sqrt[3]{x^2+y^2}}\right)\mathrm{d}\sigma$，其中 $f(u)$ 连续且单调增加，则有（　　）.

A. $I_1>I_2$　　B. $I_1<I_2$

C. $I_1=\frac{2}{3}I_2$　　D. I_1与I_2大小关系不确定

2. 估计积分$I=\iint\limits_{|x|+|y|\leqslant 10}\frac{1}{100+\sin^2 x+\sin^2 y}\mathrm{d}x\mathrm{d}y$的值，则正确的是（　　）.

A. $\frac{1}{2}<I<1.04$　　B. $1.04<I<1.96$

C. $1.96<I<2$　　D. $2<I<2.14$

3. 设$I=\iint\limits_{D}(x^2+y^2-x)\mathrm{d}\sigma$，其中$D$是由直线$y=2,y=x$及$y=2x$所围成的闭区域，则$I$可化为二次积分（　　）.

A. $\int_0^2\mathrm{d}y\int_{\frac{y}{2}}^{y}(x^2+y^2-x)\mathrm{d}x$　　B. $\int_0^2\mathrm{d}x\int_{\frac{y}{2}}^{y}(x^2+y^2-x)\mathrm{d}y$

C. $\int_0^2\mathrm{d}y\int_{y}^{\frac{y}{2}}(x^2+y^2-x)\mathrm{d}x$　　D. $\int_0^2\mathrm{d}x\int_{\frac{x}{2}}^{x}(x^2+y^2-x)\mathrm{d}y$

4. $I=\int_1^2\mathrm{d}x\int_{\sqrt{x}}^{x}f(x,y)\mathrm{d}y+\int_2^4\mathrm{d}x\int_{\sqrt{x}}^{2}f(x,y)\mathrm{d}y$交换积分次序后等于（　　），其中$f(x,y)$是积分区域$D$上连续函数.

A. $\int_1^2\mathrm{d}x\int_{x}^{x^2}f(x,y)\mathrm{d}y$　　B. $\int_1^2\mathrm{d}y\int_{y}^{y^2}f(x,y)\mathrm{d}x$

C. $\int_1^2\mathrm{d}y\int_{0}^{y^2}f(x,y)\mathrm{d}x$　　D. $\int_1^2\mathrm{d}x\int_{-x}^{x^2}f(x,y)\mathrm{d}y$

5. 将$\int_0^1\mathrm{d}y\int_{-\sqrt{y-y^2}}^{0}f(x,y)\mathrm{d}x$化为极坐标系下的累次积分为（　　）.

A. $\int_{-\frac{\pi}{2}}^{\pi}\mathrm{d}\theta\int_0^{\sin\theta}f(\rho\cos\theta,\rho\sin\theta)\rho\mathrm{d}\rho$

B. $\int_{\frac{\pi}{2}}^{\pi}\mathrm{d}\theta\int_0^{\sin\theta}f(\rho\cos\theta,\rho\sin\theta)\rho\mathrm{d}\rho$

C. $\int_{\frac{\pi}{2}}^{\pi}\mathrm{d}\theta\int_0^{\sin\theta}f(\rho\cos\theta,\rho\sin\theta)\rho\mathrm{d}\rho$

D. $\int_{\frac{\pi}{2}}^{\pi}\mathrm{d}\theta\int_0^{\sin\theta}f(\rho\cos\theta,\rho\sin\theta)\theta\mathrm{d}\rho$

6. 设D是xOy上以$(1,1),(-1,1)$和$(-1,-1)$为顶点的三角形区域，D_1是D在第一象限的部分，则$\iint\limits_{D}(xy+\cos x\sin y)\mathrm{d}x\mathrm{d}y$ =（　　）.

A. $2\iint\limits_{D_1}\cos x\sin y\mathrm{d}x\mathrm{d}y$　　B. $2\iint\limits_{D_1}xy\mathrm{d}x\mathrm{d}y$

C. $4\iint\limits_{D_1}(xy+\cos x\sin y)\mathrm{d}x\mathrm{d}y$　　D. 0

三、计算题（每小题 7 分，共 42 分）

1. 计算二重积分 $I=\iint\limits_{D}\frac{x}{\sqrt{1+x^2+y^2}}\mathrm{d}x\mathrm{d}y$，其 $D=\{(x,y)\,|\,y^2\leqslant 2x,0\leqslant x\leqslant 2\}$.

2. 计算二重积分 $I=\iint\limits_{D}\frac{y^2}{x^2}\mathrm{d}x\mathrm{d}y$，其中 D 是由直线 $x=2, y=x$ 与双曲线 $xy=1$ 所围成的区域.

3. 计算积分 $I=\int_0^1\mathrm{d}x\int_x^1 x^2\mathrm{e}^{-y^2}\mathrm{d}y$.

4. 设函数 $f(x)$ 在区间 $[0,1]$ 上连续，并设 $\int_0^1 f(x)\mathrm{d}x=A$，求二次积分 $\int_0^1\mathrm{d}x\int_x^1 f(x)f(y)\mathrm{d}y$.

5. 设 $f(x,y)=\begin{cases}x^2y, & 1\leqslant x\leqslant 2,0\leqslant y\leqslant x,\\ 0, & \text{其他},\end{cases}$ $D=\{(x,y)\,|\,x^2+y^2\geqslant 2x\}$，求 $\iint\limits_{D}f(x,y)\mathrm{d}x\mathrm{d}y$.

6. 计算 $\iint\limits_{D}y^2\mathrm{d}x\mathrm{d}y$，其中 D 由 x 轴与摆线 $\begin{cases}x=a(t-\sin t),\\ y=a(1-\cos t),\end{cases}$ $0\leqslant t\leqslant 2\pi$ 所围成.

四、证明题（第 1, 2 题各 6 分，第 3 题 10 分，共计 22 分）

1. 证明 $1\leqslant\iint\limits_{\Omega}(\cos y^2+\sin x^2)\mathrm{d}\sigma\leqslant\sqrt{2}$，其中 $D=\{(x,y)\,|\,0\leqslant x\leqslant 1,0\leqslant y\leqslant 1\}$.

2. 设 $f(x)$ 在 $[0,1]$ 上连续，证明：$\int_0^1\mathrm{e}^{f(x)}\mathrm{d}x\int_0^1\mathrm{e}^{-f(y)}\mathrm{d}y\geqslant 1$.

3. 设 $f(x)$ 为 $[0,1]$ 上的单调增加的连续函数，证明

$$\frac{\int_0^1 xf^3(x)\mathrm{d}x}{\int_0^1 xf^2(x)\mathrm{d}x}\geqslant\frac{\int_0^1 f^3(x)\mathrm{d}x}{\int_0^1 f^2(x)\mathrm{d}x}.$$

第9章　无 穷 级 数

9.1　知识结构图与学习要求

9.1.1　知识结构图

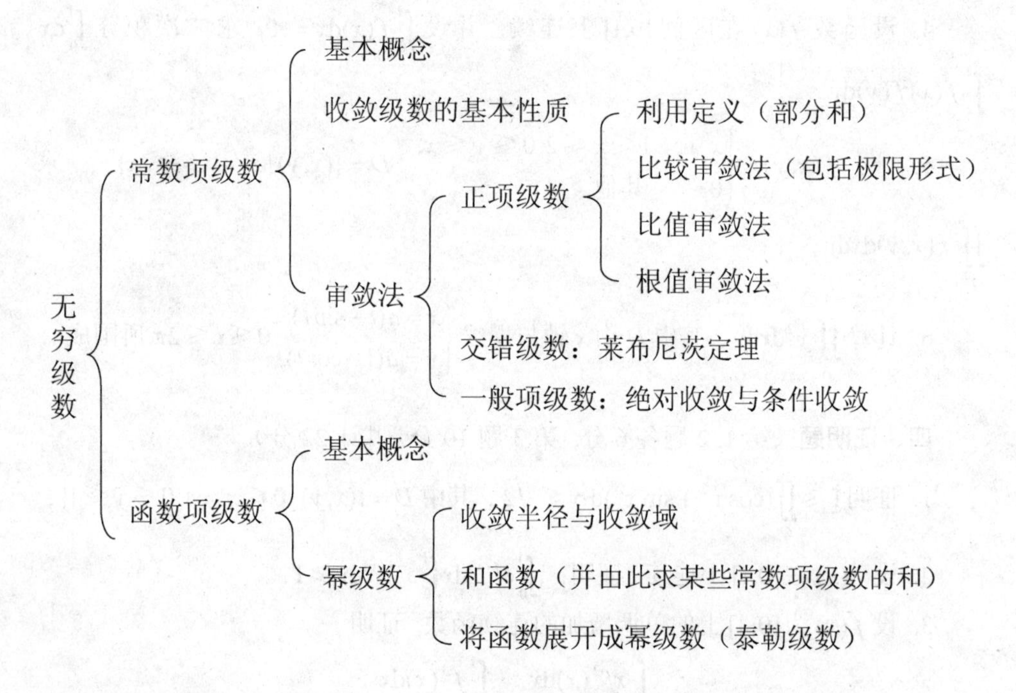

9.1.2　学习要求

（1）理解无穷级数及其通项、部分和、收敛与发散, 以及收敛级数的和等基本概念.

（2）掌握几何级数与 p- 级数的收敛与发散的条件, 知道调和级数的敛散性, 掌握级数收敛的必要条件, 以及收敛级数的基本性质.

（3）掌握正项级数敛散性判定的比较审敛法和比值审敛法, 会用根值审敛法, 了解正项级数的积分判定法.

（4）掌握交错级数的莱布尼茨定理.

（5）了解一般项级数绝对收敛与条件收敛的概念，掌握绝对收敛与条件收敛的判定方法.

（6）了解函数项级数的收敛点、收敛域、和函数等基本概念；了解幂级数的阿贝尔定理；掌握幂级数的收敛点、收敛半径、收敛区间、收敛域、和函数等概念；掌握幂级数的收敛半径、收敛区间的求法；了解幂级数收敛域的求法；掌握幂级数在收敛区间内的连续性、逐项求导公式、逐项求积公式；会利用幂级数在收敛区间内的性质求简单幂级数的和函数及简单数项级数的和.

（7）了解函数的泰勒级数、麦克劳林级数；掌握几个基本初等函数的麦克劳林展开式；学会利用间接法求一些简单函数的幂级数展开式.

9.2　内 容 提 要

9.2.1　常数项级数

1. 概念

（1）若级数 $\sum\limits_{n=1}^{\infty}u_n$ 的部分和数列 $\{s_n\}(s_n=u_1+u_2+\cdots+u_n)$ 有极限 s，即 $\lim\limits_{n\to\infty}s_n=s$，则称无穷级数 $\sum\limits_{n=1}^{\infty}u_n$ 收敛，且称 s 为它的和，记为 $s=\sum\limits_{n=1}^{\infty}u_n$；否则称它发散.

（2）形如 $\sum\limits_{n=1}^{\infty}u_n(u_n\geqslant 0,n=1,2,\cdots)$ 的级数称为正项级数. 而形如 $\sum\limits_{n=1}^{\infty}(-1)^{n-1}u_n$ 或 $\sum\limits_{n=1}^{\infty}(-1)^{n}u_n$（其中 $u_n>0$）的级数称为交错级数.

（3）如果级数 $\sum\limits_{n=1}^{\infty}|u_n|$ 收敛，则称级数 $\sum\limits_{n=1}^{\infty}u_n$ 绝对收敛；如果级数 $\sum\limits_{n=1}^{\infty}|u_n|$ 发散，而级数 $\sum\limits_{n=1}^{\infty}u_n$ 收敛，则称级数 $\sum\limits_{n=1}^{\infty}u_n$ 条件收敛.

2. 定理（性质）

（1）几何级数 $\sum\limits_{n=0}^{\infty}q^n=1+q+q^2+\cdots+q^n+\cdots$，当 $|q|<1$ 时收敛，其和为 $\dfrac{1}{1-q}$，而当 $|q|\geqslant 1$ 时发散.

（2）p-级数 $\sum\limits_{n=1}^{\infty}\dfrac{1}{n^p}=1+\dfrac{1}{2^p}+\dfrac{1}{3^p}+\cdots+\dfrac{1}{n^p}+\cdots$（$p$ 是常数），当 $p>1$ 时收敛；而当 $p\leqslant 1$ 时发散. 特别地，当 $p=1$ 时，调和级数

$$\sum_{n=1}^{\infty}\frac{1}{n}=1+\frac{1}{2}+\frac{1}{3}+\cdots+\frac{1}{n}+\cdots$$

发散.

（3）设级数 $\sum_{n=1}^{\infty}u_n$ 和 $\sum_{n=1}^{\infty}v_n$ 均收敛, 则级数 $\sum_{n=1}^{\infty}(u_n \pm v_n)$ 收敛.

于是, 由上可知:

1）若 $\sum_{n=1}^{\infty}u_n$ 收敛, $\sum_{n=1}^{\infty}v_n$ 发散, 则 $\sum_{n=1}^{\infty}(u_n \pm v_n)$ 发散;

2）若 $\sum_{n=1}^{\infty}u_n$ 发散, $\sum_{n=1}^{\infty}v_n$ 发散, 则 $\sum_{n=1}^{\infty}(u_n \pm v_n)$ 敛散性不定;

3）若 $\sum_{n=1}^{\infty}u_n$ 与 $\sum_{n=1}^{\infty}v_n$ 均绝对收敛, 则 $\sum_{n=1}^{\infty}(u_n \pm v_n)$ 绝对收敛;

4）若 $\sum_{n=1}^{\infty}u_n$ 绝对收敛, $\sum_{n=1}^{\infty}v_n$ 条件收敛, 则 $\sum_{n=1}^{\infty}(u_n \pm v_n)$ 条件收敛.

（4）设级数 $\sum_{n=1}^{\infty}u_n$ 收敛, k 为常数, 则

1） $\sum_{n=1}^{\infty}ku_n$ 收敛且 $\lim_{n\to\infty}u_n = 0$（若 $\lim_{n\to\infty}u_n \neq 0$, 则级数 $\sum_{n=1}^{\infty}u_n$ 发散）;

2）对 $\sum_{n=1}^{\infty}u_n$ 中的项任意加括号后所得的新级数仍收敛（如果对级数 $\sum_{n=1}^{\infty}u_n$ 的项加括号后所得新级数发散, 则原级数发散）.

（5）在级数中去掉、加上或改变有限项, 不会改变级数的敛散性.

（6）如果级数 $\sum_{n=1}^{\infty}u_n$ 绝对收敛, 则级数 $\sum_{n=1}^{\infty}u_n$ 必定收敛.

3. *方法*

（1）正项级数的审敛法:

1）利用级数收敛的定义;

2）利用级数收敛的充要条件: 级数收敛 $\Leftrightarrow$ 部分和数列有界;

3）比较审敛法;

4）比值审敛法;

5）根值审敛法;

（2）交错级数的审敛法: 莱布尼茨定理.

（3）一般项级数 $\sum_{n=1}^{\infty}u_n$ 的审敛法: 先判定 $\sum_{n=1}^{\infty}|u_n|$ 是否是收敛, 若收敛, 则原级

数绝对收敛；若发散，再判定原级数收敛还是发散，由此确定该级数是条件收敛还是发散.

9.2.2　函数项级数

1. 概念

（1）由定义在区间 I 上的函数列 $\{u_n(x)\}$ 所构成的表达式：

$$u_1(x)+u_2(x)+\cdots+u_n(x)+\cdots$$

称为定义在区间 I 的函数项级数，记为 $\sum\limits_{n=1}^{\infty}u_n(x)$.

（2）对于某个 $x_0\in I$，如果 $\sum\limits_{n=1}^{\infty}u_n(x_0)$ 收敛，则称 x_0 是函数项级数 $\sum\limits_{n=1}^{\infty}u_n(x)$ 的收敛点，收敛点的全体称为 $\sum\limits_{n=1}^{\infty}u_n(x)$ 的收敛域；如果 $\sum\limits_{n=1}^{\infty}u_n(x_0)$ 发散，则称 x_0 是函数项级数 $\sum\limits_{n=1}^{\infty}u_n(x)$ 的发散点. 发散点的全体称为 $\sum\limits_{n=1}^{\infty}u_n(x)$ 的发散域.

（3）在收敛域 I 上，函数项级数 $\sum\limits_{n=1}^{\infty}u_n(x)$ 的和是 x 的函数，记为 $s(x)$，称 $s(x)$ 为函数项级数 $\sum\limits_{n=1}^{\infty}u_n(x)$ 的和函数，即有

$$s(x)=\sum_{n=1}^{\infty}u_n(x)=u_1(x)+u_2(x)+\cdots+u_n(x)+\cdots,\quad x\in I.$$

（4）$s_n(x)=u_1(x)+u_2(x)+\cdots+u_n(x)$ 称为函数项级数 $\sum\limits_{n=1}^{\infty}u_n(x)$ 的部分和，则在收敛域上有 $\lim\limits_{n\to\infty}s_n(x)=s(x)$，称 $r_n(x)=s(x)-s_n(x)$ 为函数项级数 $\sum\limits_{n=1}^{\infty}u_n(x)$ 的余项.

（5）形如 $\sum\limits_{n=0}^{\infty}a_nx^n=a_0+a_1x+a_2x^2+\cdots+a_nx^n+\cdots$ 的函数项级数称为 x 的幂级数，而形如 $\sum\limits_{n=0}^{\infty}a_n(x-x_0)^n=a_0+a_1(x-x_0)+a_2(x-x_0)^2+\cdots+a_n(x-x_0)^n+\cdots$ 的函数项级数称为 $(x-x_0)$ 的幂级数，其中 $a_n\ (n=0,1,2,\cdots)$ 称为幂级数的系数.

（6）如果幂级数 $\sum\limits_{n=0}^{\infty}a_nx^n$ 不是仅在 $x=0$ 一点收敛，也不是在整个实数轴上都收敛，则必有唯一确定的正数 R 存在，使得当 $|x|<R$ 时，幂级数 $\sum\limits_{n=0}^{\infty}a_nx^n$ 绝对收敛，

当$|x|>R$时, 幂级数$\sum_{n=0}^{\infty}a_nx^n$发散. 此时称正数$R$为幂级数$\sum_{n=0}^{\infty}a_nx^n$的收敛半径. 当$x=R$与$x=-R$时, 幂级数$\sum_{n=0}^{\infty}a_nx^n$可能收敛也可能发散. 如果幂级数$\sum_{n=0}^{\infty}a_nx^n$仅在$x=0$处收敛, 则它的收敛半径$R=0$；如果幂级数$\sum_{n=0}^{\infty}a_nx^n$在整个实数轴上收敛, 则它的收敛半径$R=+\infty$.

开区间$(-R,R)$称为幂级数$\sum_{n=0}^{\infty}a_nx^n$的收敛区间, 而幂级数$\sum_{n=0}^{\infty}a_nx^n$的收敛域是$(-R,R)$，$(-R,R]$，$[-R,R)$及$[-R,R]$中之一.

（7）如果函数$f(x)$在点x_0的某邻域内具有各阶导数

$$f'(x),f''(x),\cdots,f^{(n)}(x),\cdots,$$

则$(x-x_0)$的幂级数

$$f(x_0)+f'(x_0)(x-x_0)+\frac{f''(x_0)}{2!}(x-x_0)^2+\cdots+\frac{f^{(n)}(x_0)}{n!}(x-x_0)^n+\cdots$$

$$=\sum_{n=0}^{\infty}\frac{f^{(n)}(x_0)}{n!}(x-x_0)^n$$

称为函数$f(x)$的泰勒级数. 特别地, 取$x_0=0$, 则级数变为

$$f(0)+f'(0)x+\frac{f''(0)}{2!}x^2+\cdots+\frac{f^{(n)}(0)}{n!}x^n+\cdots=\sum_{n=0}^{\infty}\frac{f^{(n)}(0)}{n!}x^n,$$

此级数称为麦克劳林级数.

2. 定理（性质）

（1）阿贝尔定理：如果幂级数$\sum_{n=0}^{\infty}a_nx^n$当$x=x_0$ $(x_0\neq 0)$时收敛, 则适合不等式$|x|<|x_0|$的一切x使这幂级数绝对收敛；反之, 如果幂级数$\sum_{n=0}^{\infty}a_nx^n$当$x=x_0$时发散, 则适合不等式$|x|>|x_0|$的一切$x$使这幂级数发散.

（2）设幂级数$\sum_{n=0}^{\infty}a_nx^n$，如果$\lim_{n\to\infty}\left|\frac{a_{n+1}}{a_n}\right|=\rho$，其中$a_n$、$a_{n+1}$是幂级数$\sum_{n=0}^{\infty}a_nx^n$的相邻两项的系数, 则该幂级数的收敛半径

$$R=\begin{cases}\dfrac{1}{\rho}, & \rho\neq 0,\\ +\infty, & \rho=0,\\ 0, & \rho=+\infty.\end{cases}$$

注 定理中条件 $\lim\limits_{n\to\infty}\left|\dfrac{a_{n+1}}{a_n}\right|=\rho$ 仅仅是求幂级数收敛半径的充分条件, 而非必要条件.

（3）幂级数 $\sum\limits_{n=0}^{\infty}a_nx^n$ 的和函数 $s(x)$ 在其收敛域 I 上连续.

（4）幂级数 $\sum\limits_{n=0}^{\infty}a_nx^n$ 的和函数 $s(x)$ 在其收敛域 I 上可积, 并有逐项积分公式

$$\int_0^x s(x)\mathrm{d}x=\int_o^x[\sum_{n=0}^{\infty}a_nx^n]\mathrm{d}x=\sum_{n=0}^{\infty}\int_0^x a_nx^n\mathrm{d}x=\sum_{n=0}^{\infty}\frac{a_n}{n+1}x^{n+1}\ (x\in I).$$

逐项积分后所得到的幂级数与原级数有相同的收敛半径.

（5）幂级数 $\sum\limits_{n=0}^{\infty}a_nx^n$ 的和函数 $s(x)$ 在其收敛区间 $(-R,R)$ 内可导, 并有逐项求导公式 $s'(x)=(\sum\limits_{n=0}^{\infty}a_nx^n)'=\sum\limits_{n=0}^{\infty}(a_nx^n)'=\sum\limits_{n=1}^{\infty}na_nx^{n-1}\ \ (|x|<R)$. 逐项求导后所得到的幂级数与原级数有相同的收敛半径.

（6）设函数 $f(x)$ 在点 x_0 的某一邻域 $U(x_0)$ 内具有各阶导数, 则 $f(x)$ 在该邻域内能展开成泰勒级数 $\sum\limits_{n=0}^{\infty}\dfrac{f^{(n)}(x_0)}{n!}(x-x_0)^n$ 的充要条件是 $f(x)$ 的泰勒公式中的余项 $R_n(x)=\dfrac{f^{(n+1)}(\xi)}{(n+1)!}(x-x_0)^{n+1}$ （ξ 是介于 x 与 x_0 之间的某个值）当 $n\to\infty$ 时的极限为零, 即 $\lim\limits_{n\to\infty}R_n(x)=0$ （$x\in U(x_0)$）.

（7）如果函数 $f(x)$ 在点 x_0 的某一邻域 $U(x_0)$ 内能展开成泰勒级数 $\sum\limits_{n=0}^{\infty}a_n(x-x_0)^n$, 则 a_n 是唯一的, 且 $a_n=\dfrac{f^{(n)}(x_0)}{n!}$ $(n=0,1,2,\cdots)$.

3. *方法*

（1）幂级数的敛散性判定:

1）形如 $\sum\limits_{n=0}^{\infty}a_nx^n$ 的幂级数, 利用阿贝尔定理.

2）对于幂级数 $\sum_{n=0}^{\infty} a_n (x-x_0)^n$，只要令 $x-x_0=t$，就可以转化为幂级数 $\sum_{n=0}^{\infty} a_n t^n$，再利用阿贝尔定理求解.

3）对于一般函数项级数 $\sum_{n=1}^{\infty} u_n(x)$ 的敛散性判定, 通常是把 x 看成常数, 先讨论 $\sum_{n=1}^{\infty} |u_n(x)|$ 的敛散性, 得到收敛区间, 再讨论该区间端点处的敛散性.

（2）幂级数的收敛半径的求法:

1）对于 $a_n \neq 0\ (n=0,1,2,\cdots)$ 的幂级数 $\sum_{n=0}^{\infty} a_n x^n$，由 $\lim_{n\to\infty}\left|\frac{a_{n+1}}{a_n}\right| = \rho$ 或 $\lim_{n\to\infty}\sqrt[n]{|a_n|} = \rho$，

得收敛半径 $R = \begin{cases} \dfrac{1}{\rho}, & \rho \neq 0, \\ +\infty, & \rho = 0, \\ 0, & \rho = +\infty. \end{cases}$

2）对于缺项的幂级数 $\sum_{n=1}^{\infty} u_n(x)$, 不能用上述公式, 而应直接使用函数项级数的比值法或使用根值法求极限 $\lim_{n\to\infty}\left|\frac{u_{n+1}(x)}{u_n(x)}\right| = \rho(x)$ 或 $\lim_{n\to\infty}\sqrt[n]{|u_n(x)|} = \rho(x)$. 当 $\rho(x)<1$ 时, 幂级数收敛; 当 $\rho(x)>1$ 时, 幂级数发散, 从而根据幂级数收敛半径的定义求得收敛半径 R.

（3）幂级数的收敛域的求法:

求出幂级数的收敛半径 R 后, 再对 $x=\pm R$ 时所得常数项级数判定其敛散性, 最终求出收敛域, 即区间 $(-R,R)$，$(-R,R]$，$[-R,R)$ 和 $[-R,R]$ 中之一.

（4）幂级数在收敛域内的和函数:

1）熟知一些常用级数的和函数:

$$\mathrm{e}^x = 1 + x + \frac{1}{2!}x^2 + \cdots + \frac{1}{n!}x^n + \cdots = \sum_{n=0}^{\infty}\frac{1}{n!}x^n \quad (-\infty < x < +\infty),$$

$$\begin{aligned}\sin x &= x - \frac{1}{3!}x^3 + \cdots + (-1)^{n-1}\frac{1}{(2n-1)!}x^{2n-1} + \cdots \\ &= \sum_{n=1}^{\infty}(-1)^{n-1}\frac{1}{(2n-1)!}x^{2n-1} \quad (-\infty < x < +\infty),\end{aligned}$$

$$\begin{aligned}\cos x &= 1 - \frac{1}{2!}x^2 + \frac{1}{4!}x^4 - \cdots + (-1)^n\frac{1}{(2n)!}x^{2n} + \cdots \\ &= \sum_{n=0}^{\infty}(-1)^n\frac{1}{(2n)!}x^{2n} \quad (-\infty < x < +\infty),\end{aligned}$$

$$\frac{1}{1-x}=1+x+x^2+\cdots+x^n+\cdots=\sum_{n=0}^{\infty}x^n \quad (-1<x<1),$$

$$\ln(1+x)=x-\frac{x^2}{2}+\frac{x^3}{3}-\cdots+(-1)^n\frac{x^{n+1}}{n+1}+\cdots=\sum_{n=0}^{\infty}(-1)^n\frac{x^{n+1}}{n+1} \quad (-1<x\leqslant 1),$$

$$(1+x)^m=1+mx+\frac{m(m-1)}{2!}x^2+\cdots+\frac{m(m-1)...(m-n+1)}{n!}x^n+\cdots \quad (-1<x<1).$$

2）要善于利用适当的变量代换、幂级数的代数运算和幂级数在其收敛域内进行的逐项求导、逐项积分运算，把所讨论级数化成其和函数是已知的幂级数的形式，并求其和；然后再作相应的逆运算，即可求得原幂级数的和函数；

3）但要注意，上述运算均应在幂级数的收敛区间内进行，故和函数的后面，必须注明收敛区间. 因此，在求和函数之前要先求收敛域.

（5）利用幂级数求某些常数项级数的和：

根据该常数项级数的特点，构造出一个幂级数或几个幂级数的和，使其在收敛域中某一点 x_0 的值恰好是这个常数项级数，然后再按照求幂级数和函数的方法求出幂级数的和函数，最后求出该和函数在 x_0 处的值，即得所求常数项级数的和.

（6）幂级数的运算：

1）两个收敛的幂级数相加、相减或相乘，所得幂级数的收敛区间取原来两个幂级数的收敛区间的公共部分，而相除所得的幂级数的收敛区间则可能比原来两个幂级数的收敛区间小.

2）对幂级数逐项求导或逐项积分所得的幂级数与原来幂级数有相同的收敛半径 R，但在点 $x=\pm R$ 处，幂级数的敛散性可能发生变化，必须重新讨论.

（7）函数展开成 x 的幂级数：

1）直接法：

可分如下四步进行：

第一步，求出函数 $f(x)$ 的各阶导数 $f'(x),f''(x),\cdots,f^{(n)}(x),\cdots$，如果在 $x=0$ 处某阶导数不存在，则说明该函数不能展开成幂级数；

第二步，求出函数 $f(x)$ 的各阶导数 $f'(x),f''(x),\cdots,f^{(n)}(x),\cdots$ 在 $x=0$ 处的值：$f(0),f'(0),f''(0),\cdots,f^{(n)}(0),\cdots$；

第三步，写出幂级数

$$f(0)+f'(0)x+\frac{f''(0)}{2!}x^2+\cdots+\frac{f^{(n)}(0)}{n!}x^n+\cdots \text{或} \sum_{n=0}^{\infty}\frac{f^{(n)}(0)}{n!}x^n,$$

并求出收敛半径 R；

第四步，考察当 x 在区间 $(-R,R)$ 内时的余项 $R_n(x)=\dfrac{f^{(n+1)}(\xi)}{(n+1)!}x^{n+1}$ 的极限

$\lim\limits_{n\to\infty}R_n(x)=\lim\limits_{n\to\infty}\dfrac{f^{(n+1)}(\xi)}{(n+1)!}x^{n+1}$（$\xi$ 在 0 与 x 之间）是否为零. 如果为零, 则函数 $f(x)$ 在区间 $(-R,R)$ 内的幂级数展开式为

$$f(x)=f(0)+f'(0)x+\frac{f''(0)}{2!}x^2+\cdots+\frac{f^{(n)}(0)}{n!}x^n+\cdots=\sum_{n=0}^{\infty}\frac{f^{(n)}(0)}{n!}x^n,$$

其中 $-R<x<R$.

2）间接法:

将所给函数拆成部分和的形式或者通过求导数、求积分将其化成其幂级数展开式为已知的函数（如 $\mathrm{e}^x,\sin x,\cos x,\dfrac{1}{1-x},\ln(1+x)$ 及 $(1+x)^m$ 等）, 然后再利用这些函数的幂级数展开式进行逐项求导或逐项积分来达到将所给函数展开成幂级数的目的. 这样做不但计算简单, 而且可以避免研究余项. 但要注意, 这种展开运算也是在幂级数的收敛区间内进行的, 因此, 最后必须注明幂级数的收敛域.

9.3 典型例题解析

例 9.1 判定下列级数的敛散性, 若收敛, 求其和.

（1）$\displaystyle\sum_{n=1}^{\infty}\frac{1}{(2n-1)(2n+1)}$;

（2）$\displaystyle\sum_{n=1}^{\infty}\ln\left(1+\frac{1}{n+1}\right)$;

（3）$\dfrac{1}{2}-\dfrac{1}{3}+\dfrac{1}{2^2}-\dfrac{1}{3^2}+\cdots+\dfrac{1}{2^n}-\dfrac{1}{3^n}+\cdots$.

分析（1）与（2）的通项需先拆项, 然后前 n 项的和 s_n 可以通过消项来求得; (3) 级数前 n 项的和 s_n 不容易求得, 因此 $\lim\limits_{n\to\infty}s_n$ 不易直接求出. 但级数前 $2n$ 项的部分和 s_{2n} 和前 $(2n-1)$ 项的部分和 s_{2n-1} 却容易求出, 于是可求出 $\lim\limits_{n\to\infty}s_{2n}$ 和 $\lim\limits_{n\to\infty}s_{2n-1}$, 从而可求出 $\lim\limits_{n\to\infty}s_n$.

解（1）由于

$$\begin{aligned}s_n&=\frac{1}{1\cdot3}+\frac{1}{3\cdot5}+\frac{1}{5\cdot7}+\cdots+\frac{1}{(2n-1)(2n+1)}\\&=\frac{1}{2}\left(1-\frac{1}{3}\right)+\frac{1}{2}\left(\frac{1}{3}-\frac{1}{5}\right)+\frac{1}{2}\left(\frac{1}{5}-\frac{1}{7}\right)+\cdots+\frac{1}{2}\left(\frac{1}{2n-1}-\frac{1}{2n+1}\right)\\&=\frac{1}{2}\left(1-\frac{1}{3}+\frac{1}{3}-\frac{1}{5}+\frac{1}{5}-\frac{1}{7}+\cdots+\frac{1}{2n-1}-\frac{1}{2n+1}\right)\end{aligned}$$

$$=\frac{1}{2}\left(1-\frac{1}{2n+1}\right)=\frac{1}{2}-\frac{1}{2(2n+1)}.$$

故 $\lim\limits_{n\to\infty}s_n=\frac{1}{2}-\lim\limits_{n\to\infty}\frac{1}{2(2n+1)}=\frac{1}{2}$，即原级数收敛且其和为 $\frac{1}{2}$.

（2）由于 $s_n=\ln\frac{3}{2}+\ln\frac{4}{3}+\ln\frac{5}{4}+\cdots+\ln\frac{n+2}{n+1}$

$$=\ln\left(\frac{3}{2}\cdot\frac{4}{3}\cdot\frac{5}{4}\cdot\cdots\cdot\frac{n+2}{n+1}\right)$$

$$=\ln\frac{n+2}{2}=\ln(n+2)-\ln 2.$$

故 $\lim\limits_{n\to\infty}s_n=\lim\limits_{n\to\infty}[\ln(n+2)-\ln 2]=+\infty$，即原级数发散.

（3）级数 $\frac{1}{2}-\frac{1}{3}+\frac{1}{2^2}-\frac{1}{3^2}+\cdots+\frac{1}{2^n}-\frac{1}{3^n}+\cdots$ 前 $2n$ 项的部分和为

$$s_{2n}=\frac{1}{2}-\frac{1}{3}+\frac{1}{2^2}-\frac{1}{3^2}+\cdots+\frac{1}{2^n}-\frac{1}{3^n}$$

$$=\left(\frac{1}{2}+\frac{1}{2^2}+\cdots+\frac{1}{2^n}\right)-\left(\frac{1}{3}+\frac{1}{3^2}+\cdots+\frac{1}{3^n}\right)$$

$$=\frac{\frac{1}{2}\left(1-\frac{1}{2^n}\right)}{1-\frac{1}{2}}-\frac{\frac{1}{3}\left(1-\frac{1}{3^n}\right)}{1-\frac{1}{3}}=\frac{1}{2}-\frac{1}{2^n}+\frac{1}{2\cdot 3^n},$$

故 $\lim\limits_{n\to\infty}s_{2n}=\frac{1}{2}$，又因为 $\lim\limits_{n\to\infty}s_{2n-1}=\lim\limits_{n\to\infty}\left(s_{2n}+\frac{1}{3^n}\right)=\frac{1}{2}$，从而 $\lim\limits_{n\to\infty}s_n=\frac{1}{2}$. 故原级数收敛且和为 $\frac{1}{2}$.

例 9.2　判定下列级数是否收敛.

（1）$\sum\limits_{n=1}^{\infty}a^{\frac{1}{n}}$（$0<a<1$）；（2）$1+2+\cdots+1000+\sum\limits_{n=1}^{\infty}\frac{1}{3n}$.

分析　（1）为正项级数且一般项极限不为0，故由级数收敛的必要条件可知其发散.（2）中所给级数为调和级数乘不为0常数然后再加上有限项所得，由收敛级数的性质可知某一级数加上或去掉有限项之后并不改变原来级数的敛散性，因此该级数发散.

解　（1）由于该级数一般项 $\lim\limits_{n\to\infty}a^{\frac{1}{n}}=1\neq 0$，由收敛级数的必要条件可知：级数 $\sum\limits_{n=1}^{\infty}a^{\frac{1}{n}}$（$0<a<1$）发散.

（2）$\sum_{n=1}^{\infty}\frac{1}{3n}=\frac{1}{3}\sum_{n=1}^{\infty}\frac{1}{n}$，由于调和级数$\sum_{n=1}^{\infty}\frac{1}{n}$发散，故$\sum_{n=1}^{\infty}\frac{1}{3n}$发散，而级数加上有限项并不改变原级数的敛散性，因此级数

$$1+2+\cdots+1000+\sum_{n=1}^{\infty}\frac{1}{3n}$$

也发散.

例 9.3　用比较审敛法判定下列级数是否收敛.

（1）$\sum_{n=1}^{\infty}\frac{1}{n}\tan\frac{x}{n}$（$x>0$ 且为常数）；　　（2）$\sum_{n=1}^{\infty}\left(1-\cos\frac{\pi}{n}\right)$；

（3）$\sum_{n=1}^{\infty}\frac{1}{n+1}\ln\left(\frac{n+1}{n}\right)$；　　（4）$\sum_{n=1}^{\infty}\frac{2+(-1)^n}{2^n}$；

（5）$\sum_{n=1}^{\infty}\sin^3\left(\frac{1}{n}\right)$；　　（6）$\sum_{n=1}^{\infty}\left[\frac{1}{n}-\ln\left(1+\frac{1}{n}\right)\right]$；

（7）$\sum_{n=1}^{\infty}\mathrm{e}^{-\sqrt{n}}$.

分析　（1）所给级数是正项级数，其一般项是$u_n=\frac{1}{n}\tan\frac{x}{n}$，含有三角函数$\tan\frac{x}{n}$. 由于$n\to\infty$且$x>0$为常数时，$\tan\frac{x}{n}\sim\frac{x}{n}$，因此$n\to\infty$时，

$$\frac{1}{n}\tan\frac{x}{n}\sim\frac{x}{n^2},$$

故该级数的敛散性可用收敛级数的性质、比较审敛法等方法来判定.

（2）所给级数是正项级数，其一般项是$u_n=1-\cos\frac{\pi}{n}$. 由于$n\to\infty$时，

$$u_n=1-\cos\frac{\pi}{n}=2\sin^2\frac{\pi}{n}\leqslant 2\left(\frac{\pi}{n}\right)^2=2\pi^2\cdot\frac{1}{n^2},\quad u_n=1-\cos\frac{\pi}{n}\sim\frac{1}{2}\left(\frac{\pi}{n}\right)^2.$$

故该级数的敛散性可由比较审敛法等方法来判定.

（3）所给级数是正项级数，其一般项为$u_n=\frac{1}{n+1}\ln\left(1+\frac{1}{n}\right)$，注意当$n\to\infty$时，$u_n=\frac{1}{n+1}\ln\left(1+\frac{1}{n}\right)\sim\frac{1}{n(n+1)}$，故原级数与级数$\sum_{n=1}^{\infty}\frac{1}{n(n+1)}$同时收敛同时发散.

（4）所给级数是正项级数，其一般项是$u_n=\frac{2+(-1)^n}{2^n}$，由于

$$u_n = 2\times\left(\frac{1}{2}\right)^n + \left(-\frac{1}{2}\right)^n,\ u_n \leqslant \frac{2+1}{2^n} = 3\times\left(\frac{1}{2}\right)^n,$$

故该级数可用收敛级数的性质、比较审敛法或根值审敛法等方法来判定.

（5）所给级数是正项级数，其一般项是$u_n = \sin^3\left(\frac{1}{n}\right)$. 由于$n\to\infty$时,

$$\sin^3\left(\frac{1}{n}\right) \sim \frac{1}{n^3},$$

因此原级数与级数$\sum_{n=1}^{\infty}\frac{1}{n^3}$同时收敛同时发散.

（6）所给级数是正项级数，其一般项是$u_n = \frac{1}{n} - \ln\left(1+\frac{1}{n}\right)$. 由于$n\to\infty$时，$\frac{1}{n}\to 0$. 要找到比较审敛法所用的比较级数，就是考虑$\alpha$为何值时函数$f(x) = x-\ln(1+x)$与$x^\alpha$为同阶无穷小.

（7）所给级数是正项级数，其一般项是$u_n = \mathrm{e}^{-\sqrt{n}}$. 由于

$$\rho = \lim_{n\to\infty}\frac{u_{n+1}}{u_n} = \lim_{n\to\infty}\mathrm{e}^{\sqrt{n}-\sqrt{n+1}} = \lim_{n\to\infty}\mathrm{e}^{-\frac{1}{\sqrt{n}+\sqrt{n+1}}} = \mathrm{e}^0 = 1,$$

故比值审敛法失效，可用比较审敛法.

解 （1）$u_n = \frac{1}{n}\tan\frac{x}{n}$. 令$v_n = \frac{x}{n^2}$，由于

$$\lim_{n\to\infty}\frac{u_n}{v_n} = \lim_{n\to\infty}\frac{\frac{1}{n}\tan\frac{x}{n}}{\frac{x}{n^2}} = 1,$$

而级数$\sum_{n=1}^{\infty}v_n = \sum_{n=1}^{\infty}\frac{x}{n^2} = x\sum_{n=1}^{\infty}\frac{1}{n^2}$收敛，故由比较审敛法极限形式知级数$\sum_{n=1}^{\infty}\frac{1}{n}\tan\frac{x}{n}$收敛.

（2）**解法 1** 由于

$$0 \leqslant u_n = 1-\cos\frac{\pi}{n} = 2\sin^2\frac{\pi}{n} \leqslant 2\left(\frac{\pi}{n}\right)^2 = 2\pi^2\cdot\frac{1}{n^2},$$

而级数$\sum_{n=1}^{\infty}2\pi^2\cdot\frac{1}{n^2} = 2\pi^2\sum_{n=1}^{\infty}\frac{1}{n^2}$收敛，因此由比较审敛法知级数$\sum_{n=1}^{\infty}\left(1-\cos\frac{\pi}{n}\right)$收敛.

解法 2 $u_n = 1-\cos\frac{\pi}{n}$，令$v_n = \frac{1}{2}\left(\frac{\pi}{n}\right)^2$，由于

$$\lim_{n\to\infty}\frac{u_n}{v_n}=\lim_{n\to\infty}\frac{1-\cos\frac{\pi}{n}}{\frac{1}{2}\left(\frac{\pi}{n}\right)^2}=1,$$

而级数$\sum\limits_{n=1}^{\infty}v_n=\frac{\pi^2}{2}\sum\limits_{n=1}^{\infty}\frac{1}{n^2}$收敛，故由比较审敛法极限形式知级数$\sum\limits_{n=1}^{\infty}\left(1-\cos\frac{\pi}{n}\right)$收敛.

（3）令$u_n=\frac{1}{n+1}\ln\left(1+\frac{1}{n}\right)$，$v_n=\frac{1}{n^2}$. 由于

$$\lim_{n\to\infty}\frac{u_n}{v_n}=\lim_{n\to\infty}\frac{\frac{1}{n+1}\ln\left(1+\frac{1}{n}\right)}{\frac{1}{n^2}}=\lim_{n\to\infty}\frac{n}{n+1}\cdot\ln\left(1+\frac{1}{n}\right)^n=1,$$

而级数$\sum\limits_{n=1}^{\infty}v_n=\sum\limits_{n=1}^{\infty}\frac{1}{n^2}$收敛，故由比较审敛法极限形式知级数$\sum\limits_{n=1}^{\infty}\frac{1}{n+1}\ln\left(\frac{n+1}{n}\right)$收敛.

（4）**解法 1**　由于$u_n=2\times\left(\frac{1}{2}\right)^n+\left(-\frac{1}{2}\right)^n$，而级数$\sum\limits_{n=1}^{\infty}2\times\left(\frac{1}{2}\right)^n$和$\sum\limits_{n=1}^{\infty}\left(-\frac{1}{2}\right)^n$都收敛，由收敛级数的性质可知所给级数收敛.

解法 2　由于$u_n=\frac{2+(-1)^n}{2^n}>0\ (n=1,2,\cdots)$，故所给级数是正项级数. 又由于$u_n\leqslant\frac{2+1}{2^n}=3\times\left(\frac{1}{2}\right)^n$，且正项级数$\sum\limits_{n=1}^{\infty}3\times\left(\frac{1}{2}\right)^n$收敛，故由比较审敛法知所给级数收敛.

解法 3　由于$u_n=\frac{2+(-1)^n}{2^n}>0\ (n=1,2,\cdots)$，故所给级数是正项级数. 又由于$\rho=\lim\limits_{n\to\infty}\sqrt[n]{u_n}=\lim\limits_{n\to\infty}\sqrt[n]{\frac{2+(-1)^n}{2^n}}=\frac{1}{2}<1$，故由根值审敛法知原级数收敛.

错误解答　因为极限

$$\lim_{n\to\infty}\frac{u_{n+1}}{u_n}=\lim_{n\to\infty}\frac{2+(-1)^{n+1}}{2^{n+1}}\cdot\frac{2^n}{2+(-1)^n}=\frac{1}{2}\lim_{n\to\infty}\frac{2+(-1)^{n+1}}{2+(-1)^n}$$

不存在.（若令$x_n=\frac{2+(-1)^{n+1}}{2+(-1)^n}$，则它有两个子数列：$x_{2k-1}\to 3$，$x_{2k}\to\frac{1}{3}$（$k\to+\infty$）. 因此，$\lim\limits_{n\to\infty}x_n=\lim\limits_{n\to\infty}\frac{2+(-1)^{n+1}}{2+(-1)^n}$不存在.）由比值审敛法可知原级数的敛散性不能确定.

错解分析 在比值审敛法中，极限$\lim\limits_{n\to\infty}\dfrac{u_{n+1}}{u_n}$存在仅仅是判定正项级数敛散性的充分条件，而不是必要条件.

（5）由于$\lim\limits_{n\to\infty}\dfrac{\sin^3\left(\dfrac{1}{n}\right)}{\dfrac{1}{n^3}}=\lim\limits_{n\to\infty}\left(\dfrac{\sin\dfrac{1}{n}}{\dfrac{1}{n}}\right)^3=1$，而正项级数$\sum\limits_{n=1}^{\infty}\dfrac{1}{n^3}$收敛. 于是由比较审敛法的极限形式知原级数$\sum\limits_{n=1}^{\infty}\sin^3\left(\dfrac{1}{n}\right)$收敛.

（6）令$f(x)=x-\ln(1+x)$，由于

$$\lim_{x\to0^+}\frac{f(x)}{x^2}=\lim_{x\to0^+}\frac{x-\ln(1+x)}{x^2}=\lim_{x\to0^+}\frac{1-\dfrac{1}{1+x}}{2x}=\lim_{x\to0^+}\frac{1}{2(1+x)}=\frac{1}{2},$$

因此$\lim\limits_{n\to\infty}\dfrac{\dfrac{1}{n}-\ln\left(1+\dfrac{1}{n}\right)}{\dfrac{1}{n^2}}=\dfrac{1}{2}$，而正项级数$\sum\limits_{n=1}^{\infty}\dfrac{1}{n^2}$收敛. 于是由比较审敛法的极限形式知原级数$\sum\limits_{n=1}^{\infty}\left[\dfrac{1}{n}-\ln\left(1+\dfrac{1}{n}\right)\right]$收敛.

（7）**解法 1** 由于$u_n=\mathrm{e}^{-\sqrt{n}}>0\ (n=1,2,\cdots)$，故所给级数是正项级数. 由幂级数展开式：$\mathrm{e}^x=1+x+\dfrac{x^2}{2!}+\cdots+\dfrac{x^n}{n!}+\cdots\ (-\infty<x<+\infty)$，可得

$$u_n=\frac{1}{\mathrm{e}^{\sqrt{n}}}\leqslant\frac{1}{1+\sqrt{n}+\dfrac{(\sqrt{n})^2}{2!}+\dfrac{(\sqrt{n})^3}{3!}+\dfrac{(\sqrt{n})^4}{4!}}<\frac{24}{n^2},$$

而正项级数$\sum\limits_{n=1}^{\infty}\dfrac{24}{n^2}$收敛，由比较审敛法知原级数收敛.

解法 2 由于

$$\lim_{x\to+\infty}\frac{\mathrm{e}^{-x}}{\dfrac{1}{x^4}}=\lim_{x\to+\infty}\frac{x^4}{\mathrm{e}^x}=\lim_{x\to+\infty}\frac{4x^3}{\mathrm{e}^x}=\cdots=\lim_{x\to+\infty}\frac{4!}{\mathrm{e}^x}=0,$$

从而

$$\lim_{n\to+\infty}\frac{\mathrm{e}^{-\sqrt{n}}}{\dfrac{1}{n^2}}=\lim_{x\to+\infty}\frac{\mathrm{e}^{-\sqrt{n}}}{\dfrac{1}{(\sqrt{n})^4}}=0.$$

而级数$\sum\limits_{n=1}^{\infty}\frac{1}{n^2}$收敛, 故由比较审敛法的极限形式知原级数收敛.

注　用比较审敛法来判定正项级数的敛散性时

（1）若用不等式形式, 则应该将原级数的一般项放大为一个收敛级数的一般项（此时可断定原级数收敛）, 或者将原级数的一般项缩小为一个发散级数的一般项（此时可断定原级数发散）.

（2）若用极限形式, 则应该考察级数一般项趋于无穷小时的阶. 当它是$\frac{1}{n}$的$k\ (k>1)$阶无穷小时, 则可断定原级数收敛; 当它是$\frac{1}{n}$的同阶或低阶无穷小时, 则断定原级数发散.

例 9.4　设级数$\sum\limits_{n=1}^{\infty}a_n$收敛, 则级数$\sum\limits_{n=1}^{\infty}a_n{}^2$是否收敛? 为什么?

解　级数$\sum\limits_{n=1}^{\infty}a_n$收敛, 级数$\sum\limits_{n=1}^{\infty}a_n{}^2$可能收敛也可能发散. 如级数$\sum\limits_{n=1}^{\infty}(-1)^n\frac{1}{\sqrt{n}}$收敛, 但级数$\sum\limits_{n=1}^{\infty}\frac{1}{n}$却发散; 又如级数$\sum\limits_{n=1}^{\infty}(-1)^n\frac{1}{n}$收敛, 级数$\sum\limits_{n=1}^{\infty}\frac{1}{n^2}$也收敛.

错误解答　由于级数$\sum\limits_{n=1}^{\infty}a_n$收敛, 所以$\lim\limits_{n\to\infty}a_n=0$, 故$\lim\limits_{n\to\infty}\frac{a_n{}^2}{a_n}=0$, 由比较审敛法知级数$\sum\limits_{n=1}^{\infty}a_n{}^2$收敛.

错解分析　比较审敛法只适用于正项级数, 而题目中并未告知级数$\sum\limits_{n=1}^{\infty}a_n$是正项级数, 故此种解法错误.

例 9.5　判定下列级数是否收敛?

（1）$\sum\limits_{n=1}^{\infty}\frac{2^n n!}{n^n}$;　　（2）$\sum\limits_{n=1}^{\infty}\frac{1}{n\cdot 3^n}$;　　（3）$\sum\limits_{n=1}^{\infty}\frac{(n!)^2}{(2n)!}$;　　（4）$\sum\limits_{n=1}^{\infty}\left(1-\frac{1}{n}\right)^{n^2}$.

分析　（1）所给级数是正项级数, 其一般项是$u_n=\frac{2^n n!}{n^n}$, 含有阶乘, 故用比值审敛法比较好.

（2）所给级数是正项级数, 其一般项是$u_n=\frac{1}{n\cdot 3^n}$, 含有n次幂, 故可用根值审敛法判定, 也可用比值审敛法来判定.

（3）所给级数是正项级数, 其一般项是$u_n=\frac{(n!)^2}{(2n)!}$, 含有阶乘, 故用比值审敛法比较好.

（4）所给级数是正项级数, 其一般项是$u_n=\left(1-\dfrac{1}{n}\right)^{n^2}$，含有$n$次幂, 故用根值审敛法来判定.

解 （1）令$u_n=\dfrac{2^n n!}{n^n}$, 由于

$$\lim_{n\to\infty}\frac{u_{n+1}}{u_n}=\lim_{n\to\infty}\frac{2^{n+1}\cdot(n+1)!}{(n+1)^{n+1}}\cdot\frac{n^n}{2^n\cdot n!}=\lim_{n\to\infty}2\cdot\left(\frac{n}{n+1}\right)^n=\lim_{n\to\infty}\frac{2}{\left(1+\dfrac{1}{n}\right)^n}=\frac{2}{\mathrm{e}}<1,$$

由比值审敛法知该正项级数$\sum\limits_{n=1}^{\infty}\dfrac{2^n n!}{n^n}$收敛.

（2）令$u_n=\dfrac{1}{n\cdot 3^n}$. 下面介绍三种解法.

解法 1 比值审敛法. 由于

$$\lim_{n\to\infty}\frac{u_{n+1}}{u_n}=\lim_{n\to\infty}\frac{1}{(n+1)\cdot 3^{n+1}}\cdot n\cdot 3^n=\lim_{n\to\infty}\frac{1}{3}\cdot\frac{n}{n+1}=\frac{1}{3}<1,$$

由比值审敛法知该正项级数收敛.

解法 2 比较审敛法. 由于$u_n=\dfrac{1}{n\cdot 3^n}\leqslant\dfrac{1}{3^n}$, 而级数$\sum\limits_{n=1}^{\infty}\dfrac{1}{3^n}$收敛, 故由比较审敛法知该正项级数收敛.

解法 3 根值审敛法. 由于

$$\lim_{n\to\infty}\sqrt[n]{u_n}=\lim_{n\to\infty}\sqrt[n]{\frac{1}{n\cdot 3^n}}=\lim_{n\to\infty}\frac{1}{3}\sqrt[n]{\frac{1}{n}}=\frac{1}{3}<1,$$

故由根值审敛法知该正项级数收敛.

（3）令$u_n=\dfrac{(n!)^2}{(2n)!}$. 由于

$$\lim_{n\to\infty}\frac{u_{n+1}}{u_n}=\lim_{n\to\infty}\frac{[(n+1)!]^2}{[2(n+1)]!}\cdot\frac{(2n)!}{(n!)^2}=\lim_{n\to\infty}\frac{(n+1)^2}{(2n+2)(2n+1)}=\frac{1}{4}<1,$$

故由比值审敛法知该正项级数收敛.

（4）令$u_n=\left(1-\dfrac{1}{n}\right)^{n^2}$. 由于

$$\lim_{n\to\infty}\sqrt[n]{u_n}=\lim_{n\to\infty}\sqrt[n]{\left(1-\frac{1}{n}\right)^{n^2}}=\lim_{n\to\infty}\left(1-\frac{1}{n}\right)^n=\frac{1}{\mathrm{e}}<1,$$

因此由根值审敛法知该正项级数收敛.

例 9.6　若级数 $\sum_{n=1}^{\infty} a_n$ 收敛，则级数（　　）.

A. $\sum_{n=1}^{\infty} |a_n|$ 收敛　　B. $\sum_{n=1}^{\infty} (-1)^n a_n$ 收敛

C. $\sum_{n=1}^{\infty} a_n a_{n+1}$ 收敛　　D. $\sum_{n=1}^{\infty} \frac{a_n + a_{n+1}}{2}$ 收敛

解　因为级数 $\sum_{n=1}^{\infty} a_n$ 收敛，故级数 $\sum_{n=1}^{\infty} a_{n+1}$ 也收敛，由收敛级数的性质可知 D 正确. 另外，如果取 $a_n = (-1)^n \frac{1}{\sqrt{n}}$，则可知 A, B 及 C 错误.

例 9.7　判定下列级数是否收敛？如果收敛，是绝对收敛还是条件收敛？

（1）$\sum_{n=1}^{\infty} (-1)^{n-1} \frac{1}{n!}$;　　（2）$\sum_{n=1}^{\infty} (-1)^n \frac{1}{\ln(n+1)}$；

（3）$\sum_{n=1}^{\infty} n^2 \left(-\frac{1}{\mathrm{e}}\right)^{n-1}$；　　（4）$\sum_{n=2}^{\infty} \frac{(-1)^n}{\sqrt{n+(-1)^n}}$.

分析　这些级数都是交错级数，属一般项级数范畴. 判定其敛散性的一般方法是：先根据正项级数的审敛法来判定是否绝对收敛，若是，则该级数本身收敛，判定工作完成；若不是，再判定该级数本身是否收敛. 若它满足莱布尼茨定理的两个条件，则它本身收敛，即条件收敛，判定工作完成；若它不满足莱布尼茨定理的两个条件，则需要另找方法判定它的敛散性. 值得注意的是，在用比值审敛法或根值审敛法判定绝对收敛的过程中，若 $\rho > 1$，则该级数的一般项必为无穷大，从而一定发散.

解　（1）$u_n = (-1)^{n-1} \frac{1}{n!}$，由于

$$|u_n| = \frac{1}{n!} = \frac{1}{1} \cdot \frac{1}{2} \cdot \frac{1}{3} \cdot \cdots \cdot \frac{1}{n} \leqslant \frac{1}{1} \cdot \frac{1}{2} \cdot \frac{1}{2} \cdot \cdots \cdot \frac{1}{2} = \frac{1}{2^{n-1}},$$

而正项级数 $\sum_{n=1}^{\infty} \frac{1}{2^{n-1}}$ 收敛，从而由比较审敛法知 $\sum_{n=1}^{\infty} |u_n|$ 收敛，故原级数绝对收敛.

（2）$u_n = (-1)^n \frac{1}{\ln(n+1)}$. 由于 $\ln(n+1) \leqslant n+1$，因此有 $|u_n| = \frac{1}{\ln(n+1)} \geqslant \frac{1}{n+1}$，而正项级数 $\sum_{n=1}^{\infty} \frac{1}{n+1}$ 发散，于是 $\sum_{n=1}^{\infty} |u_n|$ 发散. 但由莱布尼茨定理知 $\sum_{n=1}^{\infty} u_n$ 收敛，即原级数 $\sum_{n=1}^{\infty} (-1)^n \frac{1}{\ln(n+1)}$ 条件收敛.

（3）$u_n = n^2\left(-\dfrac{1}{\mathrm{e}}\right)^{n-1} = (-1)^{n-1}\dfrac{n^2}{\mathrm{e}^{n-1}}$，$|u_n| = \dfrac{n^2}{\mathrm{e}^{n-1}}$. 由于

$$\lim_{n\to\infty}\left|\frac{u_{n+1}}{u_n}\right| = \lim_{n\to\infty}\frac{(n+1)^2}{\mathrm{e}^n}\cdot\frac{\mathrm{e}^{n-1}}{n^2} = \lim_{n\to\infty}\frac{(n+1)^2}{n^2}\cdot\frac{1}{\mathrm{e}} = \frac{1}{\mathrm{e}} < 1,$$

从而由正项级数的比值审敛法知级数 $\sum\limits_{n=1}^{\infty}|u_n|$ 收敛, 因此原级数绝对收敛.

（4）**解法 1** $u_n = \dfrac{(-1)^n}{\sqrt{n+(-1)^n}} = \dfrac{(-1)^n}{\sqrt{n}}\dfrac{1}{\sqrt{1+\dfrac{(-1)^n}{n}}} = \dfrac{(-1)^n}{\sqrt{n}}\left[1-\dfrac{1}{2}\dfrac{(-1)^n}{n}+o\left(\dfrac{1}{n}\right)\right]$

$$= \frac{(-1)^n}{\sqrt{n}} - \frac{1}{2\sqrt{n^3}} + \frac{(-1)^n}{\sqrt{n}}o\left(\frac{1}{n}\right),$$

因为 $\sum\limits_{n=2}^{\infty}\dfrac{(-1)^n}{\sqrt{n}}$ 条件收敛, $\sum\limits_{n=2}^{\infty}\dfrac{1}{2\sqrt{n^3}}$ 和 $\sum\limits_{n=2}^{\infty}\dfrac{(-1)^n}{\sqrt{n}}o\left(\dfrac{1}{n}\right)$ 绝对收敛, 故原级数条件收敛.

解法 2 因为

$$u_n = \frac{(-1)^n}{\sqrt{n+(-1)^n}},\ |u_n| = \frac{1}{\sqrt{n+(-1)^n}} \geqslant \frac{1}{\sqrt{n+1}} > \frac{1}{n+1}\quad (n=2,3,\cdots),$$

故级 $\sum\limits_{n=2}^{\infty}|u_n|$ 发散.（虽然原级数是交错级数, 但不满足莱布尼茨定理条件, 因此不能用莱布尼茨定理来判定其敛散性）, 下面用收敛定义来判定.

$$s_{2n} = \frac{1}{\sqrt{3}} - \frac{1}{\sqrt{2}} + \frac{1}{\sqrt{5}} - \frac{1}{\sqrt{4}} + \frac{1}{\sqrt{7}} - \frac{1}{\sqrt{6}} + \cdots + \frac{1}{\sqrt{2n+1}} - \frac{1}{\sqrt{2n}}$$
$$= \left(\frac{1}{\sqrt{3}} - \frac{1}{\sqrt{2}}\right) + \left(\frac{1}{\sqrt{5}} - \frac{1}{\sqrt{4}}\right) + \left(\frac{1}{\sqrt{7}} - \frac{1}{\sqrt{6}}\right) + \cdots + \left(\frac{1}{\sqrt{2n+1}} - \frac{1}{\sqrt{2n}}\right),$$

由此可见 $\{s_{2n}\}$ 是单调减少的. 注意到

$$s_{2n} = -\frac{1}{\sqrt{2}} + \frac{1}{\sqrt{3}} - \frac{1}{\sqrt{4}} + \frac{1}{\sqrt{5}} - \frac{1}{\sqrt{6}} + \frac{1}{\sqrt{7}} - \cdots - \frac{1}{\sqrt{2n}} + \frac{1}{\sqrt{2n+1}}$$
$$= -\frac{1}{\sqrt{2}} + \left(\frac{1}{\sqrt{3}} - \frac{1}{\sqrt{4}}\right) + \left(\frac{1}{\sqrt{5}} - \frac{1}{\sqrt{6}}\right) + \cdots + \left(\frac{1}{\sqrt{2n-1}} - \frac{1}{\sqrt{2n}}\right) + \frac{1}{\sqrt{2n+1}} > -\frac{1}{\sqrt{2}},$$

故数列 $\{s_{2n}\}$ 有界, 因而存在极限, 不妨设 $\lim\limits_{n\to\infty}s_{2n} = s$. 又 $\lim\limits_{n\to\infty}u_{2n+1} = 0$，因此有 $\lim\limits_{n\to\infty}s_{2n+1} = \lim\limits_{n\to\infty}(s_{2n} + u_{2n+1}) = s$，故数列 $\{s_n\}$ 有极限 $\lim\limits_{n\to\infty}s_n = s$，即 $\sum\limits_{n=2}^{\infty}u_n$ 收敛, 从而原级数条件收敛.

例 9.8　下列说法正确的是（　　）.

A. 若$\sum_{n=1}^{\infty}u_n$收敛，则$\sum_{n=1}^{\infty}|u_n|$收敛

B. 若$\sum_{n=1}^{\infty}u_n$收敛，则$\sum_{n=1}^{\infty}u_n^{\ 2}$收敛

C. 若$\sum_{n=1}^{\infty}u_n$收敛，则$\lim\limits_{n\to\infty}nu_n=0$

D. 若$\sum_{n=1}^{\infty}u_n$收敛且$\lim\limits_{n\to\infty}\frac{u_n}{v_n}=1$，则$\sum_{n=1}^{\infty}v_n$不一定收敛

解　取$u_n=(-1)^n\frac{1}{\sqrt{n}}$，则可知 A, B 及 C 错误. 故选 D. 另外，如果取$u_n=(-1)^n\frac{1}{\sqrt{n}}$，$v_n=(-1)^n\frac{1}{\sqrt{n}}+\frac{1}{n}$，则可知虽然级数$\sum_{n=1}^{\infty}u_n$收敛且有$\lim\limits_{n\to\infty}\frac{u_n}{v_n}=1$，但级数$\sum_{n=1}^{\infty}v_n$发散；若级数$\sum_{n=1}^{\infty}u_n$收敛且$\lim\limits_{n\to\infty}\frac{u_n}{v_n}=1$，当$\sum_{n=1}^{\infty}u_n$和$\sum_{n=1}^{\infty}v_n$都是正项级数时，由比较审敛可知$\sum_{n=1}^{\infty}v_n$也收敛。这从另一方面说明了 D 是正确的.

例 9.9　若幂级数$\sum_{n=0}^{\infty}a_nx^n$在$x=3$处收敛，则该级数在$x=-2$处（　　）.

A. 绝对收敛　　　　B. 条件收敛

C. 发散　　　　D. 敛散性不能确定

解　因为幂级数$\sum_{n=0}^{\infty}a_nx^n$在$x=3$处收敛，由阿贝尔定理可知，对于适合不等式$|x|<3$的一切$x$使该级数绝对收敛，即该级数在区间$(-3,3)$内绝对收敛. 而$-2\in(-3,3)$，故该级数在$x=-2$处绝对收敛，因此答案是 A.

例 9.10　若幂级数$\sum_{n=0}^{\infty}a_n(x-1)^n$在$x=-1$处收敛，（1）试讨论该幂级数在$x=0$处的敛散性；（2）该幂级数在$x=4$处敛散性如何？

解　（1）令$t=x-1$，则$\sum_{n=0}^{\infty}a_n(x-1)^n=\sum_{n=0}^{\infty}a_nt^n$，由幂级数$\sum_{n=0}^{\infty}a_n(x-1)^n$在$x=-1$处收敛知，幂级数$\sum_{n=0}^{\infty}a_nt^n$在$t=-2$处收敛，由阿贝尔定理可知，对于适合不等式$|t|<2$的一切$t$使该级数绝对收敛，即幂级数$\sum_{n=0}^{\infty}a_nt^n$在区间$(-2,2)$内绝对收敛；从而可知

$\sum_{n=0}^{\infty} a_n(x-1)^n$ 在 $(-1,3)$ 内绝对收敛．而 $x=0$ 是区间 $(-1,3)$ 内的点，故幂级数 $\sum_{n=0}^{\infty} a_n(x-1)^n$ 在 $x=0$ 处绝对收敛.

（2）由（1）知，幂级数 $\sum_{n=0}^{\infty} a_n(x-1)^n$ 在 $x=4$ 处的敛散性不能确定.

错误解答　（1）因为幂级数 $\sum_{n=0}^{\infty} a_n(x-1)^n$ 在 $x=-1$ 处收敛，由阿贝尔定理可知，对于适合不等式 $|x-1|<1$ 的一切 x 使该级数绝对收敛，即该级数在区间 $(0,2)$ 内绝对收敛. 而 $x=0$ 是区间 $(0,2)$ 的端点，故级数在 $x=0$ 处的敛散性不能确定.

（2）由（1）知，该级数在 $x=4$ 处的敛散性也不能确定.

错解分析　上面的错误原因在于错误地使用了阿贝尔定理，阿贝尔定理是对形如 $\sum_{n=0}^{\infty} a_n x^n$ 的级数适用，而对于 $\sum_{n=0}^{\infty} a_n(x-x_0)^n$ 则不能直接应用.

例 9.11　求下列幂级数的收敛半径与收敛域：

（1）$\sum_{n=1}^{\infty}\frac{3^n}{n^2+1}x^n$；　　（2）$\sum_{n=1}^{\infty}(-1)^n\frac{x^{2n+1}}{2n+1}$；

（3）$\sum_{n=0}^{\infty}\frac{(x-2)^n}{n-2^n}$；　　（4）$\sum_{n=1}^{\infty}(-1)^{n-1}\frac{2^n}{n}x^{2n}$.

分析　(1)所给幂级数不缺项，故可直接用公式来求幂级数的收敛半径，求 ρ 时可用比值审敛法也可用根值审敛法，用后者时要用到结论：$\lim\limits_{n\to\infty}\sqrt[n]{n^2+1}=1$.

（2）$u_n(x)=(-1)^n\frac{x^{2n+1}}{2n+1}$，幂级数缺少偶次项，故不能直接用公式求幂级数的半径，而用比值审敛法或根值审敛法，这里用比值审敛法较好.

（3）令 $t=x-2$，则原级数可化为 $\sum_{n=0}^{\infty}\frac{1}{n-2^n}t^n$，这样就可按前面的方法来求该幂级数的收敛域，再利用关系 $t=x-2$ 就可求得原级数的收敛域.

（4）$u_n(x)=(-1)^{n-1}\frac{2^n}{n}x^{2n}$，幂级数缺少奇次项，故不能直接用公式求幂级数的半径，而用比值审敛法或根值审敛法，这里用根值审敛法较好.

解　（1）由于

$$\rho=\lim_{n\to\infty}\left|\frac{a_{n+1}}{a_n}\right|=\lim_{n\to\infty}\frac{3^{n+1}}{(n+1)^2+1}\cdot\frac{n^2+1}{3^n}=3\lim_{n\to\infty}\frac{n^2+1}{(n+1)^2+1}=3\lim_{n\to\infty}\frac{1+\frac{1}{n^2}}{\left(1+\frac{1}{n}\right)^2+\frac{1}{n^2}}=3,$$

故所求幂级数的收敛半径为 $R=\frac{1}{\rho}=\frac{1}{3}$. 当 $x=\frac{1}{3}$ 时，原级数为 $\sum_{n=1}^{\infty}\frac{1}{n^2+1}$，收敛；当 $x=-\frac{1}{3}$ 时，原级数为 $\sum_{n=1}^{\infty}\frac{(-1)^n}{n^2+1}$，收敛. 故所求幂级数的收敛域为 $\left[-\frac{1}{3},\frac{1}{3}\right]$.

（2）由于

$$\rho(x)=\lim_{n\to\infty}\left|\frac{u_{n+1}(x)}{u_n(x)}\right|=\lim_{n\to\infty}\left|(-1)^{n+1}\frac{x^{2n+3}}{2n+3}\cdot(-1)^n\frac{2n+1}{x^{2n+1}}\right|=\lim_{n\to\infty}\frac{2n+1}{2n+3}|x|^2=|x|^2,$$

由比值审敛法知，当 $\rho(x)=|x|^2<1$，即 $|x|<1$ 时，幂级数绝对收敛；当 $\rho(x)=|x|^2>1$，即 $|x|>1$ 时，幂级数发散. 由幂级数收敛半径的定义知，所求幂级数的收敛半径为 $R=1$. 又因为当 $x=1$ 时，级数为 $\sum_{n=1}^{\infty}(-1)^n\frac{1}{2n+1}$，收敛；当 $x=-1$ 时，级数为 $\sum_{n=1}^{\infty}(-1)^{n+1}\frac{1}{2n+1}$，也收敛. 故所求幂级数的收敛域为 $[-1,1]$.

（3）**解法 1** 令 $t=x-2$，则原级数可化为 $\sum_{n=0}^{\infty}\frac{1}{n-2^n}t^n$，由于

$$\rho=\lim_{n\to\infty}\left|\frac{a_{n+1}}{a_n}\right|=\lim_{n\to\infty}\frac{n-2^n}{n+1-2^{n+1}}=\lim_{n\to\infty}\frac{\frac{n}{2^n}-1}{\frac{n+1}{2^n}-2}=\frac{1}{2},$$

故幂级数 $\sum_{n=0}^{\infty}\frac{1}{n-2^n}t^n$ 的收敛半径为 $R=2$. 又因为当 $t=2$ 时，级数即为 $\sum_{n=0}^{\infty}\frac{2^n}{n-2^n}$，由于 $\lim_{n\to\infty}\frac{2^n}{n-2^n}=\lim_{n\to\infty}\frac{1}{\frac{n}{2^n}-1}=-1\neq 0$，故该级数发散；当 $t=-2$ 时，级数即为 $\sum_{n=0}^{\infty}\frac{(-1)^n 2^n}{n-2^n}$，其一般项极限不存在，故该级数发散. 因此幂级数 $\sum_{n=0}^{\infty}\frac{1}{n-2^n}t^n$ 的收敛域为 $(-2,2)$. 而当 $t=2$ 时，$x=4$；当 $t=-2$ 时，$x=0$. 故原级数的收敛半径为 $R=2$，收敛域为 $(0,4)$.

解法 2 由于

$$\rho(x)=\lim_{n\to\infty}\left|\frac{u_{n+1}(x)}{u_n(x)}\right|=\lim_{n\to\infty}\left|\frac{(x-2)^{n+1}}{(n+1)-2^{n+1}}\cdot\frac{n-2^n}{(x-2)^n}\right|=\lim_{n\to\infty}\frac{\frac{n}{2^n}-1}{\frac{n+1}{2^n}-2}|x-2|=\frac{1}{2}|x-2|,$$

故由比值审敛法可知，当 $\rho(x)=\frac{1}{2}|x-2|<1$，即 $0<x<4$ 时，幂级数绝对收敛；当

$\rho(x)=\frac{1}{2}|x-2|>1$ 即 $x<0$ 或 $x>4$ 时，幂级数发散. 由此可知所求幂级数的收敛半径为 $R=2$. 不难验证，当 $x=0$ 和 $x=4$ 时幂级数发散. 故所求幂级数的收敛域为 $(0,4)$.

（4）**解法 1** 由于

$$\rho(x)=\lim_{n\to\infty}\sqrt[n]{|u_n(x)|}=\lim_{n\to\infty}\sqrt[n]{\left|(-1)^{n-1}\frac{2^n}{n}x^{2n}\right|}=2|x|^2\lim_{n\to\infty}\frac{1}{\sqrt[n]{n}}=2|x|^2.$$

故由比值审敛法知：当 $\rho(x)=2|x|^2<1$，即 $|x|<\frac{1}{\sqrt{2}}$ 时，幂级数绝对收敛；当 $\rho(x)=2|x|^2>1$，即 $|x|>\frac{1}{\sqrt{2}}$ 时，幂级数发散. 由幂级数收敛半径的定义知，所求幂级数的收敛半径为 $R=\frac{1}{\sqrt{2}}$. 又因为当 $x=\pm\frac{1}{\sqrt{2}}$ 时，级数为 $\sum_{n=1}^{\infty}\frac{(-1)^{n-1}}{n}$，收敛，故所求幂级数的收敛域为 $\left[-\frac{1}{\sqrt{2}},\frac{1}{\sqrt{2}}\right]$.

解法 2 令 $t=2x^2$，则原级数可化为 $\sum_{n=1}^{\infty}\frac{(-1)^{n-1}}{n}t^n$，这里 $a_n=\frac{(-1)^{n-1}}{n}$，由公式法求得其收敛半径为 $R=1$，故当 $|t|<1$，即 $|x|<\frac{1}{\sqrt{2}}$ 时，原级数收敛；当 $|t|>1$，即 $|x|>\frac{1}{\sqrt{2}}$ 时，原级数发散. 由此可知原级数的收敛半径为 $R=\frac{1}{\sqrt{2}}$，当 $x=\pm\frac{1}{\sqrt{2}}$ 时，级数为 $\sum_{n=1}^{\infty}\frac{(-1)^{n-1}}{n}$，收敛，故所求幂级数的收敛域为 $\left[-\frac{1}{\sqrt{2}},\frac{1}{\sqrt{2}}\right]$.

例 9.12 求幂级数 $1+\frac{x}{3}+\frac{x^2}{2\times3^2}+\frac{x^3}{3\times3^3}+\cdots+\frac{x^n}{n\times3^n}+\cdots$ 的和函数.

分析 求幂级数的和函数，通常要利用和函数的分析运算性质，将其转化为和函数已知或者容易求出的形式.

解 容易求得所给幂级数的收敛半径 $R=3$，设

$$s(x)=1+\frac{x}{3}+\frac{x^2}{2\times3^2}+\frac{x^3}{3\times3^3}+\cdots+\frac{x^n}{n\times3^n}+\cdots,\quad x\in(-3,3),$$

则 $s'(x)=\frac{1}{3}+\frac{x}{3^2}+\frac{x^2}{3^3}+\cdots+\frac{x^{n-1}}{3^n}+\cdots=\frac{1}{3-x}$，$x\in(-3,3)$，故

$$s(x)-s(0)=\int_0^x\frac{1}{3-x}\mathrm{d}x=-[\ln(3-x)]_0^x=\ln3-\ln(3-x),\quad x\in(-3,3).$$

又因为 $s(0)=1$，故 $s(x)=1+\ln3-\ln(3-x)$，$x\in(-3,3)$. 此外，当 $x=-3$ 时，所给幂级数收敛，其和函数也连续；当 $x=3$ 时，所给幂级数发散. 故幂级数的收敛区域为 $[-3,3)$.

于是 $s(x)=1+\ln 3-\ln(3-x)$，$x\in[-3,3)$．

错误解答　容易求得所给幂级数的收敛半径 $R=3$，设

$$s(x)=1+\frac{x}{3}+\frac{x^2}{2\times 3^2}+\frac{x^3}{3\times 3^3}+\cdots+\frac{x^n}{n\times 3^n}+\cdots,\quad x\in(-3,3),$$

则

$$s'(x)=\frac{1}{3}+\frac{x}{3^2}+\frac{x^2}{3^3}+\cdots+\frac{x^{n-1}}{3^n}+\cdots=\frac{1}{3-x},\quad x\in(-3,3).$$

故

$$s(x)=\int_0^x\frac{1}{3-x}\mathrm{d}x=-[\ln(3-x)]_0^x=\ln 3-\ln(3-x),\quad x\in(-3,3).$$

错解分析　因为 $s(0)=1\neq 0$，所以 $s(x)\neq\int_0^x\frac{1}{3-x}\mathrm{d}x$．另外，当 $x=-3$ 时，所给幂级数收敛，其和函数也连续．故收敛域应包括区间的左端点 $x=-3$．

例 9.13　求幂级数 $\sum\limits_{n=1}^{\infty}(2n+1)x^n$ 的和函数，并求级数 $\sum\limits_{n=1}^{\infty}\frac{2n+1}{2^n}$ 的和．

解　容易求得所给幂级数的收敛域是 $(-1,1)$，再设其和函数为

$$s(x)=\sum_{n=1}^{\infty}(2n+1)x^n,\quad x\in(-1,1),$$

则
$$\begin{aligned}s(x)-xs(x)&=\sum_{n=1}^{\infty}(2n+1)x^n-x\sum_{n=1}^{\infty}(2n+1)x^n=\sum_{n=1}^{\infty}(2n+1)x^n-\sum_{n=1}^{\infty}(2n+1)x^{n+1}\\&=\sum_{n=0}^{\infty}(2n+3)x^{n+1}-\sum_{n=1}^{\infty}(2n+1)x^{n+1}=3x+\sum_{n=1}^{\infty}[(2n+3)-(2n+1)]x^{n+1}\\&=3x+2\sum_{n=1}^{\infty}x^{n+1}=3x+\frac{2x^2}{1-x}=\frac{3x-x^2}{1-x},\quad x\in(-1,1),\end{aligned}$$

所以 $s(x)=\frac{3x-x^2}{1-x}$，$x\in(-1,1)$，当 $x=\frac{1}{2}$ 时，有 $\sum\limits_{n=1}^{\infty}\frac{2n+1}{2^n}=\frac{3\cdot\frac{1}{2}-\frac{1}{4}}{\frac{1}{4}}=5$．

例 9.14 在收敛区间 $(-1,1)$ 内求级数 $\sum\limits_{n=1}^{\infty}\frac{(-1)^{n-1}}{n(2n-1)}x^{2n}$ 的和函数 $s(x)$．

解　由于 $s'(x)=2\sum\limits_{n=1}^{\infty}\frac{(-1)^{n-1}}{2n-1}x^{2n-1}$，$x\in(-1,1)$，继续逐项求导得

$$s''(x)=2\sum_{n=1}^{\infty}(-1)^{n-1}x^{2n-2}=\frac{2}{1+x^2},\quad x\in(-1,1),$$

所以 $s'(x)=\int_0^x s''(t)\mathrm{d}t+s'(0)=\int_0^x\frac{2}{1+t^2}\mathrm{d}t=2\arctan x$，$x\in(-1,1)$，于是有

$$s(x)=\int_0^x s'(t)\mathrm{d}t+s(0)=2\int_0^x \arctan t\mathrm{d}t=2x\arctan x-\int_0^x \frac{2t}{1+t^2}\mathrm{d}t$$
$$=2x\arctan x-\ln(1+x^2),\quad x\in(-1,1).$$

例 9.15 将函数 $f(x)=\sin^2 x\cos x$ 展开为 x 的幂级数.

解 由于 $f(x)=\sin^2 x\cos x=\frac{1}{2}\sin x\sin 2x=\frac{1}{4}(\cos x-\cos 3x)$ 且

$$\cos x=\sum_{n=0}^{\infty}(-1)^n\frac{x^{2n}}{(2n)!},\quad x\in(-\infty,+\infty),\quad \cos 3x=\sum_{n=0}^{\infty}(-1)^n\frac{3^{2n}x^{2n}}{(2n)!},\quad x\in(-\infty,+\infty),$$

因此 $\sin^2 x\cos x=\frac{1}{4}\sum_{n=0}^{\infty}(-1)^n\frac{1-3^{2n}}{(2n)!}x^{2n},\quad x\in(-\infty,+\infty)$.

例 9.16 将函数 $f(x)=\frac{1}{x^2-2x-3}$ 展开成 $(x-2)$ 的幂级数.

分析 关键是将函数拆分成部分分式之和：

$$f(x)=\frac{1}{x^2-2x-3}=\frac{1}{(x-3)(x+1)}=\frac{1}{4}\left(\frac{1}{x-3}-\frac{1}{x+1}\right),$$

然后再利用已知的幂级数展开式将 $\frac{1}{x-3}$ 和 $\frac{1}{x+1}$ 展开成幂级数.

解 将函数拆分成部分分式之和：

$$f(x)=\frac{1}{x^2-2x-3}=\frac{1}{(x-3)(x+1)}=\frac{1}{4}\left(\frac{1}{x-3}-\frac{1}{x+1}\right),$$

$$\frac{1}{x-3}=\frac{1}{(x-2)-1}=-\frac{1}{1-(x-2)}=-\sum_{n=0}^{\infty}(x-2)^n\quad(|x-2|<1,\text{ 即 }1<x<3),$$

$$\frac{1}{x+1}=\frac{1}{(x-2)+3}=\frac{1}{3}\frac{1}{1+\frac{x-2}{3}}=\frac{1}{3}\sum_{n=0}^{\infty}(-1)^n\left(\frac{x-2}{3}\right)^n\quad\left(\left|\frac{x-2}{3}\right|<1,\text{ 即 }-1<x<5\right),$$

故 $f(x)=\frac{1}{x^2-2x-3}=\frac{1}{4}\left(\frac{1}{x-3}-\frac{1}{x+1}\right)=\frac{1}{4}\left[-\sum_{n=0}^{\infty}(x-2)^n-\frac{1}{3}\sum_{n=0}^{\infty}(-1)^n\left(\frac{x-2}{3}\right)^n\right]$

$$=-\frac{1}{4}\sum_{n=0}^{\infty}\left[1+\frac{(-1)^n}{3^{n+1}}\right](x-2)^n\quad(1<x<3).$$

9.4 自我测试题

A 级自我测试题

一、选择题（每小题 3 分，共 12 分）

1. 设有一个常数项级数 $\sum_{n=1}^{\infty}a_n$，若 $|a_n|>|a_{n+1}|$ 且 $\lim_{n\to\infty}a_n=0$，则该级数（　　）.

A. 条件收敛　　　　B. 绝对收敛

C. 发散　　　　D. 可能收敛，也可能发散

2. 正项级数 $\sum_{n=1}^{\infty} a_n$ 收敛是级数 $\sum_{n=1}^{\infty} {a_n}^2$ 收敛的（　　）.

A. 必要条件　　　　B. 充分条件

C. 充要条件　　　　D. 既非充分也非必要条件

3. 若常数项级数 $u_1+(u_2+u_3)+(u_4+u_5+u_6)+\cdots$ 收敛，则（　　）.

A. 级数 $u_1+u_2+u_3+\cdots$ 必定收敛于原来级数的和

B. 级数 $u_1+u_2+u_3+\cdots$ 必定收敛，但不一定收敛于原来级数的和

C. 级数 $u_1+u_2+u_3+\cdots$ 不一定收敛

D. 级数 $u_1+u_2+u_3+\cdots$ 必定发散

4. 级数 $\sum_{n=1}^{\infty}(-1)^{n-1}n^p$（$p$ 为常数）（　　）.

A. 条件收敛　　　　B. 绝对收敛

C. 发散　　　　D. 敛散性与常数 p 有关

二、填空题（每空 3 分，共 18 分）

1. 级数 $\frac{2}{3}+\left(\frac{3}{7}\right)^2+\left(\frac{4}{11}\right)^3+\left(\frac{5}{15}\right)^4+\cdots$ 的一般项为________.

2. 级数 $\sum_{n=1}^{\infty}(-1)^n\left(\frac{9}{8}\right)^n$ 是公比 $|q|$________的等比级数，其敛散性为________.

3. 已知幂级数 $\sum_{n=1}^{\infty} a_n x^n$ 的收敛半径为 R，和函数为 $s(x)$，则级数

$$a_1+2a_2x+3a_3x^2+4a_4x^3+\cdots$$

的收敛半径为________，和函数为________.

4. 幂级数 $\sum_{n=1}^{\infty}(-1)^{n-1}\frac{(x+1)^n}{n}$ 的收敛域为________.

三、判定下列级数的敛散性（每小题 7 分，共 35 分）

1. $\sum_{n=1}^{\infty}\frac{1}{(3n-2)(3n+1)}$.

2. $\sum_{n=1}^{\infty}\frac{1}{n^2-\ln n}$.

3. $\sum_{n=1}^{\infty}\frac{1}{[\ln(n+1)]^n}$.

4. $\sum_{n=1}^{\infty}\frac{n!}{10^n}$.

5. 判定$\sum_{n=1}^{\infty}(-1)^n\left(\sqrt{n+1}-\sqrt{n}\right)$是否收敛，若收敛，是绝对收敛还是条件收敛？

四、求下列幂级数的收敛域（每小题 5 分，共 15 分）

1. $\sum_{n=1}^{\infty}\frac{1}{4^{n-1}n}x^{n-1}$.

2. $\sum_{n=1}^{\infty}(-1)^{n-1}\frac{x^{2n-2}}{2n-2}$.

3. $\sum_{n=1}^{\infty}\frac{(-1)^{n-1}}{n^2}(x+2)^n$.

五、（7 分） 求幂级数$\sum_{n=1}^{\infty}\frac{(x-1)^n}{n\cdot 2^n}$的收敛区间，并求其和函数.

六、（6 分） 将$f(x)=\ln(1+x-2x^2)$展开为x的幂级数.

七、（7 分） 设$\sum_{n=1}^{\infty}a_n$、$\sum_{n=1}^{\infty}b_n$收敛，且$a_n\leqslant u_n\leqslant b_n$（$n=1,2,3,\cdots$），求证$\sum_{n=1}^{\infty}u_n$收敛.

B 级自我测试题

一、选择题（每小题 3 分，共 12 分）

1. 设$a>0$为常数，则级数$\sum_{n=1}^{\infty}(-1)^n\left(1-\cos\frac{a}{n}\right)$（ ）.

A. 绝对收敛　　B. 条件收敛
C. 发散　　D. 敛散性与有关

2. 已知级数$\sum_{n=1}^{\infty}(-1)^{n-1}a_n=2$, $\sum_{n=1}^{\infty}a_{2n-1}=5$，则级数$\sum_{n=1}^{\infty}a_n$等于（ ）.

A. 3　　B. 7　　C. 8　　D. 9

3. 若$\lim_{n\to\infty}u_n=+\infty$，则级数$\sum_{n=1}^{\infty}\left(\frac{1}{u_n}-\frac{1}{u_{n+1}}\right)$（ ）.

A. 发散　　B. 收敛于 0　　C. 收敛于$\frac{1}{u_1}$　　D. 敛散性不确定

4. 若级数$\sum_{n=1}^{\infty}a_n(a_n\geqslant 0)$收敛，则有（ ）.

A. $\sum_{n=1}^{\infty}(a_n)^2$发散　　B. $\sum_{n=1}^{\infty}\frac{\sqrt{a_n}}{n}$收敛

C. $\sum_{n=1}^{\infty}\frac{a_n}{1+a_n}$发散　　D. $\sum_{n=k}^{\infty}\frac{a_n}{n}$发散

二、填空题（每小题 3 分，共 12 分）

1. 若级数 $\sum\limits_{n=1}^{\infty}\frac{\sqrt{n+1}}{n^{a}}$ 收敛，则 a 应满足________.

2. 若级数 $\sum\limits_{n=1}^{\infty}(a_n+2)^2$ 收敛，则 $\lim\limits_{n\to\infty}a_n=$________.

3. 设幂级数 $\sum\limits_{n=1}^{\infty}a_n(x+1)^n$ 在 $x=3$ 处条件收敛，则其收敛半径为 $R=$________.

4. 函数 $f(x)=x^2+2x+1$ 展开成（$x-1$）的幂级数为________.

三、讨论下列级数的敛散性（每小题 7 分，共 28 分）

1. $\sum\limits_{n=1}^{\infty}\frac{\ln n}{2n^3-1}$.

2. $\sum\limits_{n=1}^{\infty}\left(\frac{n}{3n-1}\right)^{2n-1}$.

3. $\sum\limits_{n=1}^{\infty}n^4\mathrm{e}^{-n^2}$.

4. $\sum\limits_{n=1}^{\infty}\left[\frac{1}{\sqrt{n}}-\sqrt{\ln\left(1+\frac{1}{n}\right)}\right]$.

四、判定下列级数是否收敛，若收敛，指出是绝对收敛还是条件收敛？（每小题 5 分，共 10 分）

1. $\sum\limits_{n=1}^{\infty}(-1)^n\frac{n^{n+1}}{(n+1)!}$.

2. $\sum\limits_{n=1}^{\infty}\sin\left(n\pi+\frac{1}{\ln n}\right)$.

五、求下列幂级数的收敛区间（每小题 5 分，共 15 分）

1. $\sum\limits_{n=1}^{\infty}\frac{1}{\sqrt{n}}(x-5)^{n-1}$.

2. $\sum\limits_{n=1}^{\infty}\left(\sqrt{n+1}-\sqrt{n}\right)2^n x^{2n}$.

3. $\sum\limits_{n=1}^{\infty}\left[\frac{(-1)^{n-1}}{2^n}x^n+3^n x^n\right]$.

六、对下列有关无穷级数问题求解（每小题 7 分，共 14 分）

1. 求级数 $\sum\limits_{n=1}^{\infty}\frac{n}{n+1}(2x+1)^n$ 的收敛域，并在收敛区间内求其和函数.

2. 求常数项级数 $\sum\limits_{n=1}^{\infty}\frac{n^2}{2^n}$ 的和.

七、（9 分）　将函数 $f(x)=\frac{x}{2+x-x^2}$ 展开成 x 的幂级数.

第 10 章　微分方程与差分方程

10.1　知识结构图与学习要求

10.1.1　知识结构图

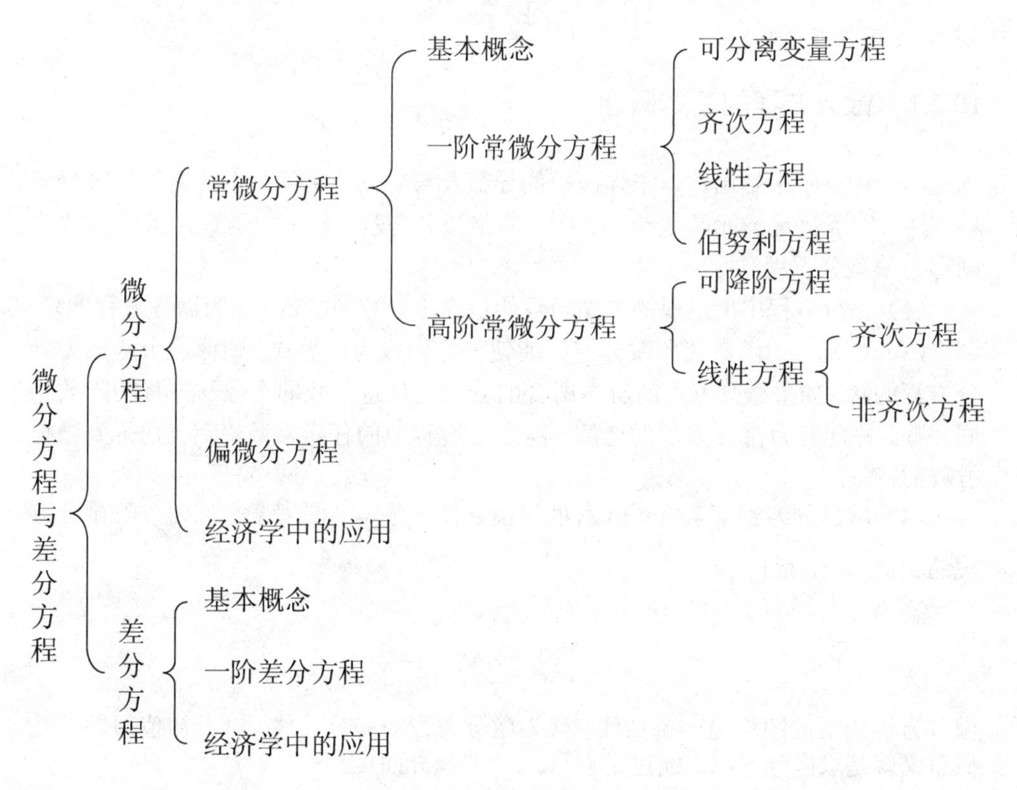

10.1.2　学习要求

（1）了解常微分方程及其解、通解、阶、初始条件和特解等基本概念.

（2）熟练掌握一阶微分方程（可分离变量的微分方程、齐次方程、一阶线性微分方程）的解法.

（3）理解线性微分方程解的性质及解的结构定理，会用降阶法解下列三种类型的方程：

$$y^{(n)} = f(x),\ y'' = f(x,y'),\ y'' = f(y,y').$$

（4）掌握二阶常系数齐次线性微分方程的解法，了解二阶常系数非齐次线性微分方程特解和通解的求法.

（5）了解差分、差分方程、差分方程的阶与解（通解与特征）等概念.

（6）掌握一阶常系数齐次线性差分方程的解法，会求某些特殊的一阶常系数非齐次线性差分方程的特解与通解.

（7）会运用微分方程与差分方程解决一些简单的经济应用问题.

10.2 内容提要

10.2.1 微分方程的基本概念

（1）称表示未知函数、未知函数的导数及与自变量之间关系的方程为微分方程. 若未知函数是一元函数的，则称之为常微分方程. 若未知函数是多元函数的，则称为偏微分方程.

（2）微分方程中所出现的未知函数的最高阶导数的阶数，称为微分方程的阶.

（3）如果一个函数代入微分方程能使该方程成为恒等式，则称这个函数为微分方程的解. 如果微分方程的解中所含的独立的任意常数的个数与方程的阶数相同，那么称此解为微分方程的通解. 确定了通解中的任意常数以后，则得到微分方程的特解.

（4）求微分方程 $y' = f(x,y)$ 满足初始条件 $y|_{x=x_0} = y_0$ 的特解，称为一阶微分方程的初值问题，记作

$$\begin{cases} y' = f(x,y), \\ y|_{x=x_0} = y_0. \end{cases}$$

微分方程的解的图形是一条曲线，称为微分方程的积分曲线，以上初值问题的几何意义就是求微分方程的通过定点 (x_0, y_0) 的积分曲线.

10.2.2 一阶常微分方程

1. 可分离变量的微分方程

一般地，如果一个一阶微分方程能写成 $g(y)\mathrm{d}y = f(x)\mathrm{d}x$ 的形式，那么原方程就称为可分离变量的微分方程，这类方程只需要在 $g(y)\mathrm{d}y = f(x)\mathrm{d}x$ 两边同时积分即可求解. 这是微分方程中最基本的类型.

2. 齐次方程

如果一阶微分方程$\frac{\mathrm{d}y}{\mathrm{d}x}=f(x,y)$中的函数$f(x,y)$可写成$\frac{y}{x}$的函数，即$f(x,y)=\varphi\left(\frac{y}{x}\right)$，则称该方程为齐次方程.

求解齐次方程，通常作变换$u=\frac{y}{x}$，即$y=ux$，并对其两端关于x求导得

$$\frac{\mathrm{d}y}{\mathrm{d}x}=u+x\frac{\mathrm{d}u}{\mathrm{d}x},$$

代入原方程，原方程即可化为可分离变量方程，求出此可分离变量方程的通解后，以$\frac{y}{x}$代替u，即可得到原方程的通解.

3. 一阶线性微分方程

（1）形如$\frac{\mathrm{d}y}{\mathrm{d}x}+P(x)y=Q(x)$的方程称为一阶线性微分方程.

1）如果$Q(x)\equiv 0$，则该方程称为齐次的，此时方程属于可分离变量的微分方程，求解得$y=C\mathrm{e}^{-\int P(x)\mathrm{d}x}$（此处用$\int P(x)\mathrm{d}x$表示$P(x)$的某个确定的原函数）；

2）如果$Q(x)$不恒等于零，则该方程称为非齐次的，利用常数变易法可求该非齐次线性方程的通解. 用常数变易法求$\frac{\mathrm{d}y}{\mathrm{d}x}+P(x)y=Q(x)$通解的一般步骤如下：

第一步，求出$\frac{\mathrm{d}y}{\mathrm{d}x}+P(x)y=0$的通解$y=C\mathrm{e}^{-\int P(x)\mathrm{d}x}$；

第二步，变易常数，即令$y=C(x)\mathrm{e}^{-\int P(x)\mathrm{d}x}$是$\frac{\mathrm{d}y}{\mathrm{d}x}+P(x)y=Q(x)$的解；

第三步，将$y=C(x)\mathrm{e}^{-\int P(x)\mathrm{d}x}$代入$\frac{\mathrm{d}y}{\mathrm{d}x}+P(x)y=Q(x)$，求出

$$C(x)=\int Q(x)\mathrm{e}^{\int P(x)\mathrm{d}x}\mathrm{d}x+C;$$

第四步，将$C(x)=\int Q(x)\mathrm{e}^{\int P(x)\mathrm{d}x}\mathrm{d}x+C$代入$y=C(x)\mathrm{e}^{-\int P(x)\mathrm{d}x}$中即可得到一阶线性非齐次方程$\frac{\mathrm{d}y}{\mathrm{d}x}+P(x)y=Q(x)$的通解为

$$y=\mathrm{e}^{-\int P(x)\mathrm{d}x}\left(\int Q(x)\mathrm{e}^{\int P(x)\mathrm{d}x}\mathrm{d}x+C\right).$$

约定　本章中出现的$C,C_1,C_2,\cdots,C_n$，如果未加说明均指任意常数.

（2）形如 $\frac{\mathrm{d}y}{\mathrm{d}x}+P(x)y=Q(x)y^n$ $(n\neq 0,1)$ 的方程称为伯努利（Bernoulli）方程，当 $n=0$ 或 1 时，方程是线性微分方程.

伯努利方程的求解：令 $z=y^{1-n}$ 得 $\frac{\mathrm{d}z}{\mathrm{d}x}=(1-n)y^{-n}\frac{\mathrm{d}y}{\mathrm{d}x}$，原方程即可化为一阶线性方程

$$\frac{\mathrm{d}z}{\mathrm{d}x}+(1-n)P(x)z=(1-n)Q(x),$$

求出该方程的通解，再将 $z=y^{1-n}$ 代入即得到该伯努利方程的通解.

10.2.3 可降阶的高阶微分方程

下面介绍三种容易降阶的高阶微分方程的求解方法.

1. $y^{(n)}=f(x)$ 型的微分方程

对此方程两边连续积分 n 次，每积分一次增加一个任意常数，便得此方程的含有 n 个任意常数的通解.

2. $y''=f(x,y')$ 型的微分方程

此方程的特点是方程中不显含 y，设 $y'=p$，则有 $y''=\frac{\mathrm{d}p}{\mathrm{d}x}=p'$，那么原方程转化为一阶方程 $p'=f(x,p)$，这是关于 x、p 的一阶微分方程，求出其通解 $p=\varphi(x,C_1)$，即得到另一个一阶方程 $y'=\varphi(x,C_1)$，两边积分即可得到原方程的通解为 $y=\int\varphi(x,C_1)\mathrm{d}x+C_2$.

3. $y''=f(y,y')$ 型的微分方程

此方程的特点是方程中不显含自变量 x，令 $y'=p$，则有

$$y''=\frac{\mathrm{d}p}{\mathrm{d}x}=\frac{\mathrm{d}p}{\mathrm{d}y}\frac{\mathrm{d}y}{\mathrm{d}x}=p\frac{\mathrm{d}p}{\mathrm{d}y},$$

原方程转化为 $p\frac{\mathrm{d}p}{\mathrm{d}y}=f(y,p)$，这是关于变量 y、p 的一阶微分方程，设求出的通解为 $y'=p=\varphi(y,C_1)$，此方程为变量可分离的方程，分离变量然后积分即可得到原方程的通解为 $\int\frac{\mathrm{d}y}{\varphi(y,C_1)}=x+C_2$.

10.2.4　二阶线性微分方程

1. 线性微分方程的解的结构

（1）对于二阶齐次线性微分方程 $y''+P(x)y'+Q(x)y=0$ 有如下结论：

定理 10.1　如果 $y_1(x)$ 与 $y_2(x)$ 是该齐次线性方程的两个解，那么

$$y=C_1y_1(x)+C_2y_2(x)$$

也是该齐次线性方程的解，其中 C_1、C_2 是任意常数.

齐次线性方程的这个性质称为解的叠加原理.

定理 10.2　如果 $y_1(x)$ 与 $y_2(x)$ 是该齐次线性方程的两个线性无关的特解，则

$$y=C_1y_1(x)+C_2y_2(x)\text{（}C_1\text{、}C_2\text{是任意常数）}$$

是该齐次线性方程的通解.

（2）对于二阶非齐次线性微分方程 $y''+P(x)y'+Q(x)y=f(x)$（其中 $f(x)\neq 0$），有如下定理成立：

定理 10.3　设 $y_1(x)$ 与 $y_2(x)$ 是二阶非齐次线性方程

$$y''+P(x)y'+Q(x)y=f(x)$$

的两个特解，则 $y_1(x)-y_2(x)$ 是二阶齐次线性微分方程 $y''+P(x)y'+Q(x)y=0$ 的一个特解.

定理 10.4　设 $y_1(x)$ 是二阶齐次线性微分方程

$$y''+P(x)y'+Q(x)y=0$$

的一个特解. 而 $y_2(x)$ 是二阶非齐次线性方程

$$y''+P(x)y'+Q(x)y=f(x)$$

的一个特解，则 $y_1(x)+y_2(x)$ 是二阶非齐次线性微分方程

$$y''+P(x)y'+Q(x)y=f(x)$$

的一个特解.

定理 10.5　设 $y^*(x)$ 是二阶非齐次线性方程

$$y''+P(x)y'+Q(x)y=f(x)$$

的一个特解，$Y(x)$ 是该二阶非齐次线性方程对应的齐次方程的通解，那么

$$y=Y(x)+y^*(x)$$

是该二阶非齐次线性方程的通解.

定理 10.6 设二阶非齐次线性方程的右端 $f(x)$ 是几个函数之和，例如，

$$y'' + P(x)y' + Q(x)y = f_1(x) + f_2(x),$$

而 $y_1(x)$ 与 $y_2(x)$ 分别是方程

$$y'' + P(x)y' + Q(x)y = f_1(x), \quad y'' + P(x)y' + Q(x)y = f_2(x),$$

的特解，那么 $y_1(x) + y_2(x)$ 是方程 $y'' + P(x)y' + Q(x)y = f_1(x) + f_2(x)$ 的特解.

该定理通常称为非齐次线性微分方程解的叠加原理.

2. 二阶常系数齐次线性微分方程

（1）称方程 $y'' + py' + qy = 0$（其中 p、q 是常数）为二阶常系数齐次线性方程. 方程 $r^2 + pr + q = 0$ 称为方程 $y'' + py' + qy = 0$ 的特征方程，其中 r^2、r 的系数及常数项恰好依次是该齐次方程中 y'', y' 及 y 的系数.

（2）求二阶常系数齐次线性微分方程 $y'' + py' + qy = 0$ 的通解的步骤：

第一步，写出该齐次方程的特征方程 $r^2 + pr + q = 0$；

第二步，求出以上特征方程的两个根 r_1 与 r_2；

第三步，根据特征方程的两个根的不同情形，按照表 10-1 写出该齐次方程的通解.

表 10-1

特征方程 $r^2 + pr + q = 0$ 的根 r_1, r_2	微分方程 $y'' + py' + qy = 0$ 的通解
两个不相等的实根 r_1, r_2	$y = C_1 e^{r_1 x} + C_2 e^{r_2 x}$
两个相等的实根 $r_1 = r_2$	$y = (C_1 + C_2 x)e^{r_1 x}$
一对共轭复根 $r_{1,2} = \alpha \pm i\beta$	$y = e^{\alpha x}(C_1 \cos \beta x + C_2 \sin \beta x)$

3. 二阶常系数非齐次线性微分方程

二阶常系数非齐次线性微分方程的一般形式为 $y'' + py' + qy = f(x)$. 求二阶常系数非齐次线性微分方程的通解，归结为求对应的齐次方程

$$y'' + py' + qy = 0$$

的通解和该非齐次方程本身的一个特解. 下面介绍当方程 $y'' + py' + qy = f(x)$ 中 $f(x)$ 取两种常见形式时其特解 y^* 的求法，即待定系数法.

（1）$f(x) = e^{\lambda x} P_m(x)$ 型：

方程 $y'' + py' + qy = f(x)$ 有形如 $y^* = x^k Q_m(x) e^{\lambda x}$ 的特解，其中 $k = 0$，1，2 分

别对应于λ不是特征方程$r^2+pr+q=0$的根，是特征方程$r^2+pr+q=0$的单根和是特征方程$r^2+pr+q=0$的二重根，而$Q_m(x)$和$P_m(x)$同为m次多项式，其系数待定.

（2） $f(x)=\mathrm{e}^{\lambda x}[P_l(x)\cos\omega x+P_n(x)\sin\omega x]$型：

方程$y''+py'+qy=f(x)$有形如

$$y^*=x^k\mathrm{e}^{\lambda x}[R_m(x)\cos\omega x+S_m(x)\sin\omega x]$$

的特解，其中k按$\lambda+\mathrm{i}\omega$（或$\lambda-\mathrm{i}\omega$）不是特征方程的根，或是特征方程的根依次取0或1，而$R_m(x)$与$S_m(x)$同为m次多项式，其中$m=\max\{l,n\}$.

10.2.5　差分方程的基本概念

1. 差分的概念与性质

（1）差分的概念：

设函数$y=f(t)$中的自变量t取所有的非负整数，并且记其函数值为y_t，则其值可以排列成一个数列y_0，y_1，y_2，…，y_n，…，差

$$y_{t+1}-y_t=f(t+1)-f(t)$$

称为函数y_t的差分，也称为一阶差分，记为Δy_t，即

$$\Delta y_t=y_{t+1}-y_t=f(t+1)-f(t).$$

二阶差分就是一阶差分的差分，即

$$\begin{aligned}\Delta^2 y_t&=\Delta(\Delta y_t)=\Delta(y_{t+1}-y_t)=(y_{t+2}-y_{t+1})-(y_{t+1}-y_t)\\&=y_{t+2}-2y_{t+1}+y_t.\end{aligned}$$

类似地，可以定义三阶差分、四阶差分及更高阶的差分. 把二阶及二阶以上的差分统称为高阶差分，高阶差分的一般形式为

$$\Delta^n y_t=\Delta(\Delta^{n-1}y_t)=\Delta^{n-1}y_{t+1}-\Delta^{n-1}y_t=\sum_{i=0}^{n}(-1)^i C_n^i y_{t+n-i}\quad(n=2,\ 3,\ \cdots),$$

其中$C_n^i=\dfrac{n!}{i!(n-i)!}$.

通常，Δ称为差分算子.

（2）差分算子Δ的性质：

性质 10.1　$\Delta(k)=0$（k为常数）.

性质 10.2　设a,b为常数，则$\Delta(ay_t\pm bz_t)=a\Delta y_t\pm b\Delta z_t$.

性质 10.3　$\Delta(ky_t)=k\Delta y_t$（k为常数）.

性质 10.4 $\Delta(y_t \cdot z_t) = z_t\Delta y_t + y_{t+1}\Delta z_t = z_{t+1}\Delta y_t + y_t\Delta z_t$.

2. 差分方程的概念

（1）含有未知函数差分或表示未知函数 n 个时期值的符号的方程称为差分方程. 其一般形式可以表示为

$$F(t, y_t, y_{t+1}, \cdots, y_{t+n}) = 0 \text{或} G(t, y_t, y_{t-1}, \cdots, y_{t-n}) = 0$$

或 $H(t, y_t, \Delta y_t, \Delta^2 y_t, \cdots, \Delta^n y_t) = 0$.

（2）差分方程中含有未知函数差分的最高阶数或差分方程中未知函数下标的最大值与最小值的差数，称为差分方程的阶.

（3）代入差分方程能使之成为恒等式的函数，称为差分方程的解. 差分方程的解中含有任意常数，且任意常数的个数等于差分方程的阶数，则称这类解为差分方程的通解. 根据一组给定条件能将通解中的任意常数确定出来，得到差分方程的一个解，称为差分方程的特解. 能由通解确定特解的给定条件，称为初始条件.

10.2.6 一阶常系数线性差分方程

1. 概念与性质

称形如 $y_{t+1} - ay_t = f(t)$（$a \neq 0$ 为常数）的方程为一阶常系数线性非齐次差分方程.

称 $y_{t+1} - ay_t = 0$（$a \neq 0$ 为常数）为一阶常系数线性齐次差分方程.

对于一阶常系数线性差分方程的解，有如下解的性质与结构定理：

定理 10.7 若 Y_t 为一阶常系数线性齐次差分方程 $y_{t+1} - ay_t = 0$ 的解，则 AY_t 为该方程的通解，其中 A 为任意常数.

定理 10.8 若 AY_t 为一阶常系数线性齐次差分方程 $y_{t+1} - ay_t = 0$ 的通解，y_t^* 为非齐次差分方程 $y_{t+1} - ay_t = f(t)$ 的特解，则 $AY_t + y_t^*$ 为该非齐次差分方程的通解.

定理 10.9 若 y_{1t}^*，y_{2t}^* 分别为一阶常系数线性非齐次差分方程

$$y_{t+1} - ay_t = f_1(t), \quad y_{t+1} - ay_t = f_2(t)$$

的特解，则 $y_{1t}^* + y_{2t}^*$ 为一阶常系数线性非齐次差分方程 $y_{t+1} - ay_t = f_1(t) + f_2(t)$ 的特解.

2. 一阶常系数线性差分方程的求解

（1）一阶常系数线性齐次差分方程 $y_{t+1} - ay_t = 0$，该方程的特征方程为

$\lambda - a = 0$，得特征根为 $\lambda = a$，则一阶常系数线性齐次差分方程 $y_{t+1} - ay_t = 0$ 的通解为 $y_t = Aa^t$，其中 A 为任意常数.

（2）一阶常系数线性非齐次差分方程 $y_{t+1} - ay_t = f(t)$，根据一阶常系数线性差分方程解的结构定理，若求非齐次差分方程的通解，求出该非齐次方程的一个特解与对应齐次差分方程的通解，然后将特解与通解相加即为所求非齐次差分方程的通解.

（3）求一阶常系数非齐次差分方程的特解 y_t^*，有如下常见形式：

1）若 $f(t) = c$（c 为常数），则

当 $a \neq 1$ 时，$y_t^* = \dfrac{c}{1-a}$；当 $a = 1$ 时，$y_t^* = ct$.

2）若 $f(t) = cb^t$（c、$b \neq 1$ 且为常数），则

当 $b \neq a$ 时，$y_t^* = \dfrac{c}{b-a} b^t$；当 $b = a$ 时，$y_t^* = ctb^{t-1}$.

3）若 $f(t) = ct^n$（c 为常数），令

$$y_t^* = t^s (B_0 + B_1 t + \cdots + B_n t^n),$$

当 $a \neq 1$ 时，取 $s = 0$；当 $a = 1$ 时，取 $s = 1$. 然后将 $y_t^* = t^s (B_0 + B_1 t + \cdots + B_n t^n)$ 代入一阶常系数线性非齐次差分方程中，利用待定系数法，比较两端同类项系数确定 $B_0, B_1, \cdots, B_n$，从而求出 y_t^*.

4）若 $f(t) = b^t P_m(t)$（$P_m(t)$ 为 t 的已知 m 次多项式）时 $y_{t+1} - ay_t = f(t)$ 的特解形式是

$$y_t^* = \begin{cases} b^t Q_m(t), & b\text{不是特征根}, \\ tb^t Q_m(t), & b\text{是特征根}, \end{cases}$$

其中 $Q_m(t)$ 为 m 次多项式，有 $m+1$ 个待定系数，只要将其代入原差分方程，就可用比较系数法求出这 $m+1$ 个待定系数.

10.2.7　微分方程与差分方程的应用

应用微分方程或差分方程解决实际问题关键是根据实际问题建立微分方程或差分方程并确定初始条件，但这没有现成的模式可套用，只能根据已知的条件及几何学、经济学等学科中的一些基本概念和定律来建立微分方程或差分方程.

10.3　典型例题解析

例 10.1　已知积分曲线族为 $y = c_1 x + c_2 x^2$，试求其相应的微分方程.

分析　此类问题为求解微分方程的反问题，其求解方法是利用微分法消去常数 c，由于 $y=c_1x+c_2x^2$ 中含有两个任意常数，由通解的定义可知，其对应的微分方程应为二阶微分方程.

解　对所给通解两端关于 x 求导，得 $y'=c_1+2c_2x$，再对上式两端关于 x 求导，得 $y''=2c_2$，由上述两式可得

$$c_2=\frac{1}{2}y'',\ c_1=y'-2c_2x=y'-xy'',$$

然后将其代入通解表达式 $y=c_1x+c_2x^2$，得 $y=(y'-xy'')x+\frac{1}{2}y''x^2$，即所求方程为

$$x^2y''-2xy'+2y=0.$$

例 10.2　试证 $y=c_1\mathrm{e}^{c_2-3x}-1$ 是方程 $y''-9y=9$ 的解，但不是它的通解，其中 c_1,c_2 是任意常数.

分析　这类题验证所给函数是相应微分方程的通解或解，只需求出所给函数的各阶导数，代入微分方程，看是否使微分方程成为恒等式.

证明　$y=c_1\mathrm{e}^{c_2-3x}-1$ 可以写成 $y=c_1\mathrm{e}^{c_2}\times\mathrm{e}^{-3x}-1$，记 $c=c_1\mathrm{e}^{c_2}$，则有 $y=c\mathrm{e}^{-3x}-1$，将其代入方程 $y''-9y=9$ 得

$$\begin{aligned}左端&=(c\mathrm{e}^{-3x}-1)''-9(c\mathrm{e}^{-3x}-1)=(-3c\mathrm{e}^{-3x})'-9c\mathrm{e}^{-3x}+9\\&=9c\mathrm{e}^{-3x}-9c\mathrm{e}^{-3x}+9=9\equiv 右端,\end{aligned}$$

所以 $y=c_1\mathrm{e}^{c_2-3x}-1$ 是方程的解，由于解中只含有一个独立的任意常数，故它不是该方程的通解.

注　要准确理解解、通解的定义，通解中独立常数的个数应与方程的阶数相同.

例 10.3　（1）求微分方程 $(x+1)\frac{\mathrm{d}y}{\mathrm{d}x}+1=2\mathrm{e}^{-y}$ 的通解；

（2）求微分方程 $y^2\cot x\mathrm{d}x+\mathrm{d}y=0$ 在初始条件 $y\left(\frac{\pi}{2}\right)=\frac{1}{2}$ 下的特解.

分析　在求解微分方程时，首先要判断方程的类型，然后根据不同类型，确定解题方法.

解　（1）分离变量得 $\frac{\mathrm{d}y}{2\mathrm{e}^{-y}-1}=\frac{\mathrm{d}x}{x+1}$，即 $\frac{\mathrm{e}^y}{2-\mathrm{e}^y}\mathrm{d}y=\frac{\mathrm{d}x}{x+1}$，积分得

$$-\ln|2-\mathrm{e}^y|=\ln|x+1|-\ln|C|,$$

即 $(x+1)(2-\mathrm{e}^y)=C$，其中 C 为任意常数. 故通解为 $(x+1)\mathrm{e}^y-2x=C_1$，其中 $C_1=2-C$ 亦为任意常数.

（2）原方程即为 $\frac{\mathrm{d}y}{\mathrm{d}x}=-y^2\cot x$，分离变量得

$$-\frac{1}{y^2}\mathrm{d}y=\cot x\mathrm{d}x,$$

两边积分，即 $-\int\frac{1}{y^2}\mathrm{d}y=\int\cot x\mathrm{d}x$，得通解 $\frac{1}{y}=\ln\sin x+C$．由初始条件 $y\left(\frac{\pi}{2}\right)=\frac{1}{2}$，得 $C=2$，故所求特解为 $y=\frac{1}{2+\ln\sin x}$．

例 10.4　若 $f(x)=\int_0^{2x}f\left(\frac{t}{2}\right)\mathrm{d}t+\ln 2$，则 $f(x)=$（　　）．

A. $\mathrm{e}^x\ln 2$　　B. $\mathrm{e}^{2x}\ln 2$　　C. $\mathrm{e}^x+\ln 2$　　D. $\mathrm{e}^{2x}+\ln 2$

分析　所给方程中含有变上限积分. 这类问题通常是利用微分法消去变上限积分，转化为微分方程求解.

解　对所给方程两端关于 x 求导，得

$$f'(x)=f\left(\frac{2x}{2}\right)\cdot(2x)'=2f(x),$$

上述方程为可分离变量方程，得其通解为 $f(x)=C\mathrm{e}^{2x}$．

对于 $f(x)=\int_0^{2x}f\left(\frac{t}{2}\right)\mathrm{d}t+\ln 2$，当 $x=0$ 时，得 $f(0)=\ln 2$，将其代入通解得 $f(0)=C$，即 $C=\ln 2$．从而 $f(x)=\mathrm{e}^{2x}\ln 2$．选 B.

例 10.5　求下列微分方程的通解：

（1）$\left(x+y\cos\frac{y}{x}\right)\mathrm{d}x-x\cos\frac{y}{x}\mathrm{d}y=0$；　（2）$\frac{\mathrm{d}x}{x^2-xy+y^2}=\frac{\mathrm{d}y}{2y^2-xy}$．

分析　所给方程均为齐次方程.

解　（1）由于

$$\frac{\mathrm{d}y}{\mathrm{d}x}=\frac{x+y\cos\frac{y}{x}}{x\cos\frac{y}{x}}=\frac{1+\frac{y}{x}\cos\frac{y}{x}}{\cos\frac{y}{x}},$$

令 $u=\frac{y}{x}$，于是 $y=ux$，$\frac{\mathrm{d}y}{\mathrm{d}x}=u+x\frac{\mathrm{d}u}{\mathrm{d}x}$．上式转化为

$$u+x\frac{\mathrm{d}u}{\mathrm{d}x}=\frac{1+u\cos u}{\cos u}=\frac{1}{\cos u}+u,$$

即 $\cos u\mathrm{d}u=\frac{\mathrm{d}x}{x}$，积分得 $\sin u=\ln x-\ln C$，即 $\mathrm{e}^{\sin u}=Cx$．故得通解为 $x=C\mathrm{e}^{\sin\frac{y}{x}}$．

（2）原方程即为

$$\frac{\mathrm{d}y}{\mathrm{d}x}=\frac{2y^2-xy}{x^2-xy+y^2}=\frac{2\left(\frac{y}{x}\right)^2-\frac{y}{x}}{1-\frac{y}{x}+\left(\frac{y}{x}\right)^2}.$$

令$u=\frac{y}{x}$，于是$y=ux$，$\frac{\mathrm{d}y}{\mathrm{d}x}=u+x\frac{\mathrm{d}u}{\mathrm{d}x}$. 上式转化为$u+x\frac{\mathrm{d}u}{\mathrm{d}x}=\frac{2u^2-u}{1-u+u^2}$，即

$$\left[\frac{1}{2}\left(\frac{1}{u-2}-\frac{1}{u}\right)-\frac{2}{u-2}+\frac{1}{u-1}\right]\mathrm{d}u=\frac{\mathrm{d}x}{x},$$

积分得

$$\ln(u-1)-\frac{3}{2}\ln(u-2)-\frac{1}{2}\ln u=\ln x+\ln C,$$

即$\frac{u-1}{\sqrt{u}(u-2)^{\frac{3}{2}}}=Cx$. 故得原方程通解为$(y-x)^2x=Cy(y-2x)^3$.

例 10.6　求微分方程$x^2y'+xy=y^2$在初始条件$y(1)=1$下的特解.

解　原方程可写为$\frac{\mathrm{d}y}{\mathrm{d}x}=\left(\frac{y}{x}\right)^2-\frac{y}{x}$，所给方程为齐次方程. 令$u=\frac{y}{x}$，于是$y=ux$，$\frac{\mathrm{d}y}{\mathrm{d}x}=u+x\frac{\mathrm{d}u}{\mathrm{d}x}$. 则原方程转化为$x\frac{\mathrm{d}u}{\mathrm{d}x}=u^2-2u$，对其分离变量得

$$\frac{\mathrm{d}u}{u^2-2u}=\frac{\mathrm{d}x}{x},$$

两端分别积分得

$$\frac{1}{2}[\ln|u-2|-\ln|u|]=\ln|x|+C_1,$$

即$\frac{u-2}{u}=Cx^2$，将$u=\frac{y}{x}$代入得原方程的通解为$\frac{y-2x}{y}=Cx^2$. 将初始条件$y(1)=1$代入通解表达式中得$C=-1$. 因此所求特解为$y=\frac{2x}{1+x^2}$.

例 10.7　求微分方程$\cos x\frac{\mathrm{d}y}{\mathrm{d}x}+y\sin x=1$的通解.

解　原方程可化为一阶线性微分方程$\frac{\mathrm{d}y}{\mathrm{d}x}+\tan x\cdot y=\sec x$. 其通解为

$$y=\mathrm{e}^{-\int\tan x\mathrm{d}x}[\int\sec x\cdot\mathrm{e}^{\int\tan x\mathrm{d}x}\mathrm{d}x+C]=\mathrm{e}^{-\int\frac{\sin x}{\cos x}\mathrm{d}x}[\int\sec x\cdot\mathrm{e}^{\int\frac{\sin x}{\cos x}\mathrm{d}x}\mathrm{d}x+C]$$

$$=\mathrm{e}^{\ln\cos x}[\int\sec x\cdot\mathrm{e}^{-\ln\cos x}\mathrm{d}x+C]=\cos x[\int\sec^2 x\mathrm{d}x+C]$$
$$=[\tan x+C]\cos x.$$

例 10.8　求微分方程 $\mathrm{d}y=(\frac{1}{1+x}+\frac{y}{x})\mathrm{d}x$ 在初始条件 $y(1)=-\ln 2$ 下的特解.

解　先求通解, 再求满足初始条件的特解. 原方程可化为

$$\frac{\mathrm{d}y}{\mathrm{d}x}-\frac{1}{x}y=\frac{1}{1+x},$$

该方程为一阶线性微分方程, 其通解为

$$y=\mathrm{e}^{\int\frac{1}{x}\mathrm{d}x}[\int\frac{1}{1+x}\mathrm{e}^{-\int\frac{1}{x}\mathrm{d}x}\mathrm{d}x+C]=x[\int\frac{1}{x(x+1)}\mathrm{d}x+C]=x[\ln\frac{x}{x+1}+C],$$

由 $y(1)=-\ln 2$ 得 $1\cdot[\ln\frac{1}{2}+C]=-\ln 2$，于是 $C=0$. 因此所求特解为 $y=x\ln\frac{x}{x+1}$.

例 10.9　求微分方程 $(x-y^2)\frac{\mathrm{d}y}{\mathrm{d}x}=y$ 的通解.

解　原方程即为 $\frac{\mathrm{d}y}{\mathrm{d}x}=\frac{y}{x-y^2}$，此方程不是一阶线性方程, 若将 x 看成未知函数, 而将 y 看作自变量, 求得 $\frac{\mathrm{d}x}{\mathrm{d}y}$，于是方程变为 $\frac{\mathrm{d}x}{\mathrm{d}y}-\frac{1}{y}x=-y$，此为一阶线性微分方程. 根据一阶线性微分方程通解公式得（注意变量 x 、 y 位置的变化）

$$x=\mathrm{e}^{-\int-\frac{1}{y}\mathrm{d}y}\left[\int-y\mathrm{e}^{\int-\frac{1}{y}\mathrm{d}y}\mathrm{d}y+C\right]=y(-y+C)=Cy-y^2.$$

例 10.10　求方程 $xy'+y=2\sqrt{xy}$ 的通解.

分析　原方程可化为齐次方程 $y'+\frac{y}{x}=2\sqrt{\frac{y}{x}}$；也可写成 $y'+\frac{1}{x}y=\frac{2}{\sqrt{x}}y^{\frac{1}{2}}$；还可换元令 $xy=u$.

解法 1　将方程化为齐次方程 $y'+\frac{y}{x}=2\sqrt{\frac{y}{x}}$，令 $\frac{y}{x}=u$，则有 $y'=u+xu'$，代入原方程得 $u+xu'+u=2\sqrt{u}$，即 $\frac{2}{x}\mathrm{d}x+\frac{\mathrm{d}u}{\sqrt{u}\left(\sqrt{u}-1\right)}=0$，于是

$$\frac{\mathrm{d}x}{x}+\frac{\mathrm{d}\sqrt{u}}{\sqrt{u}-1}=0,$$

积分得 $\ln|x|+\ln|\sqrt{u}-1|=C_1$，将 $\dfrac{y}{x}=u$ 代入该式，故通解为

$$\sqrt{xy}-x=C \quad （这里 C=\pm e^{C_1}）.$$

解法 2　原方程可写成 $y'+\dfrac{1}{x}y=\dfrac{2}{\sqrt{x}}y^{\frac{1}{2}}$，为 $n=\dfrac{1}{2}$ 时对应的伯努利方程，令 $z=y^{\frac{1}{2}}$，得线性方程 $\dfrac{dz}{dx}+\dfrac{1}{2x}z=\dfrac{1}{\sqrt{x}}$，由一阶非齐次线性方程的通解公式可得 $z=e^{-\int P(x)dx}\left(\int Q(x)e^{\int P(x)dx}dx+C\right)$，其中 $P(x)=\dfrac{1}{2x},Q(x)=\dfrac{1}{\sqrt{x}}$. 积分求出 z 并代入 $z=y^{\frac{1}{2}}$ 得通解 $\sqrt{xy}-x=C$.

解法 3　令 $xy=u$，则 $xy'+y=u'$,可得

$$u'=2\sqrt{u} \text{ 即 } \frac{du}{\sqrt{u}}=2dx,$$

积分得 $2\sqrt{u}=2x+C_1$，即有 $x-\sqrt{xy}=C$.

例 10.11　求微分方程 $\dfrac{dy}{dx}+xy=x^3y^3$ 的通解.

解　所给方程为伯努利方程，令 $z=y^{1-3}=\dfrac{1}{y^2}$，则 $\dfrac{dz}{dx}=-2y^{-3}\dfrac{dy}{dx}$，代入原方程得 $y^{-3}\dfrac{dy}{dx}+xy^2=x^3$，即 $\dfrac{dz}{dx}-2xz=2x^3$，因此

$$z=e^{\int 2xdx}\left[\int(-2x^3)e^{-\int 2xdx}dx+C\right]=Ce^{x^2}+x^2+1.$$

于是 $\dfrac{1}{y^2}=Ce^{x^2}+x^2+1$ 即为所求的通解.

例 10.12　求微分方程 $xdy-[y+xy^3(1+\ln x)]dx=0$ 的通解.

解　所给方程可写为 $\dfrac{dy}{dx}-\dfrac{1}{x}y=(1+\ln x)y^3$，此为伯努利方程，令 $z=y^{1-3}=\dfrac{1}{y^2}$，则 $\dfrac{dz}{dx}=-2y^{-3}\dfrac{dy}{dx}$. 代入上式得

$$\frac{dz}{dx}+\frac{2}{x}z=-2(1+\ln x),$$

此为一阶线性微分方程，因此

$$z=e^{-\int\frac{2}{x}dx}\left[-\int 2(1+\ln x)e^{\int\frac{2}{x}dx}dx+C\right]=x^{-2}\left[2\int(1+\ln x)x^2dx+C\right]$$

$$=2x^{-2}\left[\frac{x^3}{3}+\frac{x^3}{3}\ln x-\frac{x^3}{9}+C_1\right],$$

故所求通解为 $\frac{1}{y^2}=\frac{2}{3}x(1+\ln x)-\frac{2}{9}x+2C_1x^{-2}$.

例 10.13　求微分方程 $y'''=xe^x$ 的通解.

分析　该方程为 $y^{(n)}=f(x)$ 型可降阶的高阶微分方程, 方程的右端仅含有自变量 x, 将 $y^{(n-1)}$ 作为新的未知函数, 原方程则为新未知函数的一阶微分方程, 两边积分得关于 x 的 $n-1$ 阶微分方程. 依此法连续积分 n 次可得原方程的含有 n 个任意常数的通解.

解　对所给方程接连积分三次, 得

$$y''=\int xe^x\mathrm{d}x=xe^x-e^x+2C_1,$$

$$y'=\int(xe^x-e^x+2C_1)\mathrm{d}x=xe^x-2e^x+2C_1x+C_2,$$

$$y=\int(xe^x-2e^x+2C_1x+C_2)\mathrm{d}x=xe^x-3e^x+C_1x^2+C_2x+C_3,$$

因此原方程通解为 $y=(x-3)e^x+C_1x^2+C_2x+C_3$.

例 10.14　微分方程 $xy''+3y'=0$ 的通解是________.

分析　该方程中不显含 y, 是可降阶型的微分方程 $y''=f(x,y')$.

解　令 $y'=p(x)$, 则 $y''=p'$, 原方程化为一阶线性方程 $xp'+3p=0$, 即 $p'+\frac{3}{x}p=0$, 其通解为 $y'=p=\frac{C_1}{x^3}$, 再对其积分得通解为 $y=\frac{2C_1}{x^2}+C_2$.

例 10.15　求方程 $y''+2x(y')^2=0$ 在初始条件 $y(0)=1, y'(0)=-\frac{1}{2}$ 下的特解.

分析　该方程中不显含 y, 是可降阶型的微分方程 $y''=f(x,y')$.

解　令 $p=y'$, 则 $\frac{\mathrm{d}p}{\mathrm{d}x}=y''$. 于是原方程化为 $\frac{\mathrm{d}p}{\mathrm{d}x}+2xp^2=0$, 即 $\frac{\mathrm{d}p}{p^2}=-2x\mathrm{d}x$, 积分得 $-\frac{1}{p}=-x^2+C_1$, 由 $y'(0)=-\frac{1}{2}$ 得 $C_1=2$, 即 $y'=\frac{1}{x^2-2}$, 于是

$$y=\int\frac{1}{x^2-2}\mathrm{d}x=\frac{1}{2\sqrt{2}}\int\left(\frac{1}{x-\sqrt{2}}-\frac{1}{x+\sqrt{2}}\right)\mathrm{d}x=\frac{1}{2\sqrt{2}}\ln\left|\frac{x-\sqrt{2}}{x+\sqrt{2}}\right|+C_2,$$

由于 $y(0)=1$, 得 $C_2=1$, 所以所求特解为 $y=\frac{1}{2\sqrt{2}}\ln\left|\frac{x-\sqrt{2}}{x+\sqrt{2}}\right|+1$.

例 10.16　求微分方程 $y''+\frac{2}{1-y}(y')^2=0$ 的通解.

分析　该方程中不显含 x, 是可降阶型的微分方程 $y''=f(y,y')$.

解　令 $p=y'$，$p=p(y)$．则 $y''=p\dfrac{dp}{dy}$．于是原方程化为

$$p\frac{dp}{dy}+\frac{2}{1-y}p^2=0,$$

当 $p\neq 0$ 时，分离变量，得 $\dfrac{dp}{p}=\dfrac{2}{y-1}dy$，积分得

$$\ln|p|=2\ln|y-1|+\ln C_1,$$

即 $\dfrac{dy}{dx}=p=C_1(y-1)^2$，分离变量，得 $\dfrac{dy}{(y-1)^2}=C_1dx$，积分，得 $-\dfrac{1}{y-1}=C_1x+C_2$，即 $y=1-\dfrac{1}{C_1x+C_2}$．

当 $p=0$ 时，$y=C(\neq 1)$，亦为该方程的解（已隐含于上式中）．

综上所述，所求通解为 $y=1-\dfrac{1}{C_1x+C_2}$．

例 10.17　求方程 $y^3y''+2y'=0$ 在初始条件 $y(0)=y'(0)=1$ 下的特解.

分析　该方程中不显含 x，是可降阶型的微分方程 $y''=f(y,y')$．

解　令 $p=y'$，$p=p(y)$．则 $y''=p\dfrac{dp}{dy}$．于是原方程化为 $y^3p\dfrac{dp}{dy}+2p=0$，即 $p(y^3\dfrac{dp}{dy}+2)=0$，由于 $p=0$ 时所对应的解 $y=C$ 显然不满足初始条件，故当 $p\neq 0$ 时，有 $y^3\dfrac{dp}{dy}+2=0$，即 $dp=-\dfrac{2}{y^3}dy$，积分，得 $p=\dfrac{1}{y^2}+C_1$，由初始条件 $y'(0)=1$，可知 $C_1=0$，从而 $y'=p=\dfrac{1}{y^2}$，即 $y^2dy=dx$，积分，得 $\dfrac{y^3}{3}=x+C_2$，由 $y(0)=1$，得 $C_2=\dfrac{1}{3}$．故所求特解为 $y=\sqrt[3]{3x+1}$．

例 10.18　求下列常系数齐次线性方程的通解：

（1）$y''-2y'-3y=0$；　　（2）$y''-2y'+y=0$；

（3）$y''+2y'+10y=0$．

解　（1）特征方程为 $r^2-2r-3=0$，所以特征根为 $r_1=3,r_2=-1$，因此，原方程的通解为 $y=C_1e^{3x}+C_2e^{-x}$．

（2）特征方程为 $r^2-2r+1=0$，所以特征根为 $r_1=r_2=1$，因此，原方程的通解为 $y=(C_1+C_2x)e^x$．

（3）特征方程为 $r^2+2r+10=0$，所以特征根为 $r=-1\pm 3i$，因此，原方程的通解为 $y=e^{-x}(C_1\cos 3x+C_2\sin 3x)$．

例 10.19　求方程 $y''-5y'+6y=e^x$ 的一个特解.

解　由于 $\lambda=1$ 不是特征方程 $r^2-5r+6=0$ 的根，故可设有特解 $y^*=Ae^x$，则有 $y^{*\prime}=Ae^x=y^{*\prime\prime}$，代入原方程，得

$$Ae^x-5Ae^x+6Ae^x=e^x,$$

即 $2Ae^x=e^x$，比较两端，得 $A=\frac{1}{2}$，即得原方程一特解为 $y^*=\frac{1}{2}e^x$.

例 10.20　求 $y''+2y'-3y=e^{-3x}$ 的通解.

分析　求二阶线性非齐次方程，先求出对应齐次方程通解，然后依据方程恰当地设出特解，代入原方程，求出其一特解，再按解的结构性质可得线性非齐次方程的通解.

解　非齐次方程对应齐次方程的特征方程 $r^2+2r-3=0$ 的两个根为 $r_1=1, r_2=-3$；非齐次项 e^{-3x}，$\lambda=-3=r_2$ 为单特征根，故非齐次方程有特解 $Y=xae^{-3x}$，代入方程可得 $a=-\frac{1}{4}$. 因而所求通解为

$$y=c_1e^x-c_2e^{-3x}-\frac{x}{4}e^{-3x}.$$

例 10.21　求 $y''+2y'+2y=e^{-x}\sin x$ 的通解.

分析　这是非齐次项为 $f(x)=e^{\lambda x}[P_l(x)\cos\omega x+P_n(x)\sin\omega x]$ 型的非齐次线性微分方程，其中 $\lambda=-1$，$P_l(x)\equiv 0, P_n(x)=1, \omega=1$.

解法 1　原方程对应的齐次线性微分方程为 $y''+2y'+2y=0$，其特征方程为 $r^2+2r+2=0$，解之得特征根为 $r_1=-1+i, r_2=-1-i$，故该齐次线性微分方程的通解为

$$y=e^{-x}(C_1\cos x+C_2\sin x),$$

按待定系数法，由于 $r=-1\pm i$ 是特特征根，故原方程有形如

$$y^*=x^ke^{\lambda x}[R_m(x)\cos\omega x+S_m(x)\sin\omega x]$$

的特解，这里 $k=1, \lambda=-1,\ \omega=1,\ m=0$. 即特解可设为

$$y^*=e^{-x}(Ax\cos x+Bx\sin x),$$

代入原方程得

$$-2Ae^{-x}(\cos x+\sin x)+2Be^{-x}(\cos x-\sin x)+2Ae^{-x}\cos x+2Be^{-x}\sin x=e^{-x}\sin x,$$

比较方程两边的系数，得 $A=-\frac{1}{2}, B=0$，故原方程的特解为

$$y^*=-\frac{1}{2}xe^{-x}\cos x,$$

故原方程的通解为 $y=-\frac{1}{2}xe^{-x}\cos x+e^{-x}(C_1\cos x+C_2\sin x)$.

解法 2　求对应的齐次线性微分方程的通解与解法 1 相同，现在求非齐次线性微分方程 $y''+2y'+2y=\mathrm{e}^{-x}\sin x$ 的一个特解时利用如下的复数来求：

考虑方程

$$z''+2z'+2z=\mathrm{e}^{-x}(\cos x+\mathrm{i}\sin x) \tag{10-1}$$

即 $z''+2z'+2z=\mathrm{e}^{(-1+\mathrm{i})x}$，这是 $f(x)=\mathrm{e}^{\lambda x}P_m(x)$ 型非齐次线性微分方程，按待定系数法，可设其一个特解为 $z_0(x)=Ax\mathrm{e}^{(-1+\mathrm{i})x}$，将其代入方程（10-1）中得

$$2(-1+\mathrm{i})A\mathrm{e}^{(-1+\mathrm{i})x}+2A\mathrm{e}^{(-1+\mathrm{i})x}=\mathrm{e}^{(-1+\mathrm{i})x},$$

从而可求得 $A=-\dfrac{\mathrm{i}}{2}$，于是特解

$$z_0(x)=-\frac{\mathrm{i}}{2}x\mathrm{e}^{(-1+\mathrm{i}x)}=\left(\frac{x}{2}\sin x-\frac{\mathrm{i}}{2}x\cos x\right)\mathrm{e}^{-x},$$

取 $z_0(x)$ 的虚部得原方程 $y''+2y'+2y=\mathrm{e}^{-x}\sin x$ 的一个特解

$$y^*=-\frac{x}{2}\mathrm{e}^{-x}\cos x.$$

故原方程的通解为

$$y=-\frac{1}{2}x\mathrm{e}^{-x}\cos x+\mathrm{e}^{-x}(C_1\cos x+C_2\sin x).$$

注　对于 $f(x)=\mathrm{e}^{\lambda x}[P_l(x)\cos\omega x+P_n(x)\sin\omega x]$ 类型的特殊情形：

$$f(x)=A(x)\mathrm{e}^{\alpha x}\cos\beta x \text{ 或 } f(x)=B(x)\mathrm{e}^{\alpha x}\sin\beta x$$

都可以用复数求特解，其中 $A(x),B(x)$ 是带实系数的 x 的多项式.

例 10.22　设有连接点 $O(0,0)$ 与 $A(1,1)$ 的一条上凸的曲线弧 $\overset{\frown}{OA}$，对于其上任一点 $M(x,y)$，曲线弧 $\overset{\frown}{OM}$ 与直线段 OM 围成的图形的面积为 x^2，求曲线弧 $\overset{\frown}{OA}$ 的方程.

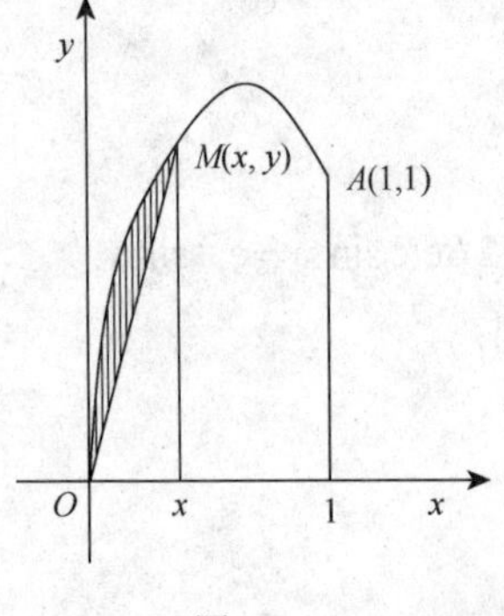

图 10-1

分析　如图 10-1 所示，利用定积分的几何意义即可求出曲线弧 $\overset{\frown}{OM}$ 与直线段 OM 围成的图形的面积，利用已知条件，可得一个含有未知函数的积分方程，对其求导得一微分方程，解之即可.

解　设曲线弧 $\overset{\frown}{OA}$ 的方程为 $y=y(x)$，由题设其上任一点 $M(x,y)$ 的坐标满足 $x\geqslant 0$，$y\geqslant 0$，曲线弧 $\overset{\frown}{OA}$ 与直线段 OM 围成的图形的面积

$$S=\int_0^x y\mathrm{d}x-\frac{1}{2}xy,$$

依题意有 $S=x^2$，即 $x^2=\int_0^x y\mathrm{d}x-\frac{1}{2}xy$，两端对 x 求导，整理得 $\frac{\mathrm{d}y}{\mathrm{d}x}-\frac{1}{x}y=-4$，于是所求问题转化为初值问题

$$\begin{cases}\frac{\mathrm{d}y}{\mathrm{d}x}-\frac{1}{x}y=-4,\\ y(1)=1,\end{cases}$$

解此微分方程，得通解 $y=x(C-4\ln x)$，将初始条件代入得 $C=1$，所以

$$y=x(1-4\ln x).$$

综上所述，曲线弧 $\overset{\frown}{OA}$ 的方程为

$$y=\begin{cases}x(1-4\ln x), & 0<x\leqslant 1,\\ 0, & x=0.\end{cases}$$

例 10.23　在某一个人群中推广新技术是通过其中已掌握技术的人进行的. 设该人群的总人数为 N，在 $t=0$ 时刻已掌握新技术的人数为 x_0，在任意时刻 t 已掌握新技术的人数为 $x(t)$ ［将 $x(t)$ 视为连续可微变量］，其变化率与已掌握新技术人数和未掌握新技术人数之积成正比，比例常数 $k>0$，求 $x(t)$.

分析　导数的实质即为函数的变化率，因此，$x(t)$ 的变化率为 $\frac{\mathrm{d}x}{\mathrm{d}t}$，据此问题不难求解.

解　由题意可知原问题等价于求解如下微分方程的初值问题：

$$\begin{cases}\frac{\mathrm{d}x}{\mathrm{d}t}=kx(N-x),\\ x(0)=x_0,\end{cases}$$

分离变量得 $\int\frac{\mathrm{d}x}{x(N-x)}=k\int\mathrm{d}t+C_1$，即

$$\frac{1}{N}\int\left(\frac{1}{x}+\frac{1}{N-x}\right)\mathrm{d}x=kt+C_1,$$

可得 $\frac{x}{N-x}=C\mathrm{e}^{kNt}$，其中 $C=\mathrm{e}^{NC_1}$，由 $x(0)=x_0$ 可得 $C=\frac{x_0}{N-x_0}$，所以 $\frac{x}{N-x}=\frac{x_0\mathrm{e}^{kNt}}{N-x_0}$，即 $x=\frac{Nx_0\mathrm{e}^{kNt}}{N-x_0+x_0\mathrm{e}^{kNt}}$.

例 10.24　已知某商品的需求 D 和供给量 S 都是价格 p 的函数：

$$D = D(p) = \frac{a}{p^2}, \quad S = S(p) = bp,$$

其中$a>0$和$b>0$为常数；价格p是时间t的函数且满足方程：

$$\frac{\mathrm{d}p}{\mathrm{d}t} = k[D(p) - S(p)] \quad （为正常数），$$

假设当$t=0$时价格为1，试求：

（1）需求量等于供给量时的均衡价格$\overline{p}$；

（2）价格函数$p(t)$；

（3）极限$\lim\limits_{t\to+\infty} p(t)$.

分析 由$D(p)=S(p)$，容易求出均衡价格.

解 （1）令需求量与供给量相等，则有$\dfrac{a}{p^2}=bp$，可解得均衡价格$\overline{p}=\sqrt[3]{\dfrac{a}{b}}$.

（2）解一阶微分方程$\dfrac{\mathrm{d}p}{\mathrm{d}t}=k[D(p)-S(p)]$，分离变量，得

$$\frac{p^2\mathrm{d}p}{a-bp^3} = k\mathrm{d}t,$$

两端积分，整理得$-\dfrac{1}{3b}\ln(a-bp^3)=kt+C$，即

$$\ln(a-bp^3) = -3b(kt+C),$$

当$t=0$时，$p=1$，得$\mathrm{e}^{-3bC}=a-b$. 则有$p^3=\dfrac{a}{b}+\left(1-\dfrac{a}{b}\right)\mathrm{e}^{-3bkt}$，即

$$p = \sqrt[3]{\frac{a}{b}+\left(1-\frac{a}{b}\right)\mathrm{e}^{-3bkt}}.$$

（3）$\lim\limits_{t\to+\infty} p(t) = \lim\limits_{t\to+\infty}\sqrt[3]{\dfrac{a}{b}+(1-\dfrac{a}{b})\mathrm{e}^{-3bkt}} = \sqrt[3]{\dfrac{a}{b}}$.

从该解的意义说明，随着时间的增加，供需关系会趋于平衡.

例 10.25 （1）验证函数

$$y(x) = 1+\frac{x^3}{3!}+\frac{x^6}{6!}+\frac{x^9}{9!}+\cdots+\frac{x^{3n}}{(3n)!}+\cdots \quad (-\infty<x<+\infty)$$

满足微分方程$y''+y'+y=\mathrm{e}^x$；（2）利用（1）的结果求幂级数$\sum\limits_{n=0}^{\infty}\dfrac{x^{3n}}{(3n)!}$的和函数.

解　（1）因为幂级数 $y(x)=1+\frac{x^3}{3!}+\frac{x^6}{6!}+\frac{x^9}{9!}+\cdots+\frac{x^{3n}}{(3n)!}+\cdots(-\infty<x<+\infty)$ 的收敛半径 $R=+\infty$，从而它可在 $(-\infty,+\infty)$ 内逐项求导，由此可得

$$y'(x)=\frac{x^2}{2!}+\frac{x^5}{5!}+\frac{x^8}{8!}+\cdots+\frac{x^{3n-1}}{(3n-1)!}+\cdots,$$

$$y''(x)=x+\frac{x^4}{4!}+\frac{x^7}{7!}+\cdots+\frac{x^{3n-2}}{(3n-2)!}+\cdots,$$

因此，得 $y''+y'+y=1+x+\frac{x^2}{2!}+\frac{x^3}{3!}+\frac{x^9}{9!}+\cdots+\frac{x^n}{n!}+\cdots=\mathrm{e}^x\ (-\infty<x<+\infty)$.

（2）与 $y''+y'+y=\mathrm{e}^x$ 对应的齐次方程是 $y''+y'+y=0$，其特征方程是 $\lambda^2+\lambda+1=0$，特征根为 $\lambda_{1,2}=-\frac{1}{2}\pm\frac{\sqrt{3}}{2}\mathrm{i}$，因此齐次方程的通解为 $Y=\mathrm{e}^{-\frac{x}{2}}\left(C_1\cos\frac{\sqrt{3}}{2}x+C_2\sin\frac{\sqrt{3}}{2}x\right)$，设非齐次方程的特解为 $y^*=A\mathrm{e}^x$，将 y^* 代入方程 $y''+y'+y=\mathrm{e}^x$，得 $A=\frac{1}{3}$，于是 $y^*=\frac{1}{3}\mathrm{e}^x$.方程通解为 $y=Y+y^*=\mathrm{e}^{-\frac{x}{2}}\left(C_1\cos\frac{\sqrt{3}}{2}x+C_2\sin\frac{\sqrt{3}}{2}x\right)+\frac{1}{3}\mathrm{e}^x$. 当 $x=0$ 时，有

$$\begin{cases}y(0)=1=C_1+\frac{1}{3},\\ y'(0)=0=\frac{1}{2}C_1+\frac{\sqrt{3}}{2}C_2+\frac{1}{3},\end{cases}$$

解得 $C_1=\frac{2}{3},C_2=0$，于是幂级数 $\sum\limits_{n=0}^{\infty}\frac{x^{3n}}{(3n)!}$ 的和函数为

$$y(x)=\frac{2}{3}\mathrm{e}^{-\frac{x}{2}}\cos\frac{\sqrt{3}}{2}x+\frac{1}{3}\mathrm{e}^x\quad(-\infty<x<+\infty).$$

例 10.26　（1）求初值问题 $\begin{cases}y'+ay=f(x),\\ y|_{x=0}=0\end{cases}$ 的解 $y(x)$，其中 a 为正的常数；（2）若 $|f(x)|\leqslant k$（k 为常数），证明：当 $x\geqslant0$ 时，有 $|y(x)|\leqslant\frac{k}{a}(1-\mathrm{e}^{-ax})$.

解（1）线性方程的通解为 $y=\mathrm{e}^{-ax}\left[C+\int_0^x\mathrm{e}^{ax}f(x)\mathrm{d}x\right]$，由 $y(0)=0$ 可得 $C=0$，

因而有 $y(x)=\mathrm{e}^{-ax}\int_0^x \mathrm{e}^{ax} f(x)\mathrm{d}x$.

（2）当 $x\geqslant 0$ 时,

$$\begin{aligned}|y(x)|&=|\mathrm{e}^{-ax}|\left|\int_0^x \mathrm{e}^{ax} f(x)\mathrm{d}x\right|\leqslant \mathrm{e}^{-ax}\int_0^x \mathrm{e}^{ax}|f(x)|\mathrm{d}x\\&\leqslant k\mathrm{e}^{-ax}\int_0^x \mathrm{e}^{ax}\mathrm{d}x\\&=k\mathrm{e}^{-ax}\left(\frac{1}{a}\mathrm{e}^{ax}\Big|_0^x\right)\\&=\frac{k}{a}(1-\mathrm{e}^{-ax}).\end{aligned}$$

例 10.27　函数 $f(x)$ 在 $[0,+\infty)$ 上可导，$f(0)=1$，且满足等式 $f'(x)+f(x)-\frac{1}{x+1}\int_0^x f(t)\mathrm{d}t=0$，（1）求导数 $f'(x)$；（2）证明：当 $x\geqslant 0$ 时，不等式 $\mathrm{e}^{-x}\leqslant f(x)\leqslant 1$ 成立.

解　（1）对恒等式变形后两边求导消去积分：

$$f'(x)+f(x)-\frac{1}{x+1}\int_0^x f(t)\mathrm{d}t=0,$$

$$(x+1)f''(x)+(x+2)f'(x)=0.$$

令 $u=f'(x)$，则有 $u'+\frac{x+2}{x+1}u=0$，得 $u=f'(x)=\frac{C\mathrm{e}^{-x}}{x+1}$. 由 $f(0)=1$，$f'(0)+f(0)=0$，得 $f'(0)=-1$，从而 $C=-1$，故 $f'(x)=-\frac{\mathrm{e}^{-x}}{x+1}$.

（2）由 $f'(x)=-\frac{\mathrm{e}^{-x}}{x+1}<0\ (x\geqslant 0)$，$f(x)$ 单调减少，$f(x)\leqslant f(0)=1\ (x\geqslant 0)$，再设 $\varphi(x)=f(x)-\mathrm{e}^{-x}$，则

$$\varphi'(x)=f'(x)+\mathrm{e}^{-x}=\frac{x}{x+1}\mathrm{e}^{-x}\geqslant 0\quad (x\geqslant 0),$$

从而 $\varphi(x)$ 单调增加，因此 $\varphi(x)\geqslant\varphi(0)=0\,(x\geqslant 0)$，即 $f(x)\geqslant \mathrm{e}^{-x}\ (x\geqslant 0)$.总之，当 $x\geqslant 0$ 时，$\mathrm{e}^{-x}\leqslant f(x)\leqslant 1$.

例 10.28　试验证函数 $y_x=8+3x$ 为差分方程 $y_{x+1}-y_x=3$ 的一个解.

分析　根据定义即可验证所给函数是否为该差分方程的解.

证明　由于左端 $=y_{x+1}-y_x=[8+3(x+1)]-(8+3x)=3$ = 右端，故函数 $y_x=8+3x$ 为差分方程 $y_{x+1}-y_x=3$ 的一个解.

例 10.29　求差分方程 $y_{x+1}-4y_x=0$ 满足初始条件 $y_0=\frac{3}{4}$ 的特解.

解法1　迭代法.

由于 $y_1=4y_0$，$y_2=4y_1=4^2y_0$，…，$y_x=4^x y_0$，所以 $y_x=4^x y_0=3\times 4^{x-1}$.

解法2　由特征方程 $\lambda-4=0$，解得特征值 $\lambda=4$．原方程通解为

$$y_x=A\cdot 4^x,$$

将 $y_0=\dfrac{3}{4}$ 代入通解，得 $A=\dfrac{3}{4}$．因此原方程满足初始条件的特解为 $y_x=\dfrac{3}{4}\times 4^x$，即 $y_x=3\times 4^{x-1}$.

例10.30　试求下列差分方程的通解.

（1）$y_{x+1}+5y_x=5$；　（2）$y_{x+1}-y_x=4$；

（3）$y_{x+1}-y_x=3^x$；　（4）$y_{x+1}-3y_x=3^x$；

（5）$y_{x+1}+5y_x=\dfrac{5}{2}x$.

分析　所给方程均为一阶常系数线性非齐次差分方程. 其中：

（1）方程 $y_{x+1}+5y_x=5$ 对应非齐次项 $f(x)=5$，$a=-5\neq 1$ 情形；

（2）方程 $y_{x+1}-y_x=4$ 对应非齐次项 $f(x)=4$，$a=1$ 情形；

（3）方程 $y_{x+1}-y_x=3^x$ 对应非齐次项 $f(x)=cb^x=3^x$，$b=3\neq 1$ 情形；

（4）方程 $y_{x+1}-3y_x=3^x$ 对应非齐次项 $f(x)=cb^x=3^x$，$a=b=3$ 情形；

（5）方程 $y_{x+1}+5y_x=\dfrac{5}{2}x$ 对应非齐次项 $f(x)=cx^n=\dfrac{5}{2}x$，$a=-5$ 情形.

解　（1）原方程对应的齐次差分方程为 $y_{x+1}+5y_x=0$，则该齐次方程的特征方程为 $\lambda+5=0$，特征根 $\lambda=-5$，于是齐次差分方程的通解为

$$Y_x=A(-5)^x,$$

其中 A 为任意常数. 由于 $a=-5\neq 1$，则 $y_x^*=\dfrac{c}{1-a}=\dfrac{5}{6}$．因此原差分方程的通解为 $y_x=A(-5)^x+\dfrac{5}{6}$，其中 A 为任意常数.

（2）原方程对应的齐次差分方程为 $y_{x+1}-y_x=0$，则该齐次方程的特征方程为 $\lambda-1=0$，特征根 $\lambda=1$，于是齐次差分方程的通解为 $Y_x=A$，其中 A 为任意常数. 由于 $a=1$，$c=4$，可知原非齐次差分方程的特解为 $y_x^*=cx=4x$，故原差分方程的通解为 $y_x=A+4x$，其中 A 为任意常数.

（3）由（2）可知，相应齐次差分方程的通解为 $Y_x=A$．由于 $b=3\neq 1=a$，

可令原非齐次差分方程的特解为 $y_x^*=B_0 3^x$，代入原差分方程，则有

$$B_0 3^{x+1}-B_0 3^x=3^x,$$

即 $(3B_0-B_0)3^x=3^x$，得 $3B_0-B_0=1$，于是 $B_0=\frac{1}{2}$，故 $y_x^*=\frac{1}{2}\cdot 3^x$．因此原差分方程的通解为 $y_x=A+\frac{3^x}{2}$，其中 A 为任意常数.

（4）原方程对应的齐次差分方程为 $y_{x+1}-3y_x=0$，则该齐次方程的特征方程为 $\lambda-3=0$，特征根 $\lambda=3$，于是齐次差分方程的通解为 $Y_x=A\cdot 3^x$（A 为任意常数）．由于 $a=b=3$，令 $y_x^*=kx3^x$，将其代入原差分方程得

$$k(x+1)3^{x+1}-3kx3^x=3^x,$$

即 $3k(x+1)-3kx=1$，得 $k=\frac{1}{3}$，故 $y_x^*=\frac{1}{3}x3^x=x3^{x-1}$．因此原差分方程的通解为 $y_x=A\cdot 3^x+x3^{x-1}$，其中 A 为任意常数.

（5）原方程对应的齐次差分方程为 $y_{x+1}+5y_x=0$．则该齐次方程的特征方程为 $\lambda+5=0$，特征根 $\lambda=-5$，于是齐次差分方程的通解为 $Y_x=A\cdot(-5)^x$（A 为任意常数）．由于 $a=-5\neq 1$，令为原非齐次差分方程的特解为 $y_x^*=B_0+B_1x$，将其代入所给差分方程，得

$$[B_0+B_1(x+1)]+5(B_0+B_1x)=\frac{5}{2}x,$$

即 $6B_1x+(6B_0+B_1)=\frac{5}{2}x$，根据待定系数法，则有 $6B_1=\frac{5}{2}$，$6B_0+B_1=0$，解得 $B_1=\frac{5}{12}$，$B_0=-\frac{5}{72}$，因此 $y_x^*=\frac{5}{12}\left(x-\frac{1}{6}\right)$，故原差分方程的通解为

$$y_x=A\cdot(-5)^x+\frac{5}{12}\left(x-\frac{1}{6}\right),$$

其中 A 为任意常数.

例 10.31　在商业贸易中，生产先于产品及产品出售一个适当的时期，t 时期该产品价格为 P_t，它不仅决定着下一个时期提供市场产量 S_{t+1}，还决定着本期产品的需求量 D_t，且有 $D_t=a-bP_t$，$S_t=-c+dP_{t-1}$，其中 a,b,c,d 为正常数. 求价格 P_t 随着时间变动的规律.

解　由于 $S_t=D_t$，可得 $-c+dP_{t-1}=a-bP_t$，可进一步得 $P_t+\frac{d}{b}P_{t-1}=\frac{a+c}{b}$，相应的齐次差分方程为 $P_t+\frac{d}{b}P_{t-1}=0$，其特征方程为 $\lambda+\frac{d}{b}=0$，特征根 $\lambda=-\frac{d}{b}$．则齐次差分方程的通解为 $Y_t=A\left(-\frac{d}{b}\right)^t$，其中 A 为任意常数．由于 $\frac{d}{b}\neq -1$，可得 $P_t=\frac{a+c}{b+d}$．因此原差分方程的通解为

$$P_t = A\left(-\frac{d}{b}\right)^t + \frac{a+c}{b+d}.$$

如果当 $t=0$ 时，初始价格为 $P_t = P_0$，代入通解可得 $A = P_0 - \dfrac{a+c}{b+d}$，因此有特解

$$P_t^* = \left(P_0 - \frac{a+c}{b+d}\right)\left(-\frac{d}{b}\right)^t + \frac{a+c}{b+d}.$$

10.4　自我测试题

A 级自我测试题

一、选择题（每小题 5 分，共 20 分）

1. 下列方程中为可分离变量方程的是（　　）.

A. $y' = \mathrm{e}^{xy}$　　B. $xy' + y = \mathrm{e}^x$

C. $(x + xy^2)\mathrm{d}x + (y + x^2 y)\mathrm{d}y = 0$　　D. $yy' + y - x = 0$

2. 下列方程中为可降阶的方程是（　　）.

A. $y'' + xy' + y = 1$　　B. $yy'' + (y')^2 = 5$

C. $y'' = x\mathrm{e}^x + y$　　D. $(1-x^2)y'' = (1+x)y$

3. 若连续函数 $f(x)$ 满足关系式 $f(x) = \int_0^{3x} f\left(\frac{t}{3}\right)\mathrm{d}t + \ln 3$，则 $f(x)$ 等于（　　）.

A. $\mathrm{e}^x \ln 3$　　B. $\mathrm{e}^{3x}\ln 3$　　C. $\mathrm{e}^x + \ln 3$　　D. $\mathrm{e}^{3x} + \ln 3$

4. 函数 $y_x = A\cdot 2^x + 8$ 是差分方程（　　）的通解.

A. $y_{x+2} - 3y_{x+1} + 2y_x = 0$　　B. $y_x - 3y_{x-1} + 2y_{x-2} = 0$

C. $y_{x+1} - 2y_x = -8$　　D. $y_{x+1} - 2y_x = 8$

二、填空题（每小题 5 分，共 20 分）

1. 微分方程 $\dfrac{\mathrm{d}\rho}{\mathrm{d}\theta} + \rho = \sin^2\theta$ 的阶数为________.

2. 一阶线性微分方程 $y' + g(x)y = f(x)$ 的通解为________.

3. 微分方程 $y' + \mathrm{e}^y = 0$ 满足初始条件 $y(1) = 0$ 的特解为________.

4. 差分方程 $y_{x+1} - y_x = 2$ 的通解为________.

三、求下列微分方程的通解（每小题 5 分，共 40 分）

1. $y\mathrm{d}x + x^2\mathrm{d}y - 4\mathrm{d}y = 0$.　　2. $\left(x^2 + y^2\right)\mathrm{d}x - xy\mathrm{d}y = 0$.

3. $\frac{dy}{dx}=\frac{y}{x+y^3}$.

4. $xy''+y'=0$.

5. $\left(x-y\cos\frac{y}{x}\right)dx+x\cos\frac{y}{x}dy=0$.

6. $x^2\frac{dy}{dx}+xy=y^2$.

7. $y''-4y'+4y=0$.

8. $y''-3y'+2y=2e^x$.

四、求下列差分方程的通解（每小题 5 分, 共 10 分）

1. $y_{x+1}-y_x=2x^2$.

2. $y_{x+1}-2y_x=2^x$.

五、（10 分） 设曲线 L 位于 xOy 平面的第一象限内, L 上任一点 M 处的切线与 y 轴总相交, 交点记为 A. 已知 $|\overline{MA}|=|\overline{OA}|$, 且 L 过点 $\left(\frac{3}{2},\frac{3}{2}\right)$, 求 L 的方程.

B 级自我测试题

一、选择题（每小题 3 分, 共 12 分）

1. 下面函数中不是方程 $(y')^2=4y(1-y)$ 的解是（　　）.

A. $\cos^2 x$　　B. $\sin^2 x$　　C. $\frac{1}{2}(\cos 2x+1)$　　D. $\sin 2x$

2. 微分方程 $xdy-ydx=y^2e^ydy$ 的通解为（　　）.

A. $y=x(e^x+C)$　　B. $x=y(e^y+C)$

C. $x=y(C-e^y)$　　D. $y=x(C-e^x)$

3. 若 $y=y(x)$ 是 $x^2y'+xy=y^2$ 的满足条件 $y|_{x=1}=1$ 的解, 则 $\int_1^3 y(x)dx=$（　　）.

A. $\ln 5$　　B. $\ln 3$　　C. $\ln 2$　　D. $\ln 7$

4. 已知函数 $y=y(x)$ 在任意点 x 处的增量 $\Delta y=\frac{y\Delta x}{1+x^2}+\alpha$, 且当 $\Delta x\to 0$ 时, α 是 Δx 的高阶无穷小, $y(0)=\pi$, 则 $y(1)$ 等于（　　）.

A. 2π　　B. π　　C. $e^{\frac{\pi}{4}}$　　D. $\pi e^{\frac{\pi}{4}}$

二、填空题（每小题 3 分, 共 12 分）

1. 通解为 $y=C_1e^x+C_2e^{-x}-x$ 的微分方程是________.

2. 方程 $(1+x^2)y''=2xy'$ 满足条件 $y|_{x=0}=1$, $y'|_{x=0}=3$ 的特解是________.

3. 方程 $xy'+2y=x\ln x$ 满足 $y(1)=-\frac{1}{9}$ 的解为________.

4. 某公司每年的工资额在比上一年增加 10%的基础上再追加三百万元. 若以

W_t 表示第 t 年的工资总额, 则 W_t 满足的差分方程是________.

三、求下列微分方程的通解（每小题 5 分, 共 35 分）

1. $\dfrac{dy}{dx}=\dfrac{1}{x-y}+1$.
2. $\dfrac{dy}{dx}-\dfrac{e^{y^2+3x}}{y}=0$.
3. $y\left(x\cos\dfrac{y}{x}+y\sin\dfrac{y}{x}\right)dx=x\left(y\sin\dfrac{y}{x}-x\cos\dfrac{y}{x}\right)dy$.
4. $(1+y^2)dx+(xy-\sqrt{1+y^2}\cos y)dy=0$.
5. $\dfrac{dy}{dx}-y=xy^5$.
6. $y''+2y'+10y=0$.
7. $y''-3y'+2y=xe^x$.

四、（6 分）　设可导函数 $\varphi(x)$ 满足 $\varphi(x)\cos x+2\int_0^x\varphi(t)\sin t dt=x+1$, 求 $\varphi(x)$.

五、（6 分）　求方程 $yy''-(y')^2-y'=0$ 满足初始条件 $y(0)=1$, $y'(0)=1$ 的特解.

六、（9 分）　设函数 $y(x)(x\geqslant 0)$ 二阶可导, 且 $y'(x)>0$, $y(0)=1$, 过曲线 $y=y(x)$ 上任意一点 $P(x,y)$ 作该曲线的切线及 x 轴的垂线, 上述两直线与 x 轴围成的三角形的面积记为 S_1, 区间 $[0,x]$ 上以 $y=y(x)$ 为曲边的曲边梯形面积记为 S_2, 并设 $2S_1-S_2=1$, 求此曲线 $y=y(x)$ 的方程.

七、（10 分）　某公司的净资产 W 因资产本身产生的利息以 5%的年利率增长, 同时公司还必须以每年二百万元的数额连续地支付职工工资.

（1）给出描述该公司净资产 W（万元）的微分方程;

（2）求解该方程, 并分别给出初始资产值为 $W_0=4000,5000,3000$ 三种情况下的特解, 并讨论今后公司财务变化特点.

八、（10 分）　某产品在时刻 t 的价格、总供给与总需求分别为 P_t, S_t 和 D_t, 且满足条件:

（1）$S_t=2P_t+1$;

（2）$D_t=-4P_{t-1}+5$;

（3）$S_t=D_t$.

求证: 由（1）、（2）、（3）可导出差分方程 $P_{t+1}+2P_t=2$; 已知 P_0 时, 求上述方程的解.

参 考 文 献

冯翠莲, 刘书田, 2003. 微积分学习辅导与解题方法[M]. 北京：高等教育出版社.
韩云瑞, 扈志明, 1999. 微积分教程[M]. 北京：清华大学出版社.
华东师范大学数学系, 1991. 数学分析[M]. 2 版. 北京：高等教育出版社.
刘书田等, 2004. 微积分[M]. 北京：高等教育出版社.
刘西垣. 微积分历年真题详解与考点分析[M]. 北京：机械工业出版社, 2002.
邵剑等, 2001. 大学数学考研专题复习[M]. 北京：科学出版社.
同济大学应用数学系, 2002. 高等数学[M]. 5 版. 北京：高等教育出版社.
同济大学应用数学系, 2003. 微积分（上、下）[M]. 北京：高等教育出版社.
肖亚兰, 2003. 高等数学中的典型问题与解法[M]. 2 版. 上海：同济大学出版社.
赵树嫄, 1998. 经济应用数学基础（一）微积分[M]. 北京：中国人民大学出版社.
周裕中, 方平, 德娜 • 吐热汗, 2017. 经济数学[M]. 3 版. 北京：中国农业出版社.

附录　常用的基本公式表

1. 诱导公式（其中 $k \in \mathbf{Z}$）

角 \ 函数	sin	cos	tan	cot
$-\alpha$	$-\sin\alpha$	$\cos\alpha$	$-\tan\alpha$	$-\cot\alpha$
$\frac{\pi}{2}-\alpha$	$\cos\alpha$	$\sin\alpha$	$\cot\alpha$	$\tan\alpha$
$\frac{\pi}{2}+\alpha$	$\cos\alpha$	$-\sin\alpha$	$-\cot\alpha$	$-\tan\alpha$
$\pi-\alpha$	$\sin\alpha$	$-\cos\alpha$	$-\tan\alpha$	$-\cot\alpha$
$\pi+\alpha$	$-\sin\alpha$	$-\cos\alpha$	$\tan\alpha$	$\cot\alpha$
$2\pi-\alpha$	$-\sin\alpha$	$\cos\alpha$	$-\tan\alpha$	$-\cot\alpha$
$2k\pi+\alpha$	$\sin\alpha$	$\cos\alpha$	$\tan\alpha$	$\cot\alpha$

2. **倒数关系**

（1）$\sin\alpha\csc\alpha=1$;　（2）$\cos\alpha\sec\alpha=1$;　（3）$\tan\alpha\cot\alpha=1$.

3. **商数关系**

（1）$\tan\alpha=\dfrac{\sin\alpha}{\cos\alpha}$;　（2）$\cot\alpha=\dfrac{\cos\alpha}{\sin\alpha}$.

4. **平方关系**

（1）$\sin^2\alpha+\cos^2\alpha=1$;　（2）$1+\tan^2\alpha=\sec^2\alpha$;　（3）$1+\cot^2\alpha=\csc^2\alpha$.

5. **和差角公式**

（1）$\sin(\alpha\pm\beta)=\sin\alpha\cos\beta\pm\cos\alpha\sin\beta$;

（2）$\cos(\alpha\pm\beta)=\cos\alpha\cos\beta\mp\sin\alpha\sin\beta$;

（3）$\tan(\alpha\pm\beta)=\dfrac{\tan\alpha\pm\tan\beta}{1\mp\tan\alpha\cdot\tan\beta}$.

6. **和差化积公式**

（1）$\sin\alpha+\sin\beta=2\sin\dfrac{\alpha+\beta}{2}\cos\dfrac{\alpha-\beta}{2}$;

（2）$\sin\alpha-\sin\beta=2\cos\dfrac{\alpha+\beta}{2}\sin\dfrac{\alpha-\beta}{2}$;

（3）$\cos\alpha+\cos\beta=2\cos\frac{\alpha+\beta}{2}\cos\frac{\alpha-\beta}{2}$;

（4）$\cos\alpha-\cos\beta=-2\sin\frac{\alpha+\beta}{2}\sin\frac{\alpha-\beta}{2}$.

7. 倍角公式

（1）$\sin 2\alpha=2\sin\alpha\cos\alpha$;

（2）$\cos 2\alpha=2\cos^2\alpha-1=1-2\sin^2\alpha=\cos^2\alpha-\sin^2\alpha$;

（3）$\tan 2\alpha=\frac{2\tan\alpha}{1-\tan^2\alpha}$;

（4）$\cot 2\alpha=\frac{\cot^2\alpha-1}{2\cot\alpha}$;

（5）$\sin 3\alpha=3\sin\alpha-4\sin^3\alpha$;

（6）$\cos 3\alpha=4\cos^3\alpha-3\cos\alpha$;

（7）$\tan 3\alpha=\frac{3\tan\alpha-\tan^3\alpha}{1-3\tan^2\alpha}$;

8. 半角公式

（1）$\sin\frac{\alpha}{2}=\pm\sqrt{\frac{1-\cos\alpha}{2}}$;　　（2）$\cos\frac{\alpha}{2}=\pm\sqrt{\frac{1+\cos\alpha}{2}}$;

（3）$\tan\frac{\alpha}{2}=\pm\sqrt{\frac{1-\cos\alpha}{1+\cos\alpha}}=\frac{1-\cos\alpha}{\sin\alpha}=\frac{\sin\alpha}{1+\cos\alpha}$;

（4）$\cot\frac{\alpha}{2}=\pm\sqrt{\frac{1+\cos\alpha}{1-\cos\alpha}}=\frac{1+\cos\alpha}{\sin\alpha}=\frac{\sin\alpha}{1-\cos\alpha}$.

9. 万能公式

（1）$\sin\alpha=\frac{2\tan\frac{\alpha}{2}}{1+\tan^2\frac{\alpha}{2}}$;　　（2）$\cos\alpha=\frac{1-\tan^2\frac{\alpha}{2}}{1+\tan^2\frac{\alpha}{2}}$;　　（3）$\tan\alpha=\frac{2\tan\frac{\alpha}{2}}{1-\tan^2\frac{\alpha}{2}}$.

10. 正弦定理

$\frac{a}{\sin A}=\frac{b}{\sin B}=\frac{c}{\sin C}=2R$.

11. 余弦定理

（1）$a^2=b^2+c^2-2bc\cos A$;　　（2）$b^2=c^2+a^2-2ca\cos B$;

（3）$c^2=a^2+b^2-2ab\cos C$.

12. 反三角函数的一些性质

（1）$\arcsin x=\frac{\pi}{2}-\arccos x$;　　（2）$\arctan x=\frac{\pi}{2}-\operatorname{arccot} x$;

（3） $\sin(\arcsin x)=x$，其中 $x\in[-1,1],\arcsin x\in\left[-\frac{\pi}{2},\frac{\pi}{2}\right]$;

（4） $\cos(\arccos x)=x$，其中 $x\in[-1,1],\arccos x\in[0,\pi]$;

（5） $\tan(\arctan x)=x$，其中 $x\in(-\infty,\infty),\arctan x\in\left(-\frac{\pi}{2},\frac{\pi}{2}\right)$;

（6） $\cot(\operatorname{arccot} x)=x$，其中 $x\in(-\infty,\infty),\operatorname{arccot} x\in[0,\pi]$;

（7） $\arcsin(-x)=-\arcsin x$，$x\in[-1,1]$;

（8） $\arccos(-x)=\pi-\arccos x$，$x\in[-1,1]$;

（9） $\arctan(-x)=-\arctan x$，$x\in(-\infty,\infty)$;

（10） $\operatorname{arccot}(-x)=\pi-\arctan x$，$x\in(-\infty,\infty)$.

13. 分数指数幂

（1） $a^{\frac{m}{n}}=\sqrt[n]{a^m}\,(a>0,m,n\in N,\text{且}n>1)$;

（2） $a^{-\frac{m}{n}}=\frac{1}{a^{\frac{m}{n}}}(a>0,m,n\in N,\text{且}n>1)$.

14. 幂的运算性质

（1） $a^m\cdot a^n=a^{m+n}(a>0,m,n\in\mathbf{Q})$;　　（2） $(a^m)^n=a^{mn}(a>0,m,n\in\mathbf{Q})$;

（3） $(ab)^n=a^nb^n(a>0,m,n\in\mathbf{Q})$.

15. 指数式与对数式的关系

$a^b=N\Leftrightarrow\log_a N=b$.

16. 对数恒等式：

$a^{\log_a N}=N(a>0,a\neq1,N>0)$.

17. 换底公式

$\log_b N=\frac{\log_a N}{\log_a b}$.

18. 对数式的运算法则（其中 $M>0,N>0,a>0,a\neq1$）

（1） $\log_a(M\cdot N)=\log_a M+\log_a N$;　　（2） $\log_a\frac{M}{N}=\log_a M-\log_a N$;

（3） $\log_a M^n=n\log_a M$;　　（4） $\log_a\sqrt[n]{M}=\frac{1}{n}\log_a M$;

19. 一些不等式

（1） $a>b\Leftrightarrow b<a$;　　（2） $a>b,b>c\Rightarrow a>c$;

（3） $a>b\Rightarrow a+c>b+c$;　　（4） $a>b,c>0\Rightarrow ac>bc$;

（5） $a>b,c<0\Rightarrow ac<bc$;　　（6） $|a|-|b|\leqslant|a+b|\leqslant|a|+|b|$;

（7） $a^2\geqslant0$;　　（8） $a^2+b^2\geqslant2ab$;

（9）$\frac{a+b}{2} \geqslant \sqrt{ab} \geqslant \frac{2}{1/a+1/b}$；　（10）$a^3+b^3+c^3 \geqslant 3abc$；

（11）$\frac{a+b+c}{3} \geqslant \sqrt[3]{abc} \geqslant \frac{3}{1/a+1/b+1/c}$ $(a,b,c \in \mathbf{R}^+)$；

（12）$\frac{a_1+a_2+\cdots+a_n}{n} \geqslant \sqrt[n]{a_1a_2\cdots a_n} \geqslant \frac{n}{1/a_1+1/a_2+\cdots+1/a_n}$.

20. 数列的一些公式

（1）等差数列通项公式：$a_n = a_1+(n-1)d$.

（2）等差中项：$A=\frac{a+b}{2}$.

（3）等差数列前 n 项和公式：$S_n=\frac{n(a_1+a_n)}{2}$ 或 $S_n = na_1+\frac{n(n-1)}{2}d$.

（4）等比数列通项公式：$a_n = a_1q^{n-1}$.

（5）等比中项：$G=\sqrt{ab}$.

（6）等比数列前 n 项和公式：$S_n=\frac{a_1-a_nq}{1-q}$ 或 $S_n=\frac{a_1(1-q^n)}{1-q}$.

参 考 答 案

第 1 章

A 级自我测试题

一、1. B.　2. A.　3. D.　4. D.　5. B.　6. A.

二、1. $[-3,-2)\cup(3,4]$.　2. 2.　3. -3.

4. 0, 1, 任意常数.　5. 1.　6. km.

三、1. $\dfrac{p+q}{2}$.　2. $\dfrac{2}{3}$.　3. $a=1, b=-1$.　4. 4.　5. 0.

四、$k=1$.

五、连续区间为 $(-\infty,-1),(-1,1),(1,+\infty)$, $x=\pm1$ 为第一类（跳跃）间断点.

六、1. 略.　2. 提示：令 $p(x)=\mathrm{e}^x-2-x$.

B 级自我测试题

一、1. A.　2. C.　3. B.　4. A.　5. D.　6. D

二、1. 2.　2. e^2.　3. $\dfrac{1}{1-2a}$.　4. $x=0,1,2$.　5. e^{km}.

三、1. 1.　2. 3.　3. 0.　4. e.　5. 2.　6. $\dfrac{\pi}{2}$.　7. 2.

四、$a=1, b=2$.

五、1. 4.

2. 提示：作辅助函数 $f(x)=(x-b)(x-c)+(x-c)(x-a)+(x-a)(x-b)$.

第 2 章

A 级自我测试题

一、1. C.　2. D.　3. C.　4. D.　5. C.

二、1. -1.　　2. 2.　　3. $e^{f(x)}[(f'(x))^2+f''(x)]$.

4. $2x+y+2-\frac{\pi}{4}=0$.　　5. $x^{\tan x}\left(\sec^2 x\cdot\ln x+\frac{\tan x}{x}\right)$.

三、1. $\frac{dy}{dx}=\frac{e^{\sqrt{x}}}{2\sqrt{x}(1+e^{2\sqrt{x}})}$.　　2. $y'|_{x=0}=-1$，$dy=\frac{1}{x^2-1}dx$.

3. $-x^2\sin x+10x\cos x+20\sin x$.　　4. 0.　　5. $-dx$.

四、$a=2\ b=-1$.

五、$2af'(ax^2+b)+4a^2x^2\cdot f''(ax^2+b)$.

六、1. $y'=\frac{1-y}{x+e^y}$，$y''=\frac{(y-1)(2x+3e^y-ye^y)}{(x+e^y)^3}$.

七、$2g(a)$.

八、证明：$\frac{dy}{dx}=\frac{dy}{dt}\frac{dt}{dx}=\frac{dy}{dt}\frac{1}{\sqrt{1-x^2}}$，

$$\frac{d^2y}{dx^2}=\frac{d}{dx}\left(\frac{dy}{dx}\right)=\frac{d}{dt}\left(\frac{dy}{dx}\right)\frac{dt}{dx}=\frac{d}{dt}\left(\frac{dy}{dx}\right)\frac{1}{\sqrt{1-x^2}},\tag{1}$$

其中 $$\frac{d}{dt}\left(\frac{dy}{dx}\right)=\frac{d}{dt}\left(\frac{dy}{dt}\frac{1}{\sqrt{1-x^2}}\right)=\frac{d^2y}{dt^2}\frac{1}{\sqrt{1-x^2}}+\frac{dy}{dt}\frac{d}{dt}\left(\frac{1}{\sqrt{1-x^2}}\right),\tag{2}$$

其中 $$\frac{d}{dt}\left(\frac{1}{\sqrt{1-x^2}}\right)=\frac{d}{dt}(\sec t)=\sec t\tan t=\frac{x}{1-x^2},\tag{3}$$

将（3）代入（2）得 $$\frac{d}{dt}\left(\frac{dy}{dx}\right)=\frac{d^2y}{dt^2}\frac{1}{\sqrt{1-x^2}}+\frac{dy}{dt}\frac{x}{1-x^2}.\tag{4}$$

将（4）代入（1）得 $\frac{d^2y}{dx^2}=\frac{d^2y}{dt^2}\frac{1}{1-x^2}+\frac{dy}{dt}\frac{x}{\sqrt{(1-x^2)^3}}$.

将 $\frac{dy}{dx}$，$\frac{d^2y}{dx^2}$ 代入原方程得 $\frac{d^2y}{dt^2}+a^2y=0$.

B级自我测试题

一、1. B.　　2. D.　　3. C.　　4. D.　　5. D.

二、1. $\frac{3\pi}{4}$.　　2. -2.　　3. $-2x\sin(x^2)\sin^2\frac{1}{x}-\frac{1}{x^2}\cos(x^2)\sin\frac{2}{x}$.

4. $3x-y-7=0$.　　5. $-\frac{\sin x+e^{x+y}}{2y+e^{x+y}}$.

三、1. 1.　　2. $\frac{1}{e}dx$.　　3. $\frac{(6t+5)(t+1)}{t}$.

4. $\frac{1}{3}\left[\frac{100!}{(x-4)^{101}}-\frac{100!}{(x-1)^{101}}\right]$.　　5. $\frac{1}{2}\left(2-\ln\frac{\pi}{4}\right)$.

四、$a=2\ b=1$，$f'(x)=\begin{cases}2\cdot e^{2x}, & x\leqslant 0,\\ 2\cos 2x, & x>0,\end{cases}$

五、$\frac{(y^2-e^t)(1+t^2)}{2-2ty}$.

六、n^2.

七、$4x+y+4=0$.

八、**证明**　　令 $y=1\Rightarrow f(x\cdot 1)=f(x)+f(1)\Rightarrow f(1)=0$,

由 $f'(1)=a\Rightarrow \lim\limits_{\Delta x\to 0}\frac{f(1+\Delta x)-f(1)}{\Delta x}=a\Rightarrow \lim\limits_{\Delta x\to 0}\frac{f(1+\Delta x)}{\Delta x}=a,$

当 $x\neq 0$ 时,

$$\lim_{\Delta x\to 0}\frac{f(1+\Delta x)-f(1)}{\Delta x}=\lim_{\Delta x\to 0}\frac{f\left[x\left(1+\frac{\Delta x}{x}\right)\right]-f(x)}{\Delta x}=\lim_{\Delta x\to 0}\frac{f(x)+f\left(1+\frac{\Delta x}{x}\right)-f(x)}{\Delta x}$$

$$=\lim_{\Delta x\to 0}\frac{f\left(1+\frac{\Delta x}{x}\right)}{\Delta x}=\lim_{\Delta x\to 0}\frac{f\left(1+\frac{\Delta x}{x}\right)}{\frac{\Delta x}{x}\cdot x}=\frac{1}{x}\lim_{\Delta x\to 0}\frac{f\left(1+\frac{\Delta x}{x}\right)}{\frac{\Delta x}{x}}=\frac{1}{x}\cdot a,$$

所以 $f'(x)=\frac{a}{x}$.

第3章

A级自我测试题

一、1. $\frac{1}{2}$.　　2. -1.　　3. $(-\infty,0)\cup(0,+\infty)$.　　4. $\frac{80}{9}$，0.　　5. $(-1,1)$.

二、1. A.　　2. A.　　3. D.　　4. C.　　5. D.

三、1. $\frac{1}{2}$.　　2. $\frac{1}{2}$.　　3. $e^{-\frac{\pi}{2}}$.

4. 单调递增区间：$(-\infty,0)\cup(2,+\infty)$，单调递减区间：$(0,2)$，极大值点 $x=0$，极小值点 $x=2$，极大值 $f(0)=0$，极小值 $f(2)=-3\sqrt[3]{4}$.

5. 凸区间：$(-\infty,2)$，凹区间：$(2,+\infty)$，拐点：$(2,2e^{-2})$，最大值：e^{-1}.

四、略.

五、略.

六、提示：对函数 $f(x)=\arctan x$ 在 $[a,b]$ 上应用拉格朗日中值定理即可证.

七、$r=\dfrac{l}{\pi+4}$, $h=\dfrac{l}{\pi+4}$, 通过的光线最充足.

八、（1）边际成本 $C(x)=3+x$.　（2）边际效益 $R'(x)=\dfrac{50}{\sqrt{x}}$.　（3）边际利润：$L'(x)=\dfrac{50}{\sqrt{x}}-x-3$.　（4）收益的价格弹性：$\dfrac{ER}{EP}=R'(x)\cdot\dfrac{x}{R(x)}=\dfrac{50}{\sqrt{x}}\cdot\dfrac{x}{100\sqrt{x}}=\dfrac{1}{2}$.

B 级自我测试题

一、1. $-\dfrac{4}{\pi^2}$.　2. e^2.　3. $-(n+1)$.　4. $\left(-\dfrac{\sqrt{2}}{2},\dfrac{\sqrt{2}}{2}\right)$.　5. b^2.

二、1. B.　2. A.　3. D.　4. C.　5. A.

三、1. 1.　2. $\dfrac{\sqrt{2}}{4}$.

3. 单调增加区间 $(-\infty,1)$ 和 $(3,+\infty)$，单调减少区间 $(1,3)$，$(-\infty,0)$ 是凸的，$(0,1)$ 和 $(1,+\infty)$ 是凹的，极小值 $y\big|_{x=3}=\dfrac{27}{4}$，拐点 $(0,0)$，铅直渐近线：$x=1$，斜渐近线：$y=x+2$.

4. 1.　5. e^e.

四、$\dfrac{1}{2}$.

五、略.

六、略.

七、当 $h=4r$，体积 V 有最小值，最小值为 $\dfrac{8\pi r^3}{3}$.

八、略.

第 4 章

A 级自我测试题

一、1. A.　2. B.　3. A.　4. B.　5. D.

二、1. $\dfrac{2-6x^4}{(1+x^4)^2}$.　2. $x+\dfrac{1}{3}x^3+C$.　3. $xf(x)+F(x)+C$.

4. $f(x)=x^2+1$.　5. $-F(\mathrm{e}^{-x^2})+C$.

三、1. $-2x^{-\frac{1}{2}}-\ln|x|+\mathrm{e}^x+C$.　2. $\dfrac{x-\sin x}{2}+C$.

3. $\arctan x-\dfrac{1}{x}+C$.　4. $\dfrac{4^x}{\ln 4}+\dfrac{9^x}{\ln 9}+\dfrac{2\times 6^x}{\ln 6}+C$.

四、1. $\dfrac{1}{4(1-2x)^2}+C$.　2. $\sin\mathrm{e}^x+C$.

3. $\ln|\cos x+\sin x|+C$.　4. $\sqrt{2x}-\ln(1+\sqrt{2x})+C$.

5. $\ln\dfrac{\sqrt{1+\mathrm{e}^x}-1}{\sqrt{1+\mathrm{e}^x}+1}+C$.　6. $\dfrac{2}{7}\ln\left|\dfrac{x^7}{x^7+2}\right|+C$.　7. $\dfrac{1}{4}\sin 2x-\dfrac{1}{2}x\cos 2x+C$.

8. $2\sqrt{x}\mathrm{e}^{\sqrt{x}}-2\mathrm{e}^{\sqrt{x}}+C$.　9. $\dfrac{1}{2}\ln|x^2-1|+\dfrac{1}{x+1}+C$.

五、$f(x)=\ln|x|+1$.

六、$4Q-\dfrac{1}{2}Q^2-1$.

B 级自我测试题

一、1. D.　2. C.　3. C.　4. D.　5. A.

二、1. $x-\dfrac{1}{2}x^2+C\quad(0\leqslant x\leqslant 1)$.　2. $1-2x$.　3. $\dfrac{1}{2}x|x|+C$;

4. $-\dfrac{1}{2}\arcsin x-\dfrac{1}{2}x\sqrt{1-x^2}+C$.　5. $2\ln x-\ln^2 x+C$.

三、1. $\dfrac{1}{4}\mathrm{e}^{2x}-\dfrac{1}{8}\mathrm{e}^{2x}\sin 2x-\dfrac{1}{8}\mathrm{e}^{2x}\cos 2x+C$.　2. $\dfrac{1}{2}x\sin(\ln x)-\dfrac{1}{2}x\cos(\ln x)+C$.

3. $\dfrac{1}{8}\ln\left|\dfrac{x-1}{x+1}\right|-\dfrac{1}{4\sqrt{3}}\arctan\dfrac{x}{\sqrt{3}}+C$.　4. $\dfrac{1}{2}x\sqrt{4+x^2}+2\ln\left|\dfrac{x}{2}+\dfrac{\sqrt{4+x^2}}{2}\right|+C$.

5. $x+2\ln\left|\dfrac{\mathrm{e}^x-1}{\mathrm{e}^x}\right|+C$.　6. $\dfrac{1}{2}\ln|x^2-4x+7|+\dfrac{4}{\sqrt{3}}\arctan\dfrac{(x-2)}{\sqrt{3}}+C$.

7. $\dfrac{1}{2}x^2\arcsin x-\dfrac{1}{4}\arcsin x+\dfrac{1}{4}x\sqrt{1-x^2}+C$.

8. $\dfrac{2}{1+\tan\dfrac{x}{2}}+x+C$ 或 $\sec x+x-\tan x+C$.

9. $\ln\left|\dfrac{1-\sqrt{1-x^2}}{x}\right|+2\arctan\sqrt{\dfrac{1-x}{1+x}}+C.$

10. $-\dfrac{1}{2}\cdot\dfrac{\ln(x+\sqrt{1+x^2})}{1+x^2}+\dfrac{1}{2}\dfrac{x}{\sqrt{1+x^2}}+C.$

四. $\because\int xf''(x)\mathrm{d}x=\int x\mathrm{d}(f'(x))=xf'(x)-\int f'(x)\mathrm{d}x=xf'(x)-f(x)+C.$

又 $\because f(x)=\dfrac{\mathrm{e}^x}{x},\therefore f'(x)=\dfrac{x\mathrm{e}^x-\mathrm{e}^x}{x^2}=\dfrac{\mathrm{e}^x(x-1)}{x^2},\therefore xf'(x)=\dfrac{\mathrm{e}^x(x-1)}{x}$；

$\therefore\int xf''(x)\mathrm{d}x=\dfrac{\mathrm{e}^x(x-1)}{x}-\dfrac{\mathrm{e}^x}{x}+C=\dfrac{\mathrm{e}^x(x-2)}{x}+C.$

五、证明

$$\begin{aligned}I_n&=\int\cos^n x\mathrm{d}x=\int\cos^{n-1}x\cos x\mathrm{d}x\\&=\int\cos^{n-1}x\mathrm{d}\sin x=\cos^{n-1}x\sin x-\int\sin x\mathrm{d}\cos^{n-1}x\\&=\cos^{n-1}x\sin x+(n-1)\int\cos^{n-2}x\sin^2 x\mathrm{d}x\\&=\cos^{n-1}x\sin x+(n-1)\int\cos^{n-2}x(1-\cos^2 x)\mathrm{d}x\\&=\cos^{n-1}x\sin x+(n-1)(I_{n-2}-I_n)\Rightarrow I_n=\frac{\cos^{n-1}x\sin x}{n}+\frac{n-1}{n}I_{n-2}.\end{aligned}$$

六、当 $x\leqslant 0$ 时，$\int f(x)\mathrm{d}x=\int x^2\mathrm{d}x=\dfrac{1}{3}x^3+C_1$；

当 $x>0$ 时，$\int f(x)\mathrm{d}x=\int\sin\mathrm{d}x=-\cos x+C_2$；

根据 $f(x)$ 的原函数应当在 $(-\infty,+\infty)$ 上每一点连续，有

$$\lim_{x\to0^-}\left(\frac{1}{3}x^3+C_1\right)=\lim_{x\to0^+}(-\cos x+C_2),$$

即 $0+C_1=-1+C_2,C_2=1+C_1=1+C$，于是

$$\int f(x)\mathrm{d}x=\begin{cases}\dfrac{1}{3}x^3+C, & x\leqslant 0,\\ 1-\cos x+C, & x>0.\end{cases}$$

七、(1) 总成本函数 $C_T(x)=0.1x^2+3x+30$．(2) $L_T(x)=-0.1x^2+8x-30$．

(3) 每天生产 40 单位时，才能获得最大利润，最大利润是 130.

第 5 章

A 级自我测试题

一、1. $\dfrac{1}{4}$.　　2. $2-\dfrac{\pi}{2}$.　　3. 8.　　4. 0.　　5. 4.

二、1. C.　2. A.　3. B.　4. C.　5. D.

三、1. $\frac{25}{3}-\frac{1}{e^2}$.　2. $\frac{1-\ln 2}{2}$.　3. $2-\frac{\pi}{2}$.

4. $\frac{\pi}{8}-\frac{1}{4}$.　5. $\sqrt{3}-\frac{\pi}{3}$.　6. π^2.　7. $-\frac{1}{2}$.

四、1. $\frac{\pi}{2}-1$.　2. $\frac{124}{5}\pi$. 3.（1）$L(x)=-\frac{1}{3}x^3+64x-250$；（2）$x=8$（单位）.

五、**证明** $\int_0^1\left(\int_0^x f(t)\mathrm{d}t\right)\mathrm{d}x = x\int_0^x f(t)\mathrm{d}t\Big|_0^1 - \int_0^x x\mathrm{d}\left(-\int_0^x f(t)\mathrm{d}t\right)$

$$= -\int_0^1 f(t)\,\mathrm{d}t - \int_0^x xf(x)\mathrm{d}x$$

$$= \int_0^1 f(x)\mathrm{d}x - \int_0^1 xf(x)\,\mathrm{d}x = \int_0^1(1-x)f(x)\mathrm{d}x.$$

B 级自我测试题

一、1. $\frac{1}{3}$.　2. $\frac{45}{2}$, 35.　3. $\frac{17}{6}$.　4. 2π.　5. $\frac{1}{2}\ln 2$.

二、1. A.　2. B.　3. B.　4. C.　5. B.

三、1. $4y$.　2. $\frac{8}{3}\ln 2\frac{7}{9}$.　3. $\frac{1}{2}(\ln x)^2$.　4. $\frac{\pi}{4}-\frac{\sqrt{3}\pi}{9}6\frac{1}{2}\ln 3-\frac{1}{2}\ln 2$.

5. 1.　6. $4-\pi$.　7. $2-2\ln 2$.　8. $\frac{1}{3e}-\frac{1}{6}$.

四、1.（1）A 的坐标为（1, 1），切线方程为 $y=2x-1$；（2）$V_x=\frac{\pi}{30}$（立方单位）.

2. $C(x)=0.2x^2+2x+20$； $L(x)=-0.2x^2+16x-20$； $x=40s$ 时，$L(x)$ 最大.

五、**证明**　令 $F(x)=\left[\int_0^x f(t)\mathrm{d}t\right]^2-\int_0^x f^3(t)\mathrm{d}t$，则

$$F'(x)=2f(x)\int_0^x f(t)\mathrm{d}t-f^3(x)=f(x)\left[2\int_0^x f(t)\,\mathrm{d}t-f^2(x)\right].$$

再令 $G(x)=2\int_0^x f(t)\mathrm{d}t-f^2(x)$，

$$G'(x)=2f(x)-2f(x)\cdot f'(x)=2f(x)[1-f'(x)].$$

又因为 $0<f'(x)<1$，所以 $f(x)$ 单调增加，且 $1-f'(x)>0$，

当 $x>0$ 时，$f(x)>f(0)=0$，$G'(x)>0$，所以 $G(x)$ 单调增加；

当 $x>0$ 时，$G(x)>G(0)=0$，所以 $F'(x)=f(x)G(x)>0$，$F(x)$ 单调增加；

当 $x>0$ 时，$F(x)>F(0)=0$，即 $\left[\int_0^x f(t)\mathrm{d}t\right]^2>\int_0^x f^3(t)\mathrm{d}t$（$x>0$）.

所以，$\left[\int_0^1 f(t)\mathrm{d}t\right]^2 > \int_0^1 f^3(t)\mathrm{d}t$.

第 6 章

A 级自我测试题

一、1. $k=-26$; $k=2$.　2. xOz ；$\begin{cases} x^2-z^2=1, \\ y=0. \end{cases}$ x .

3. 以原点为圆心，1 为半径的圆周，以 xOz 面的曲线 $x^2+y^2=1$ 为准线，母线平行于 z 轴的圆柱面.

4. $4x-y-3z+7=0$. 5. $x+2y+3z-4=0$.

6. $\dfrac{x-3}{-4}=\dfrac{y+2}{2}=\dfrac{z-1}{1}$.

7. $\dfrac{x-1}{1}=\dfrac{y-2}{2}=\dfrac{z-3}{5}$.

8. $\dfrac{\pi}{4}$.

二、1. D.　2. B.　3. B.　4. D.　5. A.　6. B.

三、-206

四、$(\widehat{\boldsymbol{a},\boldsymbol{b}})=\dfrac{\pi}{3}$.

五、$20x-4y-5z+133=0$ 或 $20x-4y-5z-119=0$.

六、（1）交点为 $(1,2,2)$，夹角为 $\arcsin\dfrac{5}{6}$；（2）投影点坐标为 $\left(\dfrac{1}{3},\dfrac{13}{6},\dfrac{19}{6}\right)$；（3）投影直线为 $\dfrac{x-1}{4}=\dfrac{y-2}{-1}=\dfrac{z-2}{-7}$ 或 $\begin{cases} x-3y+z+3=0, \\ 2x+y+z-6=0. \end{cases}$

B 级自我测试题

一、1. $\sqrt{10}$.　2. $\boldsymbol{b}=\left\{1.\dfrac{1}{2},-\dfrac{1}{2}\right\}$.　3. $\dfrac{x^2}{a^2}+\dfrac{z^2}{c^2}=1, z$ ；$\dfrac{y^2}{a^2}+\dfrac{z^2}{c^2}=1, z$.

二、1. C.　2. D.　3. D.　4. C.　5. C.　6. C.

4. $\dfrac{x-2}{3}=\dfrac{y+3}{5}=z-4$.　5. $x-y+z=0.$.

三、$\lambda=\pm\dfrac{1}{3}$，$\mu=\pm\dfrac{2}{3}$，$\boldsymbol{d}=\pm\left\{\dfrac{1}{3},\dfrac{4}{3},\dfrac{8}{3}\right\}$.

四、$x-z+4=0$ 或 $x+20y+7z-12=0$.

五、$x-8y+5z+5=0$.

六、$\theta=\dfrac{\pi}{2}$，$(1,2,-1)$.

七、$\dfrac{x-1}{2}=\dfrac{y}{-1}=\dfrac{z+2}{2}$.

八、$\begin{cases}x-9y+5z+20=0,\\ x-2y-5z+9=0.\end{cases}$

第 7 章

A 级自我测试题

一、1. $D=\{(x,y)|x>0,y>0 \text{ 或 } x<0,y<0\}$.

2. $f(x)=x^2-x$，$z(x,y)=2y+(x-y)^2$.　　3. $\dfrac{1}{5}$.　　4. $y^x\ln y$,　xy^{x-1}.

5. 充分, 必要.　　6. 极小值：$f(-1,1)=0$.

二、1. A.　　2. B.　　3. C.　　4. C.　　5. A.

三、1. $D=\{(x,y)|y\geqslant 0,x\geqslant 0,x^2\geqslant y\}$，$\dfrac{\sqrt{2}}{2}$.

2. （1）$+\infty$；（2）1；（3）2.

3. （1）$\dfrac{e^y}{y}$, $\dfrac{xe^y(y-1)}{y^2}$；（2）0, $-z$, $\cos y$.

4. 全增量 $\Delta z=\dfrac{168}{377}-\dfrac{2}{3}$. 全微分，$dz=\dfrac{1}{6}$.

5. $\cos xy\cdot y$,　$-\sin xy\cdot xy+\cos xy$.　　6. $2yx^{2y-1}\varphi'(t)+2x^{2y}\ln x\psi'(t)$.

7. $\dfrac{vx-uy}{x^2+y^2}e^{uv}$,　$\dfrac{vy+ux}{x^2+y^2}e^{uv}$.

8. $\dfrac{\partial z}{\partial x}=\dfrac{\partial f}{\partial u}\dfrac{\partial u}{\partial x}+\dfrac{\partial f}{\partial v}\dfrac{\partial v}{\partial x}=3x^2\dfrac{\partial f}{\partial u}+ye^{xy}\dfrac{\partial f}{\partial v}$,

$\dfrac{\partial z}{\partial y}=\dfrac{\partial f}{\partial u}\dfrac{\partial u}{\partial y}+\dfrac{\partial f}{\partial v}\dfrac{\partial v}{\partial y}=-3y^2\dfrac{\partial f}{\partial u}+xe^{xy}\dfrac{\partial f}{\partial v}$.

9. $dz=\left(1-\dfrac{e^{z-y-x}}{1+xe^{z-y-x}}\right)dx+dy$.

四、1. $V_{\max} = \dfrac{8}{\sqrt[3]{3}}abc$.　　2. $x_0 = 3.8$（千件），$y_0 = 2.2$（千件），即为最大值点，故最大利润为 $L(3.8, 2.2) = 36.72$（万元）.

B 级自我测试题

一、1. $x - \dfrac{1}{2}\ln y$.　　2. $-\dfrac{1}{4}$.　　3. $\mathrm{d}z = \dfrac{x^2+y^2}{(x^2-y^2)^2}[x\mathrm{d}y - y\mathrm{d}x]$.,

4. $f'_x + f'_y\varphi'_x + f'_y\varphi'_t\psi'_x$.　　5. $\mathrm{e}^{ax}\sin x$.　　6. 1.

7. $yf''(xy) + \varphi'(x+y) + y\varphi''(x+y)$.　　8. 30.

二、1 A.　　2 B.　　3 C.　　4 D.　　5 A.　　6 D.

三、1. （1）$\dfrac{\partial z}{\partial x} = \dfrac{x^4 - y^4 + 2x^3y}{x^2y}\mathrm{e}^{\frac{x^2+y^2}{xy}}$，$\dfrac{\partial z}{\partial y} = \dfrac{y^4 - x^4 + 2xy^3}{xy^2}\mathrm{e}^{\frac{x^2+y^2}{xy}}$；

（2）$\dfrac{\partial u}{\partial x} = 2x(1 + 2x^2\cos^2 y)\mathrm{e}^{x^2+y^2+x^4\cos^2 y}$，$\dfrac{\partial u}{\partial y} = 2(y - x^4\sin y\cos y)\mathrm{e}^{x^2+y^2+x^4\cos^2 y}$；

（3）$\dfrac{\partial z}{\partial y} = \dfrac{y\phi\left(\dfrac{z}{y}\right) - z\phi'\left(\dfrac{z}{y}\right)}{2yz - y\phi'\left(\dfrac{z}{y}\right)}$.

2. $\dfrac{\pi}{4}$,　$-\pi\mathrm{e}$,　$\dfrac{\pi}{4}\mathrm{d}x - \pi\mathrm{e}\mathrm{d}y$.

3. $\mathrm{e}^{xy}[xy\sin(x+y) + (x+y)\cos(x+y)]$.　4. 0.

5. $\mathrm{d}z = \dfrac{u^v}{x^2+y^2}\left[\left(\dfrac{xv}{u} - y\ln u\right)\mathrm{d}x + \left(\dfrac{yv}{u} + x\ln u\right)\mathrm{d}y\right]$.

6. 最大值点$\left(\dfrac{4}{3}, \dfrac{4}{3}\right)$，最小值点（3, 3），最大值$\dfrac{64}{27}$，最小值$-18$.

7. $(-9,-3)$ 是 $z(x,y)$ 的极大值点，极大值为-3，$(9,3)$ 是 $z(x,y)$ 的极小值点，极小值为3.

四、$p_1 = 80, p_2 = 120$ 时，厂家所获利润最大，最大利润为 189.

五、（1）**证明**　因 $f(x,0) = 0$，所以 $f'_x(0,0) = 0$，同理　$f(0,y) = 0$ 所以 $f'_y(0,0) = 0$，故

$f'_x(0,0), f'_y(0,0)$ 存在.　　（2）$f'_x(x,y) = y\sin\dfrac{1}{\sqrt{x^2+y^2}} - \dfrac{yx^2}{(x^2+y^2)^{\frac{3}{2}}}\cos\dfrac{1}{\sqrt{x^2+y^2}}$，

当 $x^2+y^2 \neq 0$ 时 $f'_y(x,y) = x\sin\dfrac{1}{\sqrt{x^2+y^2}} - \dfrac{xy^2}{(x^2+y^2)^{\frac{3}{2}}}\cos\dfrac{1}{\sqrt{x^2+y^2}}$，当 $x^2+y^2 = 0$ 时，

$f_x'(0,0)=f_y'(0,0)=0$，$f_x'(x,y)$ 对 $(x,y)\to(0,0)$ 取极限，特别取 $y=x$，可证极限不存在，同理可证 $f_y'(x,y)$ 在 $(0,0)$ 点不连续.　　（3）由定义直接可证.

第 8 章

A 级自我测试题

一、1. $\int_a^b f_1(x)\mathrm{d}x\cdot\int_c^d f_2(y)\mathrm{d}y$.　　2. $\int_a^b \mathrm{d}y\cdot\int_y^b f(x,y)\mathrm{d}x$.　　3. 0, 2.

4. 0.　　5.　　8.

二、1. B.　　2. B.　　3. C.　　4. A.　　5. C.　　6. D.

三、1. $I=1-\dfrac{2}{\pi}$.　　2. $I_1=4I_2$　　3. $\dfrac{20}{3}$.　　4. $\dfrac{\pi}{2}a^4$

5. $I=\int_0^1\mathrm{d}y\int_y^{2-y}f(x,y)\mathrm{d}x$.　　6. $\dfrac{76}{3}$.　　7. $\dfrac{\pi}{6a}$.　　8. $\dfrac{16}{3}a^3$.

四、1. 提示：积分区域是 X 型区域同时也是 Y 型区域，交换积分区域即可证明. 2. 提示：交换积分次序即可证明.

B 级自我测试题

一、1. $\int_0^2\mathrm{d}y\int_{\frac{y}{2}}^{y}f(x,y)\mathrm{d}x+\int_2^4\mathrm{d}y\int_{\frac{y}{2}}^{2}f(x,y)\mathrm{d}x$.

2. $\int_{-1}^0\mathrm{d}y(\int_{-2\arcsin y}^{\pi}f(x,y)\mathrm{d}x+\int_0^1\mathrm{d}y\int_{\arcsin y}^{\pi-\arcsin y}f(x,y))\mathrm{d}x$.

3. $\int_0^{\frac{\pi}{4}}\mathrm{d}\theta\int_0^{\sec\theta}f(\rho\cos\theta,\rho\sin\theta)\rho\mathrm{d}\rho+\int_{\frac{\pi}{4}}^{\frac{\pi}{2}}\mathrm{d}\theta\int_0^{2\cos\theta}f(\rho\cos\theta,\rho\sin\theta)\rho\mathrm{d}\rho$；

4. 0.　　5. $\dfrac{44}{3}$.　　6. 1.

二、1. B.　　2. C.　　3. A.　　4. B.　　5. C.　　6. A.

三、1. $5(\ln 5-\ln\sqrt{5})-\dfrac{2}{3}$.　　2. $\dfrac{27}{64}$.　　3. $\dfrac{1}{6}\left(1-\dfrac{2}{\mathrm{e}}\right)$.　　4. $\dfrac{1}{2}A^2$.　　5. $\dfrac{49}{20}$.

6. $\dfrac{35}{12}\pi a^4$.

四、1. 通过解驻点可知在 D 内无驻点，利用估值不等式，在 D 上 $\cos y^2=\cos x^2$，从而 $f(x,y)=\cos x^2+\sin x^2=\sqrt{2}\sin\left(x^2+\dfrac{\pi}{4}\right)$，$1\leqslant f(x,y)\leqslant\sqrt{2}$，又

$\iint\limits_{D} \mathrm{d}\sigma = 1$即可证明.

2. 化为二重积分即可证.

3. 参考例题 8.26.

第 9 章

A 级自我测试题

一、1. D.　2. B.　3. C.　4. D.

二、1. $\left(\dfrac{n+1}{4n-1}\right)^n$.　2. $=\dfrac{9}{8}>1$，发散.　3. R，$s'(x)$.　4. $(-2,0]$.

三、1. 收敛且其和为$\dfrac{1}{3}$.　2. 收敛.　3. 收敛.　4. 发散.　5. 条件收敛.

四、1. $[-4,4)$.　2. $[-1,1]$　3. $[-3,-1]$.

五、收敛区间$(-1,3)$，和函数$s(x)=\ln\dfrac{2}{3-x}\quad(-1\leqslant x<3)$.

六、$\ln(1+x-2x^2)=\sum\limits_{n=0}^{\infty}[(-1)^n 2^{n+1}-1]\dfrac{x^{n+1}}{n+1}\quad\left(-\dfrac{1}{2}<x\leqslant\dfrac{1}{2}\right)$.

七、**证明**　因为级数$\sum\limits_{n=1}^{\infty}a_n$，$\sum\limits_{n=1}^{\infty}b_n$都收敛，故级数$\sum\limits_{n=1}^{\infty}(b_n-a_n)$收敛，又因为$a_n\leqslant u_n\leqslant b_n$，所以$0\leqslant u_n-a_n\leqslant b_n-a_n$，由比较审敛法可知正项级数$\sum\limits_{n=1}^{\infty}(u_n-a_n)$收敛，而$u_n=a_n+(u_n-a_n)$，故级数$\sum\limits_{n=1}^{\infty}u_n$也收敛.

B 级自我测试题

一、1. A.　2. C.　3. C.　4. B.

二、1. $a>\dfrac{3}{2}$.　2. -2.　3. $R=4$.

4. $4+4(x-1)+(x-1)^2\quad(-\infty<x<+\infty)$.

三、1. 收敛.　2. 收敛.　3. 收敛.　4. 收敛.

四、1. 发散.　2. 条件收敛.

五、1. $(4,6)$. 2. $\left(-\frac{\sqrt{2}}{2},\frac{\sqrt{2}}{2}\right)$. 3. $\left(-\frac{1}{3},\frac{1}{3}\right)$.

六、1. 收敛域$(-1,0)$，和函数

$$s(x)=\begin{cases}-\frac{1}{2x}+\frac{1}{2x+1}\ln(-2x), & x\in(-1,-\frac{1}{2})\cup(-\frac{1}{2},0)\\ 0, & x=-\frac{1}{2}\end{cases}.$$

2. 考虑幂级数$\sum_{n=1}^{\infty}n^2x^{n-1}$，和为6.

七、$\sum_{n=0}^{\infty}\frac{1}{3}\left[\frac{1}{2^n}+(-1)^{n+1}\right]x^n \quad (-1<x<1)$.

第10章

A级自我测试题

一、1. C. 2. B. 3. B. 4. C.

二、1. 1阶. 2. $y=\mathrm{e}^{-\int g(x)\mathrm{d}x}(\int f(x)\mathrm{e}^{\int g(x)\mathrm{d}x}\mathrm{d}x+C)$.

3. $y=-\ln x$. 4. $y_x=A+2x$，A为任意常数.

三、1. $y=C\left(\frac{2+x}{2-x}\right)^{\frac{1}{4}}$. 2. $y^2=x^2(\ln x^2+C)$.

3. $Cy+\frac{1}{2}y^3$. 此外，还有解$y=0$. 4. $C_1\ln|x|+C_2$.

5. $\sin\frac{y}{x}=-\ln x+C$. 6. $\frac{1}{y}=\frac{1}{2x}+Cx$.

7. $y=\mathrm{e}^{2x}(C_1+C_2x)$. 8. $y=C_1\mathrm{e}^x+C_2\mathrm{e}^{2x}-2x\mathrm{e}^x$.

四、1. $y_x=A+\frac{1}{3}(x-3x^2+2x^3)$，$A$为任意常数.

2. $y_x=A\cdot 2^x+2^{x-1}\cdot x$，$A$为任意常数.

五、$y=\sqrt{3x-x^2}\ (0<x<3)$.

B级自我测试题

一、1. D. 2. C. 3. A. 4. D.

二、1. $y''-y-x=0$.　　2. $y=x^3+3x+1$.

3. $y=\frac{1}{3}x\ln x-\frac{1}{9}x$.　　4. $W_{t+1}=1.1W_t+3$.

三、1. $(x-y)^2+2x=C$.　　2. $2\mathrm{e}^{3x}+3\mathrm{e}^{-y^2}=C$.　　3. $xy\cos\frac{y}{x}=C$.

4. $x=\frac{1}{\sqrt{1+y^2}}(\sin y+C)$.　　5. $\frac{1}{y^4}=-x+\frac{1}{4}+C\mathrm{e}^{-4x}$.

6. $y=\mathrm{e}^{-x}(C_1\cos 3x+C_2\sin 3x)$.　7. $y=C_1\mathrm{e}^x+C_2\mathrm{e}^{2x}-\left(\frac{x^2}{2}+x\right)\mathrm{e}^x$.

四、$\varphi(x)=\sin x+\cos x$.

五、$2y-1=\mathrm{e}^{2x}$.

六、**解**　曲线 $y=y(x)$ 上点 $P(x,y)$ 的切线方程为 $Y-y=y'(x)(X-x)$，故它与 x 轴的交点为 $\left(x-\frac{y}{y'},0\right)$，由于 $y'(x)>0$，又 $y(0)=1$，所以 $y(x)>0$，于是有

$$S_1=\frac{1}{2}y\left|x-(x-\frac{y}{y'})\right|=\frac{y^2}{2y'},$$

又 $S_2=\int_0^x y(t)\mathrm{d}t$．由关系式 $2S_1-S_2=1$，得 $\frac{y^2}{y'}-\int_0^x y(t)\mathrm{d}t=1$，对该方程两边关于 x 求导并整理得 $yy''=(y')^2$，此方程是不显含 x 的可降阶的高阶微分方程，令 $p=y'$，则有 $y''=\frac{\mathrm{d}y'}{\mathrm{d}x}=\frac{\mathrm{d}p}{\mathrm{d}y}\frac{\mathrm{d}y}{\mathrm{d}x}=p\frac{\mathrm{d}p}{\mathrm{d}y}$，代入方程 $yy''=(y')^2$ 得 $yp\frac{\mathrm{d}p}{\mathrm{d}y}=p^2$，由于 $p=y'>0$，所以有 $y\frac{\mathrm{d}p}{\mathrm{d}y}=p$，分离变量有 $\frac{\mathrm{d}p}{p}=\frac{\mathrm{d}y}{y}$，两边积分得 $p=C_1y$，即有 $\frac{\mathrm{d}y}{\mathrm{d}x}=C_1y$，于是 $y=\mathrm{e}^{C_1x+C_2}$，并注意到 $y(0)=1$，在方程 $\frac{y^2}{y'}-\int_0^x y(t)\mathrm{d}t=1$ 中令 $x=0$，得另一初值条件 $y'(0)=1$，由此可得 $C_1=1,C_2=0$，故所求的曲线方程为 $y=\mathrm{e}^x$.

七、（1）$\frac{\mathrm{d}W}{\mathrm{d}t}=0.05W-200$.　　（2）$W_0=4000$ 时，$W=4000$；$W_0=5000$ 时，$W=4000+1000\mathrm{e}^{0.05t}$；$W_0=3000$ 时，$W=4000-1000\mathrm{e}^{0.05t}$．$W_0=4000$ 时，净资产处于稳定不变状态；$W_0=5000$ 时，净资产将稳定加速增长；$W_0=3000$ 时，净资产将逐年下降，在第 28 年将破产.

八、证明略．$y_t=\left(P_0-\frac{2}{3}\right)(-2)^t+\frac{2}{3}$.